教育部高等学校“专业综合改革试点”项目

高等学校“十三五”规划教材

机　械　制　图

主　编　孙如军　李　泽　孙　莉　张维友
副主编　徐逢泽　崔　锟　刘金科　杩栋才
葛兴宴　曹舟凡

北　京
冶 金 工 业 出 版 社
2020

内 容 简 介

本书共分 11 章，主要包括画法几何、机械制图、机械创新设计三大部分，覆盖机械制图课程的相关知识点，重点突出实用性，为后续专业课程的学习提供坚实的基础。

本书可作为应用型本科高校、大专院校、中等职业学校等机械类、近机械类或其他有关专业制图课程的教材，也可供机械行业的工程技术人员参考。

图书在版编目(CIP)数据

机械制图/孙如军等主编．—北京：冶金工业出版社，2020.6
高等学校“十三五”规划教材
ISBN 978-7-5024-8494-1

Ⅰ.①机…　Ⅱ.①孙…　Ⅲ.①机械制图—高等学校—教材
Ⅳ.①TH126

中国版本图书馆 CIP 数据核字(2020)第 055796 号

出 版 人　陈玉千
地　　址　北京市东城区嵩祝院北巷 39 号　邮编　100009　电话　(010)64027926
网　　址　www.cnmip.com.cn　电子信箱　yjcbs@cnmip.com.cn
责任编辑　杜婷婷　刘林烨　美术编辑　郑小利　版式设计　禹　蕊
责任校对　李　娜　责任印制　李玉山
ISBN 978-7-5024-8494-1
冶金工业出版社出版发行；各地新华书店经销；三河市双峰印刷装订有限公司印刷
2020 年 6 月第 1 版，2020 年 6 月第 1 次印刷
787mm×1092mm　1/16；17.5 印张；422 千字；267 页
49.00 元

冶金工业出版社　投稿电话　(010)64027932　投稿信箱　tougao@cnmip.com.cn
冶金工业出版社营销中心　电话　(010)64044283　传真　(010)64027893
冶金工业出版社天猫旗舰店　yjgycbs.tmall.com
（本书如有印装质量问题，本社营销中心负责退换）

前　言

机械制图作为机械相关专业的专业核心课程，在整个专业学习中占有重要地位。本书根据教育部工程图学指导委员会制定的“普通高等学校工程图学课程教学基本要求”以及专业相关的最新国家标准，吸取教师、学生以及专业技术人员的广泛意见，针对应用型高等学校对工科人才培养的目标与要求以及教学的实际需要，同时结合当前的课程发展趋势编写而成。

本书重在将机械制图这门对空间想象力要求较高的课程，以一种更为直观的方式呈现出来，注重学生工程素质与技能的培养以及学生创新思维的启发。本书在力求简明实用的同时，还力求覆盖机械制图这门课程需要讲述的知识点，既保留传统制图课程体系又加入适应新时代课程建设的新内容，将大学生的机械创新引入基础课程，让学生更好地感受本课程的实际应用情况，激发大学生的创新活力。本书可作为普通高等院校工科机械类或近机类专业的课程教材，也可以作为其他院校相关专业教材以及工程技术人员、职业培训等技术参考书。高校教师可以根据教学需求，对教材内容有针对性地进行讲授。

本书是由德州学院机电工程学院孙如军教授、李泽、孙莉、徐逢泽、崔锟、刘金科、杩栋才、葛兴宴、曹舟凡，以及德州华海石油机械有限公司教授级工程师张维友合作编写。本书在编写过程中，参考了机械设计制造及其自动化专业的相关著作以及同类优秀教材与研究成果，并得到了德州学院机电工程学院许多教师同仁的大力支持，在此一并致谢。

由于作者水平所限，书中不妥之处，恳请广大读者批评指正。

编　者

2020 年 3 月

动画

电子教案

教学大纲

习题集及答案解析

免费下载全书数字资源

目　录

1 绪　　论

扫一扫获取免费
数字资源

1.1　本课程的研究任务与内容

在工程技术中，根据国家标准和有关规定，应用正投影理论准确地表达物体的形状、大小以及技术要求的图纸称为图样。图样同时又被称为“工程技术语言”，它是工程技术人员表达技术思想的重要工具，是各技术部门进行经验交流的重要资料。现代智能制造、车辆工程、机床设计、航空航天等等多个领域都离不开图样。

图 1-1 所示为机械加工中最常见的零件——传动轴的三维实体图。轴类零件最基本的加工方法便是车削，要想成功地将这个零件加工出来，就必须将这个零件的实物信息通过零件图的形式转换成工程技术语言——图样。当加工方拿到图样后才能根据图样信息将零件加工出来。

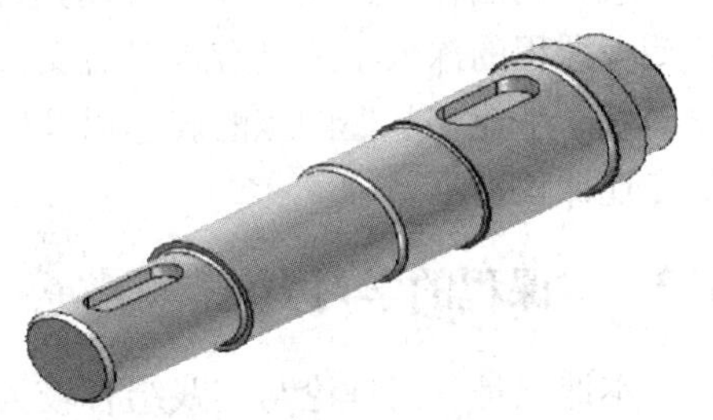

图 1-1　传动轴三维实物图

图 1-2 所示为该传动轴的部分图样，可以看到这张图样中包含了清晰明了的视图、完整的零件尺寸以及必要的粗糙度要求等多方面信息。

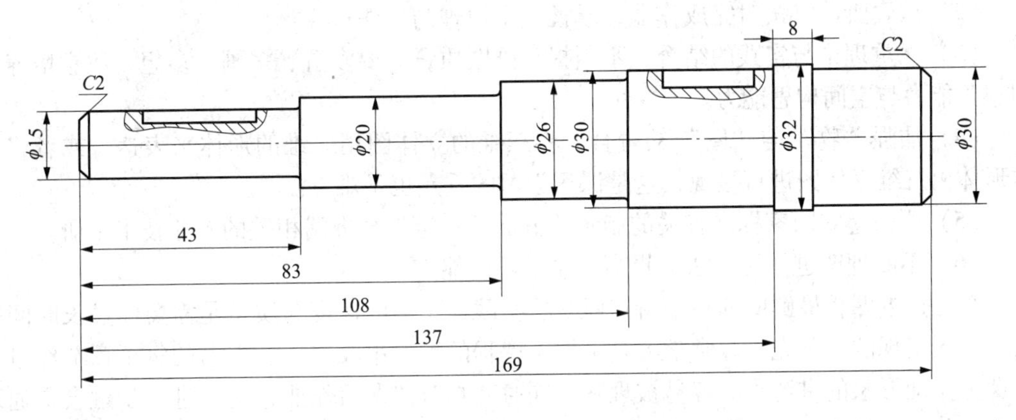

图 1-2　传动轴部分图样

图样既然是工程技术语言，这就决定了图样的种类随着工程背景的改变而改变。工程现在往往用来泛指与生产制造、设备、建设等相关的重大工作门类，比如机械工程、土木工程、化学工程、服装工程等。不同的领域有着不同的行业规范，相应的图样就有机械制图、建筑制图、服装制图等不同的分类。但是，这些图样形成的基本原理是相通的，都是对几何形体的合理表达。本课程重点介绍的是机械制图。机械制图是一门主要研究绘制和阅读机械图样的专业技术基础课程。

本课程的主要任务有：

（1）学习正投影法的基本原理，遵照国家标准规定绘制机械图样，以表达机器、部件和零件。

（2）掌握尺规绘图、徒手绘图以及计算机绘图的基本方法。

（3）培养学生空间想象能力，提高学生的空间思维逻辑能力。

（4）培养学生识读机械图样的能力。

（5）学习与机械图样绘制相关的专业技术知识，包括机械设计、机械加工工艺等。

（6）培养学生独立思考、分析问题、解决问题的基本能力，培养学生细致耐心的工作作风和认真严肃的工作态度。

1.2 本课程的目的

机械制图作为机械设计制造及其自动化专业以及其他相关专业的专业必修课程，对后续专业课程的深入学习具有重要意义。本课程的目的是让学生初步具有良好的空间思维逻辑，使学生能够掌握图示的表达以及解读机械图样的能力，培养学生的工程素质，为后续的专业课程打下基础。

1.3 本课程的学习方法

本课程是一门理论与实践结合较为密切的专业基础课程，所以学好本课程的关键就是要做好以下几点：

（1）正确使用制图工具与仪器，按照正确的工作方法与步骤进行绘图，让所绘制的图样内容正确、图面整洁。

（2）认真听课，按时完成作业，掌握基本原理与方法。

（3）注重理论与实践的结合，不断提高画图质量。要多看、多画、多想，注意培养空间想象能力与空间构思能力。

（4）加强“物”与“图”的融合，将三维的立体图用二维的形体来表达，或者将二维形体由三维立体图进行呈现，这是课程学习的重点也是难点。

（5）严格遵守国家标准有关的制图等方面的规定学会查阅相关的专业技术手册。

（6）不断地改进学习方法，提高自主学习的能力。

总之，本课程最鲜明的一个特点就是重实践，绘图的速度与质量是需要经过长时间的反复练习实现的。首先，课堂学习是掌握本课程的重要手段之一。本书的每个章节经过老师课上生动形象的讲解十分容易被理解，同时认真对待课后作业，这是进一步融会贯通理论知识的绝佳机会。及时完成作业也是对绘图速度与质量的一个积累，由量变实现质变。其次扩展学习的第二课堂，可以利用网络等手段深入了解机械制图这门课程，多看零件图，多看装配图丰富自己的阅图经历为以后深入的学习打好坚实的专业基础。

1.4 机械制图学科的发展现状

机械制图是用图样来表示机械的结构、形状、尺寸，并研究作图原理和技术要求的学科。用图来“状物记事”的起源很早，如中国宋代苏颂和赵公廉所著《新仪象法要》中已附有天文报时仪器的图纸，明代宋应星所著《天工开物》中也有大量的机械图纸，但尚不严谨。1799年，法国学者蒙日发表《画法几何》著作，自此机械图样中的图形开始严格按照画法几何的投影理论绘制。图样由图形、符号、文字和数字等组成，是表达设计意图和制造要求以及交流经验的技术文件，常被称为工程界的语言。

机械制图标准中规定了图纸幅面及格式、比例、字体和图线等。图纸幅面及格式规定了图纸标准幅面的大小和图纸中图框的相应尺寸。比例是指图样中的机件尺寸长度与机件实际尺寸的比例，除允许用1∶1的比例绘图外，只允许用标准中规定的缩小比例和放大比例绘图。

为使人们对图样中涉及的格式、文字、图线、图形简化和符号含义有一致的理解，相关的专业技术学会逐渐制定出统一的规格，并发展成为机械制图标准。各国一般都有自己的国家标准，国际上有国际标准化组织ISO制定的标准。中国的机械制图国家标准制定于1959年，先后经过多次的修改逐渐与国际标准接轨，目前现行的机械制图国家标准为2008年修订后的。

我国标准规定汉字必须按照仿宋体书写，字母和数字按规定的结构书写。图线规定有八种规格，如用于绘制可见轮廓线的粗实线、用于绘制不可见轮廓线的虚线、用于绘制轴线和对称中心线的细点划线、用于绘制尺寸线和剖面线的细实线等都有相应规定，见表1-1。

表1-1 国家机械制图线型标准

图线名称	图线型式	图线宽度	一般应用举例
粗实线	————————	d	可见轮廓线
细实线	————————	约 $d/2$	尺寸线及尺寸界线 剖面线 重合剖面的轮廓线
虚线	----------	约 $d/2$	不可见轮廓线
细点划线	———·———	约 $d/2$	轴线 对称中心线 轨迹线
粗点划线	———·———	d	有特殊要求的线或表面
双点划线	——··———	约 $d/2$	相邻辅助零件的轮廓线 极限位置的轮廓线
波浪线	～～～～	约 $d/2$	断裂处的波浪线 视图和剖视的分界线
双折线	——⌇——⌇——	约 $d/2$	断裂处的边界线

机械图样主要有零件图和装配图，此外还有布置图、示意图和轴测图等。零件图表达零件的形状、大小以及制造和检验零件的技术要求。装配图表达机械中所属各零件与部件间的装配关系和工作原理。布置图表达机械设备在厂房内的位置。示意图表达机械的工作原理，如表达机械传动原理的机构运动简图、表达液体或气体输送线路的管道示意图等。示意图中的各机械构件均用符号表示。轴测图是一种立体图，直观性强，是常用的一种辅助用图样。表达机械结构形状的图形，常用的有视图、剖视图和剖面图等。

视图是按正投影法即机件向投影面投影得到的图形。按投影方向和相应投影面的位置不同，视图分为主视图、俯视图和左视图等。视图主要用于表达机件的外部形状。图中看不见的轮廓线用虚线表示。机件向投影面投影时，观察者、机件与投影面三者间有两种相对位置。机件位于投影面与观察者之间时称为第一角投影法。投影面位于机件与观察者之间时称为第三角投影法。两种投影法都能完善地表达机件的形状。我国国家标准规定采用第一角投影法。

剖视图是假想用剖切面剖开机件，将处在观察者与剖切面之间的部分移去，将其余部分向投影面投影而得到图形。剖视图主要用于表达机件的内部结构。剖面图则只画出切断面的图形。剖面图常用于表达杆状结构的断面形状。对于图样中某些作图比较烦琐的结构，为提高制图效率允许将其简化后画出，简化后的画法称为简化画法。我国对螺纹、齿轮、花键和弹簧等结构或零件的画法制有独立的标准。

图样是依照机件的结构形状和尺寸大小按适当比例绘制的。对直径、半径、锥度、斜度和弧长等尺寸，在数字前分别加注符号予以说明。图样中机件的尺寸用尺寸线、尺寸界线和箭头指明被测量的范围，用数字标明其大小。在机械图样中，数字的单位规定为毫米，不需注明。制造机件时，必须按图样中标注的尺寸数字进行加工，不允许直接从图样中量取图形的尺寸。要求在机械制造中必须达到的技术条件如公差与配合、形位公差、表面粗糙度、材料及其热处理要求等均应按机械制图标准在图样中用符号、文字和数字予以标明。

20世纪前，图样都是利用一般的绘图用具手工绘制的。20世纪初出现了机械结构的绘图机，提高了绘图的效率。20世纪下半叶出现了计算机绘图，将需要绘制的图样编制成程序输入计算机，计算机再将其转换为图形信息输给绘图仪绘出图样（CAD、CAXA等），或输送给计算机控制的自动机床进行加工（CAM）。如今，机械制图已经应用于各行各业，比如轴承制造业中，设计者已不仅设计出2D的平面三视角图纸，还开始使用ProE、CATIA、Soildworks等三维实体软件设计出三维实体零件模型，设计更加直观，尺寸分析也更便利。实体设计轴承不仅满足现代柔性制造系统的需求，而且也便于需求者自主选型，使各行业专业人员能顺畅地沟通交流。

扫一扫获取免费数字资源

2　制图的基本知识与技能

机械制图是根据投影原理、标准、规定等来表达工程对象，并且附有比较的技术说明的技术图样，简称图样。图样作为工程领域的通用技术语言，是工程技术人员用来表达设计思想、设计理念的重要交流工具。因此，为满足技术语言的功能性，图样具有严格的规范要求。为了便于设计、绘制、阅读和管理机械图样，我国国家标准化管理委员会依据国际标准化组织制定的国际标准，结合国内的行业发展实际，制定并且颁布了一系列工程图样的国家制图标准。国家标准简称“国标”，代号为汉语拼音字母“GB”，字母后的数字为某一标准的号码，分割号后的数字为该标准发布的年份。目前我国的“国标”主要分为三种，包括强制性国家标准（代号为“GB”），推荐性国家标准（代号为“GB/T”）以及指导性国家标准（代号为“GB/Z”）。

国家标准《技术图样》是相关工程制图的基础标准，机械制图还应该遵守国家标准规定中的相关机械专业要求，工程技术人员应该熟悉并且遵守国家标准中的相关规定，并严格按照“国标”执行相关操作。

2.1　国家标准中对机械制图的有关规定

2.1.1　图纸幅面与图框格式

2.1.1.1　图纸幅面

图纸幅面简称图幅，指的是图纸的宽度与长度组成的图画即图纸幅面的大小。为了使图样便于阅读、管理以及保存，在绘制技术图样时应当优先选用 GB/T 14689—2008 中规定的基本图幅进行绘制，见表 2-1 和图 2-1。目前国标中的基本图幅分为五种，即 A0、A1、A2、A3、A4。

表 2-1　图纸幅面及图框尺寸　（mm）

<table>
<tr><th rowspan="2">图纸幅面代号</th><th>幅面尺寸</th><th colspan="3">周　边　尺　寸</th></tr>
<tr><th>$B \times L$</th><th>a</th><th>c</th><th>e</th></tr>
<tr><td>A0</td><td>841×1189</td><td rowspan="5">25</td><td rowspan="3">10</td><td rowspan="2">20</td></tr>
<tr><td>A1</td><td>594×841</td></tr>
<tr><td>A2</td><td>420×594</td><td rowspan="3">10</td></tr>
<tr><td>A3</td><td>297×420</td><td rowspan="2">5</td></tr>
<tr><td>A4</td><td>210×297</td></tr>
</table>

表 2-1 中所列出的图纸幅面尺寸为基本幅面要求即第一选择。在绘制工程图样时不可

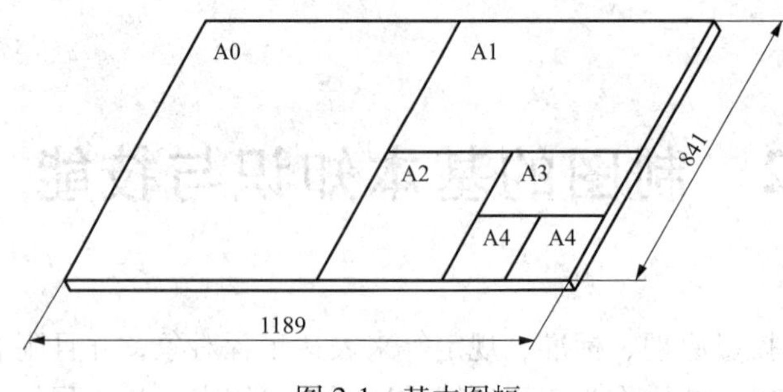

图 2-1 基本图幅

避免地会出现超出基本图幅的现象，因此工程实际中必要时可以允许加长幅面这就出现了图幅尺寸的第二选择与第三选择，但是在条件允许的情况下优先选用基本图幅。一般来说加长幅面时都是从图纸长边进行加长且加长尺寸应由基本幅面的短边成整数倍地增加后得出。表 2-2 列举几种图幅加长后尺寸用于参考。

表 2-2 加长图幅尺寸参考 (mm)

第二选择		第三选择			
幅面代号	*B*×*L*	幅面代号	*B*×*L*	幅面代号	*B*×*L*
A3×3	420×891	A0×2	1189×1682	A3×5	420×1486
A3×4	420×1189	A0×3	1189×2523	A3×6	420×1783
A4×3	297×630	A1×3	841×1783	A3×7	420×2080
A4×4	297×841	A1×4	841×2378	A4×6	297×1261
A4×5	297×1051	A2×3	594×1261	A4×7	297×1471
—	—	A2×4	594×1682	A4×8	297×1682
—	—	A2×5	594×2102	A4×9	297×1892

2.1.1.2 图框格式

图纸上限定绘图区域的线框称为图框。在绘制图框时必须在图纸用粗实线画出，图样绘制在图框内部。目前国家标准规定中的图框格式分为留装订边和不留装订边两种，同时每种装订格式又分为横版和竖版，以短边作为垂直边的称为横版，以短边作为水平边的称为竖版，如图 2-2 所示。这里需要指出的是，同一种产品的图样绘制只能选择一种格式。

为了便于日后图纸的复制、缩放，应在图纸各边长的中点处用粗实线绘制出对中符号，并且对中符号要从图纸的边界画入图框内 5mm，当对中符号处于标题栏范围内时，在标题栏内部分的对中符号允许省略不画。

在某些情况下可能将竖版的图纸当成横版来用或是将横版当作竖版用，如图 2-3 所示。这时必须要明确看图方向，要在图纸下方的对中符号处画出方向符号。如图 2-4 所示，方向符号是用细实线绘制的等边三角形。

2.1.1.3 标题栏

由名称以及代号区、签字区、更改区和其他区组成的栏目称为标题栏。标题栏是用来表明设计单位、工程名称、设计人员、日期以及图号等信息内容的栏目，在图样绘制时必须将标题栏绘制在图纸的右下角。标题栏中的文字方向就是看图的方向。标题栏必须严格

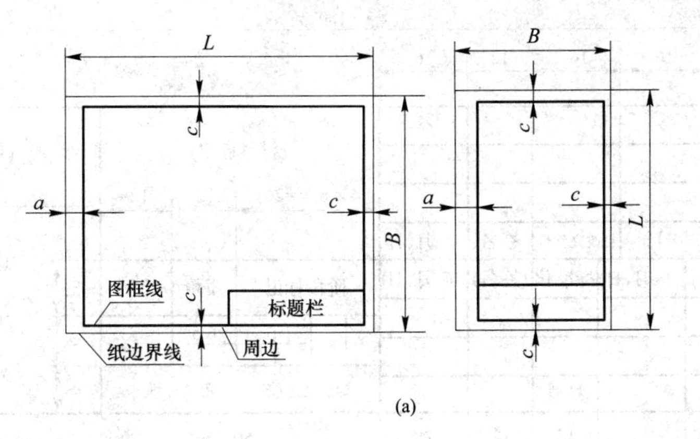

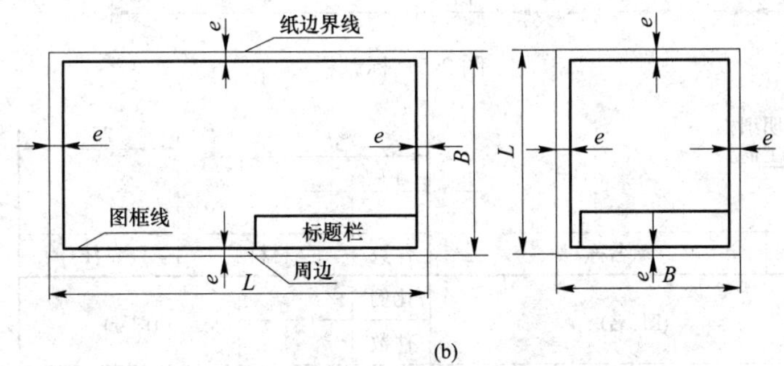

图 2-2 图框的基本格式
（a）留有装订边的图框；（b）不留装订边的图框

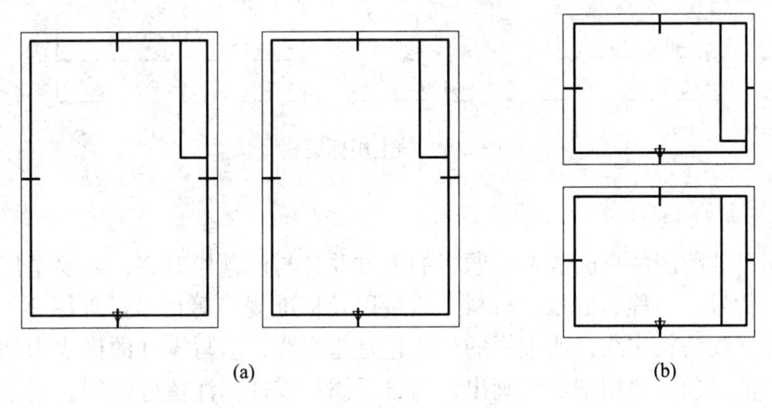

图 2-3 转换使用实例

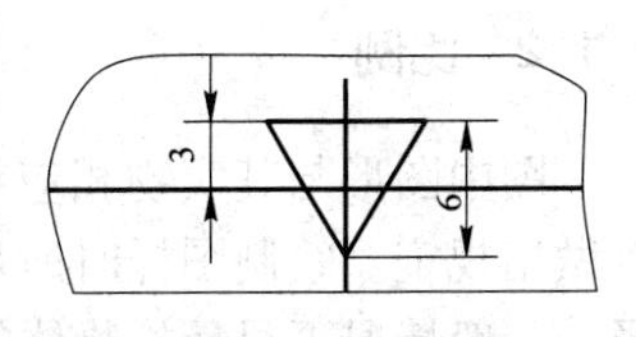

图 2-4 方向符号

按照国家标准（GB/T 10609.1—2008）规定进行绘制，如图 2-5 所示。在涉外工程中标题栏的各项信息内容都应该在文字下方加注外文解释，设计单位的上方或者是下方要标出“中华人民共和国”的字样。

在日常的学习中标准标题栏要作为重点内容熟练掌握标题栏的识读，但是在学校的实际绘图中可以使用简化的教学版标题栏，如图 2-6 所示。教学标题栏的外框用粗实线绘制，将必要的信息列出，简化辅助信息。

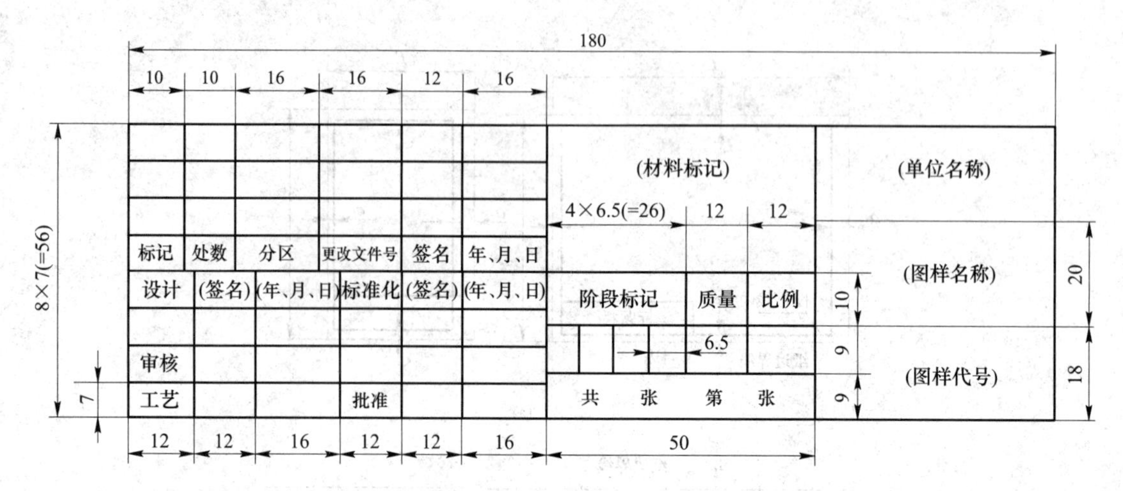

图 2-5　标题栏

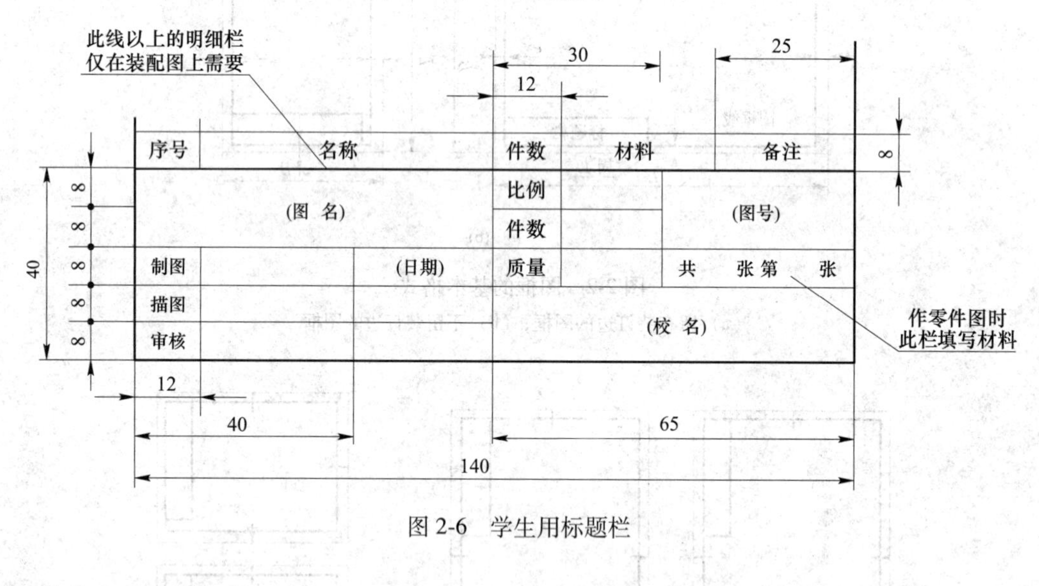

图 2-6　学生用标题栏

2.1.1.4　明细栏

明细栏用于装配图中一般放在标题栏的上方并且与标题栏对齐，主要是用来填写组成零件的序号、代号、名称、数量、材料、质量以及标准规格等信息。如图 2-7 所示明细栏与标题栏的分界线为粗实线，明细栏的外框也是粗实线，填写零件的横线为细实线并且要注意在明细栏的最顶层要用细实线画出，为日后添加零件标注留好空间。明细栏的尺寸与规格应当按照 GB/T 10609. 2—2009 执行。

2.1.2　比例

图中图形与其实物相应要素的线性尺寸之比称为比例，GB/T 14690—1993 对绘图比例做出规定。绘制图样时所用的比例要根据图样的用途和被绘制对象的复杂程度进行选择，一般情况下尽量按物体的实际大小（1∶1）画出，方便工程技术人员直接从图上看出实物的大小。但是对于一些尺寸较大或者是结构较为复杂的物体则可以缩小比例或是放大比例。表 2-3 所示为图样绘制中常用的尺寸比例，表 2-4 所示为可用尺寸比例。

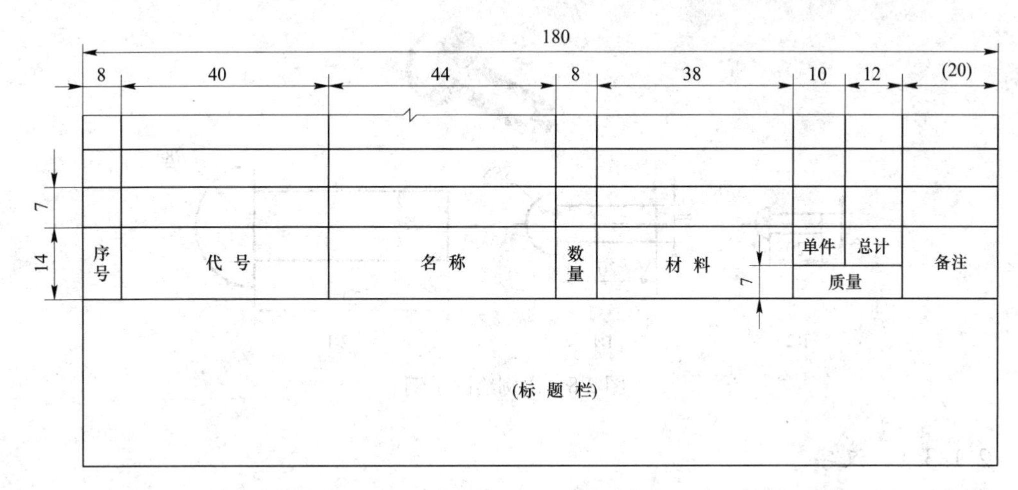

图 2-7 明细栏

表 2-3 常用绘图比例

种 类	比 例
原值比例	1∶1
放大比例	5∶1 2∶1 5×10^n∶1 2×10^n∶1 1×10^n∶1
缩小比例	1∶2 1∶5 1∶10 1∶2×10^n 1∶5×10^n 1∶10×10^n

表 2-4 可用尺寸比例

种 类	比 例
放大比例	4∶1 2.5∶1 4×10^n∶1 2.5×10^n∶1
缩小比例	1∶1.5 1∶2.5 1∶3 1∶4 1∶6 1∶1.5×10^n 1∶2.5×10^n 1∶3×10^n 1∶4×10^n 1∶6×10^n

注：n 为正整数。

比例分为原值比例、放大比例、缩小比例三种。在绘制机件时同一机件的各视图应当采用相同的比例，并且必须要在标题栏中标注清楚。当某一视图需要采用不同的比例绘制时，要在视图的名称下面或者是右侧标注比例，例如 $\frac{\text{I}}{2:1}$、$\frac{A\text{向}}{1:10}$、$\frac{B—B}{2.5:1}$。不管绘制机件时所采用的比例是多少，在进行尺寸标注时都应当按照机件的真实大小进行标注，与绘图的比例无关，如图 2-8 所示。

2.1.3 字体

字体包括图中的汉字、字母和数字。GB/T 14691—1993 对字体的书写进行了规范，字体的书写要做到“字体工整、笔画清晰、排列整齐、间隔均匀”，标点符号要标注清楚。文字、数字或符号的书写大小用号数进行标识。字体的号数表示的是字体的高度，应当从如下的系列中选用：h=1.8mm、2.5mm、3.5mm、5mm、7mm、10mm、14mm、20mm。字体的宽度约为 $h/\sqrt{2}$，例如 10 号字的字体高度为 10mm，字体宽度约为 7mm。

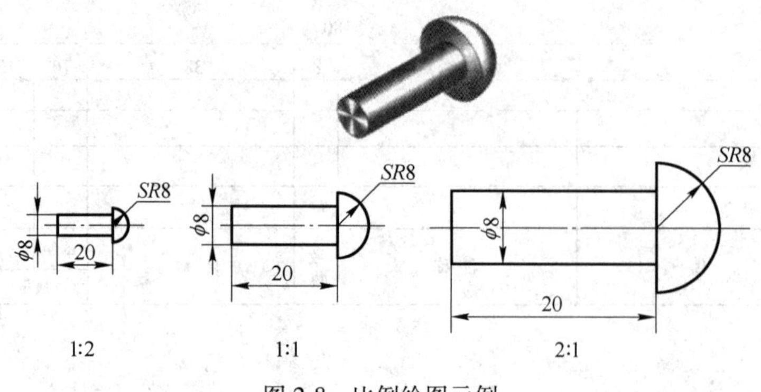

图 2-8　比例绘图示例

2.1.3.1　汉字

图样以及说明中的汉字应当采用国家公布的简化汉字，宜采用长仿宋体进行书写，字号一般应当大于3.5。书写长仿宋体的基本要领为横平竖直、注意起落、结构均匀、填满方格，如图 2-9 所示。

10 号字：

字体工整 笔画清楚 间隔均匀 排列整齐

7 号字：

横平竖直 注意起落 结构匀称 填满方格

5 号字：

技术制图 机械制图 食品 水产 饲料 学院 班级

3.5 号字：

投影基础 截交线 组合体 螺纹 齿轮 轴承 弹簧 零件图

图 2-9　长仿宋体实例

2.1.3.2　数字与字母

阿拉伯数字、拉丁字母和罗马字母的字体分为正体与斜体（逆时针向上倾斜 75°）两种写法如图 2-10 所示。字母的字号一般不会小于 2.5，字母与数字同时又分为 A 型与 B 型。A 型字体的笔画宽度 d 为字高 h 的 1/14，B 型字体的笔画宽度 d 为字高 h 的 1/10。注意在同一张图样上只能选用一种类型的字体。用作指数、分数、注脚等的数字与字母一般应采用比基本尺寸数字小一号的字体。

2.1.4　图线

2.1.4.1　线型及其应用

工程图样是由不同的图线组成的，不同的图线代表着不同的含义，可以通过图线识别图样的结构特征。根据 GB/T 17450—1998，绘制机械图样使用的基本图线有 9 种，即粗实线、粗虚线、细虚线、细实线、粗点划线、细点划线、双折线、双点划线、波浪线，见表 2-5。各种图线的应用实例如图 2-11 所示。

I II III IV V VI

VII VIII IX X

(a)

I II III IV V VI

VII VIII IX X

(b)

(c)

1234567890

(d)

(e)

(f)

图 2-10 字母、数字书写实例

(a) 罗马斜体；(b) 罗马正体；(c) 数字斜体；(d) 数字正体；(e) 字母斜体；(f) 字母正体

表 2-5　常用线型及其应用

名称			线型	一般应用
基本线型	实线	粗实线		可见轮廓线、相贯线、螺纹牙顶线、齿顶线等
		细实线		过渡线、尺寸线、尺寸界线、剖面线、弯折线、螺纹牙底线、齿根线、指引线、辅助线等
	虚线	细虚线		不可见轮廓线
		粗虚线		允许表面处理的表示线
	点划线	细点划线		轴线、对称中心线、齿轮分度圆线等
		粗点划线		限定范围表示线
	细双点划线			轨迹线、相邻辅助零件的轮廓线、极限位置的轮廓线、剖切面前的结构轮廓线等
基本线型的变形	波浪线			断裂处的边界线；剖视图与视图的分界线
图线的组合	双折线			断裂处的边界线，视图与剖视图的分界线

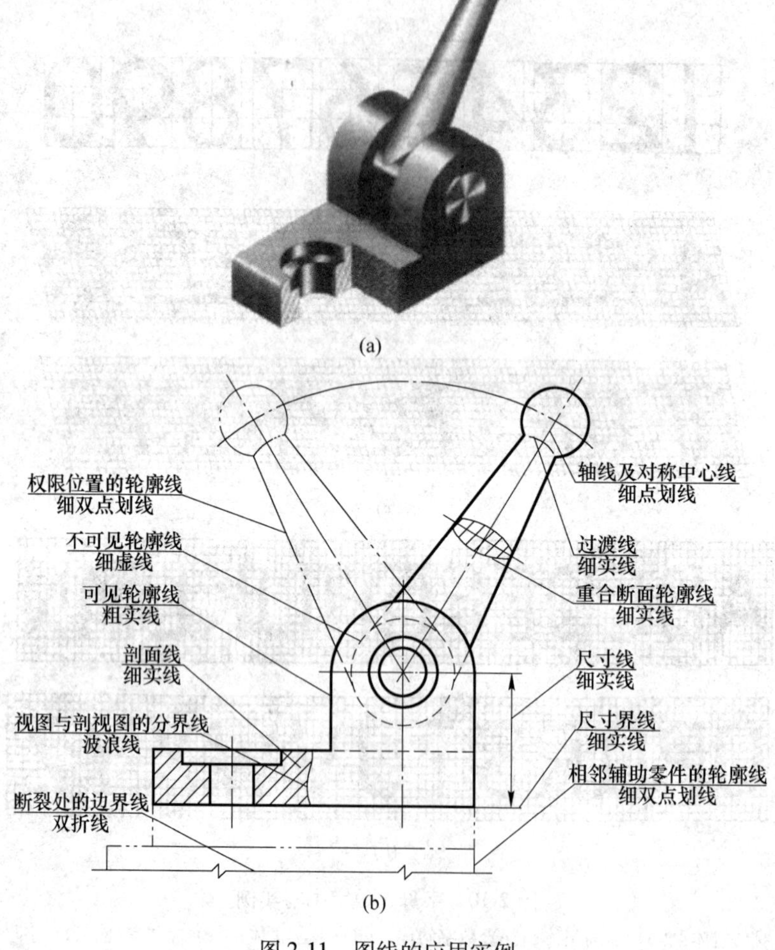

图 2-11　图线的应用实例

GB/T 4457.4—2002 对线宽规定进行了修正。图线的宽度依据图样的类型、尺寸、比例以及缩放复制要求进行确定。GB/T 4457.4—2002 规定，机械图样中只采用粗、细两种线宽，其比例为 2∶1。图线宽度和图线组别，见表 2-6。

表 2-6　图线宽度和图线组别　（mm）

图线组别	0.25	0.35	0.5	0.7	1	1.4	2
粗线宽度	0.25	0.35	0.5	0.7	1	1.4	2
细线宽度	0.13	0.18	0.25	0.35	0.5	0.7	1

绘制图样时，优先采用粗线宽度为 0.5mm 或 0.7mm。为了保证图样清晰可读，便于复制，图样上尽量不要使用线宽小于 0.18mm 的图线。图样中的各类线素（如点、间隔、画等）的长度应符合国家规定，见表 2-7。

表 2-7　线素长度

线　素	长　度	线　素	长　度
点	≤0.5d	画	12d
短间隔	3d	长画	24d

注：d 为图线的宽度。

2.1.4.2　图线的画法

画图线时应注意：

（1）同一图样中，同类图线的宽度应当保持一致。

（2）细虚线、细点划线、细双点划线等线素的线段长度间隔应当大致相等，并且符合国家标准规定，如图 2-12 所示。实际作图时，通常细虚线画长 4~6mm，短间隔 1mm；细点划线画长 15~25mm，两画短间隔约 3mm；细双点划线画长 15~25mm，两画短间隔约 5mm。

（3）对称中心线或轴线，应超出轮廓线外 2~5mm；图线相交应为画与画相交，不应该为点或者间隔相交。在较小的圆上（直径小于 12mm）绘制细点划线或者是细双点划线时，可用细实线代替。

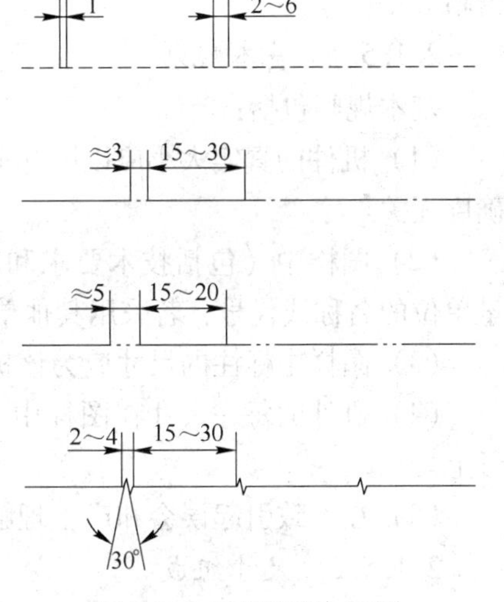

图 2-12　图线长度与间隔

（4）图线的末端应是画，不应是点。

（5）当虚线是粗实线的延长线时，在连接处应留有空隙。细虚线圆弧与实线相切时，虚线圆弧与实线相交应留出空隙，如图 2-13 所示。

（6）绘图时两平行线之间的最小间隙一般不小于 0.7mm。

（7）当两种或两种以上图线重叠时，应当按照可见轮廓线、不可见轮廓线、轴线或对称中心线、双点划线的顺序进行绘制。

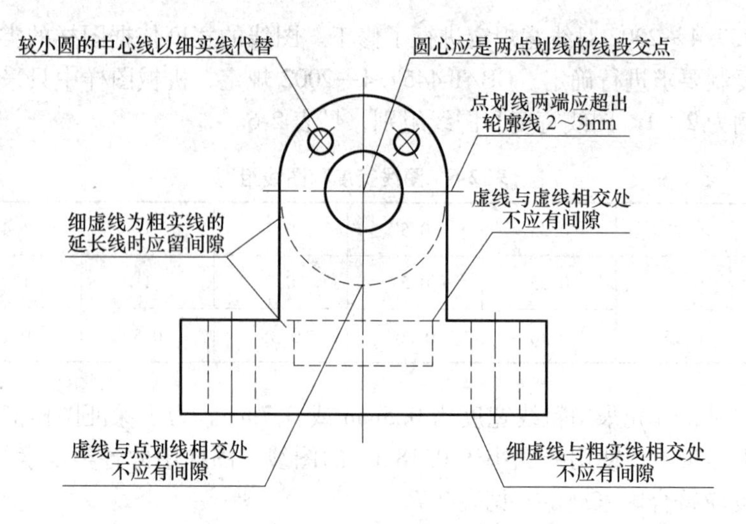

图 2-13　图线相交画法

2.1.5　尺寸标注

在图样上，图形只表示物体的形状。物体的大小以及各部分的相互位置关系，则需要用尺寸来确定。尺寸是图样中的重要内容之一，是制造生产零件的直接依据。标注尺寸时应当严格按照国家标准《机械制图　尺寸注法》（GB/T 4458.4—2003）、《技术制图　简化表示法　第 2 部分：尺寸注法》（GB/T 16675.2—2012）的规定，做到正确、全面、清晰。

2.1.5.1　基本规则

基本规则包括：

（1）机件的真实大小应以图样上所注的尺寸数值为依据，与图形的大小以及绘图的准确度无关。

（2）图样中（包括技术要求和其他说明）的尺寸，以 mm 为单位时，不需要标注计量单位的名称或代号；若采用其他单位，则必须要注明相应的计量单位的名称或代号。

（3）图样中标注的尺寸应为该机件的最后完工尺寸，否则另加说明。

（4）机件的每一尺寸在图样中一般只标注一次，并且标注在反映该结构最清晰的图形上。

（5）在不致引起误会和产生理解多义性的前提下，尽量简化标注。

2.1.5.2　尺寸组成

一个完整的尺寸，由尺寸界线、尺寸线、尺寸数字和符号以及尺寸终端（斜线或是箭头）组成（见图 2-14）。以下分别对其进行介绍，即：

（1）尺寸界线。尺寸界线为细实线，并应由轮廓线、轴线或者对称中心线处引出，也可用这些线代替，并超出尺寸线 3mm 左右。尺寸界线一般应与尺寸线垂直，必要时允许倾斜，在光滑过渡处标注尺寸时，应由细实线将轮廓线进行延长，从交点处引出尺寸界线，如图 2-15 所示。

（2）尺寸线。尺寸线用细实线进行绘制，标注尺寸时，尺寸线必须与所标注的线段平

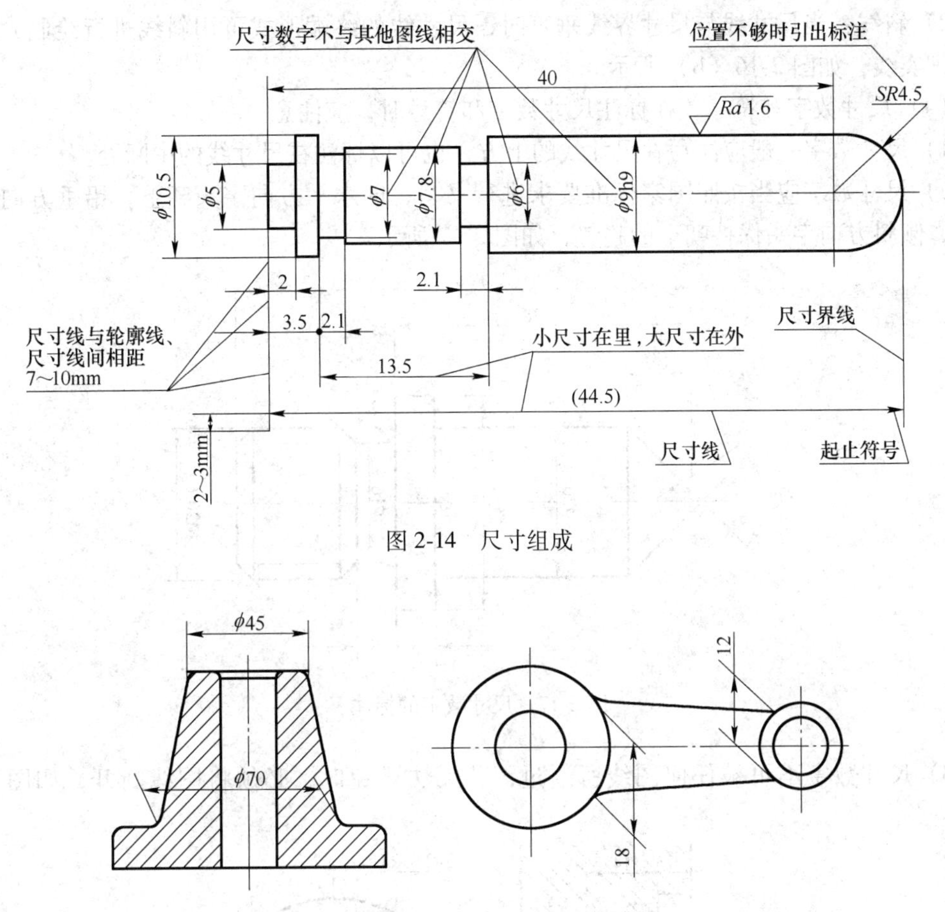

图 2-14 尺寸组成

图 2-15 光滑过渡处标注尺寸

行，相同方向的各尺寸线之间的距离要均匀，间隔应为 5～10mm。尺寸线不能用图上的其他图线进行代替，也不能与其他图线重合或是画在其延长线上，并应当尽量避免与其他的尺寸线或是尺寸界线相交。

（3）尺寸线的终端。尺寸线的终端有箭头和斜线两种形式，即：

1）箭头：箭头（见图 2-16（a））适用于各种图样，箭头的尖端与尺寸界线接触，不得超出或是离开尺寸界线。在机械图样中一般都是采用这种终端形式。

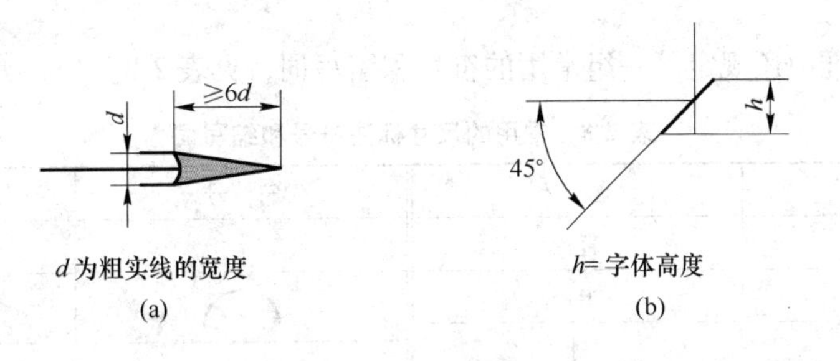

图 2-16 终端形式

（a）箭头；（b）斜线

2）斜线：当尺寸线与尺寸界线垂直时，尺寸线的终端形式可用斜线进行绘制，斜线采用细实线，如图 2-16（b）所示。

（4）尺寸数字和符号。在标注尺寸数字和符号时，应注意：

1）尺寸数字一般应注写在尺寸线的上方，也可以标注在尺寸线的中断处。

2）尺寸数字应当按照国家标准要求进行书写，即水平方向字头朝上，铅垂方向字头朝左，倾斜方向字头保持朝上的趋势，如图 2-17 所示。

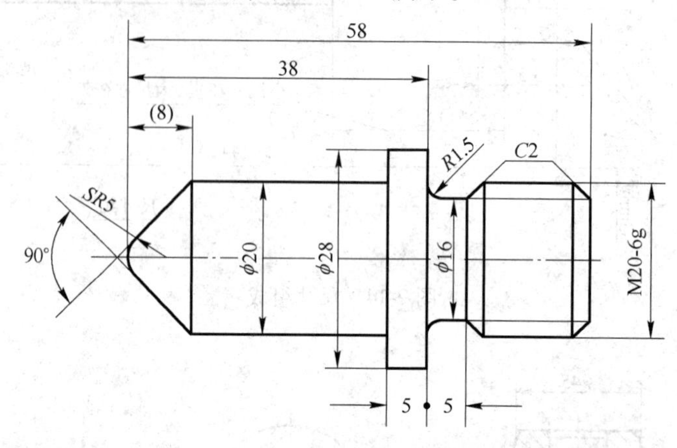

图 2-17　尺寸数字的标注

3）尺寸数字不可被任何图线所通过，若无法避免时，必须将图线断开，如图 2-18 所示。

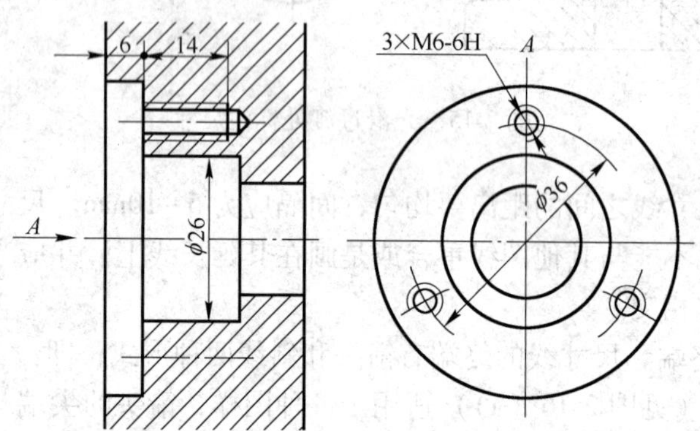

图 2-18　尺寸数字不可被图线穿过

4）国家标准中还规定了一组常用的符号和缩写词，见表 2-8。

表 2-8　常用的尺寸标注符号和缩写词

符　号	含　义	符　号	含　义
ϕ	直径	t	厚度
R	半径	⌒	弧长
S	球	∨	埋头孔
EQS	均布	⊔	深孔或锪平
C	45°倒角		

续表 2-8

符号	含义	符号	含义
↧	深度	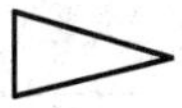 ◁	锥度
□	正方形		
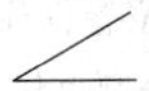 ∠	斜度	 ⌒→	展开长

2.1.5.3 常用的尺寸标注方法

常见的尺寸标注见表 2-9。

表 2-9 常见尺寸标注示例

标注内容	示例	说明
线性尺寸的数字方向	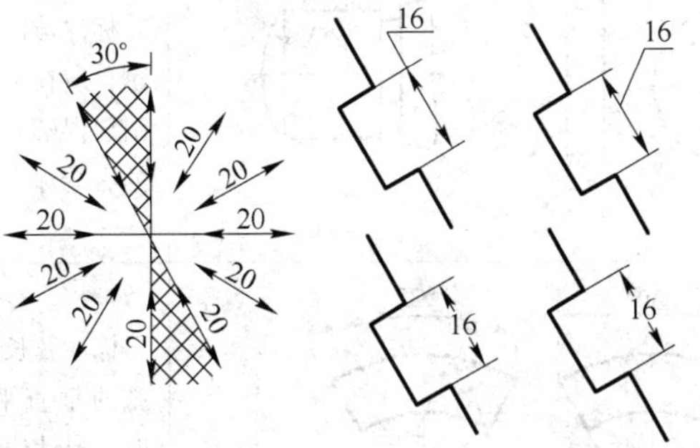 30° 20 20 20 20 20 20 20 20 20 20 16 16 16 16	尺寸数字应按左图所示方向注写，并尽可能避免在图示 30° 范围内标注尺寸，当无法避免时可按右图的形式标注
角度	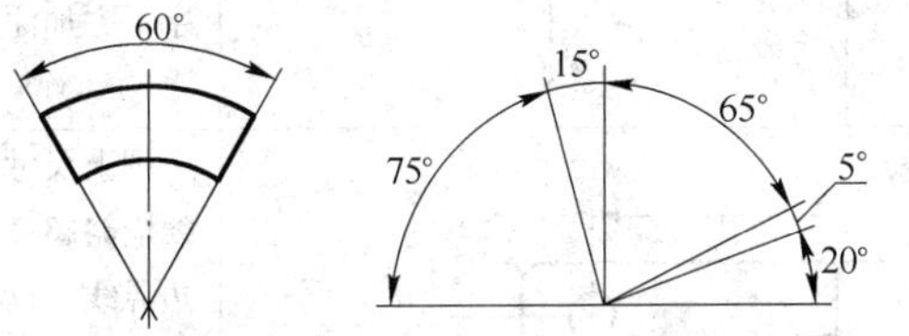 60° 15° 65° 75° 5° 20°	尺寸界线应沿径向引出，尺寸线画成圆弧，圆心是角的顶点；尺寸数字应一律水平书写，一般注在尺寸线的中断处，必要时也可按右图的形式标注
圆	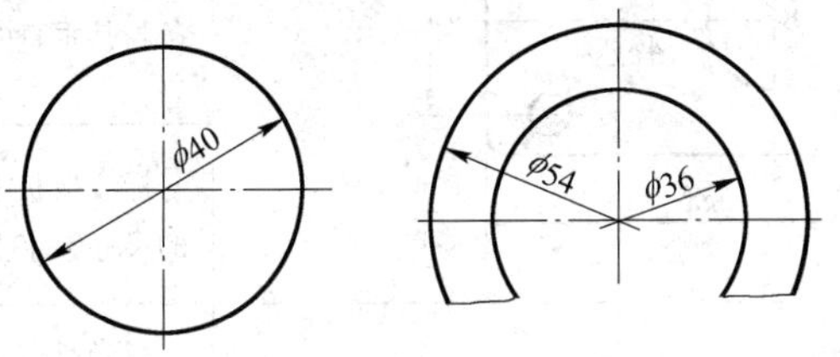 ϕ40 ϕ54 ϕ36	圆的直径、半径尺寸数字前加注符号，通常小于或等于半径的圆弧注写半径，大于半径的圆弧注写直径
圆弧	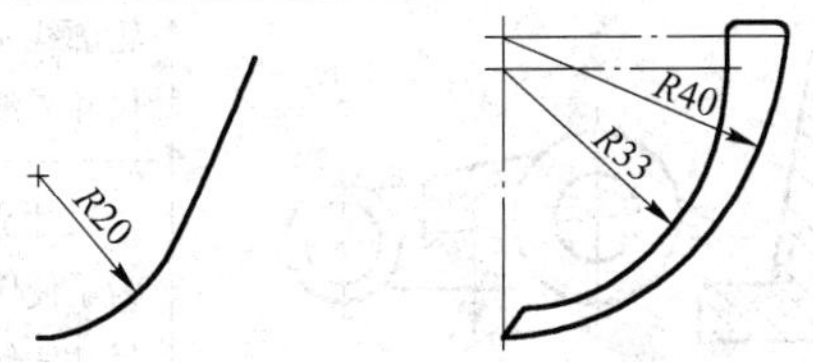 R20 R40 R33	圆弧的半径尺寸一般应按这两个例图标注
大圆弧	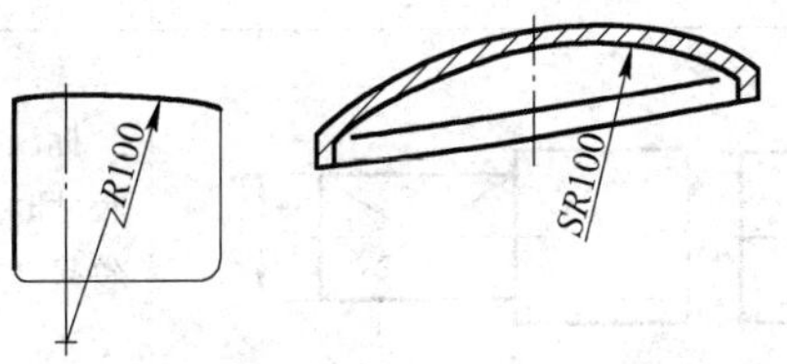 R100 SR100	在图纸范围内无法标出圆心位置时，可按左图标注；不需标出圆心位置时，可按右图标注

续表 2-9

标注内容	示　例	说　明
小尺寸	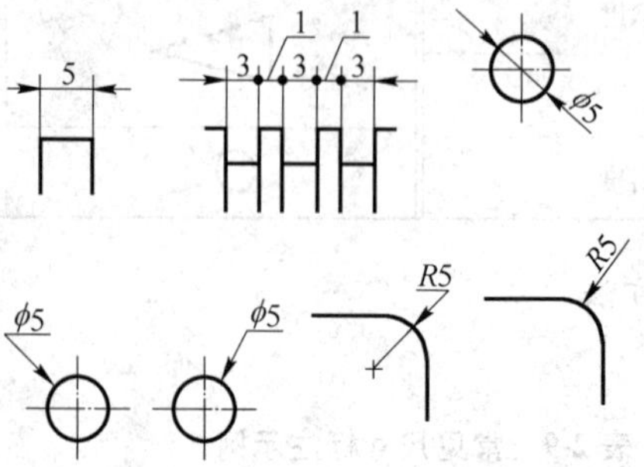	当没有足够的位置标注尺寸时，箭头可外移或用小圆点代替两个箭头；尺寸数字也可写在尺寸界线外或引出标注
球面	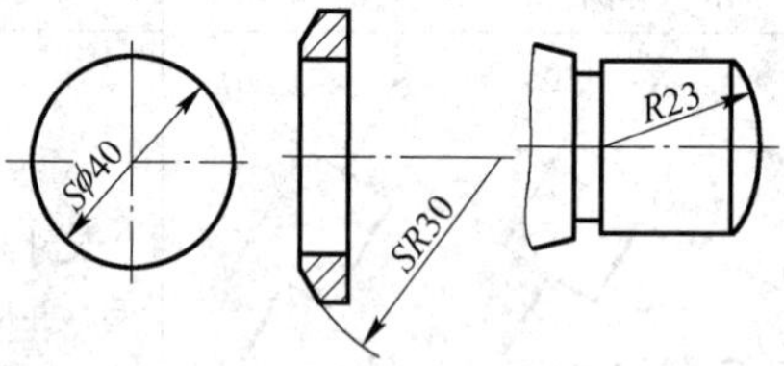	标注球面的尺寸，如左侧两图所示，应在 ϕ 或 R 前加注“S”。不致引起误解时，则可省略，如右图中的右端球面
弦长和弧长	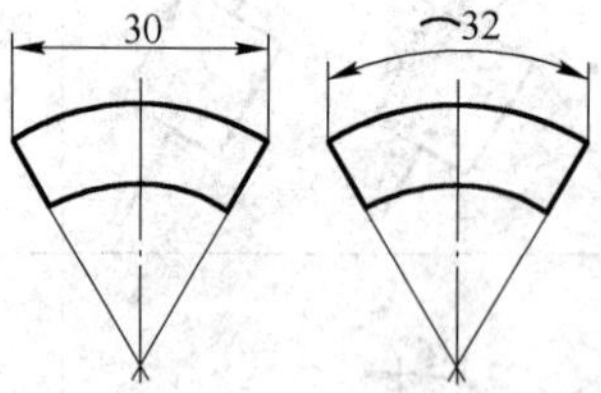	标注弦长时，尺寸界线应平行于弦的垂直平分线。标注弧长尺寸时，尺寸线用圆弧，并应在尺寸数字上方加注符号
只画出一半或大于一半时的对称机件	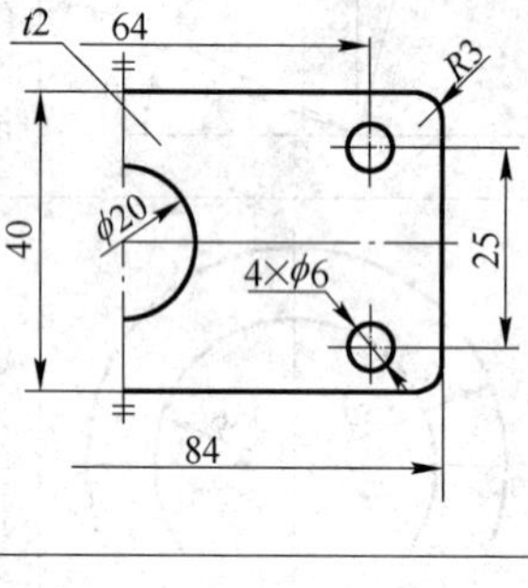	图上尺寸 84 和 64，它们的尺寸线应略超过对称中心线或断裂处的边界线，仅在尺寸线的顶端画出箭头，在对称中心线两端分别画出两条与其垂直的平行细实线（对称符号）
板状零件		标注板状零件的尺寸时，在厚度的尺寸数字上方加注符号“t”
光滑过渡处的尺寸	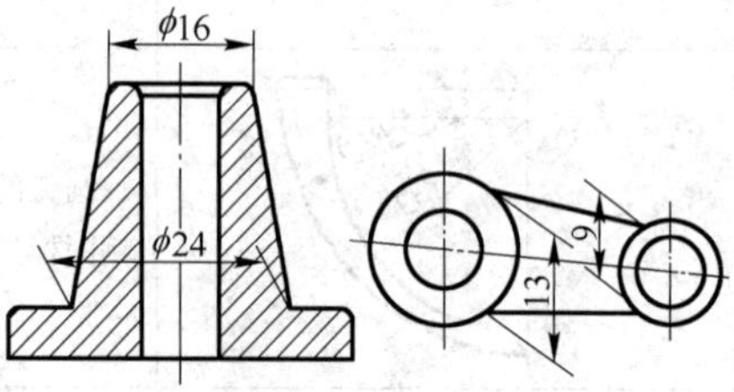	在光滑过渡处，必须用细实线将轮廓线延长，并从它们的交点引出尺寸界线
允许尺寸界线倾斜		尺寸界线一般应与尺寸线垂直，为了使图线清晰，允许尺寸界线与尺寸线倾斜
正方形结构	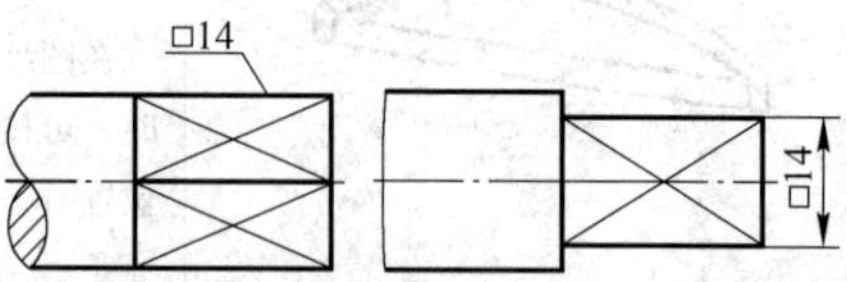	标注机件的剖面为正方形结构的尺寸时，可在边长尺寸数字前加注符号“□”

续表 2-9

标注内容	示例	说明
斜度和锥度	h 30° h 30° ∠1:50 1:15 (α/2=1°54′33″)	斜度、锥度可用斜度和锥度符号表示，符号方向应与斜度、锥度的方向一致，符号的线宽为 $h/10$
图线通过尺寸数字时的处理	φ8 3.2 15 φ4.5 90° φ9.6 15 φ4.5	尺寸数字不可被任何图线通过，当尺寸数字无法避免被图线通过时，图线必须断开

注意：在小尺寸标注时，当标注对象为小圆弧半径尺寸，尺寸线不论是否画到圆心，其方向必须指向圆心。

2.2 常用尺规绘图工具

绘制工程图样是工程制图课程的重要内容，工程制图包括尺规绘图、徒手绘图、计算机绘图三种形式。虽然目前计算机被广泛应用，计算机绘图成为工程绘图的主流，但是尺规绘图仍然是技术人员应该熟练掌握的基本技能之一。

尺规绘图的关键是熟练掌握常用的绘图工具。熟练掌握绘图工具既可以提高绘图速度又可以保证绘图质量。一般的尺规绘图工具包括图板、丁字尺、铅笔、三角板、圆规、分规、曲线板等。

2.2.1 图板与丁字尺

图板是用于摆放图纸的工具，要求板面平坦、光洁。在机械制图中贴图纸要用透明胶带，不宜使用图钉。如图 2-19 所示，图板的左边是铝制导边，导边要求平直不能带有凸起，从而使丁字尺的工作边在导边的任何位置都可以保持平衡。

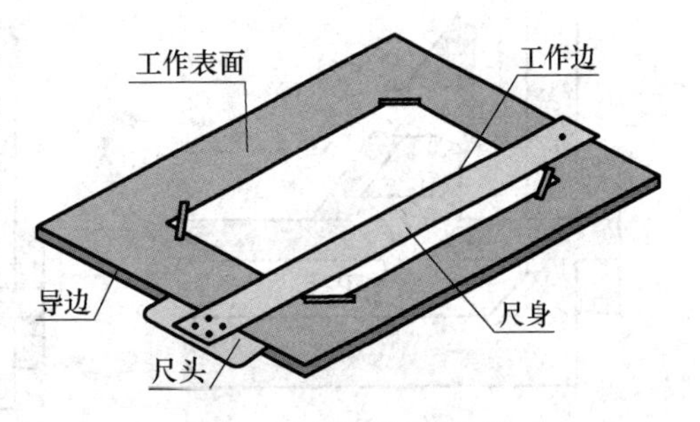

图 2-19 图板与丁字尺

图板的大小有着不同的规格，可根据需要进行选择。0 号图板适用于 A0 号图纸，但是用大一号的 A0 图板则使用适应性更好。图板放在桌面上，板身宜与水平桌面成 10°~15°倾斜。图板不可以用水刷洗，也不可以在太阳下暴晒。

丁字尺是由相互垂直的尺头和尺身组成。尺身要牢牢地固定在尺头上，尺头的内侧面必须平直，使用时尺头应当紧紧靠在图板的左侧——导边，如图 2-19 所示。在画出一张图纸时，尺头不可以在图板的其他边进行滑动，以避免由于图板各边不成直角画出的图线不准确。丁字尺的尺身必须平直光滑，不可用丁字尺击打物体。丁字尺用完后应当竖直挂起，避免尺身产生弯曲或是断裂。

丁字尺主要是用来绘制水平线，并且只能沿着尺身的上侧画线。作图时，左手把住尺头，使它始终紧紧靠在图板的导边上，然后上下移动丁字尺，直到工作边移动到要画水平线的位置，从左至右画出水平线，如图 2-20 所示。画较长的水平线时，可把左手滑过来按住尺身，防止丁字尺发生摆动倾斜。

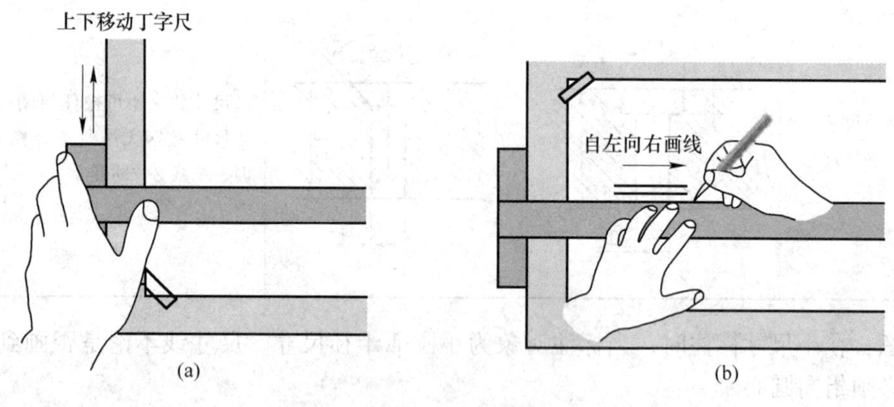

图 2-20　丁字尺画水平线

2.2.2　三角板

三角板每副有两块，与丁字尺进行配合可以画出垂直线以及 30°、60°、45°、75°等倾斜线。两块三角板可以画出已知直线的平行线与垂直线。如图 2-21 所示，画铅垂线时，先将丁字尺移动到所绘区域的下方，把直角三角板的直角边紧靠丁字尺的工作边，然后移动三角尺，直到另一直角边对准要画线的地方，再用左手按住丁字尺与三角板，自下而上画线。

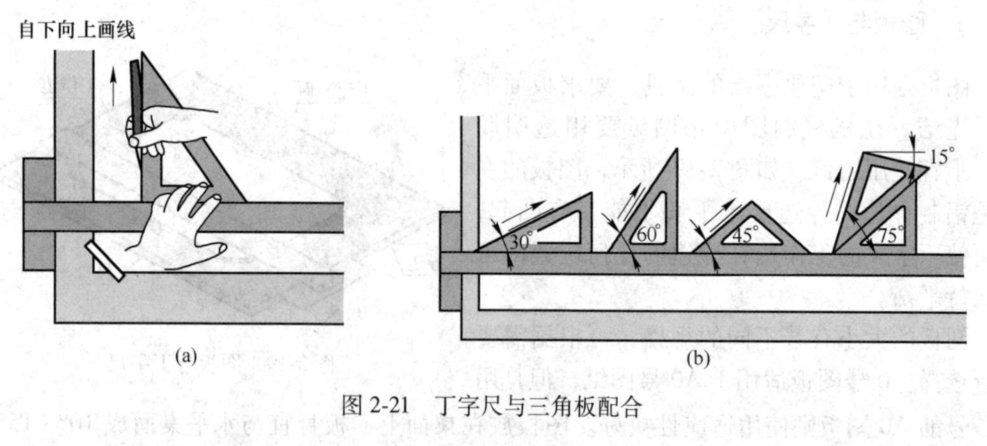

图 2-21　丁字尺与三角板配合

2.2.3 圆规

圆规可画圆或者圆弧，也可以当作分规来使用。圆规的一条腿上装有钢针，用带台阶的一端画圆，以防止圆心扩大，从而保证画圆的准确度；另一条腿上附有插脚，可作不同用途。画圆时，圆规稍向前倾斜，顺时针旋转。画较大圆时应当调整针尖和插脚与纸面垂直。画更大圆要接延长杆。圆规的铅芯要磨成凿形，并使斜面向外。铅芯的硬度比画同种直线的铅笔软一号，以保证图线深浅一致。圆规的使用如图 2-22 所示。

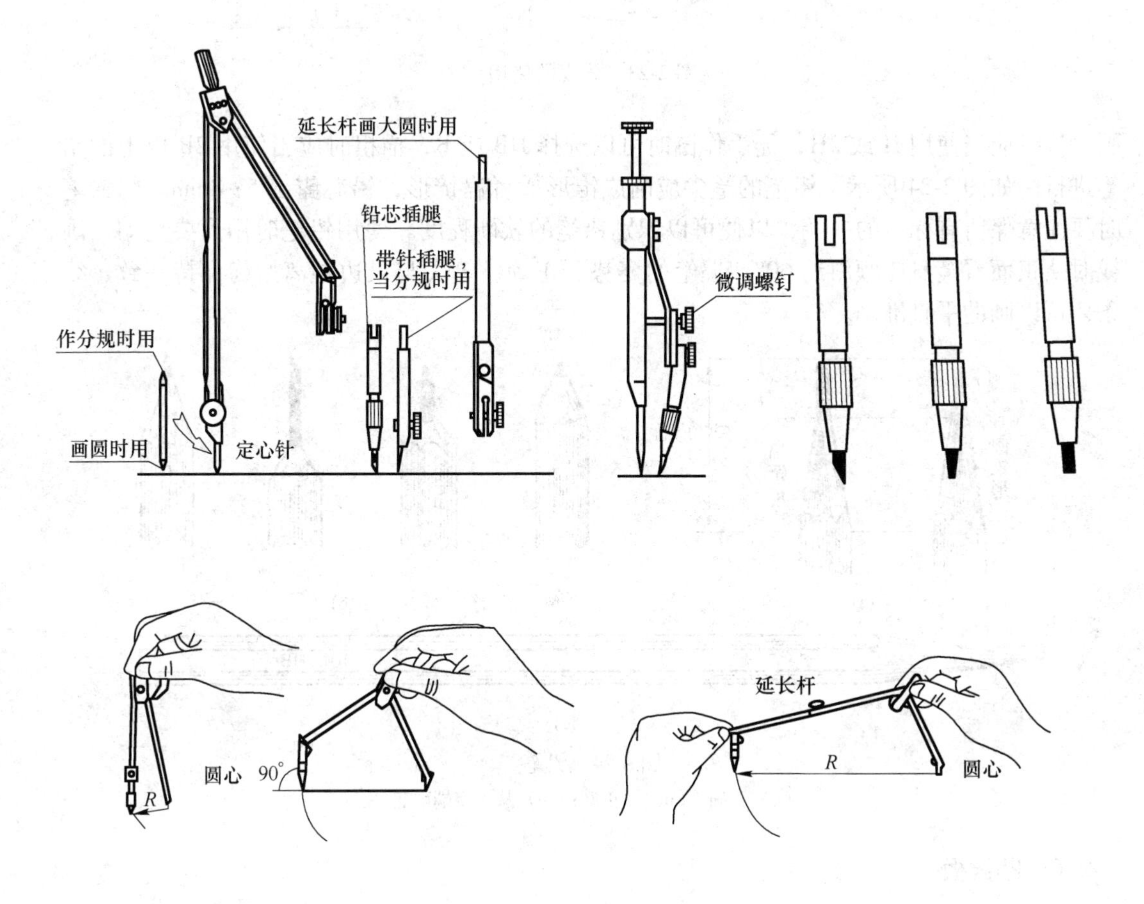

图 2-22 圆规的使用

2.2.4 分规

分规是用来量取长度以及等分线段的。其使用方法如图 2-23 所示，两脚并拢后针尖对齐。从比例尺上量取长度，切忌针尖刺入尺面。当量取若干段相等线段时，可令两个针尖交替地做旋转运动，使分规沿着不同方向旋转前进。

2.2.5 铅笔

绘图铅笔有着不同的硬度。标号 B、2B、…、6B 表示为软铅芯，数字越大表示铅芯越软。标号 H、2H、…、6H 表示硬铅芯，数字越大表示铅芯越硬。标号 HB 表示中软，

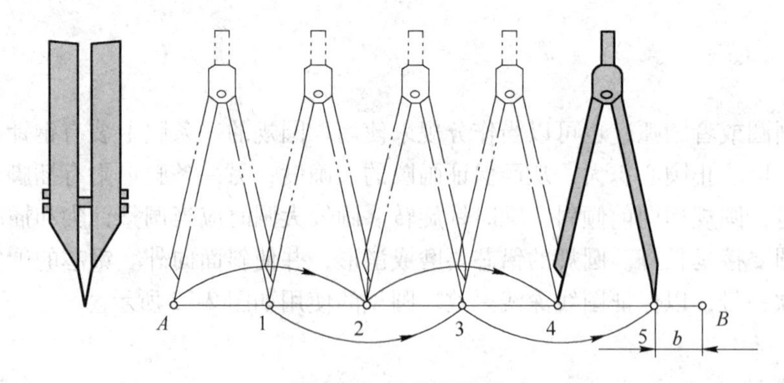

图 2-23　分规的使用

画底稿时应当使用 H 或 2H，徒手作图时可以选择 HB 或 B，描粗时应当使用 2B 以上的铅笔进行。如图 2-24 所示，铅笔的笔尖应削成锥形或者扁铲形，铅芯露出 5~8mm。削铅笔时要注意保留有标号的一端，以便可以识别铅笔的软硬程度。使用铅笔时用力要均匀，画线时从正面看笔身应倾斜约 60°。握笔的姿势要正确，笔尖与尺边距离始终保持一致，线条才可以画的平直准确。

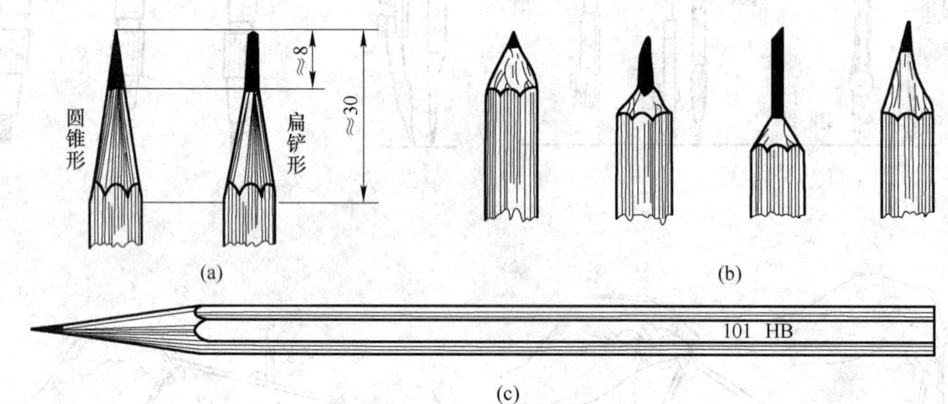

图 2-24　铅笔

（a）正确；（b）不正确；（c）从无字端削起

2.2.6　曲线板

曲线板可以画出非圆曲线，其轮廓线由多段不同曲率半径的曲线组成，如图 2-25 所

图 2-25　曲线板

示。使用曲线板之前必须要先确定出曲线上的若干控制点。用铅笔徒手沿各点轻轻勾画出曲线。然后选择曲线板上曲率相应的部分，分段描绘。每次至少有三点与曲线板相吻合，并且留下一小段不描，在下段中与曲线板再次吻合后描绘，以保证曲线光滑。

2.3 基本几何绘图方法

几何绘图指的是使用尺规作图工具，按照几何原理绘制机械图样中常见的几何图形。

2.3.1 等分线段作图

如图 2-26（a）所示，将已知线段 *AB* 作六等分，即：

（1）过点 *A* 作任意射线 *AC*，用直尺在 *AC* 上从 *A* 点开始任意的截取六等份，分别得到点 1、2、3、4、5、6，如图 2-26（b）所示。

（2）连接 *B* 点与 6 点，过其余 5 个点作直线平行于 *B*6 同时交 *AB* 于 5 个分点，即可将 *AB* 六等分，如图 2-26（c）所示。

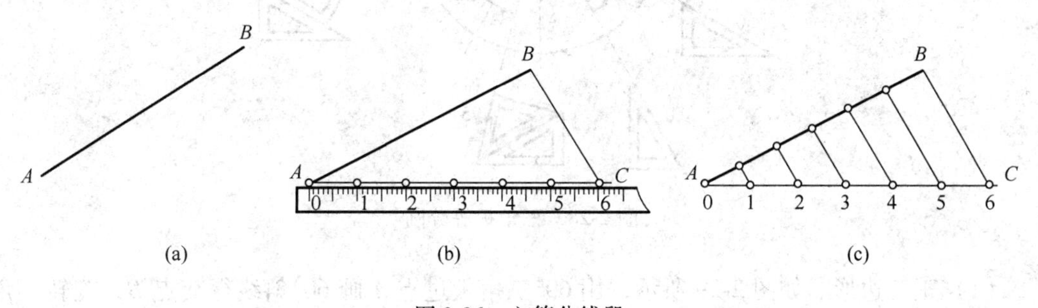

图 2-26 六等分线段

以此类推，根据此原理可以实现对线段的 *n* 段等分。在这里请读者自行进行五等分的练习。

2.3.2 等分两平行线段之间的距离

如图 2-27（a）所示，将已知两平行线之间的距离作四等分。

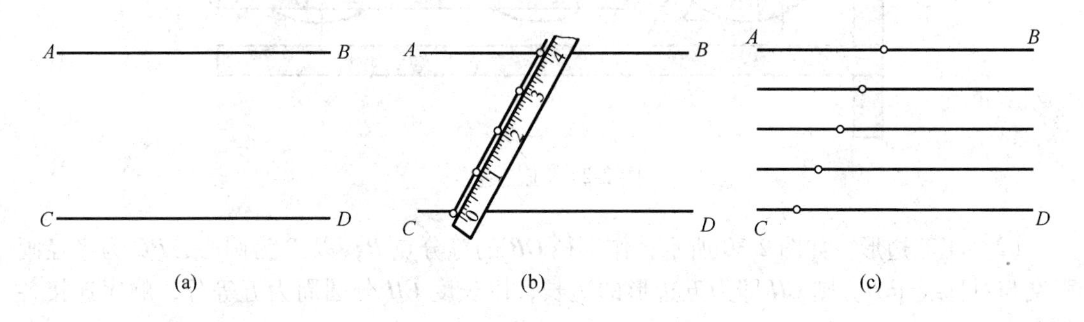

图 2-27 平分两平行线间的距离

（1）将直线刻度尺 0 点放于 *CD* 上，摆动尺身，使刻度 4 落在 *AB* 上，截得点 1、2、3，如图 2-27（b）所示。

（2）过各等分点作 AB 或 BC 的平行线，即为所求，如图 2-27（c）所示。

2.3.3 正多边形作图

正多边形的绘制一般采用等分其外接圆，连接各等分点的方法。在一些特殊的等分情况下可以用三角板配合进行作图，如图 2-28 所示。

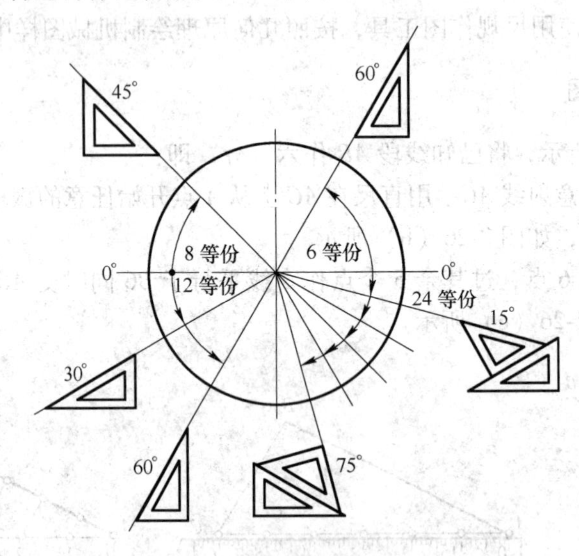

图 2-28 三角板等分圆

（1）正三边形。如图 2-29 所示，用 60°三角板过点 A 画 60°斜线得交点 B，旋转三角板，同法画出 60°斜线得到交点 C，用丁字尺连接 BC 得到正三角形。

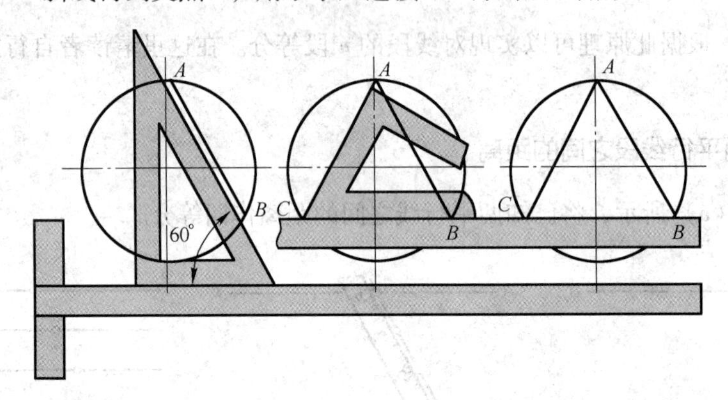

图 2-29 正三边形

（2）正五边形。如图 2-30 所示，作半径 OB 的等分点 P，以 P 为圆心，PC 为半径画弧交与对称线于 H，则 CH 即为五边形的边长，以长度 CH 分圆周为五等分，顺序连接各等分点即为五边形。

（3）正六边形。图 2-31 列举了 3 种情况的正六边形的绘制方法。

（4）正 n 边形。图 2-32 给出正七边形的近似画法，即：

1）根据已知 AL 画圆，将直径 AL 分成圆周要等分的份数（作辅助射线 AL' 用平行线

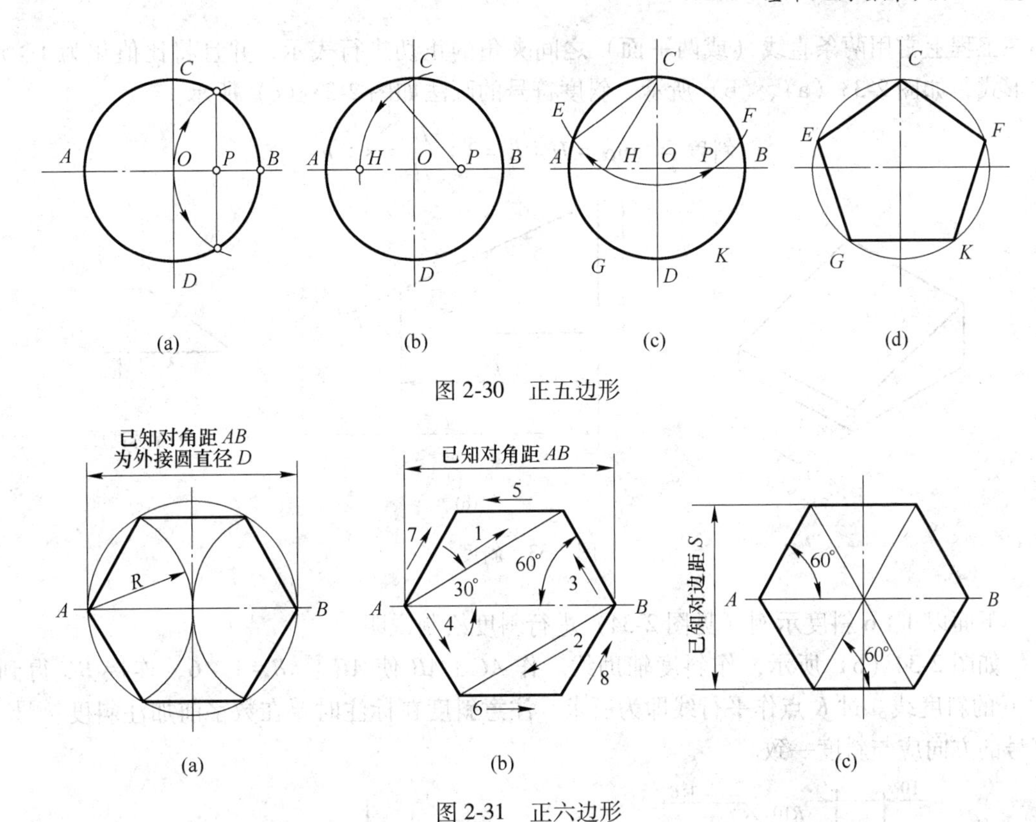

图 2-30 正五边形

图 2-31 正六边形

法等分直径）。此处分成七等份。

2）以 L 为圆心，LA 为半径作圆弧与 MN 的延长线交于点 H。

3）连接点 H 与点 2（作任何多边形都是通过第二等分点）其延长线交圆周于点 G，AG 即为正七边形的边长。

4）用相同的方法依次通过点 4、点 6 进行绘图，最终完成正七边形。

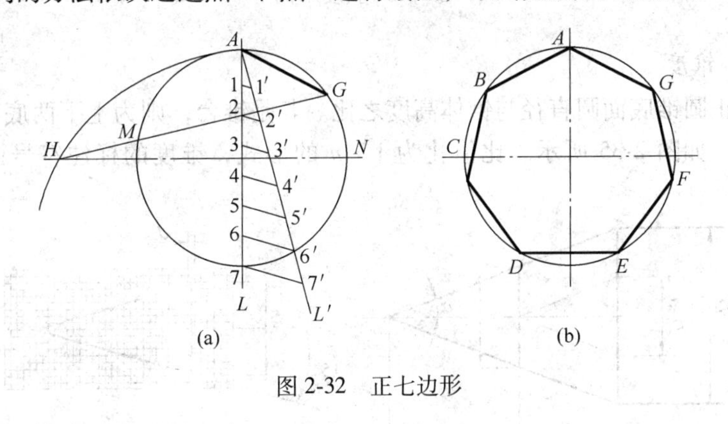

图 2-32 正七边形

2.3.4 斜度与锥度

2.3.4.1 斜度

斜度是指一条直线（或者平面）相对于另一条直线（或者平面）的倾斜程度。其大小在工程上常用两条直线（或两平面）之间夹角的正切进行表示，并且将比值化为 1∶n 的形式，如图 2-33（a）、（b）所示。斜度符号的画法如图 2-33（c）所示。

$$斜度 = \tan\alpha = H : L = 1 : \frac{L}{H} = 1 : n$$

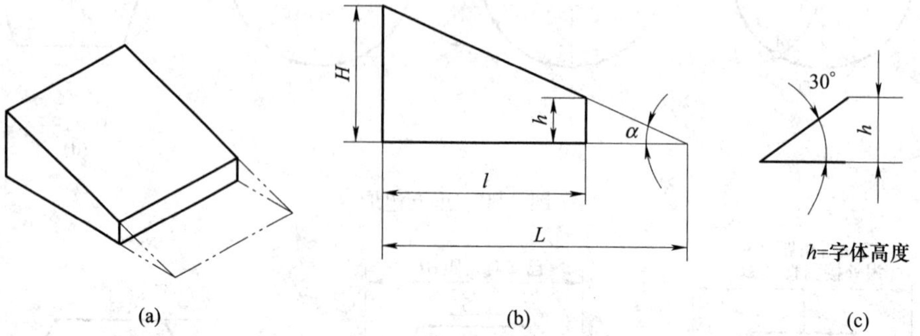

(a)　　(b)　　(c)

图 2-33　斜度

下面以 1∶6 斜度示例（见图 2-34）进行斜度绘制说明。

如图 2-34（b）所示，作斜度辅助线。作 $AC \perp AB$ 使 $AC : AB = 1 : 6$，连接 BC 得到 1∶6 的斜度线。过 K 点作平行线即为所求。注意斜度在标注时要在数字前加注斜度符号，符号的方向应与斜度一致。

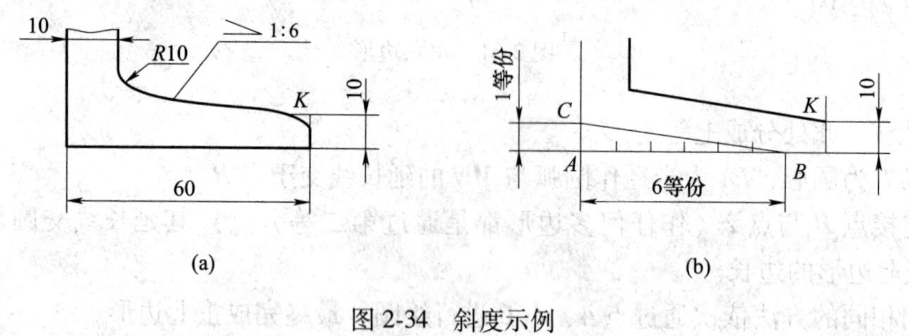

图 2-34　斜度示例

2.3.4.2　锥度

锥度是指正圆锥底面圆直径与锥体高度之比。若是锥台，则为上下两底面圆直径差与锥台高度之比，如图 2-35 所示。比值化为 1∶n 的形式，锥度的标注符号画法如图 2-35（b）所示。

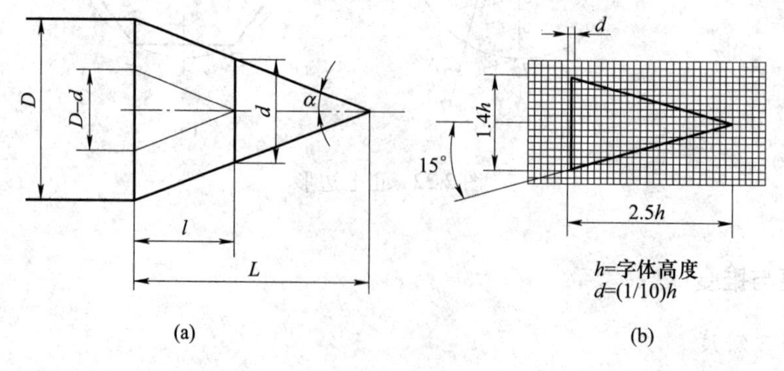

图 2-35　锥度

【例 2-1】　求作机件右端锥度为 1∶3 的圆锥台（见图 2-36）。

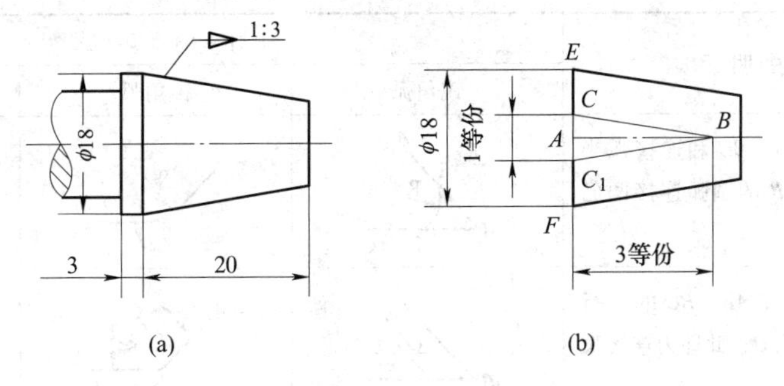

图 2-36　锥度

作图步骤：

（1）作 $EF \perp AB$，由 A 沿垂线向上和向下分别取 1/2 个等份（每个等份尺寸可以任意选择，只要保证正确的锥度比例即可），得点 C 和 C_1。

（2）由点 A 沿轴线取三等份得点 B，连接 BC 与 BC_1，即得 1∶3 的锥度线。

（3）过点 E、F 分别作 BC 与 BC_1 的平行线，即得所求圆锥台的锥度。锥度需引线标注，且符号的方向与锥度的实际方向一致，参考 GB/T 15754—1995。

2.3.5　圆弧连接

在绘图过程中，经常会遇到圆弧连接。圆弧连接的实质就是用已知半径的圆弧去光滑地连接两条已知线段（直线或是圆弧）。其中起连接作用的圆弧称为连接弧。这种光滑的连接就是几何中的相切，切点就是连接点，如图 2-37 所示。

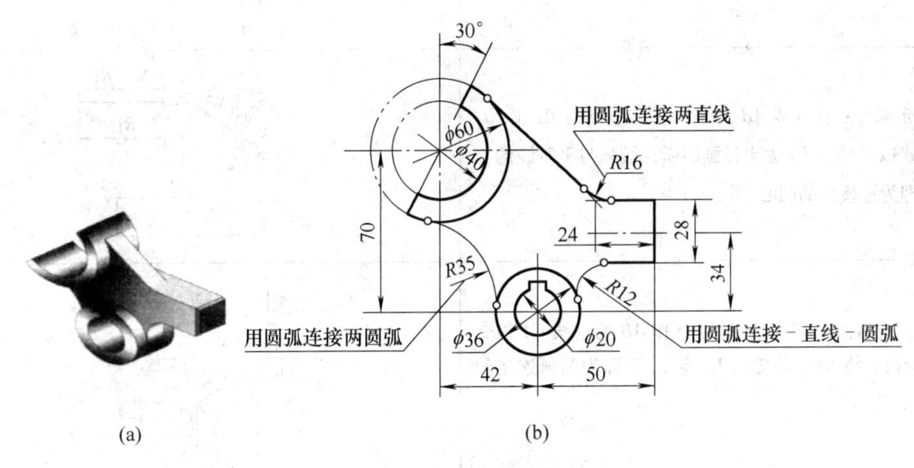

图 2-37　圆弧连接

（1）两直线间的圆弧连接。两直线相交形成锐角、直角、钝角三种形式，其作图方法见表 2-10。

（2）直线与圆弧间的圆弧连接。用已知半径为 R 的圆弧外接已知直线或圆弧的圆弧连接，见表 2-11。

表 2-10　两直线间的圆弧连接

作图说明	作图步骤		
	锐角弧	钝角弧	直角弧
已知两相交直线 *AB*、*BC* 和连接弧半径 *R*，要求用半径为 *R* 的圆弧连接两已知直线 *AB* 和 *BC*	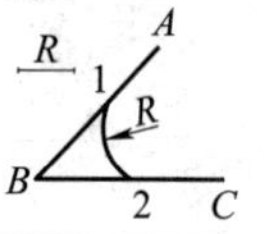	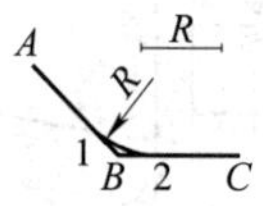	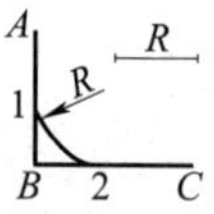
（1）定圆心：分别作 *AB*、*BC* 的平行线，距离为 *R*，得交点 *O*，此即为连接弧的圆心	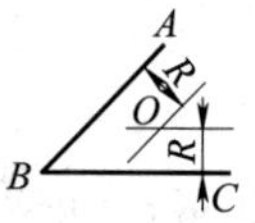	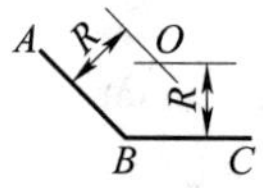	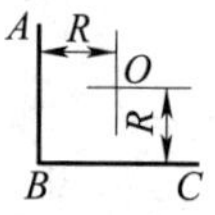
（2）找连接点（切点）：自点 *O* 向 *AB* 及 *BC* 分别作垂线，垂足 1 和 2 即为连接点	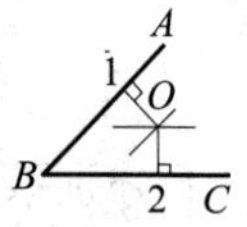	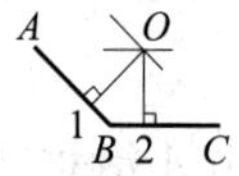	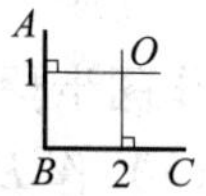
（3）画连接弧：以 *O* 为圆心，*O*1 为半径作圆弧 $\overset{\frown}{12}$ 把 *AB*、*BC* 连接起来，这个圆弧即为所求	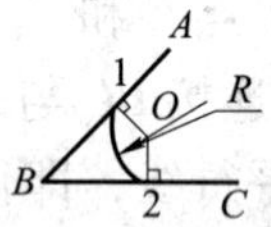	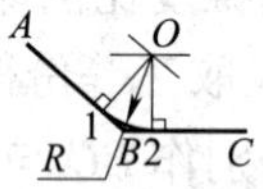	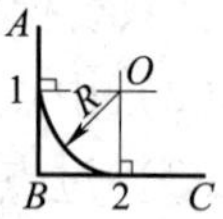

表 2-11　直线与圆弧的圆弧连接

作图说明	作图步骤
已知连接弧半径 *R*、直线 *AB* 和半径为 R_1 的圆弧，要求用半径为 *R* 的圆弧，外切已知直线 *AB* 和已知半径为 R_1 的圆弧	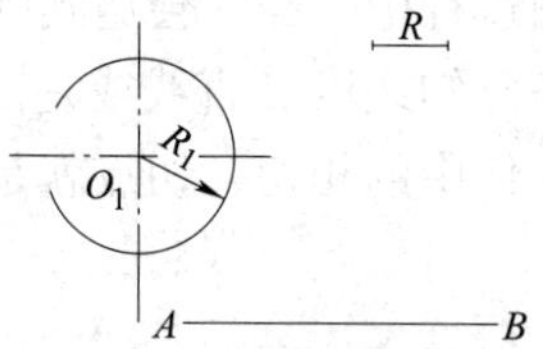
（1）定圆心：作直线 *AB* 的平行线，距离为 *R*；以 O_1 为圆心，以 $R+R_1=R_2$ 为半径画圆弧；圆弧与平行线的交点 *O*，即为连接弧的圆心	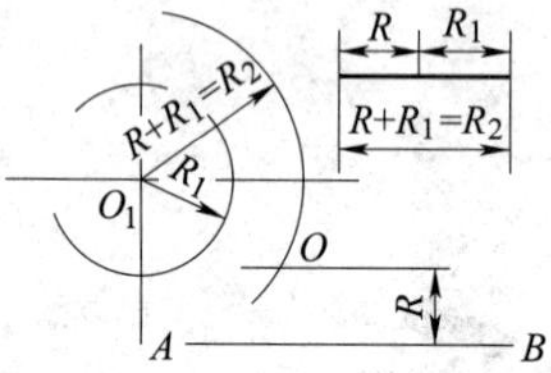
（2）定连接点（切点）：过点 *O* 作 *AB* 的垂线 *O*1 得交点 1，画连心线 OO_1 得交点 2；点 1、2 即为圆弧连接的两个切点	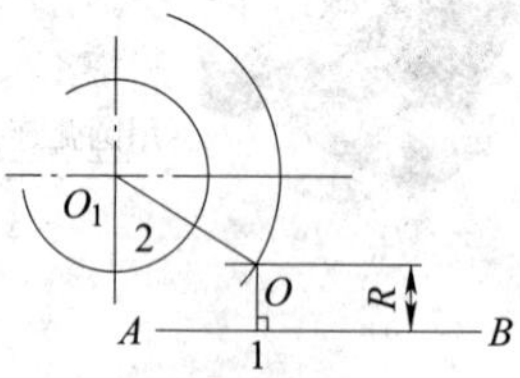
（3）画连接弧：以 *O* 为圆心，*R* 为半径画圆弧 $\overset{\frown}{12}$，即为所求的连接弧	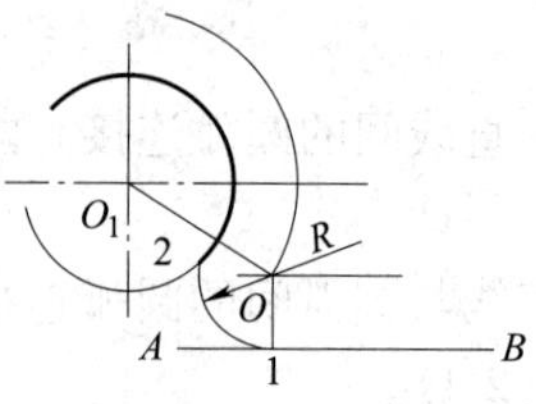

（3）两圆弧之间的圆弧连接，见表2-12。

表 2-12 两圆弧之间的连接

作图说明	作图步骤	
	外连接	内连接
已知连接弧半径 R 和两已知圆弧半径 R_1、R_2，圆心位置 O_1、O_2，要求用半径为 R 的圆弧连接两已知圆弧	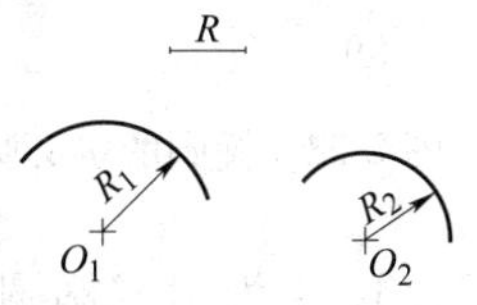	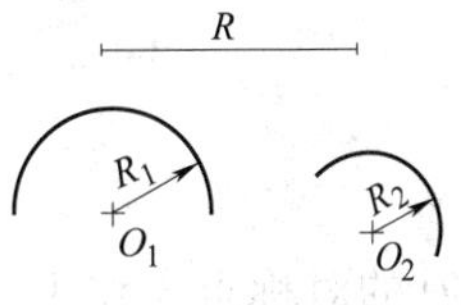
（1）定圆心：以 O_1 为圆心，外切时以 $R+R_1$（内切时以 $R-R_1$）为半径画圆弧；以 O_2 为圆心，外切时以 $R+R_2$（内切时以 $R-R_2$）为半径画圆弧；两圆弧的交点 O 即为连接弧的圆心	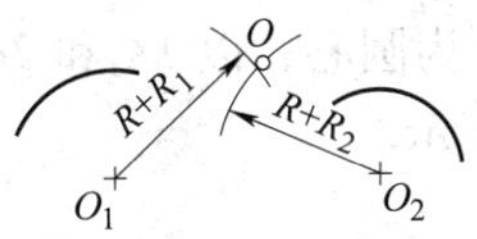	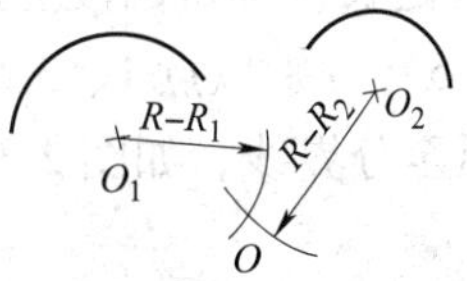
（2）定连接点（切点）：连接 O、O_1 及 O、O_2（内切时延长）交已知圆弧于1、2两点	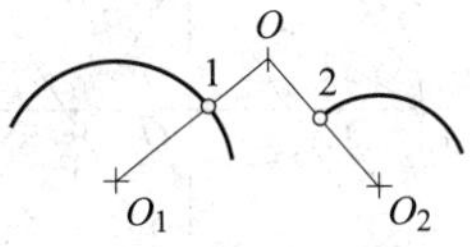	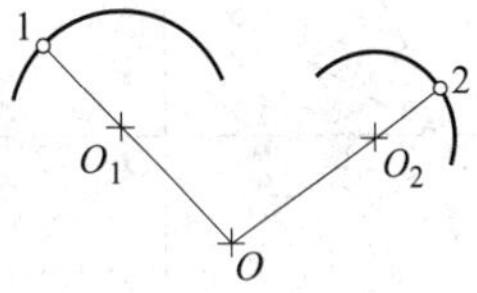
（3）画连接弧：以 O 为圆心，以 R 为半径，画连接弧 $\overset{\frown}{12}$，即为所求连接弧	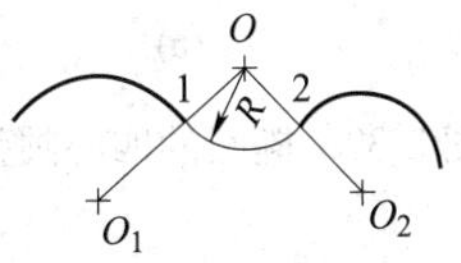	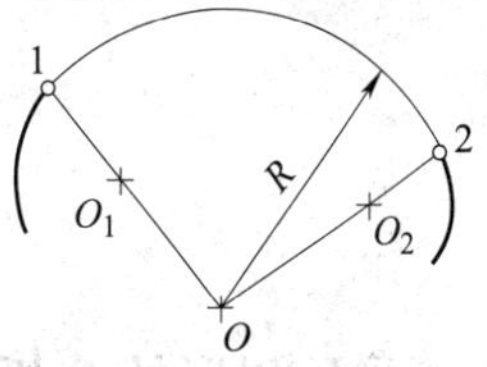

2.3.6 椭圆的近似画法

（1）定义画法。如图2-38所示，作图步骤如下：

1）以椭圆中心为圆心，分别以长轴、短轴的长度为直径作两个同心圆，如图2-38（a）所示。

2）过圆心作任意直线交大圆于点1、2，交小圆于点3、4，分别过点1、2引垂直线，过3、4引水平线，它们的交点 a、b 即为椭圆上的点，如图2-38（b）所示。

3）按照第2）步的方法重复作图，求出椭圆上一系列的点，如图2-38（c）所示。

4）用光滑的曲线连接诸点，即得到所求得椭圆，如图2-38（d）所示。

（2）四心圆弧画法。如图2-39所示，作图步骤如下：

1）画出两条正交的中心线，确定椭圆的中心点 O，长轴的左端点 A、右端点 B 和短轴的上端点 C 以及下端点 D，然后连接 AC，如图2-39（a）所示。

2）以 O 点为圆心，OA 为半径画圆弧交 OC 延长线于点 E。

3）以 C 点为圆心，CE 为半径画圆弧交 AC 于点 F。

4）作 AF 的垂直平分线分别交 AB 于1、CD 于点2，然后求点1、2对于长轴 AB、短

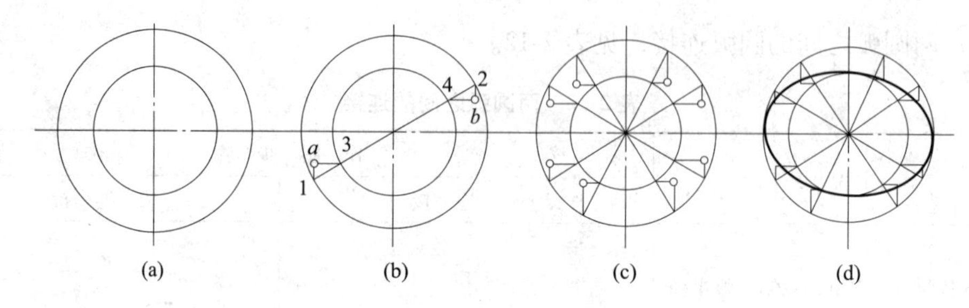

图 2-38 椭圆的定义画法

轴 CD 的对称点 3 和 4，则点 1、2、3、4 为组成椭圆四段圆弧的圆心。连接 12、14、23、34 并延长，即得四段圆弧的分界线，如图 2-39（b）所示。

5）分别以点 1、3 和点 2、4 为圆心，以 1A 和 2C 为半径分别画两段小圆弧和两段大圆弧至分界线，如图 2-39（c）所示。

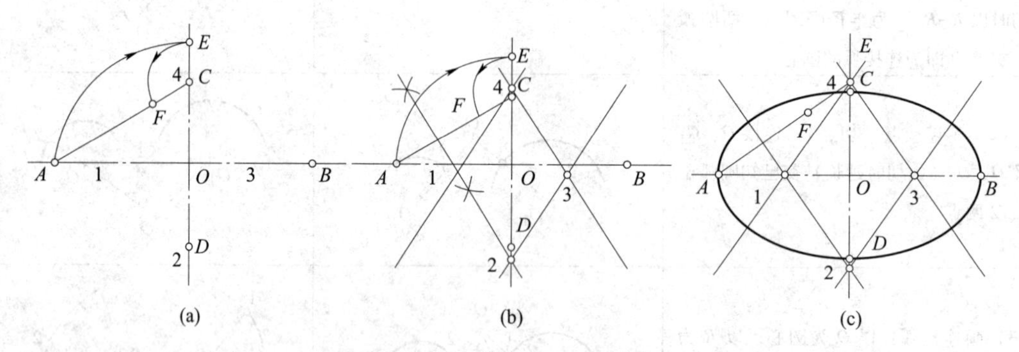

图 2-39 椭圆的四心圆弧画法

2.4 平面图形的分析与画法

平面图形常由一些线段连接而成的一个或数个封闭线框构成。在画图时，要根据图中的尺寸，确定画图步骤。因此，要对平面图形的尺寸与线段进行分析，以确定正确的标注尺寸，避免出现尺寸的多标、漏标等现象。

2.4.1 平面图形的尺寸分析

对平面图形的尺寸进行分析，可以检查尺寸的完整性，确定各线段以及圆弧的作图顺序。尺寸按其在平面图形中所起到的作用，可以分为定形尺寸和定位尺寸两大类。想要确定平面图形中线段的上下、左右的相对位置，必须要引入基准的概念。

2.4.1.1 基准

确定平面图形尺寸位置的几何元素（点、线）称为尺寸基准（简称基准）。一个平面图形中至少存在两个基准，如直角坐标系中 X、Y 方向的基准。通常，平面图形中用作基准的有：

（1）对称图形的对称中心线；

（2）较大圆的中心线；

(3) 较长的直线。

图 2-40 是以水平的对称中心线作为高度方向上的尺寸基准，以较长的竖直线作为水平方向上的尺寸基准。

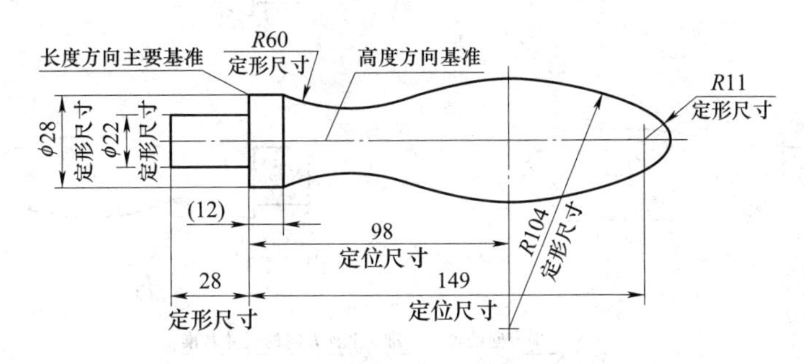

图 2-40 平面图形的尺寸分析

2.4.1.2 定形尺寸

定形尺寸是确定图形中各几何元素形状大小的尺寸。如直线的长度、圆以及圆弧的直径与半径以及角度的大小等。图 2-40 中 $\phi22$、$\phi28$、28、$R11$、$R60$、$R104$ 等都是定形尺寸。

2.4.1.3 定位尺寸

确定平面图形上的线段或线框之间相对位置的尺寸称为定位尺寸。图 2-40 中 98、149 是确定 $R104$、$R11$ 两圆弧位置的定位尺寸。

2.4.2 平面图形的线段分析

由平面图形的尺寸标注和线段间的连接关系，平面图形中的线段可分为已知线段、中间线段和连接线段三类，即：

(1) 已知线段。利用图中所给尺寸可直接画出的线段称为已知线段，即有足够的定形尺寸和定位尺寸的线段。如图 2-40 中的 $\phi22$、$\phi28$、28、$R11$、98 和 149 等。

(2) 中间线段。利用图中所给尺寸，并需借助一个连接关系才能画出的线段称为中间线段。换句话说，除已知尺寸外，还需一个连接关系才能画出的线段，即缺少一个定位尺寸。图 2-40 中的 $R104$ 为中间线段。

(3) 连接线段。利用图中所给尺寸，并需借助两个连接关系才能画出的线段称为连接线段。图 2-40 中的 $R60$ 为连接线段。

2.4.3 平面图形的画法

以图 2-41 的手柄为例，其画法可以分为以下几步：

(1) 分析图形，如图 2-41 所示，通过图样上已经注出的尺寸分析哪些是已知线段，哪些是连接线段，同时确定尺寸的基准在哪里，如图 2-41 (a) 所示。

(2) 画出各已知线段，如图 2-41 (b) 所示。

(3) 画出各中间线段，利用圆的相切关系确定圆心以及切点的位置，画出圆弧，如图 2-41 (c) 所示。

（4）利用圆弧连接完成各连接线段，最后校对全图完成图样，如图 2-41（d）所示。

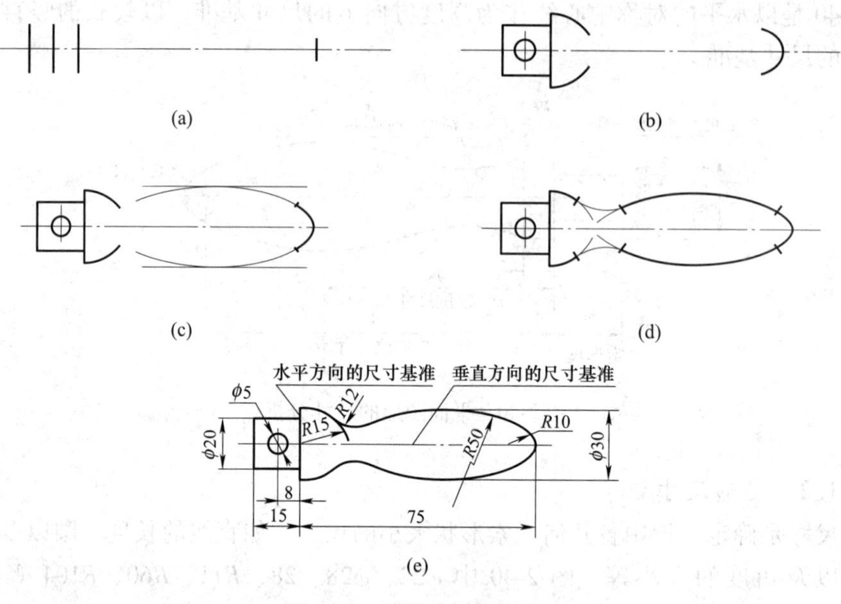

图 2-41　手柄绘制的步骤

2.5　绘图的一般方法和步骤

为了提高图样质量和绘图速度，除了必须熟悉国家制图标准，掌握几何作图的方法和正确使用绘图工具外，还必须掌握正确的绘图程序和方法。

2.5.1　绘图前的准备工作

绘图前需做到：

（1）阅读有关文件、资料，了解所画图样的内容和要求。

（2）准备好绘图用的图板、丁字尺、三角板、圆规及其他工具、用品，把铅笔按线型要求削好。

（3）根据所绘图形或物体的大小和复杂程度选定比例，确定图纸幅面，将图纸用透明胶带固定在图板上。在固定图纸时，应使图纸的上下边与丁字尺的尺身平行。当图纸较小时，应将图纸布置在图板的左下方，且使图纸的底边与图板的下边缘至少留有一个尺深的宽度，以便放置丁字尺。

2.5.2　画底稿

画底稿时应注意：

（1）按国家标准规定画图框和标题栏。

（2）布置图形的位置。根据每个图形的尺寸大小确定适当位置，同时要考虑标注尺寸或说明等内容所占的位置，图形之间留有足够的空间，图形的布置要均匀整齐。

（3）先画图形的轴线或对称中心线，再画主要轮廓线，然后由主到次、整体到局部，画出其余图线。

（4）画其他符号、尺寸线、尺寸界线、尺寸数字横线和仿宋字的格子。

（5）仔细检查校对，擦去多余线条和污垢。

2.5.3 加深

按规定线型加深底稿，应做到线型正确、粗细分明、连接光滑、图面整洁。同一类线型，加深后的粗细要致。其顺序一般是：

（1）加深点画线；

（2）加深粗实线圆和圆弧；

（3）由上至下加深水平粗实线，再由左至右加深垂直的粗实线，最后加深倾斜的粗实线；

（4）按加深粗实线的顺序依次加深所有的虚线圆和圆弧以及虚线；

（5）加深细实线、波浪线；

（6）画符号和箭头，注尺寸，书写注释和标题栏等；

（7）全面检查，改正错误，并作必要的修饰。

2.6 徒手绘图的相关知识

徒手绘图所使用的铅笔铅芯磨成圆锥形，画对称中心线和尺寸线的磨得较尖，画可见轮廓线的磨得较钝。所使用的图纸无特别要求，为方便常使用印有浅色方格和菱形格的作图纸。

一个物体的图形无论怎样复杂，总是由直线、圆、圆弧和曲线所组成。因此要画好草图，必须掌握徒手画各种线条的手法。

2.6.1 握笔的方法

手握笔的位置要比尺规作图高一些，以利于运笔和观察目标。笔杆与纸面成 45°~60°角，执笔稳而有力。

2.6.2 直线的画法

徒手绘图时，手指应握在铅笔上离笔尖约 35mm 处，手腕和小手指对纸面的压力不要太大。画直线时，手腕不要转动，眼睛看着画线的终点，轻轻移动手腕和手臂，使笔尖向着要画的方向作直线运动。画水平线时以图 2-42（a）中的画线方向较为顺手，这时图纸可斜放。

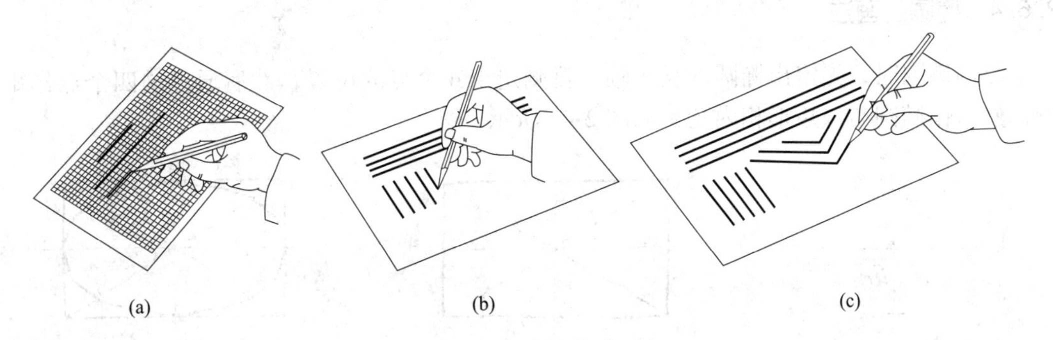

图 2-42 直线的徒手画法

（a）画水平线；（b）画竖直线；（c）画长斜线

画竖直线时自上而下运笔。画长斜线时，可将图纸旋转一适当角度，以利于运笔画线。

2.6.3　圆及圆角的画法

徒手画圆时应先定圆心以及中心线，再根据半径的大小用目测在中心线上定出四个点，然后过这四点画圆，如图 2-43（a）所示。当圆的直径较大时，可过圆心增画两条45°的斜线，在线上再定四个点，然后过这八个点画圆，如图 2-43（b）所示。当圆的直径很大时，可取一片纸片标出半径长度利用它从圆出发定出许多圆周上的点，然后通过这些点画圆。或用手作圆规，小手指的指尖或关节作圆心，使铅笔尖与它的距离等于所需的半径，用另一只手小心地慢慢旋转图纸，即可得到所需的圆。

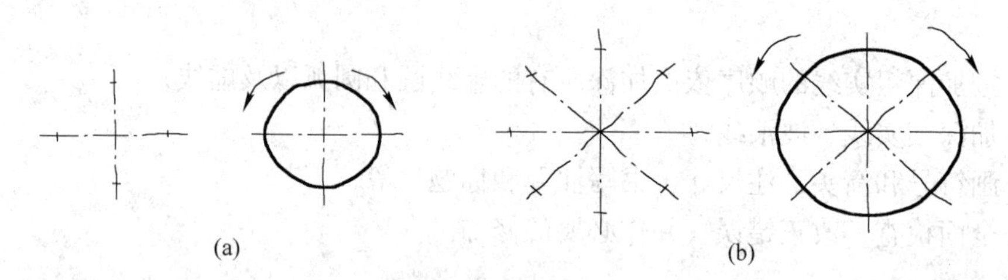

图 2-43　圆的徒手绘制

画圆角时，先用目测在分角线上选取圆心位置，使它与角的两边距离等于圆角的半径大小。过圆心向两边引垂直线定出圆弧的起点和终点，并在分角线上也画出一圆周点，然后徒手作圆弧把这三点连接起来。用类似方法可画圆弧连接，如图 2-44 所示。

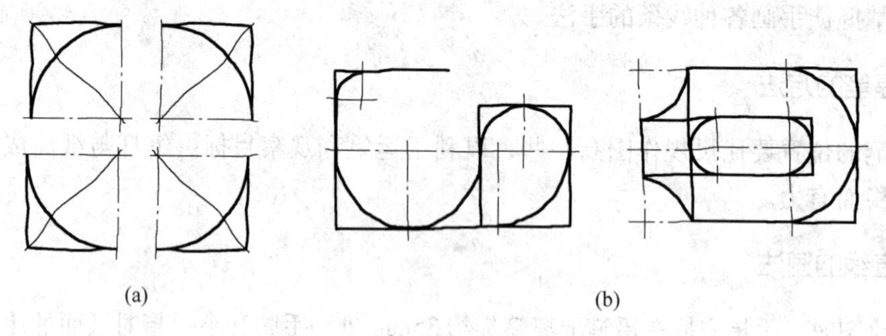

图 2-44　圆角与圆弧的徒手绘制
（a）圆角的画法；（b）圆弧连接的画法

2.6.4　椭圆的画法

绘制椭圆时，先定出椭圆的长短轴，目测定出 4 个点的位置，然后通过这四个点作矩形，然后作椭圆与该矩形相内切，如图 2-45 所示。

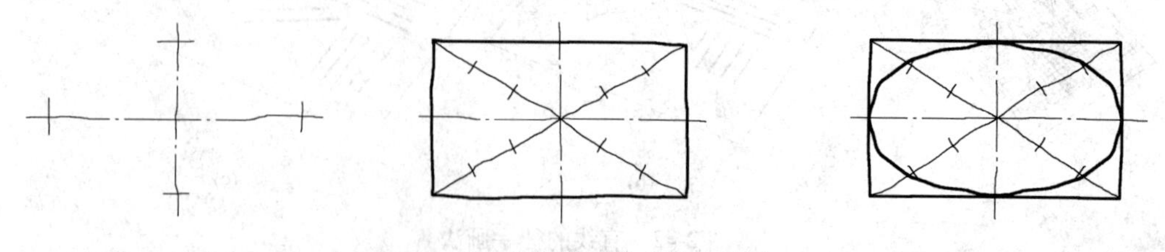

图 2-45　利用矩形徒手绘制椭圆

2.6.5 角度的画法

绘制常用角度 30°、45°、60° 时，可以根据它们的斜率近似比值画出，如图 2-46 所示。

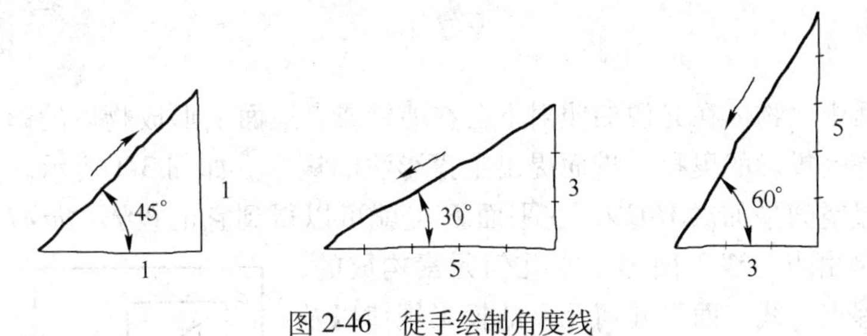

图 2-46 徒手绘制角度线

2.6.6 平面草图的绘制

草图图形的大小是根据目测估计的结果画出的，目测尺寸比例要准确。初学徒手绘制草图，可以在方格纸上进行，如图 2-47 所示。

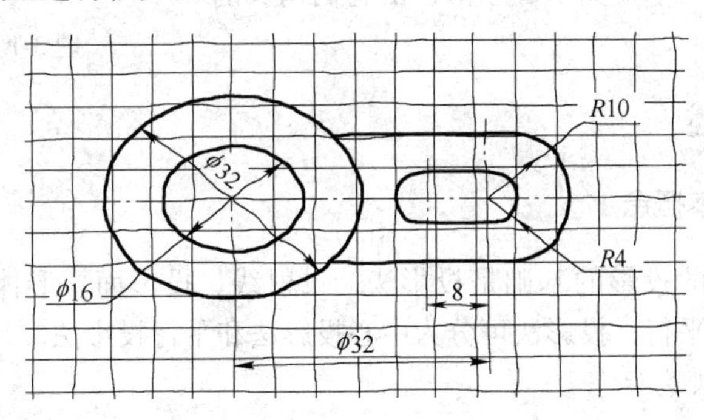

图 2-47 徒手绘制平面图形

扫一扫获取免费
数字资源

3 点、直线、平面的投影基础

在日常生活中，物体在光源的照射下会在墙壁或者地面上形成物体的影子。根据这个现象人们开始探究投影的奥秘，进而提出了投影法的概念。如图 3-1 所示，一束光线从光源 S 处出发通过空间平面 $\square ABCD$，在平面 P 上就可以得到它的投影 $\square abcd$。任何的物体表面都可看作是由点、线、面等基本几何元素构成的，因此学习和掌握点、线、面等几何元素的投影规律以及特性，有助于迅速地画出物体的投影和解决空间几何问题。机械制图的基本方法就是投影法，其基本思想就是通过物体在平面上的投影来认识和表达物体的形状、位置以及相互关系。在三维空间中，点、线、面是空间的几何元素，它们没有大小、宽窄、厚薄，由它们构成的空间形状称为形体。

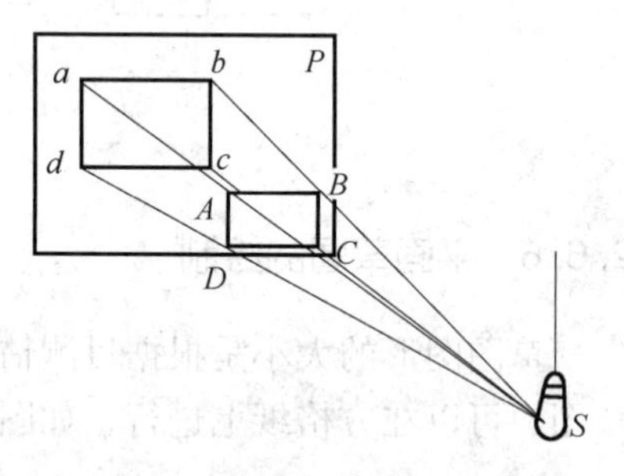

图 3-1 中心投影法

3.1 投影法的概述

3.1.1 投影法的基本概念

点、直线、平面的投影的基础是投影法，投射线、投影面、形体是产生投影的三要素。根据投影线是否平行，投影法可分为中心投影法和平行投影法。

3.1.1.1 中心投影法

投影线从一点发出的投影方法称为中心投影法，如图 3-1 所示。用中心投影法所得到的投影为中心投影。

3.1.1.2 平行投影法

投射线相互平行的投影法称为平行投影法，如图 3-2 所示。用平行投影法所得到的投影称为平行投影。

根据投影方向与投影面是否垂直，平行投影法又分为斜投影法和正投影法。斜投影法——投影线倾斜于投影面的平行投影法，如图 3-3（a）所示；正投影法——投影线垂直于投影面的平行投影法，如图 3-3（b）所示。

图 3-2 平行投影法

3.1.2 平行投影的基本性质

平行投影法的基本几何性质有如下几种：

（1）显实性。当线段或平面图形平行于投影面时，其投影反应实长或实形，如图 3-4（a）、（b）所示。

（2）积聚性。当直线或平面图形平行于投射线时，其投影积聚成点或直线，如图 3-4

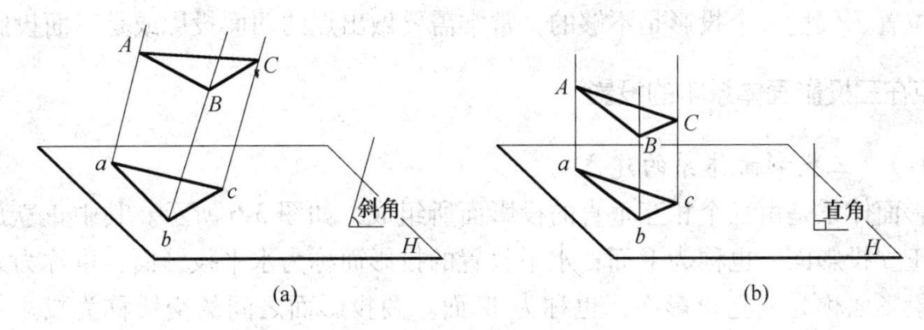

图 3-3　平行投影法的分类

（a）斜投影；（b）正投影

（c）所示。

（3）类似性。当直线或平面图形既不平行也不垂直于投影面时，直线的投影仍然是直线，平面图形的投影是原图形的类似形。直线或平面的投影均小于实长或实形，如图 3-4（d）、（e）所示。

（4）平行性。两相互平行的直线其投影仍然平行，如图 3-4（f）所示。

（5）从属性。从属于直线的点或者从属于平面的点或直线，其投影必定在直线或平面的投影上，如图 3-4（e）所示。

（6）定比性。直线上两线段的长度之比与其投影长度的之比相等，如图 3-4（d）所示，$AC:CB=ac:cb$。

两平行线段长度之比与其投影长度之比相等，如图 3-4（f）所示，$AB:CD=ab:cd$。

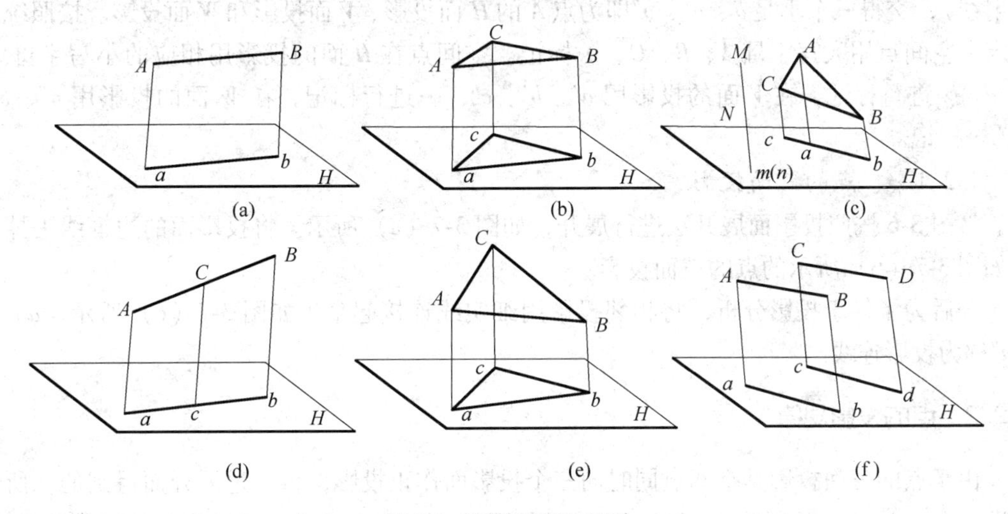

图 3-4　平行投影的性质

3.2　点的投影

点的投影仍然是点，如图 3-5 所示，由空间 A 点向投影面 P 作垂线，其垂足 a 即为空间 A 在投影面 P 上的唯一投影。反之，若已知投影 a，则不能确定 A 点的空间位置，因为在过 a 点所作的 P 面垂线上的各点（A、A_1、…）的投影都与 a 重合。因此，要确定一个点的空间位置，仅凭一个投影是不够的，常常需要做出点的两面投影或是三面投影。

3.2.1　点在三投影面体系中的投影

3.2.1.1　三投影面体系的建立

三投影面体系是由三个相互垂直的投影面所组成，如图 3-6 所示。其中正立放置的投影面称为正立投影面，也称为 V 面；水平放置的投影面称为水平投影面，也称为 H 面；侧立放置的投影面称为侧立投影面，也称为 W 面。两投影面之间的交线称为投影轴，分别以 OX、OZ、OY 表示，三投影轴相交于 O 点称为原点。

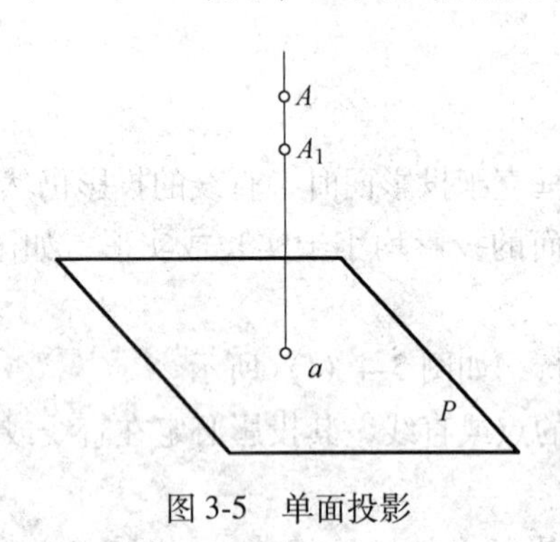

图 3-5　单面投影

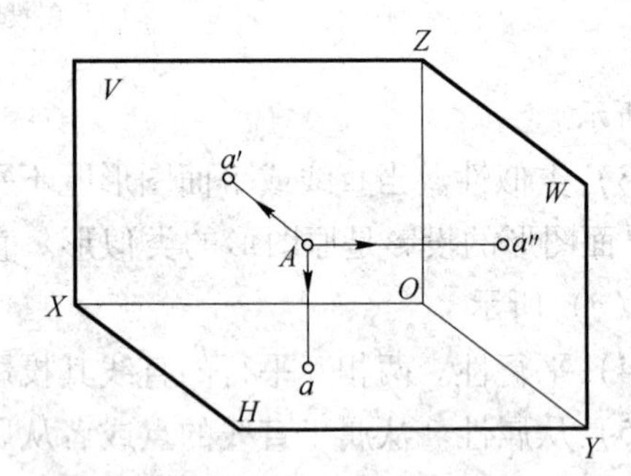

图 3-6　三投影面体系

3.2.1.2　点的投影标记

如图 3-6 所示，空间 A 点置于三投影面体系内，自点 A 分别向三个投影面作垂线（即投射线），交得三个垂足 a、a'、a''即为点 A 的 H 面投影、V 面投影和 W 面投影。按照统一规定，空间点用大写字母 A、B、C、…标记。空间点在 H 面的投影用相应的小写字母 a、b、c、…进行标记，在 V 面的投影用 a'、b'、c'、…进行标记，在 W 面的投影用 a''、b''、c''、…标记。

3.2.1.3　点的三面投影

将图 3-6 按照投影面展开法进行展开，如图 3-7（a）所示。将投影面的边框线去掉得到如图 3-7（b）所示的点的三面投影。

今后为了便于投影分析，将相邻投影用细实线连接起来，如图 3-7（c）所示。aa'与 $a'a''$称为投影连线。

3.2.2　点的投影规律

由于点的三面投影是空间点同时向三个投影面作正投影，再经过展开而得到的，所以在图 3-8（a）中，投射线 Aa 和 Aa'所构成的平面 Aaa_Xa'，显然是同时垂直 H 面和 V 面的。因此，aa_X和 $a'a_X$同时垂直 OX 轴。当 a 跟着 H 面绕 OX 轴向下旋转与 V 面重合时，在投影图上 a、a_X、a'三点共线，如图 3-8（b）所示。同理可以得到 a'、a_Z、a''三点共线，且 $aa' \perp OX$，$a'a'' \perp OZ$。

通过以上分析，可归纳出点的投影规律：

（1）点的正面投影与水平面投影的连线一定垂直于 OX 轴，即 $aa' \perp OX$；

（2）点的正面投影与侧面投影的连线一定垂直于 OZ 轴，即 $a'a'' \perp OZ$；

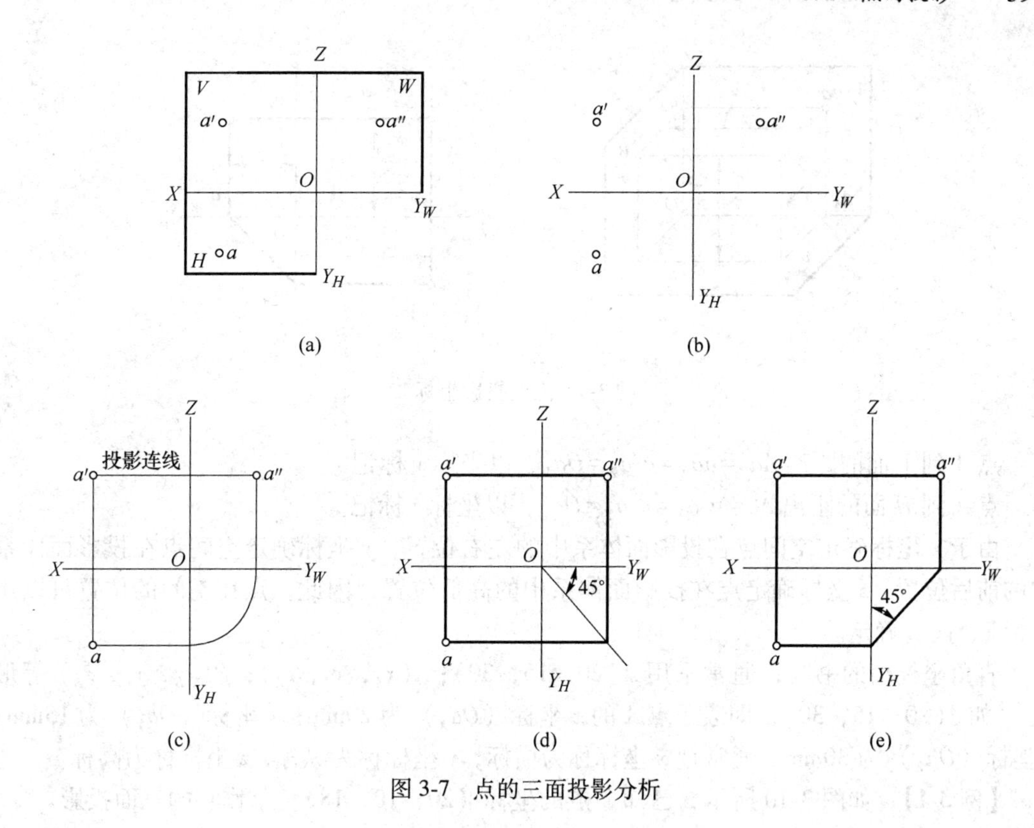

图 3-7 点的三面投影分析

(3) 点的水平面投影到 OX 轴的距离等于点的侧面投影到 OZ 轴的距离，即 $aa_X = a''a_Z$。

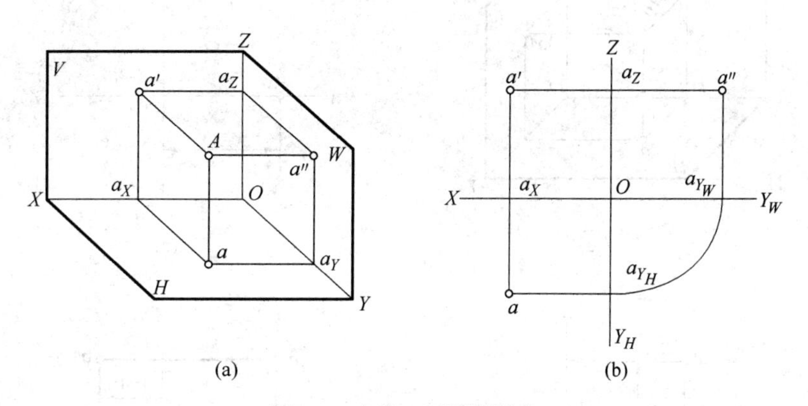

图 3-8 点的三面投影规律

3.2.2.1 点的坐标

点的空间位置也可用其直角坐标值来确定。如图 3-9 所示，如果把三投影面体系看做是直角坐标系，则投影面 H、V、W 面和投影轴 X、Y、Z 轴可分别看作是坐标面和坐标轴，三轴的交点 O 可看作是坐标原点。点到三个投影面的距离可以用直角坐标系的三个坐标 x、y、z 表示。点的坐标值的意义如下：

点 A 到 W 面的距离 $Aa'' = aa_Y = a'a_Z = Oa_X$，以坐标 x 标记。

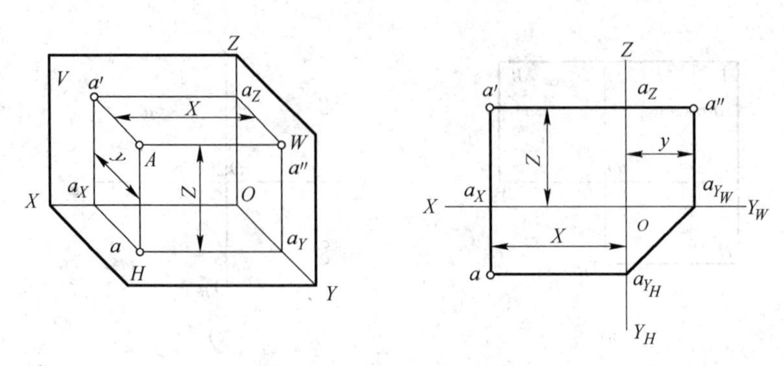

图 3-9　点的投影坐标

点 A 到 V 面的距离 $Aa'=aa_X=a''a_Z=Oa_Y$，以坐标 y 标记。

点 A 到 H 面的距离 $Aa=a'a_X=a''a_Y=Oa_Z$，以坐标 z 标记。

由于 x 坐标确定空间点在投影面体系中的左右位置，y 坐标确定空间点在投影面体系中的前后位置，z 坐标确定点在投影面体系中的高低位置，因此，点在空间的位置可以用坐标 x、y、z 确定。

直角坐标值的书写，通常采用 $A(20, 15, 30)$；$A(x_A, y_A, z_A)$；$B(x_B, y_B, z_B)$ 等形式。如 $A(20, 15, 30)$，即表示点 A 的 x 坐标（Oa_X）为 20mm；y 坐标（Oa_Y）为 15mm；z 坐标（Oa_Z）为 30mm。通常把 x 坐标称为横标，y 坐标称为纵标，z 坐标称为高标。

【例 3-1】 如图 3-10 所示，已知 A 点的坐标（20，10，18），求作它的三面投影。

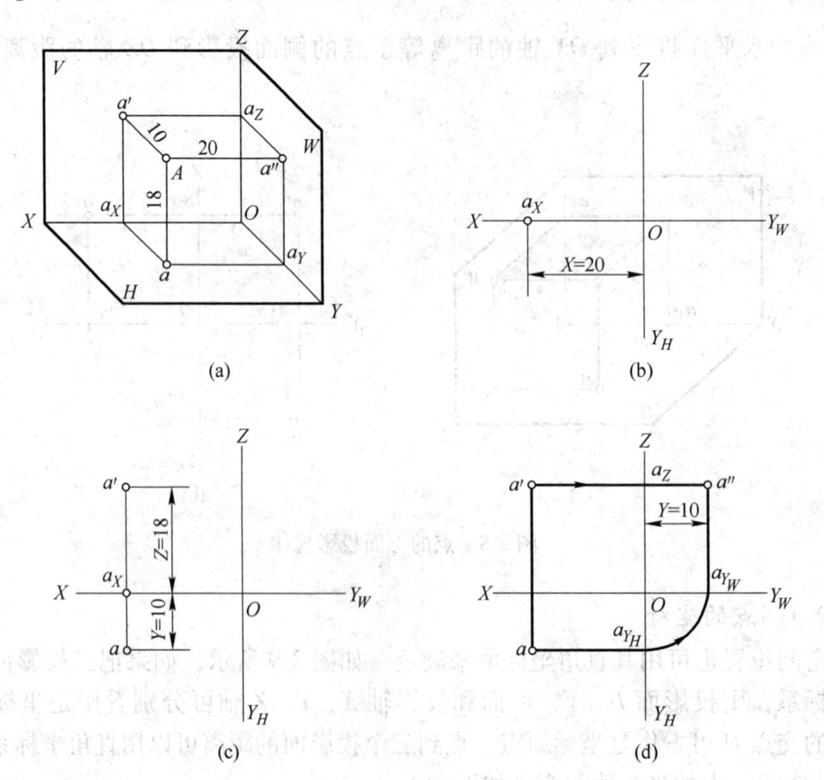

图 3-10　已知点的坐标求三面投影

解：根据点的空间直角坐标值的含义可知：

$$X = 20\text{mm} = Oa_X$$
$$Y = 10\text{mm} = Oa_Y$$
$$Z = 18\text{mm} = Oa_Z$$

作图步骤（见图 3-10（b）~（d））：

（1）画出投影轴，定出原点 O。

（2）在 X 轴的正向量取 $Oa_X = 20\text{mm}$，定出 a_X（见图 3-10（b））。

（3）过 a_X 作 X 轴的垂线，在垂线上沿 OZ 方向量取 $a_Xa' = 18\text{mm}$，沿 OY_H 方向量取 $a_Xa = 10\text{mm}$，分别得 a'、a（见图 3-10（c））。

（4）过 a' 作 Z 轴的垂线，得交点 a_Z，在垂线上沿 OY_H 方向量取 $a_Za'' = 10\text{mm}$，定出 a''；或由 a 作 X 轴平行线，得交点 a_{YH}，再用圆规作图得 a''（见图 3-10（d））。

3.2.2.2　两点的相对位置的确定

两点的相对位置是指空间两点上下、左右、前后的位置关系。

根据两点的各个同面投影（即在同一投影面上的投影）之间的相对位置或坐标大小，可以判断空间两点的相对位置，即：

（1）x 坐标可判别空间点的左右方向，坐标值大者在左；

（2）y 坐标可判别空间点的前后方向，坐标值大者在前；

（3）z 坐标可判别空间点的上下方向，坐标值大者在上。

对照如图 3-11 所示立体图和投影图可知：

（1）V 面投影反映出两点的上下、左右关系；

（2）H 面投影反映出两点的左右、前后关系；

（3）W 面投影反映出两点的上下、前后关系。

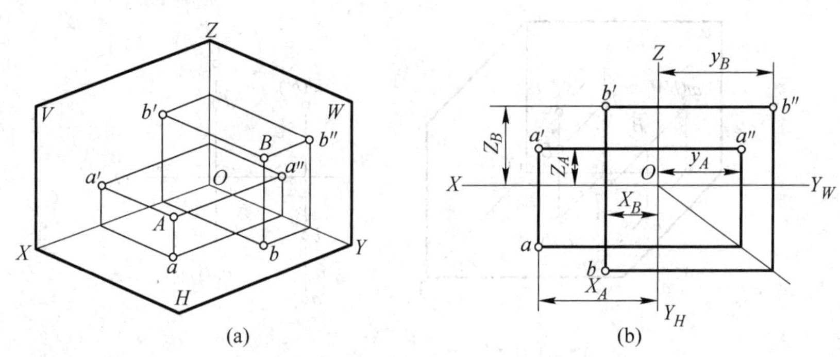

图 3-11　两点的相对位置

【**例 3-2**】　已知点 B 在点 A 的右方 10mm，后方 8mm，上方 15mm，作点 B 的三面投影，如图 3-12 所示。

作图步骤：

（1）在 XO 轴上，从 a_X 向右量取 10mm，得 b_X；在 OY_H 轴上，从 a_{YH} 向上量取 8mm，得 b_{YH}，从 a_Z 向上量取 15mm，得 b_Z。

（2）分别过 b_X、b_{YH}、bz 作 OX、OY_H、OZ 轴的垂线，得 b、b'。

（3）根据 b、b'，求得 b''，如图 3-12（b）所示。

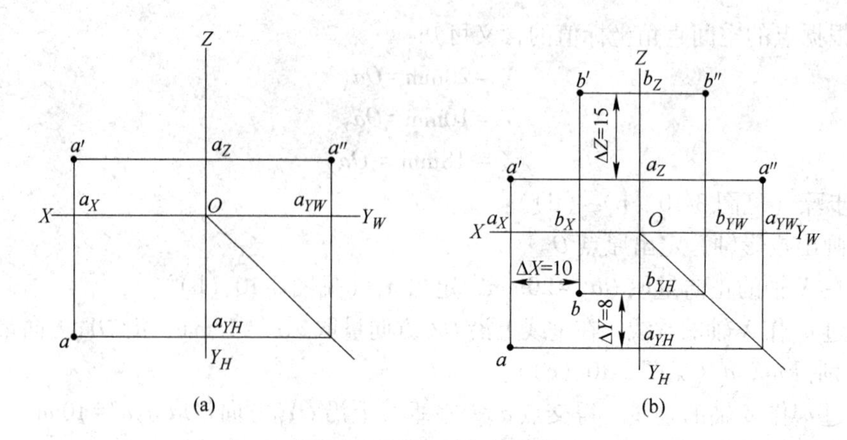

图 3-12　求相对点的投影

（a）已知 A 点投影；（b）求 B 点投影

3.2.2.3　重影点及其可见性分析

如果空间两点恰好位于某一投影面的同条垂直线上，则这两点在该投影面上的投影就会重合为一点。我们把在某一投影面上投影重合的两个点，称为该投影面的重影点。

如图 3-13（a）所示，A、B 两点的 X、Z 坐标相等，而 Y 坐标不等，则它们的正面投影重合为一点，所以 A、B 两个点就是 V 面的重影点。同理，C、D 两点的水平投影重合为一点，所以 C、D 两个点就是 H 面的重影点。在投影图中往往需要判断并标明重影点的可见性。如 A、B 两点向 V 面投射时，由于点 A 的 Y 坐标大于点 B 的 Y 坐标，即点 A 在点 B 的前方，所以，点 A 的 V 面投影 a' 可见，点 B 的 V 面投影 b' 不可见。通常在不可见的投影标记上加括号表示。如图 3-13（b）所示，A、B 两点的 V 面投影为 $a'(b')$。

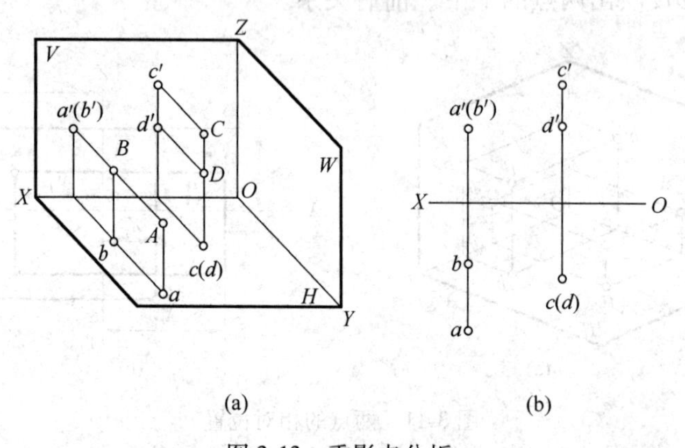

图 3-13　重影点分析

3.3　直线的投影

3.3.1　直线的投影特点

直线相对投影面的位置，有以下三种情况：

（1）直线倾斜于投影面。如图 3-14（a）所示，直线 AB 在水平投影面上的投影 ab 长

度一定比 AB 长度要短，这种性质叫做收缩性。

（2）直线平行于投影面。如图 3-14（b）所示，直线 AB 在水平投影面上的投影 ab 长度一定等于 AB 的实长，这种性质叫做真实性。

（3）直线垂直于投影面。如图 3-14（c）所示，直线 AB 在水平投影面上的投影 ab 定重合成一点，这种性质叫做积聚性。

根据上述三种情况，直线的投影特性可简单归纳为：

直线倾斜于投影面，投影变短线。

直线平行于投影面，投影实长线。

直线垂直于投影面，投影聚一点。

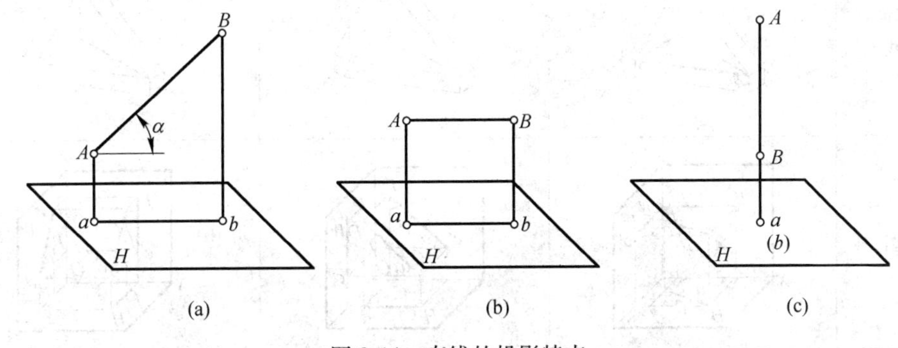

图 3-14 直线的投影特点

3.3.2 位置直线的投影特点

在三投影面体系中，直线按其与投影面的相对位置可以分为一般位置直线、投影面平行线、投影面垂直线。

3.3.2.1 一般位置直线

与三个投影面都倾斜的直线称为一般位置直线。一般位置直线的投影特性见表 3-1。

表 3-1 一般位置直线的投影特性

投影面平行线名称	空 间 图	投 影 图
一般位置直线		
投影特性	（1）三个投影均仍为直线且都小于线段的实长； （2）三个投影都倾斜于投影轴，且与投影轴的夹角均不反映空间直线与投影面倾角的真实大小	

3.3.2.2 投影面平行线

平行于某一个投影面，同时倾斜于另外两个投影面的直线，称为投影面平行线。根据直线所平行的投影面不同，投影面平行线可分为：

（1）水平线——平行于 H 面的直线；

（2）侧平线——平行于 W 面的直线；

（3）正平线——平行于 V 面的直线。

投影面平行线的基本特性见表 3-2。

表 3-2 投影面平行线的投影特性

名称	水平线	正平线	侧平线
物体表面上的线	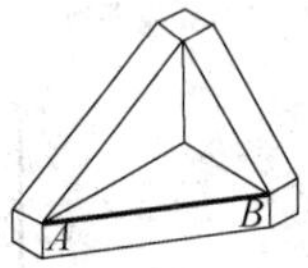	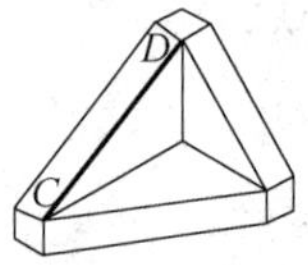	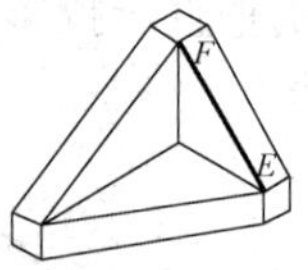
立体图	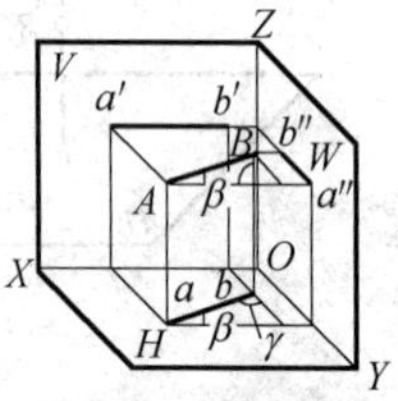	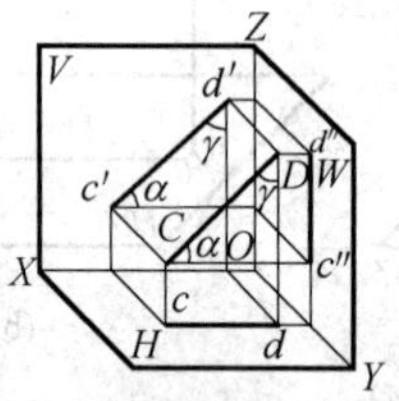	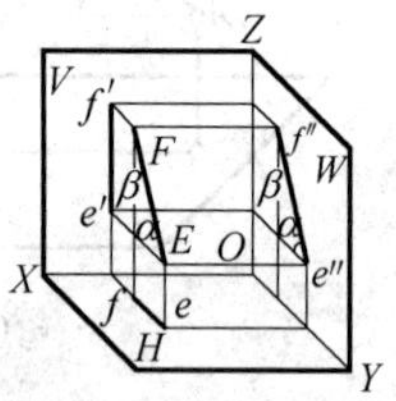
投影图	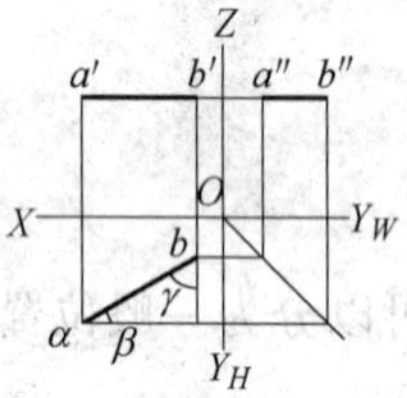	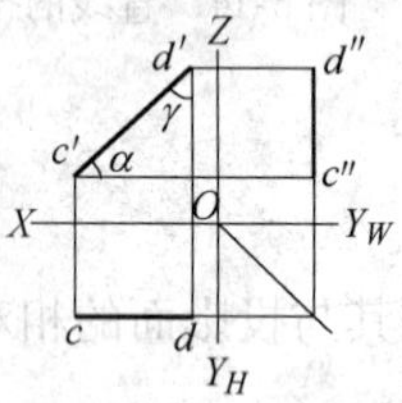	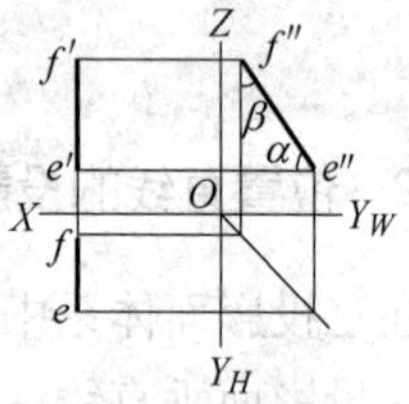
投影特性	（1）$ab=AB$； （2）$a'b' /\!/ OX$，$a''b'' /\!/ OY_W$； （3）$ab /\!/ OX$ 所成的 β 角等于 AB 与 V 面所成的角；ab 与 OY_H 所成的 γ 角等于 AB 与 W 面所成的角	（1）$c'd'=CD$； （2）$cd /\!/ OX$，$c''d'' /\!/ OZ$； （3）$c'd'$ 与 OX 所成的 α 角等于 CD 与 H 面的倾角；$c'd'$ 与 OZ 所成的 γ 角等于 CD 与 W 面的倾角	（1）$e''f''=EF$； （2）$e'f' /\!/ OZ$，$ef /\!/ OY_H$； （3）$e''f''$ 与 OY_W 所成的 α 角等于 EF 与 H 面的倾角，$e''f''$ 与 OZ 所成的 β 角等于 EF 与 V 面的倾角
共性	（1）直线在其所平行投影面的投影反映直线的实长（显实性），该投影与相应投影轴的夹角反映直线与另外两个投影面的倾角； （2）直线在另外两个投影面的投影平行于该直线所平行投影面的坐标轴，且均小于直线的实长		

3.3.2.3 投影面垂直线

垂直于某一投影面同时平行于另外两个投影面的直线，称为投影面垂直线。根据垂直的平面不同，垂直线可分为：

（1）正垂线——垂直于 V 面的直线；

（2）侧垂线——垂直于 W 面的直线；

（3）铅垂线——垂直于 H 面的直线。

投影面垂直线的基本特性见表 3-3。

表 3-3　投影面垂直线的投影特性

名称	铅垂线	正垂线	侧垂线
物体表面上的线	A B	B C	B D
立体图	Z V a′ A a″ W b′ B O b″ X a(b) H Y	Z V c′(b′) B C b″ W c″ O X b c H Y	Z V d′ b′ B W O O d″(b″) X d H b Y
投影图	a′ Z a″ b′ b″ X O Y_W a(b) Y_H	c′(b′) Z b″ c″ X O Y_W b c Y_H	d′ b′ Z d″(b″) X O Y_W d b Y_H
投影特性	(1) $a(b)$ 积聚为一点； (2) $a'b' \perp OX$，$a''b'' \perp OY_W$； (3) $a'b' = a''b'' = AB$	(1) $c'(b')$ 积聚为一点； (2) $cb \perp OX$，$c''b'' \perp OZ$； (3) $cb = c''b'' = CB$	(1) $d''(b'')$ 积聚为一点； (2) $db \perp OY_H$，$d'b' \perp OZ$； (3) $db = d'b' = DB$
共性	(1) 直线在其所垂直的投影面的投影积聚为一点（积聚性）； (2) 直线在另外两个投影面的投影反映直线的实长（显实性），并且垂直于相应的投影轴		

【例 3-3】 如图 3-15 所示，过 A 点作水平线 AB，实长为 20mm，与 V 面夹角为 30°，求出水平投影 ab，共有多少解？

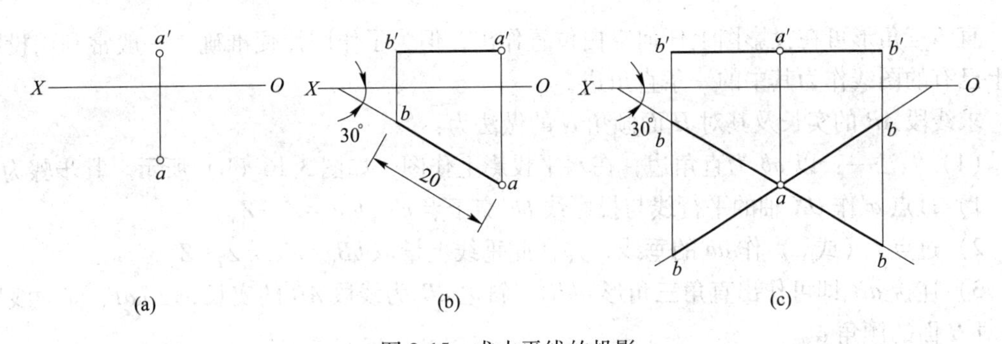

图 3-15　求水平线的投影

分析： 水平线的正面投影平行于 OX 轴。由于 a' 为已知，所以所求水平线的正面投影在过 a' 与 OX 轴平行的直线上。水平线的水平投影与 OX 轴的夹角就是水平线与 V 面夹角，由于 a 为已知，所以过 a 作与 OX 轴夹角为 30° 的直线，水平线的水平投影就在这条直线上。

作图步骤：

(1) 过 a 作与 OX 轴夹角为 30° 的直线（向左向右均可），在此线上截取 20mm，得 b，如图 3-15（b）所示。

(2) 由 a' 作 OX 轴平行线（向左或向右与水平投影对应）。

（3）过 b 作联系线，与过 a'作的 OX 轴平行线相交，得 b'。

（4）连线 $a'b'$、ab 即为所求，如图 3-15（c）所示。

如图 3-15（c）所示，本题有四个解（在有多解的情况下，一般只要求作一解即可）。

3.3.2.4　求一般直线的实长以及真实倾角

由前面的讨论可知，特殊位置直线的投影能直接反映该线段的实长和对投影面的倾角，而一般位置线段的投影不能。但是，一般位置线段的两个投影已完全确定了它的空间位置和线段上各点间的相对位置，因此可在投影图上用图解法求出该线段的实长和对投影面的倾角。工程上常用的图解法是直角三角形法，即在投影图上利用几何作图的方法求出一般位置直线的实长和倾角的方法。

图 3-16 所示为一般位置直线 AB 的直观图。图中过点 A 作 $AC // ab$，构成直角三角形 ABC。该直角三角形的直角边 $AC=ab$（即线段 AB 的水平投影）；另一直角边 $BC=Bb-Aa=Z_B-Z_A$（即线段 AB 的两端占的 Z 坐标差）。由于两直角边的长度在投影图上均已知，因此可以作出这个直角三角形，从而求得空间线段 AB 的实长和倾角 α 的大小。

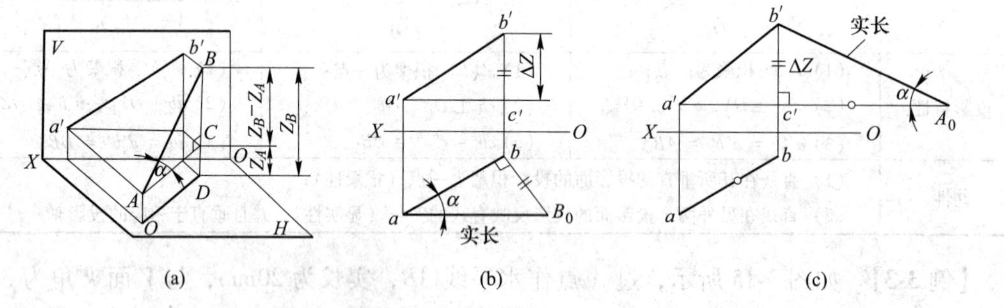

图 3-16　求一般位置直线的实长

直角三角形可在投影图上任何空白位置作出，但为了作图简便准确，一般常利用投影图上已有的图线作为其中的一条直角边。

求线段 AB 的实长及其对 H 面倾角 α 的做法为：

（1）做法一：以 ab 为直角边，在水平投影上作图，如图 3-16（b）所示。其步骤为：

1）过点 a'作 OX 轴的平行线与投影线 bb'交于点 c'，$b'c'=Z_B-Z_A$。

2）过点 b（或 a）作 ab 的垂线，并在此垂线上量取 $bB_0=b'c'=Z_B-Z_A$。

3）连接 aB_0即可作出直角三角形 abB_0，斜边 aB_0为线段 AB 的实长，$\angle baB_0$ 即为线段 AB 对 H 面的倾角 α。

（2）做法二：利用 Z 坐标差值，在正面投影上作图，如图 3-16（c）所示。其步骤为：

1）过点 a'作 OX 轴的平行线与投影线 bb'交于点 c'，$b'c'=Z_B-Z_A$。

2）在 $a'c'$的延长线上，自点 c'在平行线上量取 $c'A_0=ab$，得点 A。

3）连接 $b'A_0$作出直角三角形 $b'c'A_0$。斜边 $b'A_0$为线段 AB 的实长，$\angle c'A_0b'$即为线段 AB 对 H 面的倾角 α。

显然这两种方法所作的两个直角三角形是全等的。

综上所述，直角三角形中有四个参数，即投影、坐标差、实长、倾角，它们之间的关系如图 3-17 所示。利用线段的任意一个投影和相应的坐标差，均可求出线段的实长；但所用投影不同（H 面、V 面、W 面投影），求得的倾角亦不同（对应的倾角分别为 α、β、γ）。

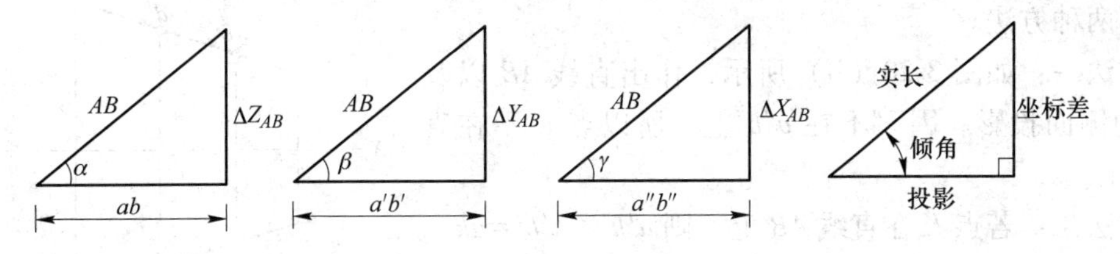

图 3-17 直角三角形法中各参数关系

求实长作图方法归纳如下：

（1）以线段在某投影面上的投影长为一直角边。

（2）以线段的两端点相对于该投影面的坐标差为另一直角边（该坐标差可在线段的另一投影上量得）。

（3）所作直角三角形的斜边即为线段的实长。

（4）斜边与线段投影的夹角为线段对该投影面的倾角。

3.3.3 直线上的点

点和直线的相对位置有两种情况：点在直线上和点不在直线上。

如图 3-18 所示，C 点位于直线 AB 上，根据平行投影的基本性质，则 C 点的水平投影 c 必在直线 AB 的水平投影 ab 上，正面投影 c' 必在直线 AB 的正面投影 $a'b'$ 上，侧面投影 c'' 必在直线 AB 的侧面投影 $a''b''$ 上，而且 $AC : CB = ac : cb = a'c' : c'b' = a''c'' : c''b''$。

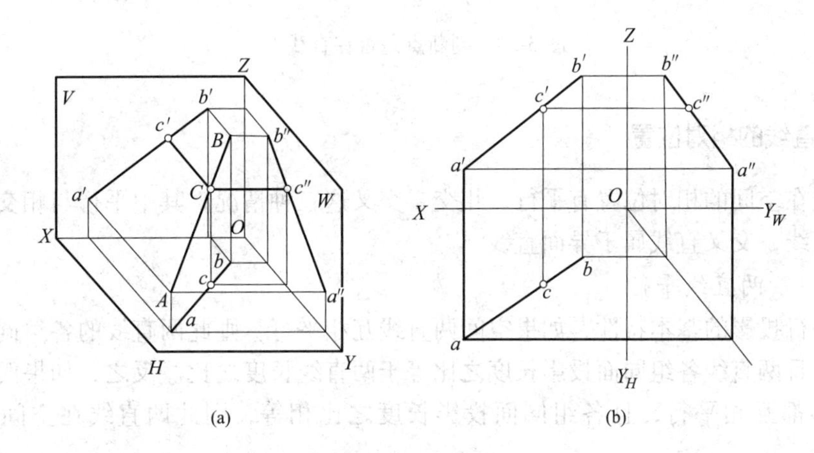

图 3-18 直线上的点

因此，点在直线上，则点的各个投影必在直线的同面投影上，且点分直线长度之比等于点的投影分直线投影长度之比。反之，如果点的各个投影均在直线的同面投影上，且分直线各投影长度成相同之比，则该点一定在直线上。

在一般情况下，判定点是否在直线上，只需观察两面投影就可以了。例如图 3-19 给出的直线 AB 和 C、D 两点，点 C 在直线 AB 上，而点 D 就不在直线 AB 上。

但当直线为另投影面的平行线时，还需补画第三个投影或用定比分点作图法才能确定点是否在直线上。如图 3-20（a）所示，点 K 的水平投影 k 和正面投影 k' 都在侧平线 AB

的同面投影上，要判断点 K 是否在直线 AB 上，可以采用以下两种方法。

方法一：如图 3-20（b）所示，作出直线 AB 以及点 K 的侧面投影。因 k'' 不在 $a''b''$ 上，所以点 K 不在直线 AB 上。

方法二：若点 K 在直线 AB 上，则 $a'k' : k'b' = ak : kb$，过点 b 作任意辅助线，在此线上量取 $bk_0 = b'k'$，$k_0a_0 = k'a'$。连接 a_0a，再过 k_0 作直线平行于 a_0a，与 ab 交于 k_1。因 k 与 k_1 不重合，即 $ak : kb \neq a'k' : k'b'$，所以判断点 K 不在直线 AB 上。

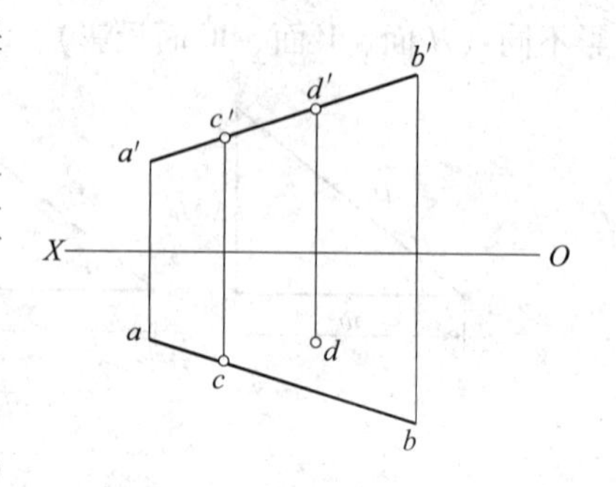

图 3-19 判断点是否在直线上

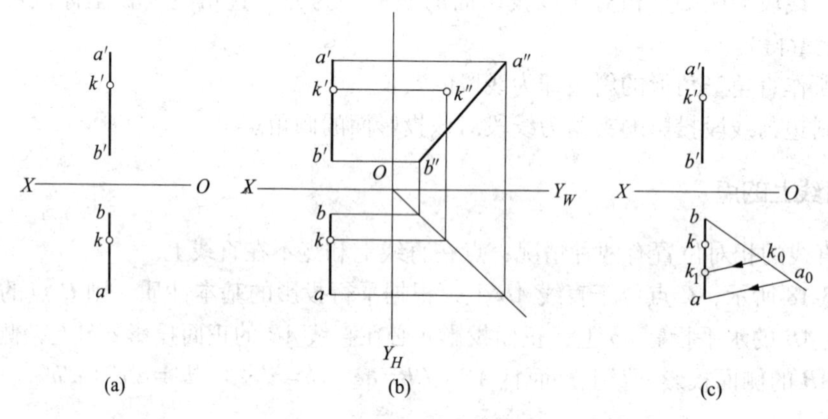

图 3-20 判断点是否在直线上

3.3.4 两直线的相对位置

两直线在空间的相对位置有平行、相交、交叉这三种情况，其中平行与相交属于同一平面内的直线，交叉直线属于异面直线。

3.3.4.1 两直线平行

根据平行投影的基本特性，如果空间两直线互相平行，则此两直线的各组同面投影必互相平行，且两直线各组同面投影长度之比等于两直线长度之比。反之，如果两直线的各组同面投影都互相平行，且各组同面投影长度之比相等，则此两直线在空间一定互相平行。

如图 3-21 所示，$AB /\!/ CD$，将这两条平行的直线向 H 面投影，构成两个相互平行的投射平面，即 $ABba /\!/ CDdC$，则两平面与投影面的交线一定平行，故 $ab /\!/ cd$。同理可以证得 $a'b' /\!/ c'd'$、$a''b'' /\!/ c''d''$。

如果两平行线都是一般位置直线，只要任意两组同面投影相互平行，就可以判断这两条直线在空间相互平行。但如果已知两条直线两个同面投影相互平行，且两直线投影面的平行线时，不能判断这两条直线在空间中一定平行，这时要画出三面投影进行判断。

3.3.4.2 两直线相交

空间两直线若相交，则它们的同名投影相交，且交点的投影符合点的投影规律。如图

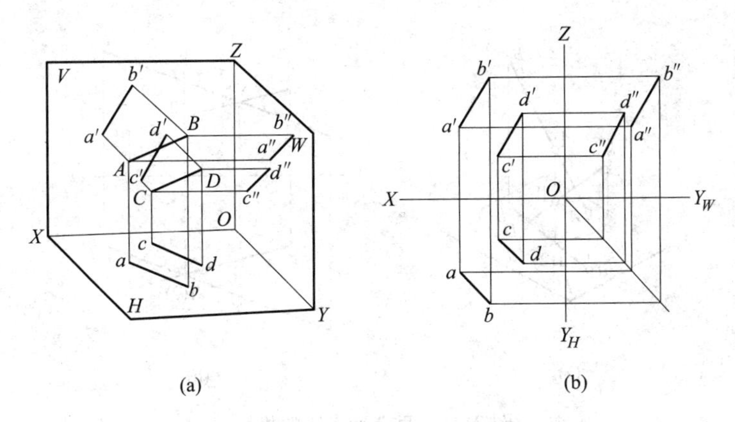

图 3-21 两平行直线的投影

3-22 所示，空间两直线 AB 和 CD 相交于点 K。由于点 K 既在直线 AB 上又在直线 CD 上，是二直线的共有点，所以点 K 的水平投影 k 一定是 ab 与 cd 的交点，正面投影 k'一定是 $a'b'$与 $c'd'$的交点，侧面投影 k''一定是 $a''b''$与 $c''d''$ 的交点。因为 k、k'、k''是点 K 的三面投影，所以它们必然符合点的投影规律。根据点分线段之比，投影后保持不变的原理，由于 $ak:kb=a'k':k'b'=a''k'':k''b''$，故点 K 是直线 AB 上的点。又由于 $ck:kd=c'k':k'd'=c''k'':k''d''$，故点 K 是直线 CD 上的点。由于点 K 是直线 AB 和直线 CD 上的点，即是两直线的交点，所以两直线 AB 和 CD 相交。

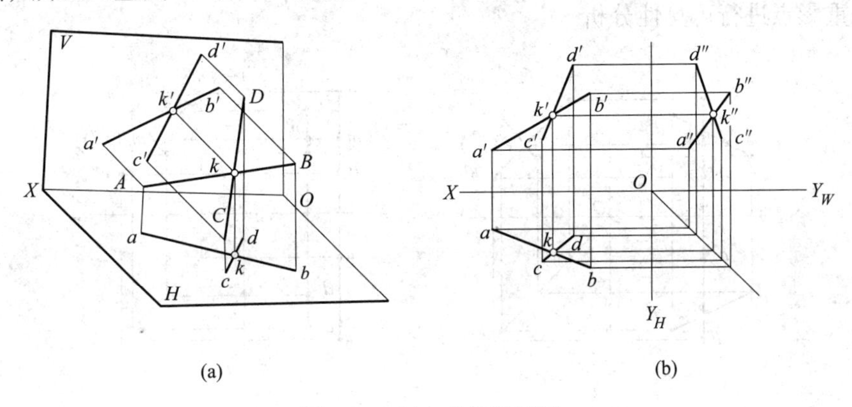

图 3-22 相交直线的投影

若直线都是一般位置直线，则只要根据任意两组同面投影，就能够判断两直线在空间是否相交。

当两条直线中有一条是投影面平行线时，通常要检查两直线的三个投影情况才可以确定相交状态。

3.3.4.3 两直线交叉

既不平行也不相交的两直线称为交叉直线。交叉两直线的投影可能是相交的，但交点一定不符合点的投影规律，如图 3-23 所示。

（1）两一般位置直线交叉的投影及重影点分析。如图 3-23（a）所示，线段 AB、CD 水平投影的交点 1（2），实际上是线段 AB 上的 Ⅰ 点和线段 CD 上的 Ⅰ 点的重影。

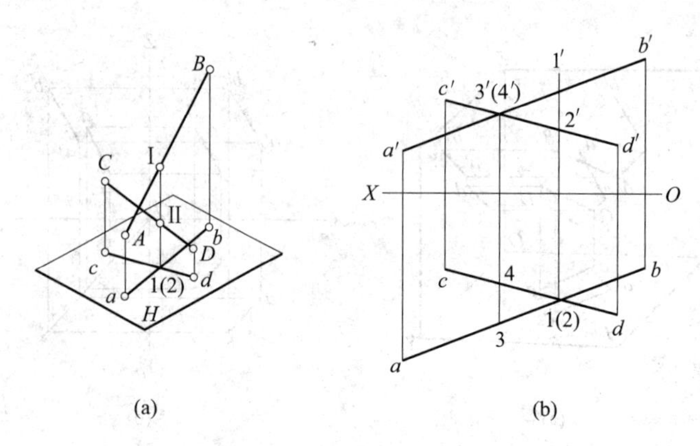

图 3-23　两交叉直线的投影

由正面投影 1′、2′可知，Ⅰ点在上，Ⅱ点在下，Ⅰ点可见，Ⅱ点不可见，其投影写成 1（2）。同理，3′(4′) 是线段 *AB* 上的Ⅲ点和 *CD* 上的Ⅳ点的重影点。由水平投影 3、4 可知，Ⅲ点在前，Ⅳ点在后，正面投影写成 3′(4′)，如图 3-23（b）所示。

（2）含投影面平行线的两交叉直线投影及重影点分析。如图 3-24（a）所示，线段 *AB*、*CD* 的正面投影和水平投影相交，交点连线垂直于 *OX* 轴，线段 *AB* 是侧平线，则两直线的侧面投影也应该相交，交点不符合点的投影规律，故 *AB*、*CD* 为交叉两直线。本例中交叉两直线 *AB*、*CD* 在正面投影、水平投影和侧面投影图上均产生了重影点，下面仅就侧面投影的重影点进行可见性分析。

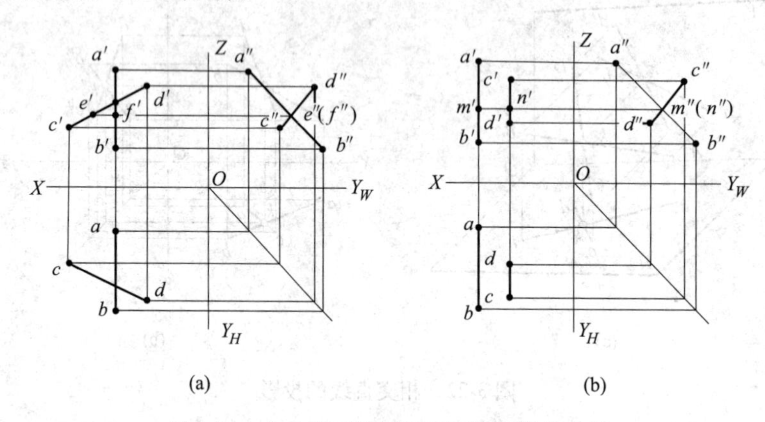

图 3-24　含投影面平行线两交叉直线的投影

点 e''、f''分别是线段 *CD*、*AB* 上点 *E*、*F* 在侧面投影图上的重影，*E* 点在左，*F* 点在右，*E* 点可见，*F* 点不可见，写成 $e''(f'')$。

如图 3-24（b）所示，*AB*、*CD* 为侧平线，$ab /\!/ cd$，$a'b' /\!/ c'd'$，$d''b''$与 $c''d''$相交，*AB*、*CD* 为交叉直线。

点 m''、n''分别是线段 *AB*、*CD* 上点 *M*、*N* 在侧面上的重影，*M* 点在左，*N* 点在右，*M* 点可见，*N* 点不可见，写成 $m''(n'')$。

【例 3-4】 如图 3-25（a）所示，已知线段 *AB*、*CD* 的两面投影和点 *E* 的水平投影 *e*，求作线段 *EF* 与 *CD* 平行，并与线段 *AB* 相交于点 *F*。

分析： 所求线段 EF 同时满足 $EF/\!/CD$，且与 AB 相交这两个条件。

作图步骤： 过 e 作 $ef/\!/cd$；交 ab 于 f，由线上点的投影规律求出 f'。过 f' 作 $e'f'/\!/c'd'$，如图 3-25（b）所示。

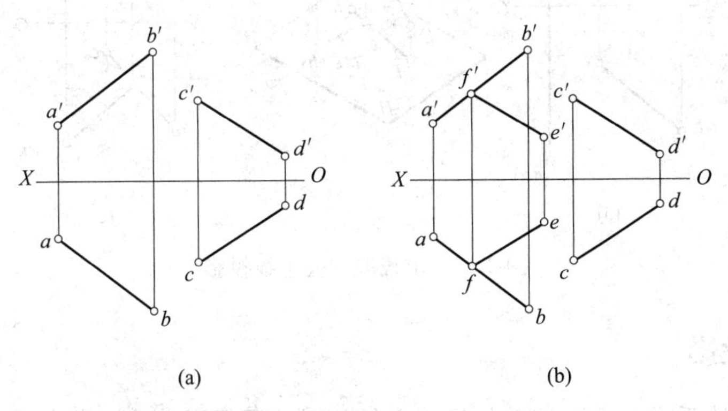

图 3-25　线段 EF 与线段 CD 平行且与线段 AB 相交

3.3.5 直角投影定理

空间两直线垂直相交，若其中一直线为投影面平行线，则两直线在该投影面上的投影互相垂直，此投影特性称为直角投影定理。反之，相交两直线在某一投影面上的投影互相垂直，其中有一直线为该投影面的平行线，则这两直线在空间互相垂直。该定理同样适用于两垂直交叉直线。

证明：如图 3-26（a）所示，已知线段 AB、BC 垂直相交，其中线段 BC 平行于 H 面，因 $BC \perp AB$、$BC \perp Bb$，所以 BC 垂直于平面 $ABba$。又因 BC 平行于 H 面，即 $BC/\!/bc$，所以 bc 也垂直于平面 $ABba$，则 $bc \perp ab$，其投影如图 3-26（b）所示。

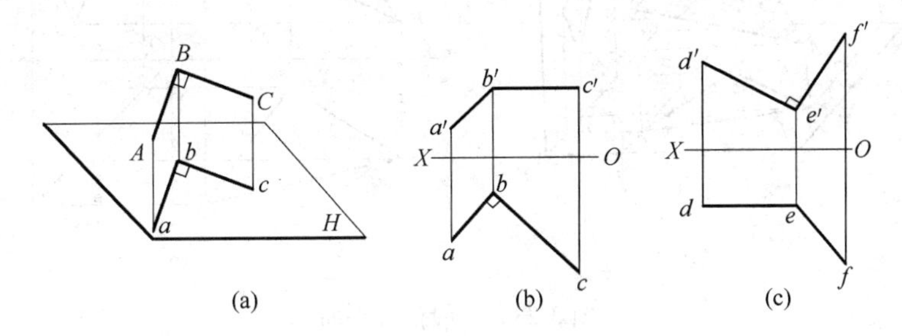

图 3-26　直角投影定理

当已知 $bc \perp ab$ 且 BC 平行于 H 面时，可证 $BC \perp AB$，证明略。如图 3-26（c）所示，由定理可知 $DE \perp EF$。

【例 3-5】 如图 3-27（a）所示，作线段 AB、CD 公垂线的投影。

分析： 直线 AB 是铅垂线，CD 是一般位置直线，所求的公垂线是一条水平线，根据直角投影定理，得公垂线的水平投影垂直于 cd，如图 3-27（b）所示。

作图步骤： 过 $a(b)$ 向 cd 作垂线交于点 k，利用线上点的投影规律求出点 k'，由水平线投影规律，过点 k' 作 X 轴的平行线交 $a'b'$ 于点 e'，$k'e'$ 和 ke 即为公垂线 KE 的两面投影，如图 3-27（c）所示。

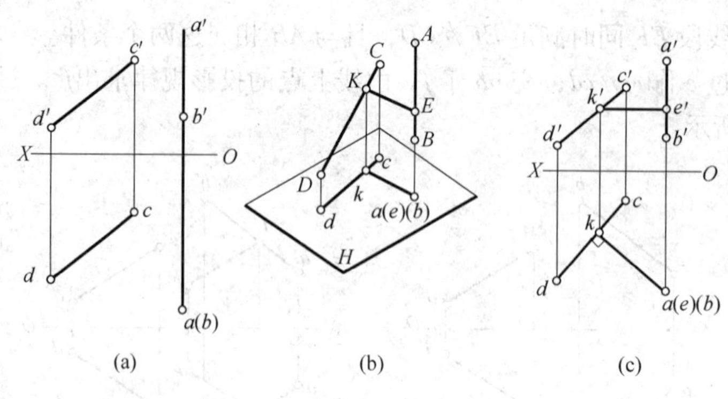

图 3-27 求线段的公垂线投影

3.4 平面的投影

在三投影面体系中，平面按其与投影面的相对位置可以分为一般位置平面、投影面平行面、投影面垂直面。

3.4.1 一般位置平面

与三个投影面都倾斜的平面称为一般位置平面，如图 3-28 所示。一般位置平面的三个投影面仍是平面图形，满足投影的类似形，但都不反映实形，而且平面与三个投影面的倾角也不能在投影图上反映出来。

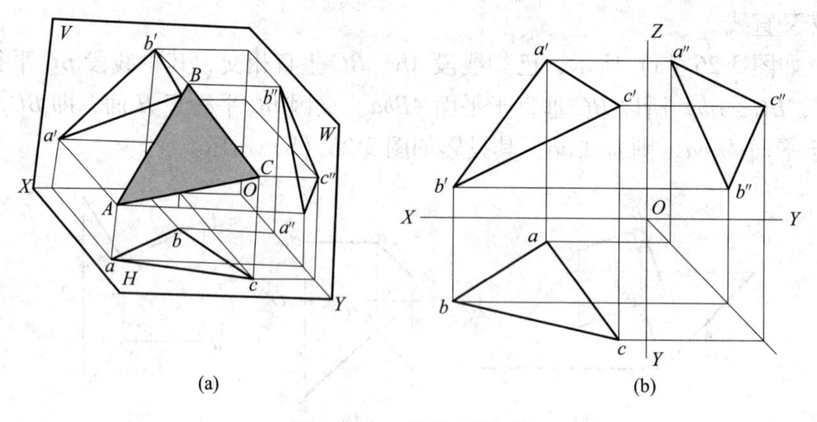

图 3-28 一般位置平面

如图 3-29 所示，三棱锥的三面投影 *SAB* 面，该面对 *H*、*V*、*W* 面都倾斜，所以是一般位置面。

3.4.2 投影面平行面

平行于某一投影面的平面，称为投影面平行面。根据平面所平行的投影面的不同，投影面平行面可分为以下 3 种：

（1）水平面——平行于水平投影面的平面；

（2）正平面——平行于正立投影面的平面；

（3）侧平面——平行于侧立投影面的平面。

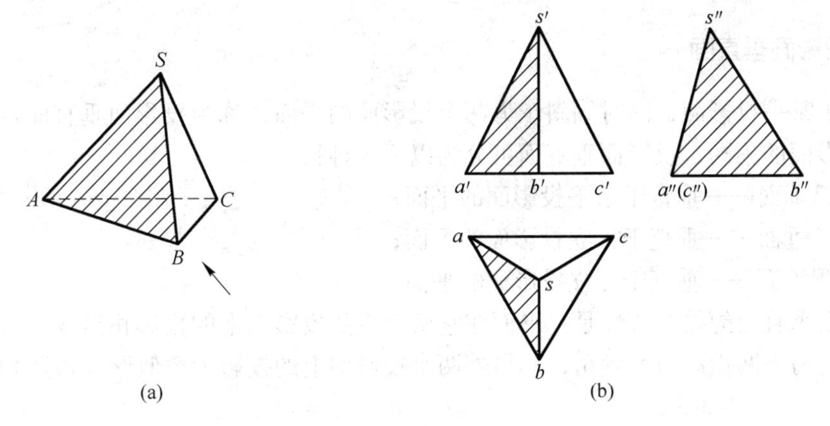

图 3-29　三棱锥的三面投影

投影面平行面的投影特性是：平面在它所平行的投影面上的投影反映实形，在另外两个投影面上的投影积聚成直线段，并分别平行于相应的投影轴，见表 3-4。

表 3-4　投影面平行面的投影特性

名称	水平面	正平面	侧平面
物体表面上的面			
立体图			
投影图			
投影特性	（1）水平投影反映实形； （2）正面投影有积聚性，且平行于 OX 轴；侧面投影也有积聚性，且平行于 OY_W	（1）正面投影反映实形； （2）水平投影有积聚性，且平行于 OX 轴；侧面投影也有积聚性，且平行于 OZ	（1）侧面投影反映实形； （2）正面投影有积聚性，且平行于 OZ 轴；水平投影也有积聚性，且平行于 OY_H
共性	（1）平面在所平行的投影面的投影反映实形（显实性）； （2）在另外两个投影面上的投影积聚成一条直线（积聚性），该直线平行于相应的坐标轴		

3.4.3 投影面垂直面

垂直于某一投影面，同时倾斜于另两个投影面的平面，称为投影面垂直面根据平面所垂直的投影面的不同，投影面垂直面可分为以下 3 种：

（1）铅垂面——垂直于水平投影面的平面；

（2）正垂面——垂直于正立投影面的平面；

（3）侧垂面——垂直于侧立投影面的平面。

投影面垂直面的投影特性是：平面在它所垂直的投影面上的投影积聚成一直线，并反映该直线与另外两投影面的倾角，其另外两个投影面上的投影为类似形（边数相同、形状相像的图形），见表 3-5。

表 3-5 投影面垂直面的投影特性

名称	铅垂面	正垂面	侧垂面
物体表面上的面	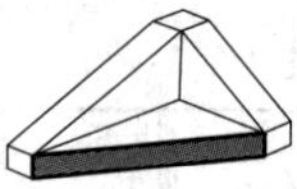	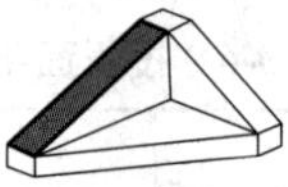	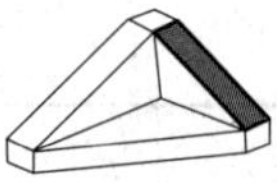
立体图	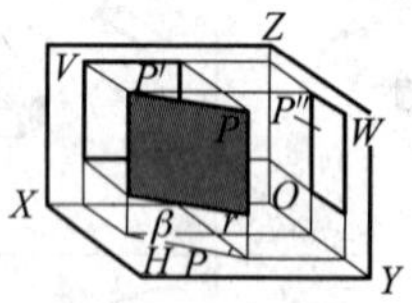	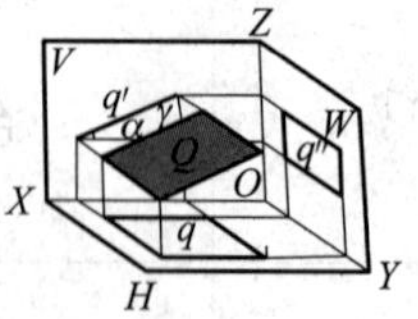	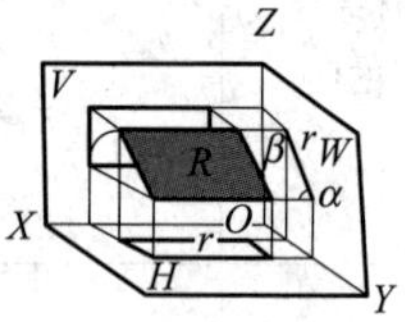
投影图	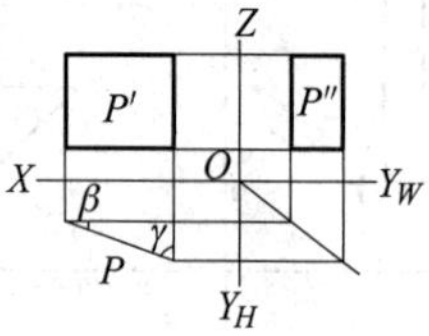	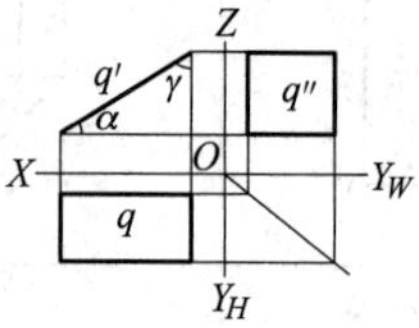	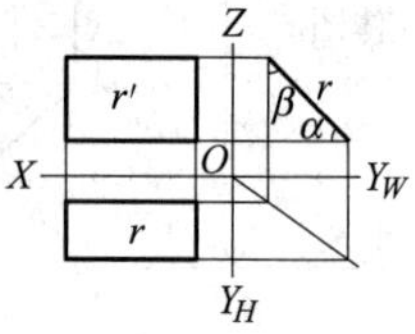
投影特性	（1）水平投影积聚成直线 P，且与其水平迹线重合。该直线与 OX 轴和 OY_H 轴夹角反映 β 和 γ 角； （2）正面投影和侧面投影为平面的类似形	（1）正面投影积聚成直线 q'，且与其正面迹线重合。该直线与 OX 轴和 OZ 轴夹角反映 α 和 γ 角； （2）水平投影和侧面投影为平面的类似形	（1）侧面投影积聚成直线 r''，且与其侧面迹线重合。该直线与 OY_W 轴和 OZ 夹角反映 β 和 α 角； （2）正面投影和水平投影为平面的类似形
共性	（1）平面在其所垂直的投影面上的投影积聚成一条直线（积聚性），它与两投影轴的夹角，分别反映空间平面与另外两个投影面的倾角； （2）另外两个投影面的投影为空间平面图形的类似形		

3.4.4 平面内的点和直线

平面内点的几何条件为：若点在平面内一直线上，则点在该平面上。

平面内直线的几何条件为：直线过平面内的两个点，则直线在该平面内；直线通过平面上一点且平行于平面内的另一直线，则直线在该平面内。

平面上的点和直线如图 3-30 所示。

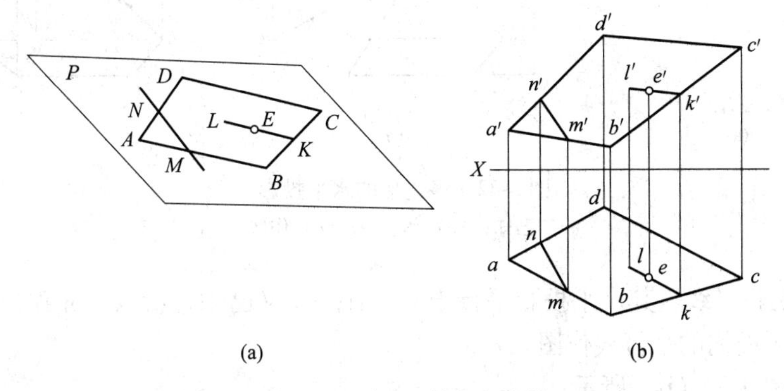

图 3-30 平面上的点和直线

（a）立体图；（b）投影图

【例 3-6】 如图 3-31（a）所示，试判断 K 点是否在△ABC 平面内。

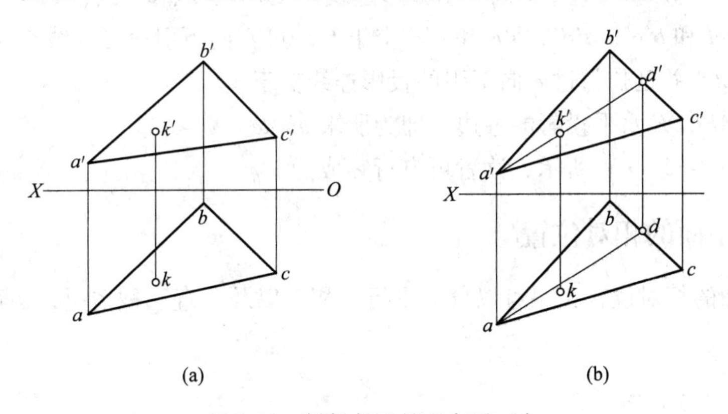

图 3-31 判断点 K 是否在平面内

分析： 在平面内作一辅助线，使其正面投影通过点 K 的正面投影 k'，若辅助线的水平投影也通过 k，则证明点 K 在△ABC 平面内。

作图步骤：（见图 3-31）：

（1）过 k'作辅助线 AD 的正面投影 $a'd'$。

（2）根据投影关系确定 d，并作辅助线 AD 的水平投影 ad。

（3）因 k 不在 ad 上，故判断点 K 不在△ABC 平面内。

【例 3-7】 如图 3-32（a）所示，已知平面 $ABCDE$ 的 CD 边为正平线，作出平面 $ABCDE$ 的水平投影。

分析： 从所给的已知条件看，要从 AB、CD 的投影开始考虑。正面投影 $a'b'$和 $c'd'$相

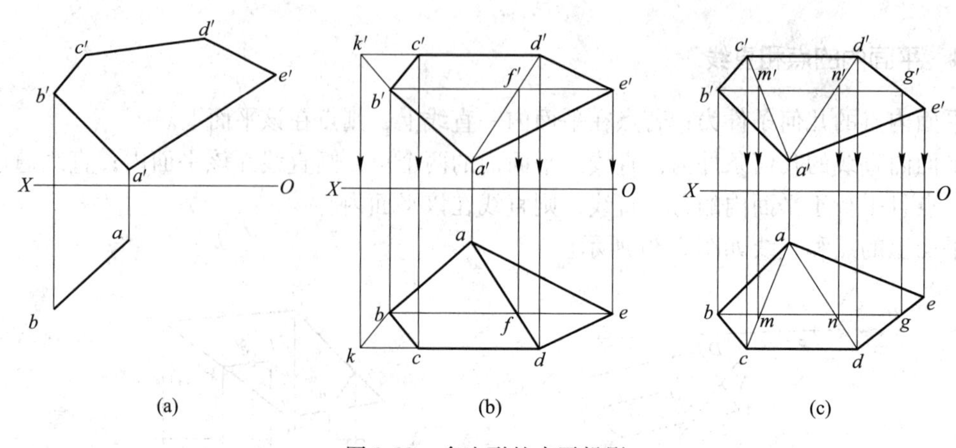

图 3-32 多边形的水平投影

（a）已知；（b）作法一；（c）作法二

交，而 *CD* 又是正平线，其水平投影平行于 *OX* 轴；*ab* 又已知，所以可先作出 *cd*。还有一种方法是利用平面内的平行线作图。

作法一如图 3-32（b）所示：

（1）在正面投影中作出 $a'b'$和 $c'd'$的交点 k'，*K* 点既在 *AB* 上也在 *CD* 上，过 k'向下引投影连线交于 *ab* 于 *k* 点。

（2）过 *k* 作 *kd*∥*OX*，过 $c'd'$向下引投影连线，交 *kd* 于 *c*、*d* 两点。

（3）连接 *ad* 和 $b'e'$、$a'd'$，$b'e'$和 $a'd'$交于 f'，过 f'向下引投影连线交 *ad* 于 *f*。

（4）连接 *bf*，并延长与过 e'向下引的投影连线交于 *e*。

（5）连接 *ABCDE* 水平投影的各边，即为所求 *abcde*。

作法二如图 3-32（c）所示，读者可自行完成。

3.5 直线与平面的相对位置

直线与平面的相对位置关系可以分为平行、相交以及垂直三种情况，下面就这几种情况展开详细探讨。

3.5.1 直线与平面平行

由初等几何知识可知：若一直线平行于平面上的某一直线，则该直线与该平面必然相互平行。在图 3-33 所示投影图中，直线 *EF* 与直线 *MN* 相互平行，而直线 *MN* 又在平面△*ABC* 内，所以直线 *EF* 与平面△*ABC* 平行。

在此可以推出如下结论：如果一条直线平行于一个平面，而该平面又为某投影面的垂直面，则在平面所垂直的投影面上，直线的投影必与平面具有积聚性的投影平行。如直线 *KL*∥平面△*ABC*，平面△*ABC* 是铅垂面，所以直线水平投影 *KL* 与平面有积聚性的水平投影 *ABC* 平行，如图 3-34 所示。

【例 3-8】 过 *K* 点作一正平线 *KN* 平行于 *ABC* 平面，如图 3-35（a）所示。

分析：根据题目要求，正平线 *KN* 必然与平面上的正平线平行。

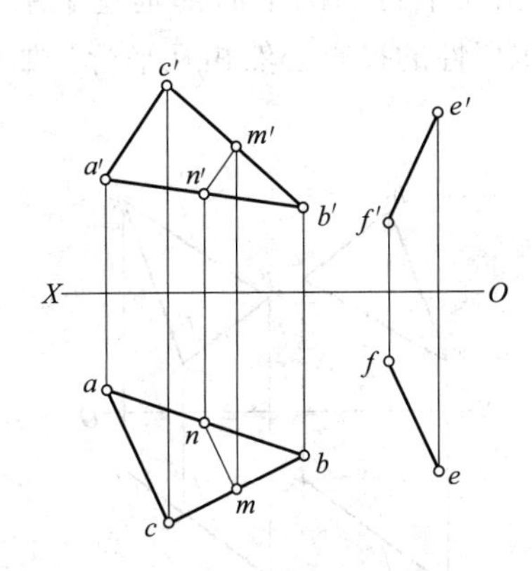

图 3-33　直线与平面平行

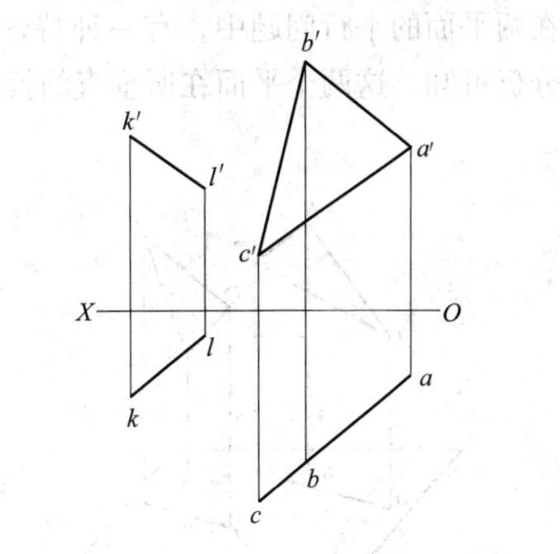

图 3-34　直线与投影面垂直面平行

作图步骤：

（1）在 ABC 平面内作一正平线 AD（ad，$a'd'$）。

（2）过 K 点作 KN 直线与 AD 直线平行（$kn /\!/ ad$，$k'n' /\!/ a'd'$），则 KN 即为所求，如图 3-35（b）所示。

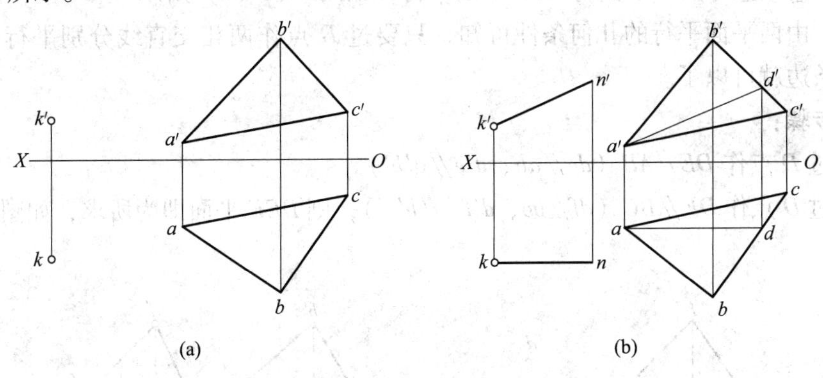

图 3-35　过点作正平线与平面平行

（a）已知；（b）作图

3.5.2　平面与平面平行

由初等几何知识可知：若一平面上的两相交直线对应地平行于另一平面上的两相交直线，则这两平面相互平行，如图 3-36 所示。

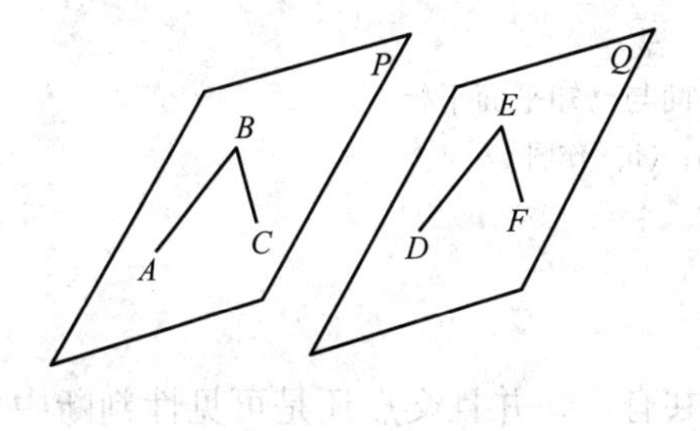

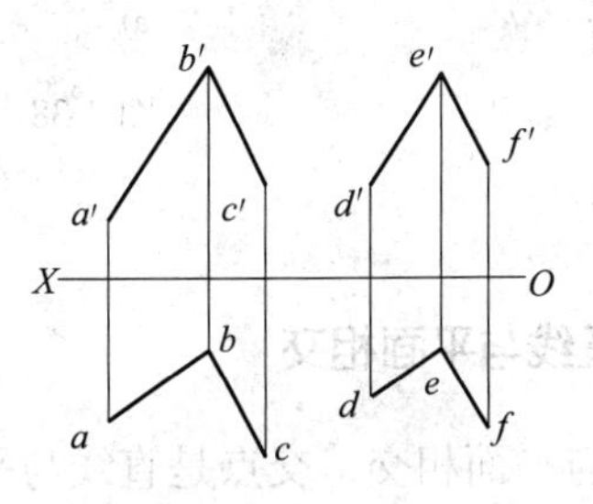

图 3-36　两平面平行

在两平面的平行问题中，有一种特殊的情况：相互平行的两平面都垂直于某一投影面。分析可知，这两个平面在所垂直的投影面上有积聚性的投影必然相互平行，如图 3-37 所示。

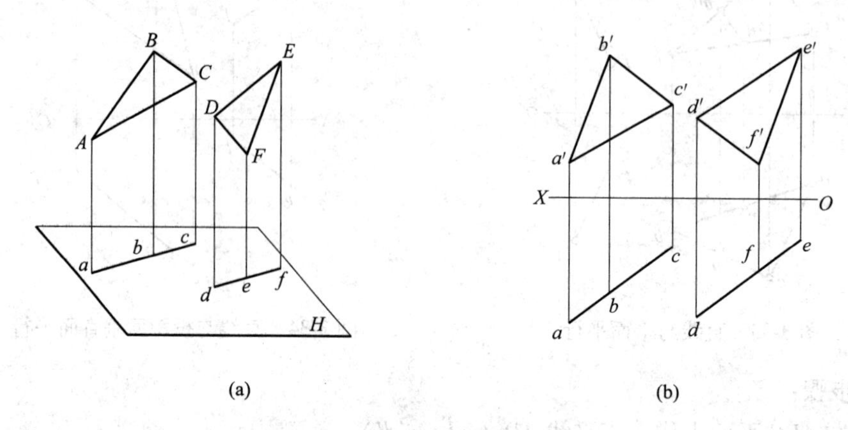

图 3-37　有积聚性的平面相互平行

【例 3-9】 过 D 点作平面与 ABC 平面平行，如图 3-38（a）所示。

分析： 由两平面平行的几何条件可知，只要过 D 点作两相交直线分别平行于 ABC 平面上的两条边就可以了。

作图步骤：

（1）过 D 点作 $DE /\!/ AB$（$de /\!/ ab$、$d'e' /\!/ a'b'$）。

（2）过 D 点作 $DF /\!/ BC$（$df /\!/ bc$、$d'f' /\!/ b'c'$），则 DEF 平面即为所求，如图 3-38（b）所示。

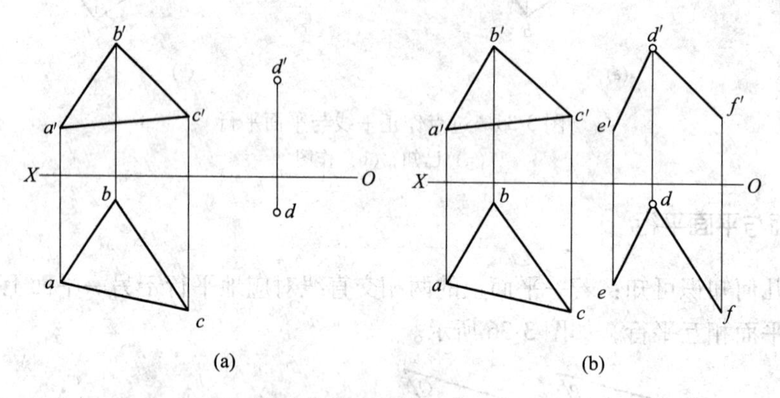

图 3-38　过点平面与已知平面平行

（a）已知；（b）作图

3.5.3　直线与平面相交

直线与平面相交，交点是直线与平面的共有点，并且交点还是可见性判断中可见与不可见的分界点，即交点具有共有性和分界性。在投影图中求解直线与平面的相交问题时，要特别注意利用这两种性质来作图求解。

3.5.3.1 一般位置直线与特殊位置平面相交

直线与特殊位置平面相交，当特殊位置平面的某一投影具有积聚性时，交点的投影必在这个积聚性的投影上。利用这一特性可以求出交点的一个投影，然后求出交点的其他投影。这种特殊情况下的垂直问题，判断可见性有两种方法：观察法和重影点法。

【例 3-10】 求一般位置直线 *AB* 与铅垂面 *P* 的交点 *K*，如图 3-39 所示。

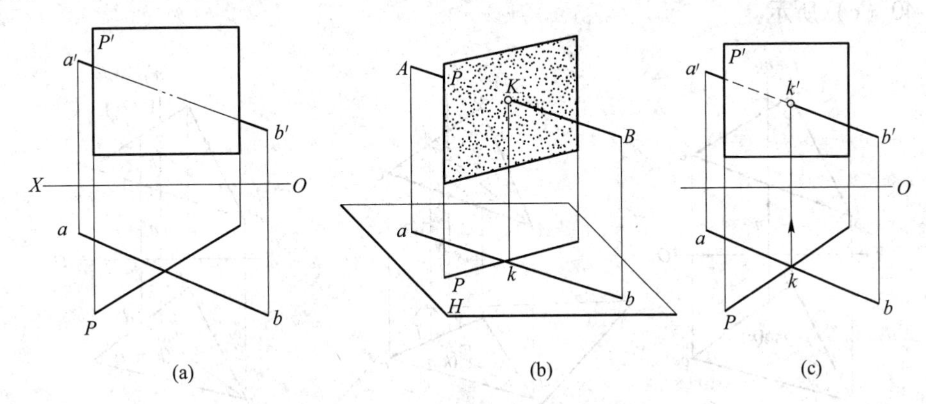

图 3-39 求一般位置线与特殊面的交点

（a）已知；（b）直观图；（c）作图

分析：按图 3-39（b）的分析，因为铅垂面的水平投影有积聚性，所以交点的水平投影必然位于铅垂面的积聚投影与直线的水平投影的交点处；交点的正面投影可利用线上定点的方法求出。

作图步骤：

（1）求交点。

1）在直线和平面的水平投影交点处标出交点的水平投影 *k*。

2）过 *k* 向上引投影联系线在 $a'b'$上找到交点的正面投影 k'，如图 3-39（c）所示。

（2）判别可见性——可利用直观法判别。判别正面投影的可见性。从水平投影看，以交点 *k* 为分界点，*kb* 段在 *P* 面的前面，故可见；*ak* 段在 *P* 面的后面，故不可见，如图 3-39（c）所示。

3.5.3.2 投影面垂直线与一般位置平面相交

当直线是投影面垂直线时，可利用直线投影的积聚性进行求交点。

【例 3-11】 如图 3-40（a）所示，求铅垂线 *MN* 与铅垂面 *P* 的交点 *k*，并判断其可见性。

分析：如图 3-40（b）所示，因为交点是直线上的点，而铅垂线的水平投影有积聚性，所以交点的水平投影必然与铅垂线的水平投影重合；交点又是平面上的点，因此可利用平面上定点的方法求出交点的正面投影。

作图步骤：

（1）求交点。

1）在铅垂线的水平投影上标出交点的水平投影 *k*；

2）在平面上过 *K* 点水平投影 *k* 作辅助线 *ad*，并作出它的正面投影 $a'd'$；

3）$a'd'$与 $m'n'$的交点即是交点的正面投影 k'，如图 3-40（c）所示。

（2）判别直线的可见性，可利用重影点法判别。因为直线是铅垂线，水平投影积聚为一点，不需判别其可见性，因此只需判别直线正面投影的可见性。直线以交点 K 为分界点，在平面前面的部分可见，在平面后面的部分不可见。如图 3-40（c）所示，选取 $m'n'$ 与 $b'c'$ 的重影点 1′和 2′来判别。Ⅰ点在 MN 上，Ⅱ点在 BC 上。从水平投影看，1 点在前可见，2 点在后不可见。即 $k'm'$ 在平面的前面可见画成粗实线，其余部分不可见画成虚线，如图 3-40（c）所示。

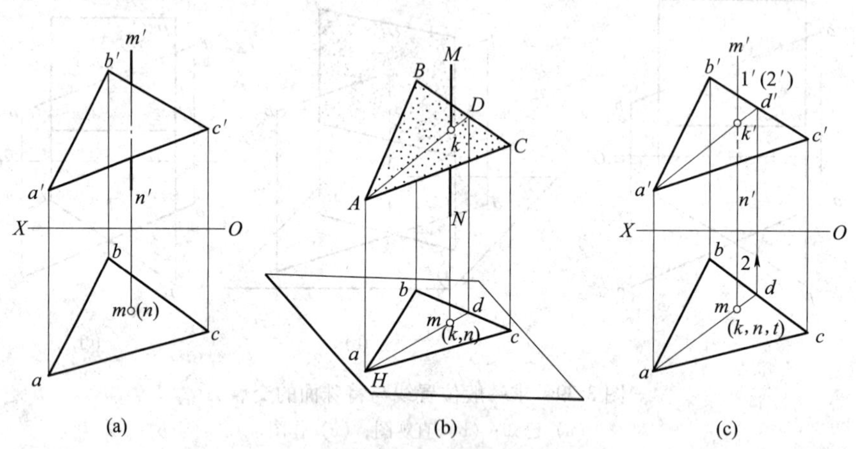

图 3-40 特殊线与一般面的交点

（a）已知；（b）直观图；（c）作图

3.5.3.3 一般位置直线与一般位置平面相交

当给出的直线或是平面都没有积聚性时，为相交的一般情况，可以利用辅助平面法求出交点或是交线。

【例 3-12】 求 ABC 平面与 DE 直线的交点 K，并判断其可见性，如图 3-41（a）所示。

分析：如图 3-41（a）所示，当直线和平面都处于一般位置时，不能利用积聚性直接求出交点的投影。图 3-41（b）是用辅助平面法求解交点的空间分析示意图。直线 DE 与平面 ABC 相交，交点为 K，过 K 点可在平面 ABC 上作无数条直线，而这些直线都可以与直线 DE 构成一平面，该平面称为辅助平面。辅助平面与已知平面 ABC 的交线 MN 与直线 DE 的交点 K 即为所求。为便于在投影图上求出交线，应使辅助平面 P 处于特殊位置，以便利用上述的方法作图求解。

作图步骤：

（1）求交点。

1）过直线 DE 作一辅助平面 P（P 面是铅垂面，也可作正垂面），如图 3-41（c）所示。

2）求铅垂面 P 与已知平面 ABC 的交线 MN，如图 3-41（d）所示。

3）求辅助交线 MN 与已知直线 DE 的交点 K，如图 3-41（e）所示。

（2）判别可见性，利用重影点法判别。如图 3-41（f）所示，在水平投影上标出交错两直线 AC 和 DE 上重影点 F 和 M 的重合投影 f（m），过 f、m 向上作投影联系线求出 f' 和 m'。从图中可看出 F 点高于 M 点，说明 DK 段高于平面 ABC，水平投影 mk 可见，画成粗实线，而 kn 不可见，画成虚线。同理判别正面重影点 P、Q 前后关系，dk 段可见，ke 不可见。

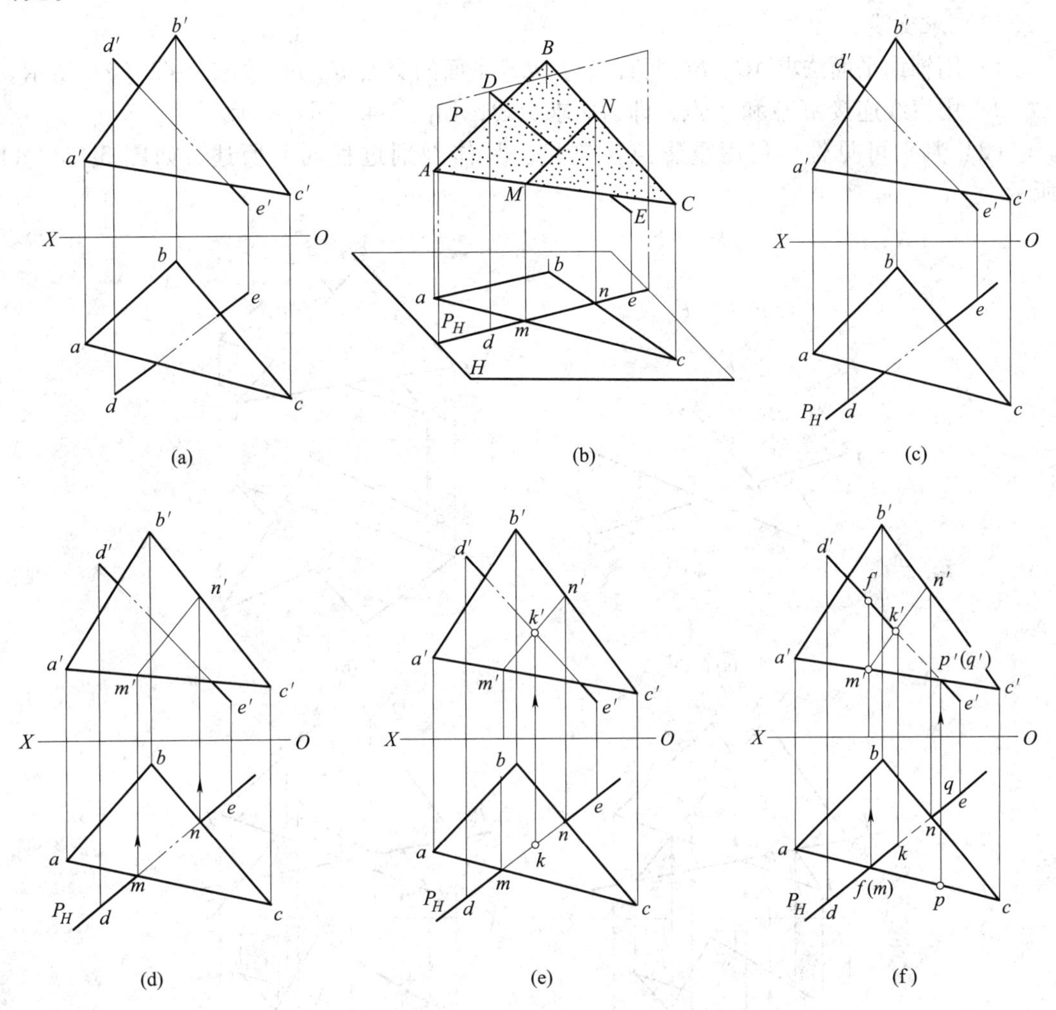

图 3-41 一般位置直线与一般位置平面的交点

（a）已知；（b）直观图；（c）作垂面；（d）求辅助交线；（e）求交点；（f）判别可见性

3.5.4 平面与平面相交

平面与平面相交，交线是相交两平面的共有线，交线上的点都是相交两平面的共有点，因此只要能够确定交线上的两个共有点，或者一个共有点和交线方向，便可以作出两平面的交线。同时交线也是在进行可见性判断时可见与不可见的分界线，因此，在讨论两平面的相交问题时，注意利用这些性质去作图。

3.5.4.1 两一般位置平面相交

【例 3-13】 求两一般位置平面 ABC 和 DEF 交线 MN，并判断其可见性，如图 3-42 所示。

分析： 如图 3-42（a）所示，两平面 ABC 和 DEF 的交线 MN，其端点 M 是 AC 直线与 DEF 平面的交点，另一端点 N 是 BC 直线与 DEF 平面的交点。可见用辅助平面法求出两个交点，再连线即是所求的交线。

作图步骤：

（1）求交线。

1）用辅助平面法求 *AC*、*BC* 两直线与 *DEF* 平面的交点 *M*、*N*，如图 3-42（c）所示。

2）用直线连接 *M* 点和 *N* 点，即为所求交线，如图 3-42（d）所示。

（2）判别可见性，利用重影点法判别。具体判别过程同前所述，如图 3-42（d）所示。

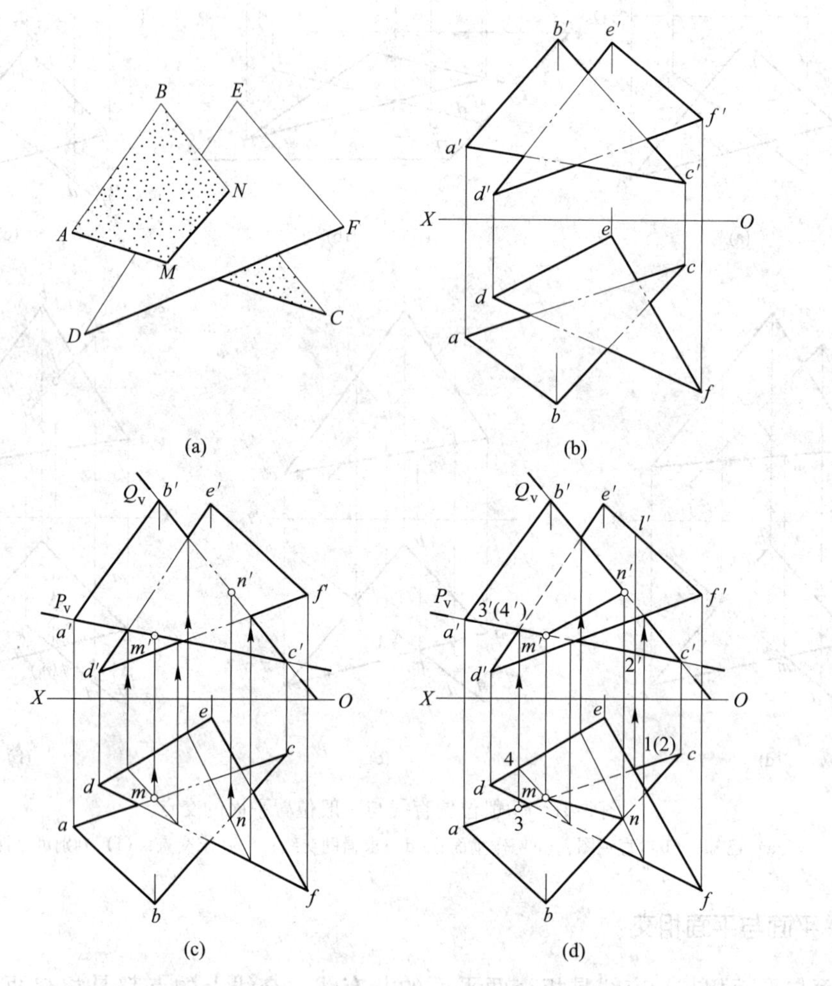

图 3-42 两一般位置平面的交线

（a）直观图；（b）已知；（c）接交点 *M*，*N*；（d）连线判别可见性

3.5.4.2 两特殊平面相交

【例 3-14】 求两铅垂面 *P*、*Q* 的交线 *MN*，并判断其可见性如图 3-43 所示。

分析： 按图 3-43（b）分析两铅垂面的水平投影都有积聚性，它们的交线是铅垂线，其水平投影必然积聚为一点；交线的正面投影为两面公有的部分。

作图步骤：

（1）求交线。

1）在两平面的积聚投影 p、q 相交处标出交线的水平投影 $m(n)$；

2）自 $m(n)$ 向上引联系线在 P 面的上边线及 Q 面的下边线找到 m'和 n'；

3）连接 m'和 n'，即为交线的正面投影，如图 3-43（c）所示。

（2）判别可见性，可利用直观法判别。判别正面投影的可见性。从水平投影看，以交线 mn 为分界线，交线的左面，P 面在前可见，Q 面在后不可见；交线的右面正好相反，Q 面可见，P 面不可见，如图 3-43（c）所示。

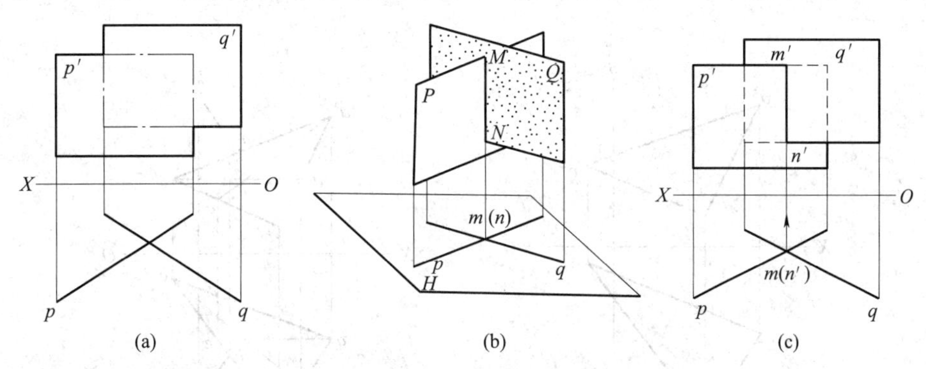

图 3-43 两特殊平面的相交

（a）已知；（b）直观图；（c）作图

3.5.5 直线与平面垂直

如果一条直线与投影面的垂直面垂直，则直线一定平行于该平面所垂直的投影面，且直线的投影垂直于该平面有积聚性的同面投影。即与正垂面垂直的直线是正平线，它们的正面投影互相垂直；与铅垂面垂直的直线是水平线，它们的水平投影互相垂直；与侧垂面垂直的直线是侧平线，它们的侧面投影互相垂直。

3.5.5.1 直线与特殊位置平面垂直

【例 3-15】 如图 3-44（a）所示，已知 A 点和矩形 $BCDE$ 的投影，求作 A 点到平面 $BCDE$ 的真实距离。

分析： 由于平面 $BCDE$ 是正垂面，故 AF 应为正平线，且 $a'f' \perp b'c'd'e'$。

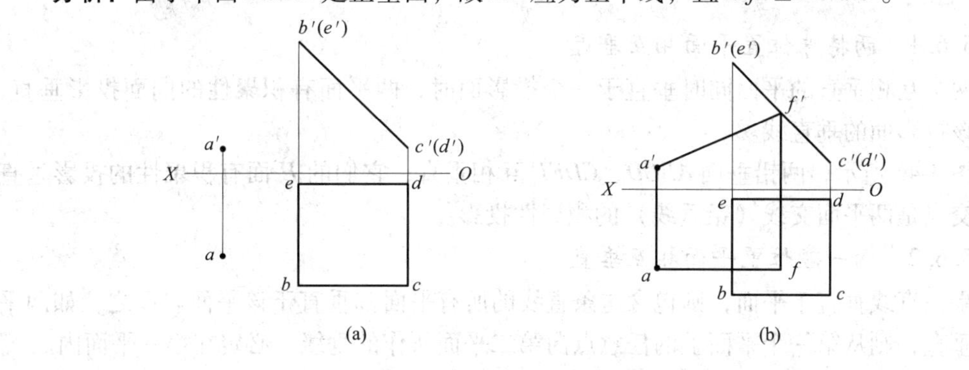

图 3-44 求 A 点到平面 $BCDE$ 的距离

作图步骤： 如图 3-44（b）所示，作 $a'f' \perp b'c'd'e'$，$a'f'$与 $b'c'd'e'$的交点即为垂足 F 的正面投影；又根据 $af /\!/ OX$ 及f'可求出 F 的水平投影 f；$a'f'$即为 A 点到平面 $BCDE$ 的真实距离。

3.5.5.2 直线与一般位置平面垂直

如果一条直线和一平面内的两条相交直线垂直，则直线与该平面垂直。反之，若直线与平面垂直，则直线垂直于平面内的所有直线。

当直线垂直于平面时，根据直角投影定理可知：直线的水平投影必垂直于该平面内水平线的水平投影；直线的正面投影必垂直手平面内正平线的正面投影。

【例 3-16】 如图 3-45（a）所示，过 K 点作一直线垂直于平面△ABC。

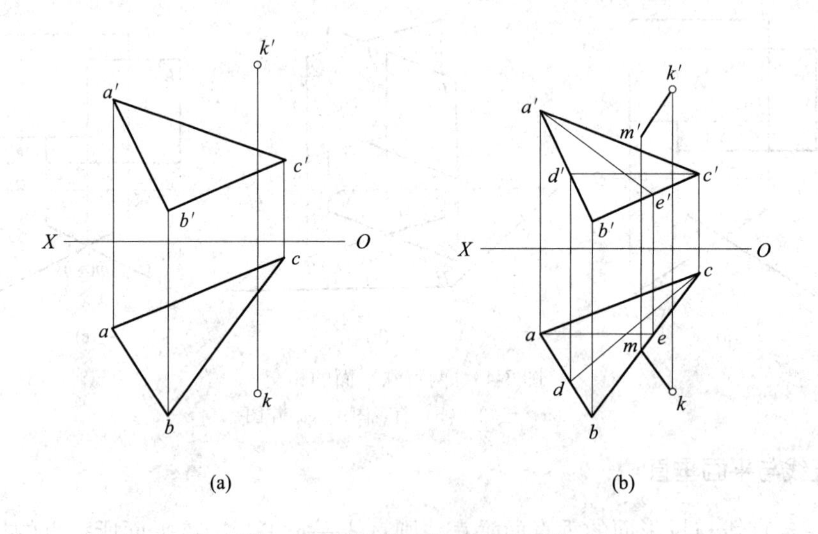

图 3-45 过点作已知平面的垂线

分析：根据直线与平面垂直的投影特性，在平面△ABC 上分别作出属于该平面的正平线 AE 和水平线 CD，过点 K 可求出垂直于平面的直线 KM。

作图步骤：如图 3-45（b）所示，在平面△ABC 上作出属于该平面的正平线 AE 和水平线 CD，过 k'作 $a'e'$的垂线 $k'm'$，过 k 作 cd 的垂线 km，直线 KM 即为所求。

3.5.6 平面与平面垂直

3.5.6.1 两特殊位置平面相互垂直

当两个互相垂直的平面同时垂直于一个投影面时，两平面有积聚性的同面投影垂直，交线是该投影面的垂直线。

如图 3-46 所示，两铅垂面 $ABCD$、$CDEF$ 互相垂直，它们的 H 面有积聚性的投影垂直相交，交点是两平面交线（铅垂线）的积聚性投影。

3.5.6.2 两一般位置平面相互垂直

如果一直线垂直于平面，则包含这条直线的所有平面都垂直于该平面。反之，如两平面相互垂直，则从第一个平面上的任意点向第二平面所作的垂线，必定在第一平面内。

【例 3-17】 过 K 点作一平面垂直于已知平面△ABC，如图 3-47（a）所示。

分析：过 K 点作出垂直于平面的直线，包含该直线所作任一平面均为所求。

作图步骤：过 K 作 KM 垂直于平面△ABC，再过 K 点任作一直线 KN，平面 KMN 即为所求，如图 3-47（b）所示。

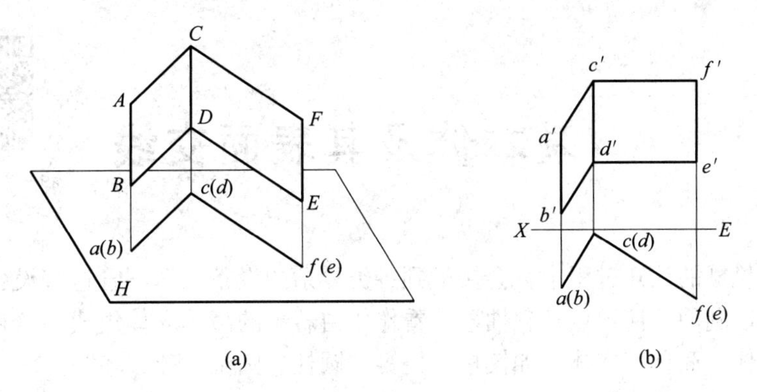

(a) (b)

图 3-46 两铅垂面相互垂直

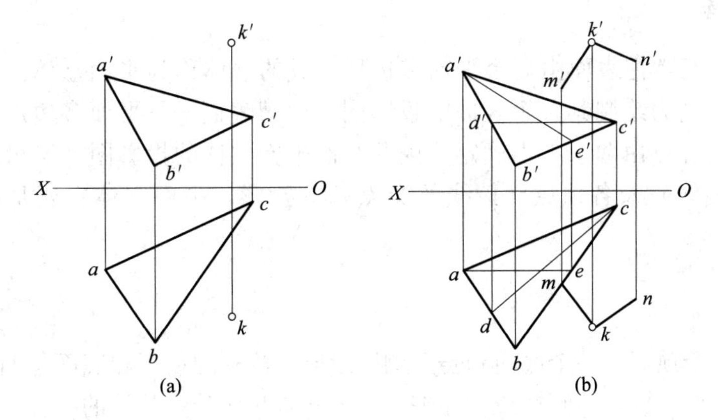

(a) (b)

图 3-47 过点作平面垂直于已知平面

4 基本体及其表面交线

扫一扫获取免费
数字资源

我们在对机械的认知过程中，会接触到各类复杂的设备。但不管这些设备如何复杂多样，我们都可以利用几何观点把它抽象地看作成由若干的简单立体组成。这种简单立体就称为基本几何体，简称基本体，如棱柱、棱锥、圆柱、圆锥、球、环等。

立体按表面的性质不同，可分为平面立体和曲面立体。

4.1 平面立体

工程中，我们常把表面由多个平面多边形构成的立体称为平面立体。平面立体投影图的绘制，可归结为绘制其各个表面的投影图，而其表面——平面多边形是由直线段组成，每条直线段皆可由两个端点确定，因此绘制平面立体的投影图，又可归结为绘制其表面的交线（棱线）及各顶点（棱线的交点）的投影。平面立体主要是棱柱、棱锥这两种形式。

4.1.1 棱柱

棱柱是由一个顶面、一个底面和若干侧棱组成，棱柱的顶面和底面是两个形状相同且互相平行的多边形，棱柱的侧棱线相互平行。棱柱是几何学中常见的一种三维多面体，是两个平行的平面被三个或以上的平面所垂直截得的封闭几何体。若用于截平行平面的平面数为 n，那么该棱柱便称为 n 棱柱。如三棱柱就是两个平行的平面被三个平面所垂直截得的封闭几何体。

4.1.1.1 棱柱的三视图

图 4-1 为正六棱柱的立体图和投影图。俯视图反映了正六边形顶面和底面的实形，其中每条边又都是侧面的积聚投影；正面及侧面投影顶面和底面积聚成一条直线。正六棱柱的 6 个侧棱面中前、后棱面为正平面，其正面投影重合且反映实形，水平及侧面投影积聚成一条直线；棱柱的其他 4 个侧棱面为铅垂面，其水平投影积聚为直线，正面及侧面投影为矩形。

4.1.1.2 棱柱投影作图步骤

棱柱投影作图步骤为：

（1）画对称中心线。注意使用细点画线。在图纸中，中心线的位置布置要合理，要使图形在图纸中位于一个合理、清晰的位置。

（2）画顶面和底面投影。顶面和底面投影反映的为同一实形，都是一个正六边形。

（3）画 6 个侧棱面的投影。左侧投影和右侧投影为同一图形，但不反映正六棱柱的左、右侧面的实形。

（4）检查、加深图线。按线型线宽的要求对图线进行加粗、描深。注意：细点画线应超出图形轮廓线 2~3mm。

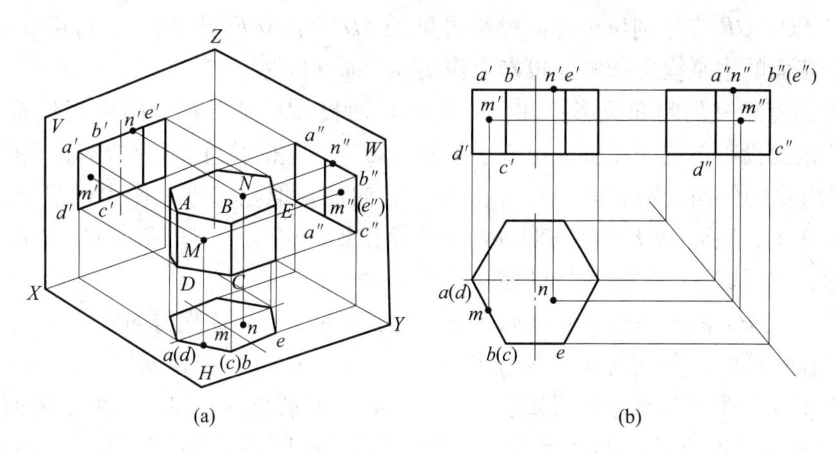

图 4-1 六棱柱的三视图及其点的投影

作棱柱投影图时，一般先画出反映棱柱底面实形的多边形，然后再根据投影规律画出其余两个投影。在作图时要严格遵守“V 面、H 面投影长对正；V 面、W 面投影高平齐；H 面、W 面投影宽相等”的投影规律。注意：利用 H 面、W 面的投影关系，可以直接量取平行于宽度方向且前后对应的相等距离作图；也可以添加 45°辅助线作图。

4.1.1.3 棱柱表面上点的投影

利用点所在的面的积聚性法求解点的三面投影。因为正棱柱的各个面均为特殊位置面，均具有积聚性。

当点在形体的表面上时，点的投影必在它所从属的表面的同面投影范围内。若表面为可见，则表面上的点的同面投影也可见；反之，为不可见。

在图 4-1 中，已知正六棱柱上一点 M 的正面投影 m' 和点 N 的水平投影 n，求 m、m'' 和 n'、n''。

分析： 由正六棱柱上 M 点的位置关系可知，M 点位于正六棱柱左侧平面的前半个平面上，点 M 的正面投影 m' 可见，由点 M 的正面投影 m' 来画该点的另外两向投影 m、m''。引点 M 的正面投影 m' 的竖直投影连线，交于水平投影正六多边形的左、前侧素线上，根据点 M 的投影关系可知，m' 可见。然后利用 45°辅助线作图，作 m' 的水平投影连线和点 M 的水平投影 m 的水平投影连线交 45°辅助线后，再作此交点的竖直投影连线与 m' 的水平投影连线交于点 M 的侧面投影 m''，根据点 M 的投影关系可知，m'' 亦为可见。

由正六棱柱上 N 点的位置关系可知，点 N 位于正六棱柱的顶面上，点 N 的水平投影 n 可见，由点 N 的水平投影 n 来画该点的另外两向投影 n'、n''。引点 N 的水平投影 n 的竖直投影连线，交于正面投影最上侧素线上于点 N 的正面投影 n'，n' 可见。然后利用 45°辅助线作图，作 n' 的水平投影连线和 n 的水平投影连线交 45°辅助线后，再作此交点的竖直投影连线与 n' 的水平投影连线交于点 N 的侧面投影 n''，n'' 亦为可见。

【例 4-1】 如图 4-2 所示，求作斜三棱柱的侧面投影及其表面上的折线 PQR 的水平投影和侧面投影。

分析： 从已知的正面投影和水平投影可以看出：这个斜三棱柱的顶面和底面是水平面，左前和右前棱面都是一般位置平面，后棱面是正平面；棱线是正平线。由它的正面投影和水平投影就可作出侧面投影。由于折线 PQR 的线段 PQ、QR 的正面投影 $p'q'$、$q'r'$ 都可见，所以 PQ、QR 应分别位于正面投影可见的 $ADEB$、$BEFC$ 棱面上，可由 $p'q'$、$q'r'$ 分别在这两个棱面的水平投影和侧面投影上作出 pq、qr 和 $p''q''$、$q''r''$。

（1）作斜三棱柱的侧面投影：在斜三棱柱正面投 $a'b'$ 投影右方的适当位置处作铅垂线，由点的正面投影与侧面投影应位于水平的投影连线上的特性，可作出处于正平面位置的后棱面 $ADFC$ 的侧面投影 $a''d''f''c''$。由 $a''d''f''c''$ 向前量取在水平投影中已显示的距离 y，可作出顶面 ABC、底面 DEF 和前棱线 BE 的侧面投影 $a''b''c''$、$d''e''f''$ 和 $b''e''$。依次连接这几个同面投影，便围成这个斜三棱柱的侧面投影。

（2）作线段 PQ 的水平投影和侧面投影：延长 $p'q'$，与 $a'd'$ 交得 m'；由 m'、q' 作铅垂的和水平的投影连线，分别与 ad、be 交得 m、q，与 $a''d''$、$b''e''$ 交得 m''、q''；连 m 与 q、m'' 与 q''，再由 p' 作铅垂的和水平的投影连线，与 mq 和 $m''q''$ 交得 p 和 p''。由于棱面 $ADEB$ 的水平投影 $adeb$ 和侧面投影 $a''d''e''b''$ 都是可见的，所以 pq 和 $p''q''$ 都可见，画成粗实线。

（3）作线段 QR 的水平投影和侧面投影：作图的原理与方法与作 PQ 相同，但由于 QR 位于水平投影和侧面投影都不可见的棱面 $BEFC$ 上，所以 qr、$q''r''$ 都不可见，画成细虚线。

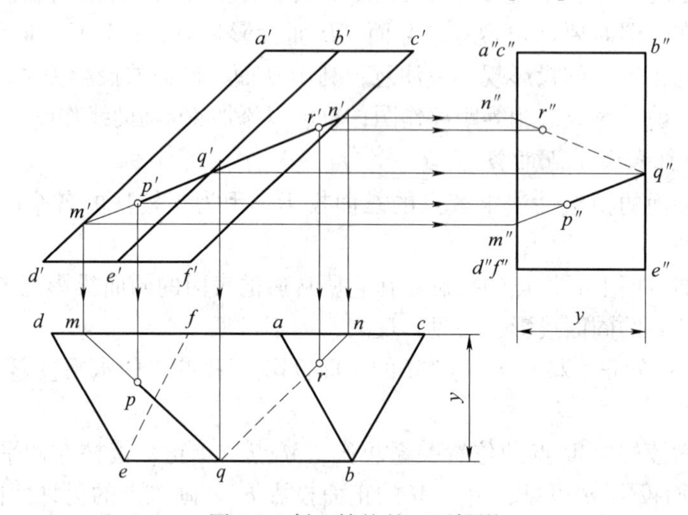

图 4-2　斜三棱柱的三面投影

4.1.2　棱锥

棱锥又称角锥，是三维多面体的一种，由多边形各个顶点向它所在的平面外一点依次连直线段而构成。棱锥的底面为多边形，各侧面为具有公共顶点的三角形。从棱锥顶点到底面的距离称为棱锥的高。当棱锥的底面为正多边形、各侧棱相等时，该锥体称为正棱锥。正棱锥的各侧面都为等腰三角形。常见的棱锥有三棱锥、四棱锥、五棱锥等。

4.1.2.1　棱锥的三视图

图 4-3 是一个正三棱锥的立体图和投影图。从图中可见：棱锥的底面是一个水平面，前、后棱面都是一般位置平面；右棱面是正垂面。从图中还可看出：除了底面的正面投影和侧面投影、右棱面的正面投影有积聚性外，三个棱面的水平投影都可见，底面的水平投影不可见；前棱面的正面投影可见，后棱面的正面投影不可见；前、后棱面的侧面投影可见，右棱面的侧面投影不可见。

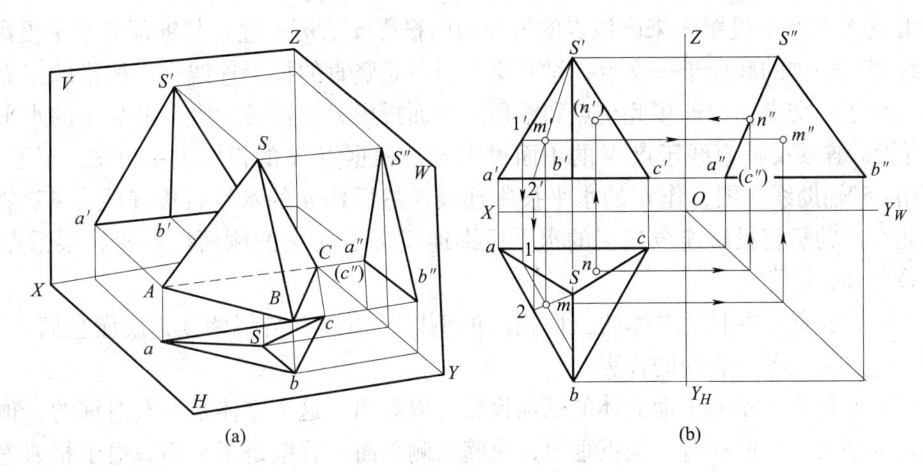

图 4-3 三棱锥的三视图及其点的投影

作平面立体表面上的点和线的投影，就是作它的多边形表面上的点和线的投影，即作平面上的点和线的投影。

4.1.2.2 棱锥投影作图步骤

棱锥投影的作图步骤为：

（1）画出三棱锥的作图基准线。在图纸中，作图基准线的位置布置要合理，要使图形在图纸中位于一个合理、清晰的位置。

（2）画出底面实形的水平投影。棱锥水平投影为正三角形及三条侧棱的积聚投影。

（3）作出锥顶的各面投影，同时将它与底面的各顶点的同面投影相连，把不可见的轮廓画成虚线。

（4）检查、加深图线。按线型线宽的要求对图线进行加粗、描深。

4.1.2.3 棱锥表面上点的投影

（1）利用点所在的面的积聚性法。利用点所在的面的积聚性法求解点的三面投影。

（2）利用辅助线的方法。首先确定点位于棱锥的哪个平面上，再分析该平面的投影特性。若该平面为特殊位置平面，可利用点的积聚性直接求得这一点的投影；若该平面为一般位置平面，可通过辅助线法求得这一点的投影。

在图 4-3 中，给定三棱锥上一点 M 的正面投影 m'和一点 N 的水平投影 n，求 M、N 的另外两个面投影。

由三棱锥上点 M 的位置关系可知，点 M 位于三棱锥的左侧平面上，点 M 的正面投影 m'可见，由点 M 的正面投影来画点 M 的另外两向投影 m、m''。过 m'与锥顶的正面投影 s'引一条直线交三棱锥的底面素线于一交点，过其交点引一条竖直的投影连线交三棱锥的水平投影的左侧素线于一交点，作连接此交点和锥顶的水平投影 s 的直线，然后作点 M 正面投影 m'的竖直投影连线交此直线于点 M 的水平投影 m。根据点 M 的投影关系可知，m 可见。然后利用 45°辅助线作图，作 m'的水平投影连线，然后作 m 的水平投影连线交 45°辅助线后再作此交点的竖直投影连线与 m'的水平投影连线交于点 M 的侧面投影 m''，根据点 M 的投影关系可知，m''亦为可见。

由三棱锥上点 N 的位置关系可知，点 N 位于三棱锥的后侧平面上，点 N 的水平投影 n

可见，由点 N 的水平投影 n 来画该点的另外两向投影 n'、n''。过 n 与锥顶的水平投影 s 引一条直线交三棱锥的底面于一交点，过其交点引一条竖直的投影连线交三棱锥的正面投影的底面素线于一交点，作连接此交点和锥顶的正面投影 s' 的直线，然后作点 N 的水平投影 n 的竖直投影连线交此直线于点 N 的正面投影 n'。根据点 N 的投影关系可知，n' 不可见。然后利用45°辅助线作图，作 n' 的水平投影连线，然后作 n 的水平投影连线交45°辅助线后再作此交点的竖直投影连线与 n' 的水平投影连线交于点 N 的侧面投影 n''，根据点 N 的投影关系可知，n'' 可见。

图4-4所示为一些平面立体的三面投影的例图，请读者自行阅读，读懂它们的形状，并分析这些立体上各个表面的投影。

从图4-4（f）所示的平面立体的三面投影可以看出：这个立体是左右对称的，顶面和底面都是水平面，左壁和右壁是正垂面，前壁是侧垂面，后壁是正平面。由于相邻壁面的四条交线延长后不能交会于一点，所以它不是棱台，而是一个楔形块。

如图4-4（a）对称的立体，需要时可用细点画线画出它们的有积聚性的对称面的投影，如图4-4（b）、（e）、（f）所示；不需要时也可省略。

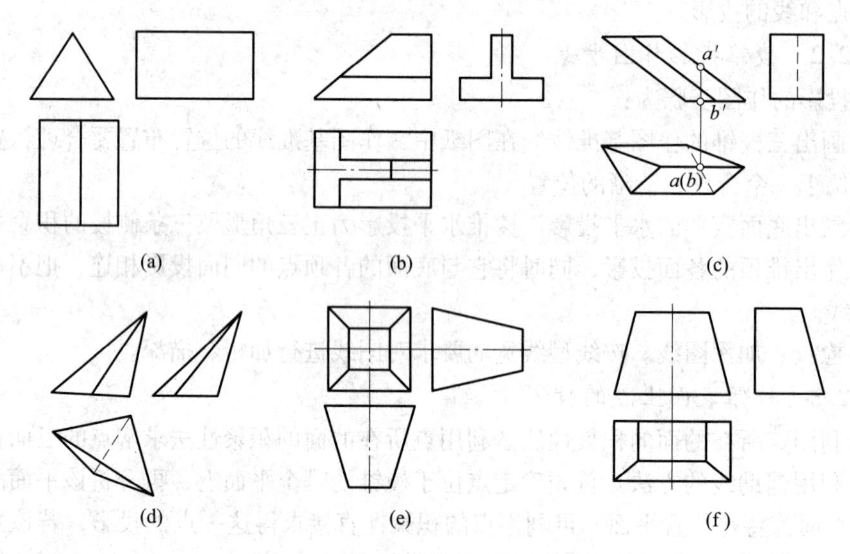

图4-4 平面立体的三面投影示例

（a）正三棱柱；（b）具有正垂端面的丁字形柱；（c）斜三棱柱；（d）斜三棱锥；（e）正四棱台；（f）楔形块

4.2 曲面立体

曲面立体是由曲面或曲面和平面所围成的几何体。曲面立体的投影就是组成曲面立体的曲面和平面的投影的组合。有的曲面立体有轮廓线，即表面之间有交线，如圆柱的顶面与圆柱面的交线圆；有的曲面立体存在尖点，如圆锥的锥顶；有的曲面立体全部由光滑的曲面组成，如球。

常见的曲面立体为回转体，如圆柱、圆锥、球、环等。

4.2.1 圆柱

圆柱是以矩形的一条边所在的直线为旋转轴，其余三边绕该旋转轴旋转一周而形成的几何体。母线的任一位置称为圆柱面的素线。圆柱由顶面、底面和圆柱面围成。

4.2.1.1 圆柱的三视图

图 4-5 是一个圆柱的实体图和投影图，轴线垂直于 H 面。顶面、底面皆为水平面，H 面投影反映实形，其余两面投影积聚为直线。由于圆柱上所有素线都垂直于 H 面，所以圆柱面的 H 面投影积聚为圆。圆柱面的 V 面投影为矩形，矩形的两条竖线分别是圆柱最左、最右素线的投影。圆柱最左、最右素线是前、后两个半圆柱面可见与不可见的分界线，称为圆柱面正面投影的转向轮廓线。圆柱面最前、最后素线是左、右两半圆柱面可见与不可见的分界线，称为圆柱面侧面投影的转向轮廓线，当转向轮廓线的投影与中心线重合时，规定只画中心线。

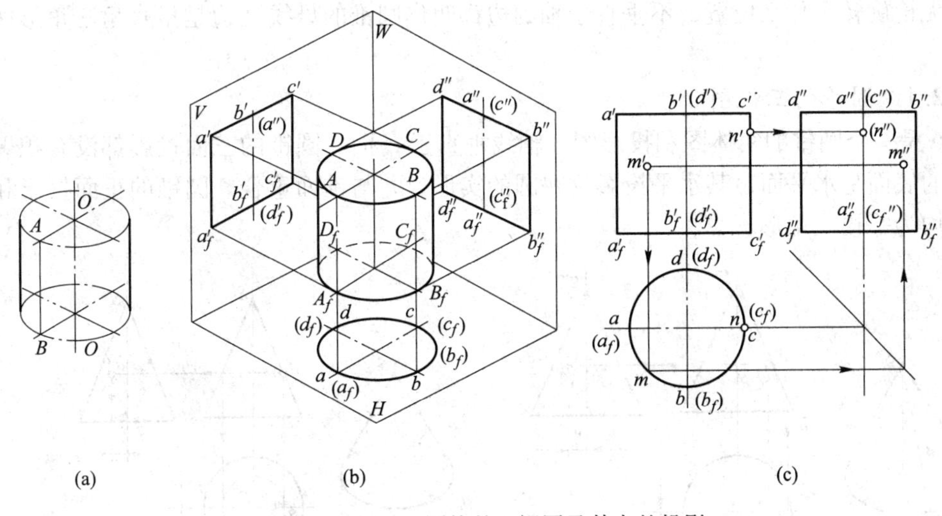

图 4-5 圆柱的三视图及其点的投影

4.2.1.2 圆柱投影作图步骤

圆柱投影的作图步骤为：

（1）用细点画线画出圆的对称中心线以及两个矩形的对称轴线。在图纸中，中心线的位置布置要合理，要使图形在图纸中位于一个合理、清晰的位置。

（2）画出圆柱的水平投影圆。此圆反映了圆柱顶面圆和底面圆的实形。

（3）利用长对正、高平齐、宽相等的投影法则画出圆柱的另外两个矩形投影。

4.2.1.3 圆柱表面上点的投影

如图 4-5 所示，已知点 M 和点 N 的正面投影 m'、n'，求点 M、N 的另外两向投影。

由点 M 的位置关系可知，点 M 在圆柱的前半圆柱面上，点 M 的正面投影 m' 可见，由点 M 的正面投影 m' 来画该点的另外两向投影 m、m''。过 m' 作一条竖直的投影连线交圆柱水平投影圆的前半圆弧上于点 M 的水平投影 m。根据点 M 的投影关系可知，m 可见。然后利用 45°辅助线作图，作 m' 的水平投影连线，然后作 m 的水平投影连线交 45°辅助线于一交点，过其交点作竖直的投影连线与 m' 的水平投影连线交于点 M 的侧面投影 m''。根据点 M 的投影关系可知，m'' 亦可见。

由点 N 的位置关系可知，点 N 在圆柱正面投影的最右侧素线上，点 N 的正面投影 n' 可见，由点 N 的正面投影 n' 来画该点的另外两向投影 n、n''。过点 M 的正面投影 n' 作一条竖直的投影连线交圆柱水平投影圆的右侧转向轮廓点于点 N 的水平投影 n。根据点 N 的投影关系可知，n 可见。然后利用 45°辅助线作图，作 n'的水平投影连线，然后作 n 的水平投影连线交 45°辅助线于一交点，过其交点作竖直的投影连线与 n'的水平投影连线交于点 N 的侧面投影 n''。根据点 N 的投影关系可知，n''亦为可见。

4.2.2 圆锥

圆锥由圆锥面和底平面组成。圆锥是一种几何图形，有两种定义。圆锥面和一个截它的平面（满足交线为圆）组成的空间几何图形叫圆锥；以直角三角形的直角边所在直线为旋转轴，其余两边旋转 360°而成的曲面所围成的几何体叫作圆锥。旋转轴叫作圆锥的轴；垂直于轴的边旋转而成的曲面叫作圆锥的底面；不垂直于轴的边旋转而成的曲面叫做圆锥的侧面；无论旋转到什么位置，不垂直于轴的边都叫作圆锥的母线（边是指直角三角形两个旋转边）。

4.2.2.1　圆锥的三视图

图 4-6 是一个圆锥的实体图和投影图，轴线垂直于 H 面。圆锥的三面投影都没有积聚性，圆锥的底面是水平面，其水平投影反映圆的实形，并与锥面重合。圆锥的正面投影和侧面投影均为等腰三角形。

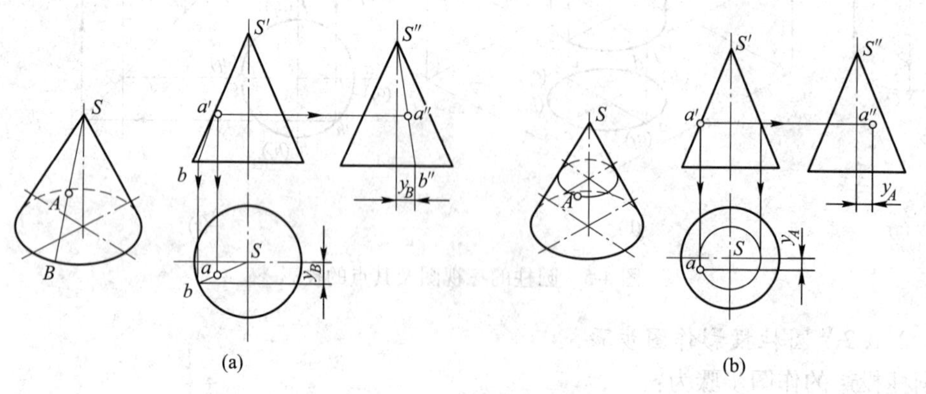

图 4-6　圆锥的三视图及其点的投影

（a）素线法；（b）纬圆法

4.2.2.2　圆锥投影作图步骤

（1）用细点画线画出圆的对称中心线以及轴线的正面和侧面投影。在图纸中，中心线的位置布置要合理，要使图形在图纸中位于一个合理、清晰的位置。

（2）画出圆锥的水平投影圆。该水平投影圆反映了圆锥底面的实形。

（3）利用长对正、高平齐、宽相等的投影法则画出圆锥的另外两个等腰三角形投影。

4.2.2.3　圆锥表面上点的投影

已知点 A 的正面投影 a'，求点 A 的另外两向投影。

方法一（素线法）：在立体图中，过 a'与锥顶的正面投影 s'引一条直线交圆锥的底面素线于一交点 B，过其交点的正面投影 b'引一条竖直的投影连线交圆锥的水平投影圆的左、前半圆于交点 B 的水平投影 b，作连接此交点和锥顶的水平投影 s 的直线，然后作点 A 正面投影 a'的竖直投影连线交此直线于点 A 的水平投影 a。根据点 A 的投影关系可知，a 可见。水平投影 b 按照宽相等和前后对应（y_B）在底圆的侧面投影上作出 b''，过 b''与锥顶

的侧面投影 s''引一条直线与 a'的水平投影连线交于点 A 的侧面投影 a''。根据点 A 的投影关系可知，a''亦为可见。

方法二（纬圆法）：通过点 A 在圆锥面上作垂直于轴线的水平纬圆，这个圆实际上就是点 A 绕轴线旋转所形成的。作图过程如图 4-6（b）所示。

（1）过 a'作垂直于轴线的直线交于该圆锥体的最左侧和最右侧素线，这一线段就是该点形成的纬圆的真实直径，在圆锥的水平投影中画出这一纬圆。

（2）由 a'分别引竖直的和水平的投影连线，由于 a'可见，所以点 A 在这一纬圆的前半圆上，水平投影 a 按照宽相等和前后对应（y_A）在底圆的侧面投影上作出 a''。A 点是否可见的判断方法在方法一中已经说明，这里不再证明。

4.2.3 球

球的表面是由球面组成。球面是以圆的母线绕其直径旋转而形成的。

4.2.3.1 球的三视图

球的三面投影都是和球的直径相等的圆，且这三个圆都无积聚性。这三个圆分别是此球的三个投影的转向轮廓线。主视图是对球的正面投影圆，这个圆是正平面上最大的圆；俯视图是对球的水平投影圆，这个圆是水平面上最大的圆；左视图是对球的侧面投影圆，这个圆是侧平面上最大的圆；这三个投影圆均反映实形。

4.2.3.2 球投影作图步骤

球投影的作图步骤为：

（1）在球的三面投影中，应分别用细点画线画出对称中心线，对称中心线的交点是球心的投影。在图纸中，中心线的位置布置要合理，应使图形在图纸中位于一个合理、清晰的位置。

（2）作三个直径和圆球的直径相等的投影圆。

4.2.3.3 球表面上点的投影

如图 4-7（a）所示，已知点 M 的正面投影 m'，求点 M 的另外两个投影。

由点 M 的正面投影 m'的位置关系可知，点 M 在球的前、上、左半球面上，点 M 的正面投影 m'可见。由点 M 的正面投影 m'来画该点的另外两向投影 m、m''。过 m'作垂直于轴线的直线交球的最左、右侧素线，以这个线段为直径在球的水平投影上画圆，引 m'竖直的投影连线，交投影圆的前半圆于点 M 的水平投影 m。由点 M 的投影关系可知，m 可见。再引 m'的水平投影连线结合点 M 水平投影 m，按照宽相等和前后对应作出球的侧面投影上作出点 M 的侧面投影 m''。根据点 M 的投影关系可知，m''亦可见。

如图 4-7（b）所示，已知点 K 的水平投影 k，求点 K 的另外两个投影。

由点 K 的水平投影 k 的位置关系可知，点 K 在球的后、下、右半球面上，点 K 的水平投影（k）不可见。由点 K 的水平投影（k）来画该点的另外两向投影。过点 K 的水平投影（k）作垂直于轴线的直线交球的最左、右侧素线，以这个线段为直径在球的正面投影上画圆，引点 K 的水平投影 k 的竖直投影连线，交投影圆的下半圆于点 K 的正面投影（k'）。根据点 K 的位置关系可知，（k'）不可见。再引（k'）的水平投影连线结合点 K 的水平投影（k），按照宽相等和前后对应作出球的侧面投影上作出点 K 的侧面投影（k''），根据点 K 的位置关系可知，（k''）亦不可见。

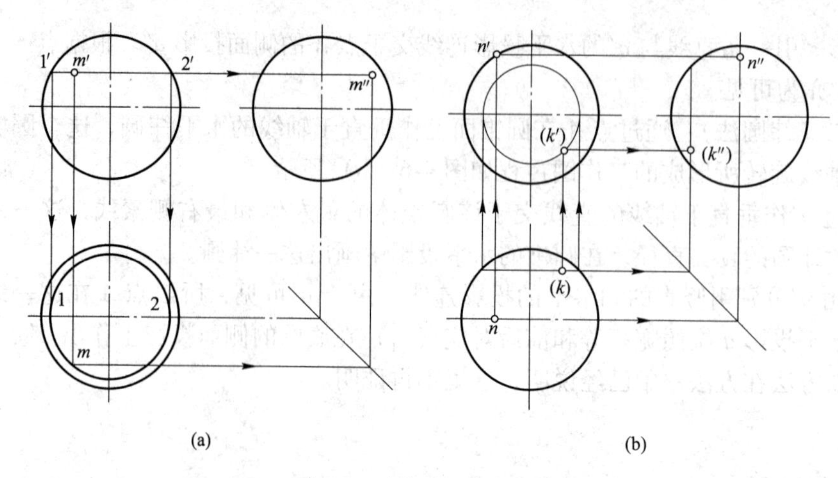

图 4-7 球表面上点的投影

4.2.4 环

环的表面是环面。环面是一个面包圈形状的旋转曲面，由一个圆绕一个和该圆共面的一个轴回转所生成。

图 4-8 所示的环是圆心为 O 的正平圆绕圆平面上不与圆周相交或相切的铅垂轴线旋转而成。轴线的水平投影积聚为一点（对称中心线的交点）；圆母线的水平投影成为直线，延长后应通过轴线的有积聚性的水平投影。在旋转过程中，圆母线上的各点都形成垂直于轴线的水平纬圆；而环面的水平投影的转向轮廓线，是圆母线离轴线最远的点 A 和最近的点 B 旋转形成的最大和最小的纬圆的水平投影。圆心 O 旋转形成的水平圆周的水平投影，用细点画线表示。

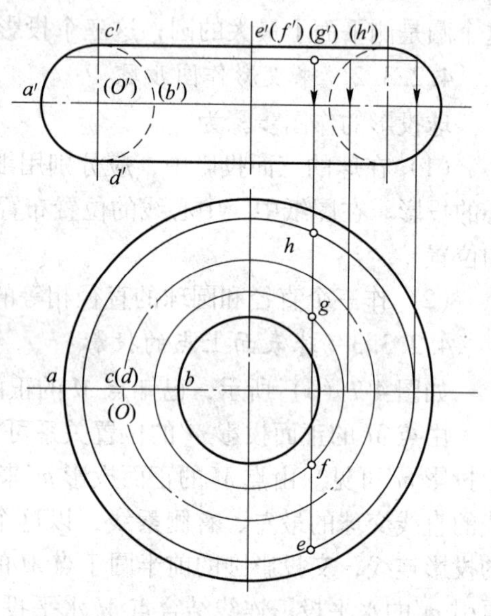

图 4-8 环和环面上的点的投影

【例 4-2】 如图 4-9 所示，已知具有共同侧垂轴的相切的半球和圆柱组成的组合回转体的三面投影，并知这个组合回转体表面上一组闭合的线 *ABCDEFGA* 的正面投影，求作这组线的水平投影和侧面投影。

分析： 由图 4-9 可知，组合回转体左侧的半球与右侧的圆柱相切，切线是垂直于轴线的侧平圆周，也就是半球面和圆柱面的分界线，不需另行画出；半球和圆柱的侧面投影相互重合，也就是图中已画出的黑色大圆；组合回转体的右端面是一个侧平圆，侧面投影反映真形，仍是图中已画出的这个大圆，它的正面投影和水平投影则分别积聚成垂直于轴线的直线。

对组合回转体作了投影分析后，再分析它表面上的闭合线 *ABCDEFGA*。由于 *ABCDEFGA* 在半球面上和圆柱面上各段的正面投影分别前、后重合；在右端面上的一段

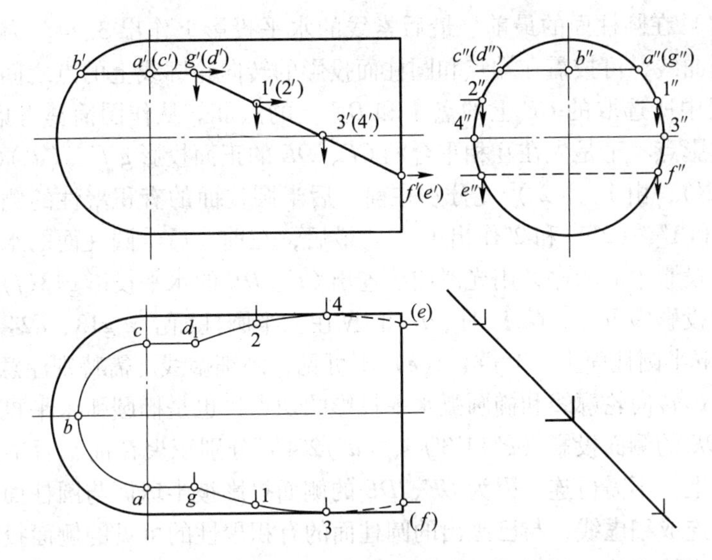

图 4-9 组合回转体表面上的线 *ABCDEFGA* 的水平投影和侧面投影

FE 的正面投影显示积聚成一点 $f'(e')$，是正垂线，这组闭合线对组合回转体的前后对称面也前后对称。同时还可看出：左端是上半球面上的水平的半个圆周弧 *ABC*，相当于完整的球面上的一个水平纬圆左边的一半；*AG*、*CD* 分别是前、后半圆柱面上的各一段侧垂素线；*CF*、*DE* 分别是前、后半圆柱面上的各一段椭圆弧；在右端面上的正垂线 *FE* 将前、后半圆柱面上的各段椭圆曲线的端点 *F* 和 *E* 连起来，使这个组合回转体表面上的上述诸线段连成闭合的线。

通过以上分析可从左到右顺次作出上述诸线段的水平投影和侧面投影。下面分析投影的可见性。

(1) 由水平半圆周弧 *ABC* 的正面投影 $a'b'(c')$ 作出反映其真形的水平投影弧 *abc*，即以半球球心的水平投影（组合回转体水平投影中两条点画线的交点）为圆心，以弧 *ABC* 的半径的真长 $a'b'$为半径，在半球面的水平投影内作半圆周；在半球面的侧面投影内作出投射成水平直线段的侧面投影 $a''b''c''$。由于上半半球面的水平投影可见，半球面的侧面投影也可见，所以弧 *abc* 和弧 $a''b''c''$都可见，画粗实线。

(2) 由圆柱面上的侧垂素线 *AG*、*CD* 的正面投影 $a'g'$、(c') (d') 分别作出它们在前、后半圆柱面的有积聚性的侧面投影上积聚成一点的侧面投影 $a''(g'')$、$e''(d'')$，再由 $a'g'$和$a''(g'')$、$(c')(d')$ 和 $c''(d'')$ 作出 *ag*、*cd*；由于 *AG*、*CD* 都在水平投影可见的上半圆柱面上，所以 *ag*、*cd* 都可见，画粗实线。

(3) 由圆柱面上的椭圆弧 *GF*、*DE* 的正面投影 $g'f'$、$(d')(e')$ 分别先在前半、后半圆柱面的有积聚性的侧面投影上作出它们的侧面投影，然后再由它们的正面投影和侧面投影分别作出它们的水平投影。从 $g'f'$、$(d')(e')$ 可知，*GF*、*DE* 分别通过圆柱面的最前、最后素线（其水平投影是圆柱面水平投影的转向轮廓线）上的点Ⅲ、点Ⅳ，因此这两段椭圆弧必须分别作出它们的端点 *G*、*F* 和 *D*、*E*，以及在圆柱面上的点Ⅲ和点Ⅳ；现在点 *G*、*D* 已经作出，再由 f'和 $3'$、(e') 和 $(4')$ 分别在前后半圆柱面的有积聚性的侧面投影上作出 f''和 $3''$、e''和 $4''$，然后再由 f''、e''在下半圆柱面右端轮廓线圆的水平投影上作出 (f)、

(*e*)，由 3′、(4′) 在圆柱面的最前、最后素线的水平投影上作出 3、4。为了能较准确地作出这两段非圆曲线，可按需在端点和圆柱面投影的转向轮廓线上的点之间适当选取一些中间点，例如图中所选取的 *GF* 上的点Ⅰ和 *DE* 上的点Ⅱ。从作图简捷考虑，选用点Ⅰ、Ⅱ是对正面的重影点，于是先在互相重合的 *GF*、*DE* 的正面投影 *g′f′*、(*d′*)(*e′*) 上作出互相重合的 1′、(2′)，由 1′、(2′) 先分别在前、后半圆柱面的有积聚性的侧面投影上作出 1″、2″，再由 1′和 1″、(2′) 和 2″作出 1、2。最后，在前、后半圆柱面的水平投影上，按正面投影或侧面投影中的顺序，用光滑曲线连出 *CF*、*DE* 的水平投影 *g*13(*f*)、*d*24(*e*)。从正面投影或侧面投影中可知，*G* Ⅰ Ⅲ、*D* Ⅱ Ⅳ在上半圆柱面上，*g*13、*d*24 可见，画粗实线；Ⅲ *FIVE* 在下半圆柱面上，3(*f*)、4(*e*) 不可见，画细虚线。需特别注意，点Ⅲ、点Ⅳ是圆柱面水平投影转向轮廓线和椭圆弧水平投影的切点，也是椭圆弧水平投影可见性的分界点；而 *GF*、*DE* 的侧面投影 (*g″*)1″3″*f″*、(*d″*)2″4″*e″*分别积聚在前、后半圆柱面的有积聚性的侧面投影上，不需再连。因为 *GF*、*DE* 的侧面投影被半球面与圆柱面相切的侧平圆周所遮，应分别连成细虚线，与已画出的圆柱面的有积聚性的可见的侧面投影粗实线相重合，仍应该用粗实线表达，所以不需再连。

(4) 连接前、后半圆柱面上的线的右端点 *F*、*E*，由于它们的正面投影 *f′*、(*e′*) 互相重合，水平投影 (*f*)、(*e*) 和正面投影都分别积聚在这个组合回转体的右端面侧平圆上，所以连线 *FE* 是右端面上的正垂线，其正面投影、水平投影在图中已显示，不需再作图，只要连接 *F*、*E* 的侧面投影 *f″*、*e″*；因为右端面的侧面投影不可见，所以 *f″e″*画细虚线。

至此就作出了这个组合回转体表面上的闭合线 *ABCDEFGA* 的水平投影和侧面投影。

在表达立体表面上的点的投影符号时，通常不论点的投影是否可见，都不加括号。但在图 4-11 的水平投影和正面投影中，对立体表面上不可见的诸点投影符号（包括以前的例题中）都加了括号，在侧面投影中，对立体表面上的点 *D*、*G* 的不可见投影符号 *d″*、*g″*也加了括号，这是为了使读者在初学时易于理解立体表面上的点和线的投影的可见性而添加的。实际上，点Ⅰ、Ⅲ、*F* 和Ⅱ、Ⅳ、*E* 的侧面投影 1″、3″、*f″*和 2″、4″、*e″*也是不可见的，在投影符号上就未加括号。

4.3 立体表面的截交线

工程中经常可以见到构件的某一部分是由平面与立体相交或者两立体相交形成的，因此在立体表面就会产生交线。为了完整、清晰地表达出零件的形状以便于正确地加工零件，必须要正确地画出交线。

平面与立体表面的交线，称为截交线。当平面切割立体时，由截面围成的平面图形，称为断面。

4.3.1 截交线的性质

(1) 共有性。截交线既属于截平面，又属于立体表面，故截交线是截平面与立体表面的共有线，截交线上的每一点均为截平面与立体表面的共有线。

(2) 封闭性。由于任何立体都占有一定的封闭空间，而截交线又为平面截切立体所得，故截交线所围成的图形一般是封闭的平面图形。

(3) 截交线的形状。截交线的形状取决于立体的几何性质及其与截平面的相对位置，通常为平面折线、平面曲线或平面直线组成。

4.3.2 平面与平面立体相交

如图 4-10 所示，平面立体的截交线是截平面上的一个平面多边形，它的顶点是平面立体的棱线或底边与截平面的交点，它的边是截平面与平面立体表面的交线。因此，求平面立体截交线的问题，可以归结为求两平面的交线和求直线与平面的交点问题。

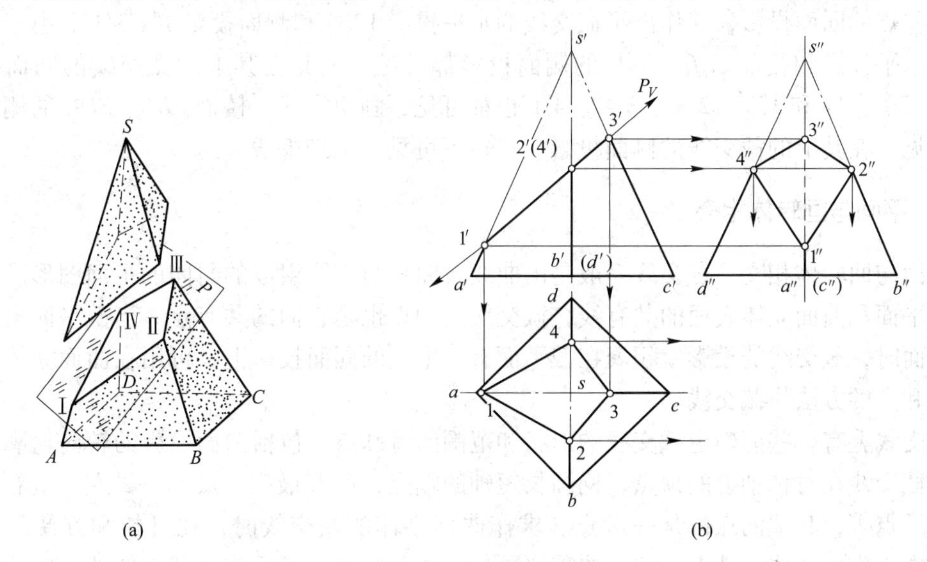

图 4-10 平面截切正四棱锥

图 4-10（a）所示立体图形是由一个正四棱锥被平面 *P* 截切而成。

（1）由被截切后立体图形上点Ⅰ、点Ⅱ、点Ⅲ、点Ⅳ的位置关系可知，点Ⅰ是平面 *P* 与正四棱锥 *SA* 这条棱线所截的点，点Ⅰ的正面投影 1′可见；点Ⅱ是平面 *P* 与正四棱锥 *SB* 这条棱线所截的点，点Ⅳ是平面 *P* 与正四棱锥 *SD* 这条棱线所截的点，因为棱线 *SB* 和棱线 *SD* 在正四棱锥的正面投影上积聚为同一条直线，且点Ⅱ在前，点Ⅳ在后，所以点Ⅱ的正面投影 2′可见；点Ⅳ的正面投影（4′）不可见。点Ⅲ是平面 *P* 与正四棱锥 *SC* 这条棱线所截的点，点Ⅲ的正面投影 3′可见。平面截切正四棱锥的正面投影可直接画出，然后根据点Ⅰ、点Ⅱ、点Ⅲ、点Ⅳ的正面投影画出这四个点的其余两向投影，进而求得平面截切正四棱锥截交线的另外两向投影。作点Ⅰ的正面投影 1′的竖直投影连线交棱线 *SA* 的水平积聚投影线于点Ⅰ的水平投影 1，根据点Ⅰ的投影关系可知，1 可见。作点Ⅰ的正面投影 1′的水平投影连线交棱线 *SA* 的侧面积聚投影线 *s″a″*于点Ⅰ的侧面投影 1″，根据点Ⅰ的投影关系可知，1″亦为可见。作点Ⅱ、点Ⅳ的正面投影 2′(4′) 的竖直投影连线，然后作 2′(4′) 水平投影连线交 *SB*、*SD* 的侧面投影线于点Ⅱ的侧面投影 2″与点Ⅳ的侧面投影 4″(根据点Ⅱ、点Ⅳ的前后位置关系得出 2″、4″)，根据点Ⅱ、点Ⅳ的投影关系可知，2″、4″可见。截取 2″到棱线 *SA* 的侧面投影线 *s″a″*的距离，根据宽平齐的投影规律在被截切四棱锥的水平投影上按照前后对应关系在点Ⅱ、点Ⅳ的正面投影 2′(4′) 的竖直投影连线上截得点Ⅱ的水平投影 2，根据点Ⅱ的投影关系可知，2 可见。截取 4″到棱线 *SA* 的侧面投影线 *s″a″*的距离，根据宽平齐的投影规律在被截切四棱锥的水平投影上按照前后对应关系在点

Ⅱ、点Ⅳ的正面投影 2′（4′）的竖直投影连线上截得点Ⅳ的水平投影 4，根据点Ⅳ的投影关系可知，4 可见。作点Ⅲ的正面投影 3′的竖直投影连线交棱线 *SC* 的水平积聚投影线于点 3 的水平投影 3，根据点Ⅲ的投影关系可知，3 可见。作点Ⅲ的正面投影 3′的水平投影连线交棱线 *SC* 的侧面积聚投影线 *s*″(*c*″) 于点Ⅰ的侧面投影 3″，根据点Ⅲ的投影关系可知，3″亦为可见。

（2）求出点Ⅰ、点Ⅱ、点Ⅲ、点Ⅳ 另外两向投影 1、2、3、4 和 1″、2″、3″、4″后，连接这些点的同面投影，就作出了截交线的水平投影 1234 和侧面投影 1″2″3″4″。由于四个棱面的水平投影和棱面 *SAB*、*SAD* 的侧面投影都可见，因此在其上的截交线的同面投影 12、23、34、41 和 1″2″、2″3″、3″4″、4″1″也都可见，画粗实线；棱面 *SBC*、*SDC* 的侧面投影不可见，在其上的截交线的侧面投影 3″*C*″也不可见，画细虚线。

4.3.3　平面与回转体相交

平面与回转体相交，截交线一般是由曲线或曲线与直线组成的封闭的平面图形。截交线是截平面和曲面立体表面的共有线，截交线上的点也是它们的共有点。当截平面为特殊位置平面时，截交线的投影就积聚在截平面有积聚性的同面投影上，可用在曲面立体表面上取线和点的方法作截交线。

截交线上有一些能确定截交线的形状和范围的特殊点，包括曲面投影的转向轮廓线上的点，截交线在对称轴上的顶点，椭圆长短轴的端点，以及最高、最低、最左、最右、最前、最后点等，其他的点都是一般点。求作曲面立体的截交线时，在可能和方便的情况下，通常先作出这些特殊点，然后按需要再作一些一般点，最后连成截交线的投影，并表明可见性。

4.3.3.1　平面与圆柱相交

由于截平面与圆柱轴线的相应位置不同，平面截切圆柱所得的截交线有三种：矩形、圆和椭圆，见表 4-1。

表 4-1　圆柱的截交线

截平面位置	与轴线平行	与轴线垂直	与轴线相交
立体图	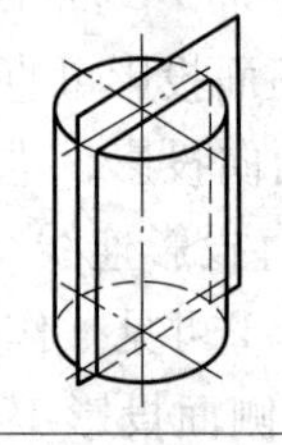	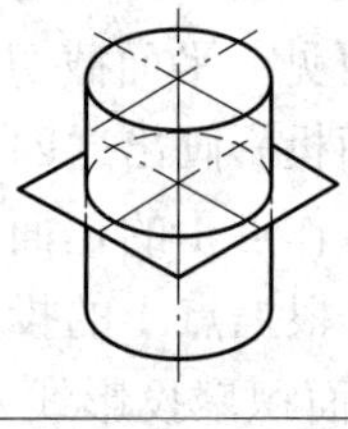	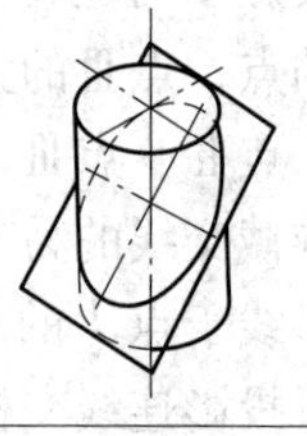
投影图	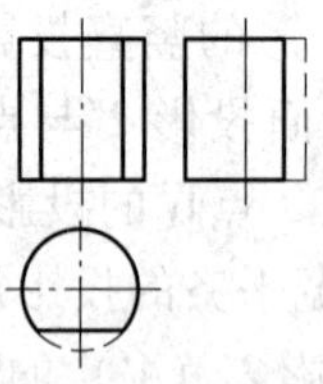	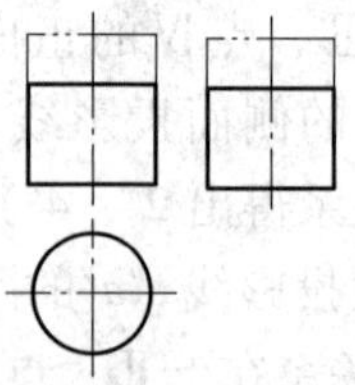	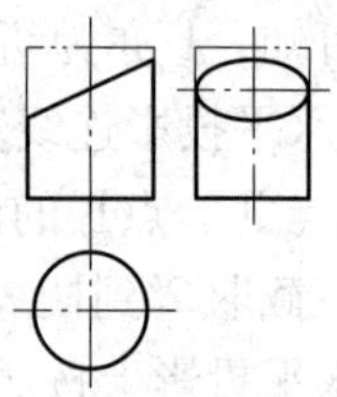
截交线形状	矩形	圆	椭圆

从表 4-1 可以看出：当截平面与圆柱（体）相交时，若截平面平行于柱轴，则与顶面和底面分别交得一段直线，与圆柱面上的两段直线交线围成矩形截交线；截平面垂直于柱轴，截交线为垂直于柱轴的圆；截平面倾斜于柱轴，若截平面只截到圆柱面，截交线是椭圆，若截平面既截到圆柱面，又截到顶面和底面，截交线由两段直线和两段椭圆弧所围成，若截平面既截到圆柱面，又只截到顶面或底面之一时，则截交线由一段直线和一段椭圆弧所围成。

【例 4-3】 求图 4-11 所示圆柱被正垂面 P 截切后的投影。

由于圆柱轴线垂直水平面，截平面 P 垂直正平面且与圆柱轴线倾斜，故截交线为椭圆。截交线的正面投影积聚在截平面的正面投影 P_V 上；截交线的水平投影积聚在圆柱面的水平投影圆；截交线的侧面投影为椭圆，但不反映真形。由此可见，求此截交线主要是求其侧面投影。可用面上取点法或线面交点法直接求出截交线上点的正面投影和水平投影，再求其侧面投影后将各点连线即得（本例用面上取点法）。

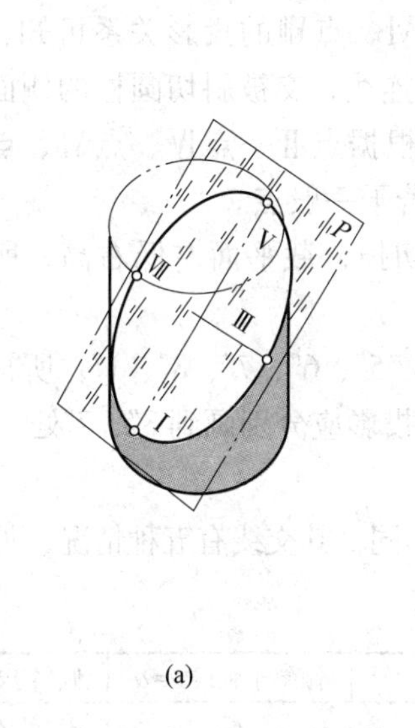

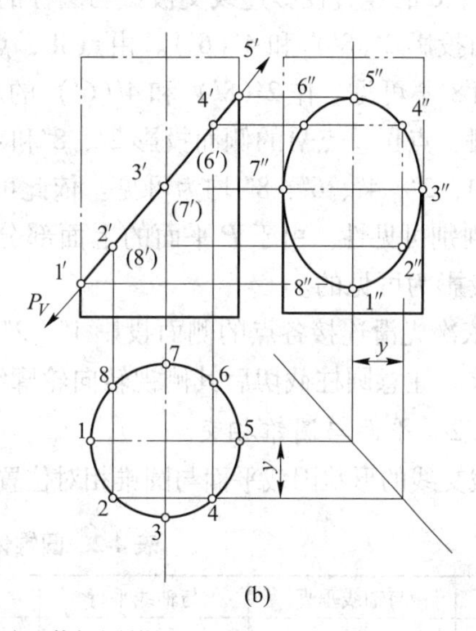

图 4-11 平面截切圆柱

（1）求特殊点（如点Ⅰ、Ⅲ、Ⅴ、Ⅶ）。连接点Ⅰ、点Ⅴ的线段为椭圆的长轴，它的正面投影 1′、5′是圆柱正面投影左、右两条正视转向轮廓线与截平面相交点的正面投影。其正面投影 1′、5′可直接求出。求点Ⅰ和点Ⅴ的另外两向投影。

由点Ⅰ和点Ⅴ的位置关系可知，点Ⅰ和点Ⅴ为截切面椭圆长轴上的两个端点，点Ⅰ在左，点Ⅴ在右，点Ⅰ和点Ⅴ的正面投影 1′、5′均为可见。作两点在正面投影上的竖直投影连线交被截切圆柱水平投影圆上两点，由于俯视图反映前后、左右关系，所以点Ⅰ和点Ⅴ的水平投影 1 和 5 的位置就已确定。根据点Ⅰ和点Ⅴ的投影关系可知，1 和 5 可见。然后作点Ⅰ和点Ⅴ的正面投影 1′和 5′的水平投影连线，交被截切圆柱的侧面投影椭圆上两点于点Ⅰ和点Ⅴ的侧面投影 1″和 5″。根据点Ⅰ和点Ⅴ的投影关系可知，1″和 5″亦为可见。

截交线的最前点Ⅲ和最后点Ⅶ是椭圆短轴上的两个端点，它们的正面投影 3′(7′) 为点Ⅰ、点Ⅴ的正面投影 1′5′的中点，其正面投影 3′、(7′) 可直接求出，求点Ⅲ和点Ⅶ的另外两向投影。

由点Ⅲ和点Ⅶ的位置关系可知，点Ⅲ和点Ⅶ为截切面椭圆短轴上的两个端点，点Ⅲ在前，点Ⅶ在后，所以在被截切圆锥正面投影上，点Ⅲ的正面投影 3′可见，点Ⅶ的正面投影（7′）不可见。作点Ⅲ、点Ⅶ正面投影 3′、（7′）的竖直投影连线交被截切圆柱水平投影圆上两点。由于俯视图反映前后、左右关系，所以点Ⅲ和点Ⅶ的水平投影 3 和 7 的位置就已确定。根据点Ⅲ和点Ⅶ的水平投影关系可知，3 和 7 可见。然后作点Ⅲ和点Ⅶ的正面投影 3′和 7′的水平投影连线，交被截切圆柱的侧面投影椭圆上两点于点Ⅲ和点Ⅶ的侧面投影 3″和 7″。根据点Ⅲ和点Ⅶ的投影关系可知，3″和 7″亦为可见。

（2）求一般点（如点Ⅱ、Ⅳ、Ⅵ、Ⅷ）。可在有积聚性的水平投影上先求出点Ⅱ、点Ⅳ、点Ⅵ、点Ⅷ，再求点Ⅱ、点Ⅳ、点Ⅵ、点Ⅷ的另外两向投影。

由点Ⅱ、点Ⅳ、点Ⅵ、点Ⅷ的位置关系可知，点Ⅱ、点Ⅳ位于被截切圆柱面的前半个圆弧上，点Ⅵ、点Ⅷ位于被截切圆柱面的后半个圆弧上，且点Ⅱ、点Ⅷ在正面投影上为一重合点，点Ⅳ、点Ⅵ在正面投影上也为一重合点。由上述关系作图，作水平投影 2、8 和水平投影 4、6 的竖直投影连线交被截切圆柱的斜截面正面投影线上于点Ⅱ、点Ⅷ、点Ⅳ、点Ⅵ的正面投影 2′(8′）和 4′(6′）。由点Ⅱ、点Ⅳ、点Ⅵ、点Ⅷ的投影关系可知，2′和 4′可见，6′和 8′不可见。作 2′(8′）和 4′(6′）的水平投影连线，交被斜切圆柱的侧面投影于点Ⅱ、点Ⅷ、点Ⅳ、点Ⅵ的侧面投影 2″、8″和 4″、6″。根据点Ⅱ、点Ⅳ、点Ⅵ、点Ⅷ的投影关系可知，2″、4″、6″、8″ 均为可见。依此可再求出若干一般点。

（3）判别可见性。由于 P 平面的上面部分圆柱被切掉，截平面左低右高，所以截交线的侧面投影为可见的。

（4）依次光滑连接各点的侧面投影 1″、2″、3″、4″、5″、6″、7″、8″、1″，所得为一椭圆即为所求。注意圆柱截切后其侧视转向轮廓线的侧面投影应分别画到 3″、7″处。

4.3.3.2　平面与圆锥相交

圆锥截交线的形状因截平面与圆锥相对位置不同而不同，其交线有五种情况，见表 4-2。

表 4-2　圆锥体的截交线

截平面位置	与轴线垂直	与轴线平行	过锥顶	倾斜于轴线 $\theta=\alpha$	倾斜于轴线 $\theta>\alpha$
立体图	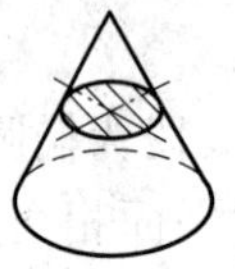	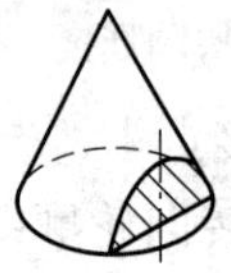	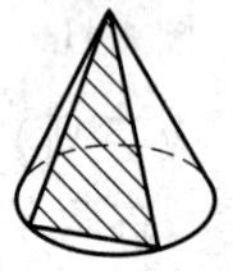	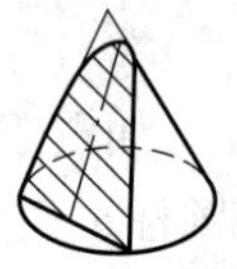	
投影图	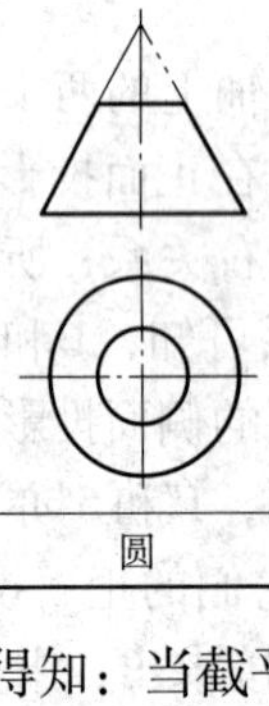			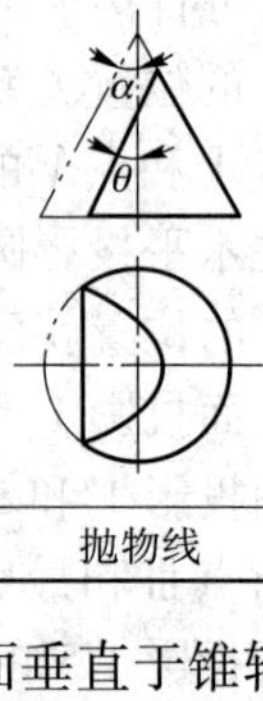 α θ	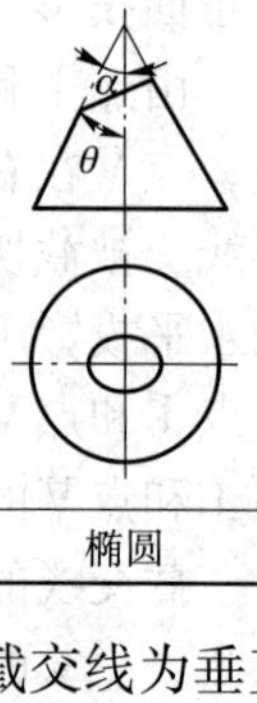 α θ
截交线形状	圆	双曲线	三角形	抛物线	椭圆

从表 4-2 得知：当截平面与圆锥（体）相交时，若截平面垂直于锥轴，截交线为垂直于锥轴的圆；若截平面倾斜于轴线，且 $\theta>\alpha$，未截到底圆，截交线为椭圆，截到底圆，截交线为椭圆弧和直线段；若截平面倾斜与轴线，且 $\theta=\alpha$，截交线为抛物线段和直线段；若

截平面与轴线平行，截交线为双曲线段和直线段；若截平面通过锥顶，截交线为三角形。

（1）求一般点（如点Ⅰ、Ⅱ、Ⅲ、Ⅳ）。点Ⅰ、点Ⅱ的正面投影可直接画出，求点Ⅰ、点Ⅱ的另外两向投影。由点Ⅰ、点Ⅱ的位置关系可知，点Ⅰ、点Ⅱ为被截切圆锥截交线上的两个一般点。在被截切圆锥的正面投影上，点Ⅰ、点Ⅱ为重合点，由于点Ⅰ在前、点Ⅱ在后，所以在截交线的正面投影上点Ⅰ的正面投影1′可见，点Ⅱ的正面投影（2′）不可见。作两点在正面投影上的竖直投影连线交被截切圆锥水平投影圆上两点，由于俯视图反映前后、左右关系，所以点Ⅰ和点Ⅱ的水平投影1和2的位置就已确定。根据点Ⅰ和点Ⅱ的投影关系可知，1和2可见。然后作点Ⅰ和点Ⅱ的正面投影1′(2′）的水平投影连线，交被截切圆锥的侧面投影椭圆上两点于点Ⅰ和点Ⅱ的侧面投影1″和2″。根据点Ⅰ和点Ⅱ的投影关系可知，1″和2″亦为可见。点Ⅲ、点Ⅳ可利用辅助平面法（图中用辅助水平面 R_V）求出其水平投影3、4和侧面投影3″、4″。由点Ⅲ、点Ⅳ的位置关系可知，点Ⅲ、点Ⅳ为辅助平面 R_V 与平面截切圆锥的截交线的两个交点，在被截切圆锥的正面投影上，点Ⅲ、点Ⅳ为重合点，由于点Ⅲ在前，点Ⅳ在后，所以在截交线的正面投影上点Ⅲ的正面投影3′可见，点Ⅳ的正面投影（4′）不可见。作两点在正面投影上的竖直投影连线交被截切圆锥水平投影圆上两点，由于俯视图反映前后、左右关系，所以点Ⅲ和点Ⅳ的水平投影3和4的位置就已确定。根据点Ⅲ和点Ⅳ的投影关系可知，3和4可见。然后作点Ⅲ和点Ⅳ的正面投影3′(4′）的水平投影连线，交被截切圆锥的侧面投影椭圆上两点于点Ⅲ和点Ⅳ的侧面投影3″和4″。根据点Ⅲ和点Ⅳ的投影关系可知，3″和4″亦为可见。

（2）判别可见性。截平面 P 上面部分圆锥被切掉，截平面左低右高，所以截交线的水平投影和侧面投影均为可见。

（3）连线。将截交线的水平投影和侧面投影光滑地连成椭圆，连线时注意曲线的对称性。

4.3.3.3 平面与圆球相交

平面与圆球相交，截交线的形状都是圆，但根据截平面与投影面的相对位置不同，其截交线的投影可能为圆、椭圆或积聚成一条直线。当截平面通过球心时，截交线（圆）的直径最大，等于球的直径。截平面离球心越远，截交线（圆）的直径越小。

图4-12所示是球面与投影面平行面（水平面 Q 和侧平面 P）相交时，交线投影的基

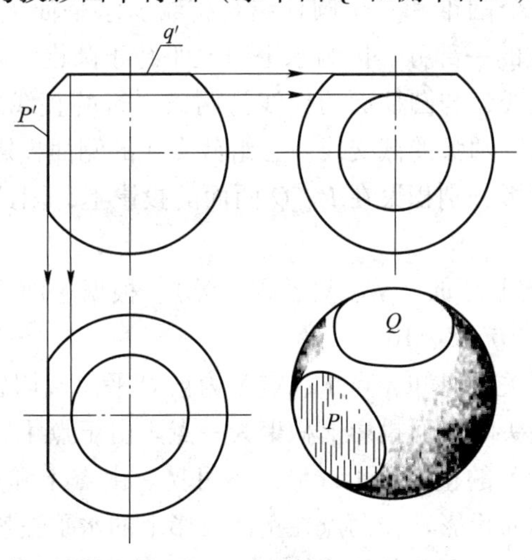

图4-12 球体的截交线

本作图方法。

4.3.3.4 平面与组合回转体相交

组合回转体通常由多个基本回转体组合形成。求解这类形体截交线时，应首先分析组合回转体是由哪些基本回转体组成以及它们的连接关系，然后分别求出这些基本回转体的截交线，并依次将其连接。

【例 4-4】 如图 4-13（a）所示，求作顶尖头的截交线。

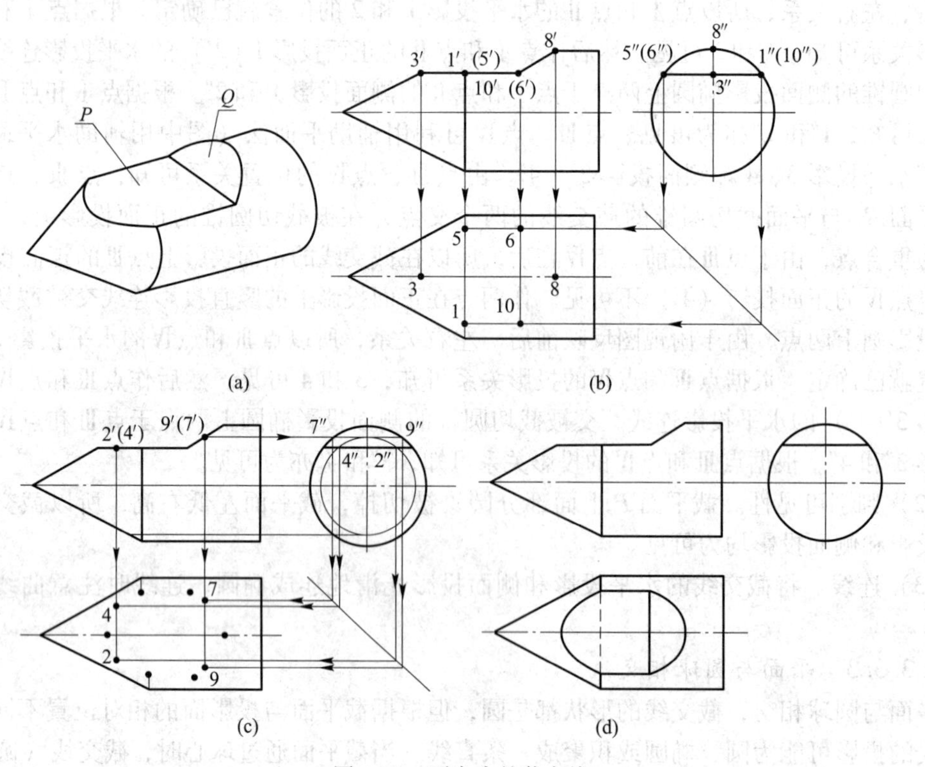

图 4-13 顶尖头的截交线

顶尖头是由同轴的一个圆锥和一个圆柱结合构组。水平面 P 切掉圆锥和圆柱的一部分，正垂面 Q 截去了圆柱的一部分。因为水平面 P 平行于圆锥的轴线，所以在圆锥表面上形成了一条双曲线的截交线，与圆柱面的交线为两条平行的直线。正平面 Q 与圆柱斜交，所以它与圆柱形成了一条椭圆弧的截交线。三组截交线的侧面投影分别积聚在截平面 P 和圆柱面的投影上，正面投影分别积聚在 P、Q 两面的投影上，因此只需求作三组截交线的水平投影，其方法为：

（1）作特殊点（如点Ⅰ、Ⅲ、Ⅴ、Ⅵ、Ⅷ、Ⅹ）。根据正面投影和侧面投影可作出特殊点的水平投影 1、3、5、6、8、10。

由点Ⅰ和点Ⅴ的位置关系可知，点Ⅰ、点Ⅴ为被 P 平面截切后 P 平面上圆锥和圆柱的交点，点Ⅰ和点Ⅴ在顶尖头的正面投影上积聚为一点。由于点Ⅰ在前，点Ⅴ在后，所以点Ⅰ的正面投影 1′可见，点Ⅴ的正面投影（5′）不可见。由点Ⅰ和点Ⅴ的正面投影 1′（5′）来画点Ⅰ和点Ⅴ的另外两向投影。作两点在正面投影上的水平投影连线交顶尖头侧面投影圆上于点Ⅰ的侧面投影 1″和点Ⅴ的侧面投影 5″，由于左视图反映前后关系，所以点Ⅰ和点

Ⅴ的侧面投影 1″和 5″的位置就已确定。根据点 1 和点 5 的投影关系可知，1″和 5″可见。然后利用 45°辅助线，作 1′(5′) 的竖直投影连线，然后作 1″和 5″的竖直投影连线交 45°辅助线于两个交点，过其两个交点作水平的投影连线与 1′(5′) 的竖直投影连线交于点Ⅰ和点Ⅴ的水平投影 1 和 5。根据点Ⅰ和点Ⅴ的投影关系可知，1 和 5 亦为可见。

由点Ⅲ的位置关系可知，点Ⅲ位于圆锥的轴线上，点Ⅲ的正面投影 3′可见，由点Ⅲ的正面投影 3′来画该点的另外两向投影。作点Ⅲ的正面投影 3′的竖直投影连线和水平投影连线，分别交顶尖头的水平投影的轴线和侧面投影的轴线于点Ⅲ的水平投影 3 和点Ⅲ的侧面投影 3″。根据点Ⅲ的投影关系可知，3 和 3″可见。

由点Ⅵ和点Ⅹ的位置关系可知，点Ⅹ和点Ⅵ为截平面 P 与截平面 Q 交线上的最前、最后点。点Ⅵ和点Ⅹ在顶尖头的正面投影上积聚为一点，由于点Ⅹ在前，点Ⅵ在后，所以，点Ⅹ的正面投影 10′可见，点Ⅵ的正面投影（6′）不可见。由点Ⅹ和点Ⅵ的正面投影 10′（6′）来画点Ⅹ和点Ⅵ的另外两向投影。作两点在正面投影上的水平投影连线交顶尖头侧面投影圆上于点Ⅵ的侧面投影 6″和点Ⅹ的侧面投影 10″。由于左视图反映前后关系，所以点Ⅵ和点Ⅹ的侧面投影 6″和 10″的位置就已确定。根据点Ⅵ和点Ⅹ的投影关系可知，6″和 10″可见。然后利用 45°辅助线，作 10′(6′) 的竖直投影连线，然后作 6″和 10″的竖直投影连线交 45°辅助线于两个交点，过其两个交点作水平的投影连线与 10′(6′) 的竖直投影连线交于点Ⅵ和点Ⅹ的水平投影 6 和 10。根据点Ⅵ和点Ⅹ的投影关系可知，6 和 10 亦为可见。

由点Ⅷ的位置关系可知，点Ⅷ位于圆锥的轴线上，点Ⅷ的正面投影 8′可见，由点Ⅷ的正面投影 8′来画该点的另外两向投影。作点Ⅷ正面投影 8′的竖直投影连线和水平投影连线，分别交顶尖头的水平投影的轴线和侧面投影的轴线于点Ⅷ的水平投影 8 和点Ⅷ的侧面投影 8″。根据点Ⅷ的投影关系可知，8 和 8″可见。

（2）求一般点（如点Ⅱ、Ⅳ、Ⅶ、Ⅸ）。利用辅助圆法求出双曲线上一般点的水平投影 2、4，以及椭圆弧上的一般点的水平投影 7、9。

由点Ⅱ和点Ⅳ的位置关系可知，点Ⅱ、点Ⅳ为顶尖头上截平面 P 的截交线上的一般点，且点Ⅱ和点Ⅳ在顶尖头的正面投影上积聚为一点。由于点Ⅱ在前，点Ⅳ在后，所以在顶尖头的正面投影上，点Ⅱ的正面投影 2′可见，点Ⅳ的正面投影（4′）不可见。由点Ⅱ和点Ⅳ的正面投影 2′(4′) 来画点Ⅱ和点Ⅳ的另外两向投影。作两点在正面投影上的水平投影连线交顶尖头侧面投影圆上于点Ⅱ的侧面投影 2″和点Ⅳ的侧面投影 4″。由于左视图反映前后关系，所以点Ⅱ和点Ⅳ的侧面投影 2″和 4″的位置就已确定。根据点Ⅱ和点Ⅳ的投影关系可知，2″和 4″可见。然后利用 45°辅助线，作 2′(4′) 的竖直投影连线，然后作 2″和 4″的竖直投影连线交 45°辅助线于两个交点，过其两个交点作水平的投影连线与 2′(4′) 的竖直投影连线交于点Ⅱ和点Ⅳ的水平投影 2 和 4。根据点Ⅱ和点Ⅳ的投影关系可知，2 和 4 亦为可见。

由点Ⅶ和点Ⅸ的位置关系可知，点Ⅶ和点Ⅸ为顶尖头截平面 Q 的截交线上的一般点，且点Ⅶ和点Ⅸ在顶尖头的正面投影上积聚为一点。由于点Ⅸ在前，点Ⅶ在后，所以在顶尖头的正面投影上，点Ⅸ的正面投影 9′可见，点Ⅶ的正面投影（7′）不可见。由点Ⅸ和点Ⅶ的正面投影 9′(7′) 来画点Ⅸ和点Ⅶ的另外两向投影。作两点在正面投影上的水平投影连线交顶尖头侧面投影圆上于点Ⅶ的侧面投影 7″和点Ⅸ的侧面投影 9″。由于左视图反映前后关系，所以点Ⅶ和点Ⅸ的侧面投影 7″和 9″的位置就已确定。根据点Ⅶ和点Ⅸ的投影关系可知，7″和 9″可见。然后利用 45°辅助线，作 9′(7′) 的竖直投影连线，然后作 7″和 9″的竖直投影连线交 45°辅助线于两个交点，过其两个交点作水平的投影连线与 9′(7′) 的竖直投影连线交于点Ⅶ和点Ⅸ的水平投影 7 和 9。根据点Ⅶ和点Ⅸ的投影关系可知，7 和 9 亦为可见。

(3) 将各点的水平投影依次连接，即为截交线的水平投影。

4.4　曲面立体的相贯线

两立体相交，相交两立体表面的交线称为相贯线。由于基本体有平面立体和曲面立体之分，所以相交时有平面立体与平面立体相交、平面立体与曲面立体相交和曲面立体和曲面立体相交三种情况。前两种情况的相贯线可以看作是平面与平面相交、曲面与曲面相交所产生的交线，可用上节求平面与立体截交线的方法来解决。

4.4.1　相贯线的性质

(1) 共有性。相贯线是两立体表面的共有线。

(2) 封闭性。相贯线一般为封闭光滑的空间曲线，特殊情况可能为不封闭的空间曲线，也可能为平面曲线或直线，如图 4-14 所示。

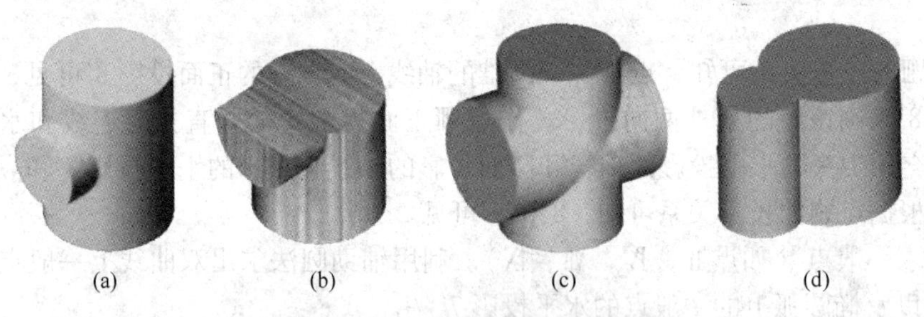

图 4-14　圆柱与圆柱相贯的几种情形
(a) 相贯线为封闭的空间曲线；(b) 相贯线为不封闭的空间曲线；(c) 相贯线为平面曲线；(d) 相贯线为直线

(3) 相贯线是两个立体的分界线。

4.4.2　相贯线的作图方法

求画相贯线的实质就是要求出两立体表面一系列的共有点。

相贯线上共有点的基本求法有：

(1) 利用曲面的积聚投影法。直线垂直于投影面，则直线在投影面上的投影积聚为一点。平面垂直于投影面，则平面在投影面上的投影积聚为一直线。

(2) 辅助平面法。辅助平面法的原理：作出一系列的辅助平面，与已知的截平面和曲面（作截交线的投影时）或与相交的二曲面（作相贯线的投影时）相交，得到一些成对的交线（辅助交线），每对交线的交点即是所求交线上的公共点。辅助平面的选择，应以它与已知截平面或曲面的交线的投影简单易画（直线或圆）为原则。

相贯线的作图步骤如下：

(1) 分析两回转体的形状、相对位置及相贯线的空间形状，然后分析相贯线的投影有无积聚性。

（2）作特殊点（转向轮廓线上的点、最高、最低、最前、最后、最左、最右）。

（3）作一般点。

（4）判别可见性。

（5）依次将同面投影各点光滑连接。

4.4.3 利用曲面的积聚投影法求相贯线

当参与相交的两回转体表面有积聚性时，可利用相贯线的积聚投影法来求解。

【例 4-5】 求如图 4-15 所示，两圆柱外表面相交的相贯线。

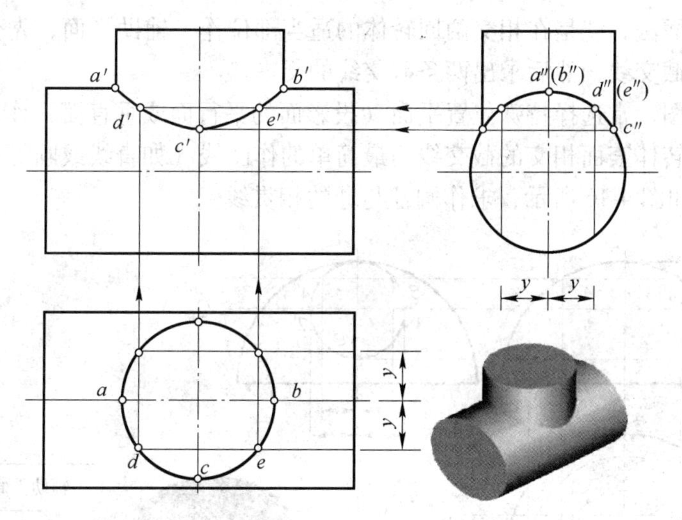

图 4-15 圆柱与圆柱相贯

此立体是由一个直径大的圆柱和一个直径小的圆柱正交而成，圆柱和圆柱相贯为弧线，且它的相贯线为密闭的空间曲线。求相贯线的步骤如下：

（1）相贯线的水平投影和侧面投影已知，可利用积聚性法求共有点。

（2）求出相贯线上的特殊点 A、B、C。由点 A、点 B、点 C 的位置关系可知，点 A 为此相贯线（弧线）的最左侧点，点 B 为此相贯线（弧线）的最右侧点，点 C 为此相贯线（弧线）的最低点。两圆柱外表面相交时的水平投影和侧面投影可直接画出。点 A、点 B、点 C 的水平投影 a、b、c 和点 C 的侧面投影 c''均可见。点 A、点 B 的侧面投影为重合点，因为点 A 在左侧，点 B 在右侧，所以点 A 侧面投影 a''可见，点 B 的侧面投影 b''不可见。根据点 A、点 B、点 C 的水平投影和侧面投影来画出这三个点的正面投影。作点 A、点 B 侧面投影 $a''(b'')$ 的水平投影连线交两圆柱正面投影的两个转角点，由于点 A 在左，点 B 在右，所以两点的正面投影 a'、b'就可作出。由点 A 和点 B 的投影关系可知，a'、b'可见。作点 C 的侧面投影 c''的水平投影连线与点 C 的水平投影 c 的竖直投影连线交于点 C 的正面投影 c'，由点 C 的投影关系可知，c'亦为可见。

（3）求出若干个一般点 D、E。由点 D、点 E 的位置关系可知，点 D、点 E 为此相贯线（弧线）前侧上的两点。点 D、点 E 的水平投影 d、e 均可见，点 D、点 E 的侧面投影为重合点，因为点 D 在左侧，点 E 在右侧，所以点 D 侧面投影 d''可见，点 E 的侧面投影

e''不可见。根据点 D、点 E 的水平投影和侧面投影来画出这两个点的另外两向投影。作点 D、点 E 侧面投影 $d''(e'')$ 的水平投影连线与点 D、点 E 的水平投影 d、e 的竖直投影连线交于点 D、点 E 的正面投影 d'、e'。由点 D、点 E 的投影关系可知，d'、e'可见。

（4）光滑且顺次地连接各点，作出相贯线，并且判别可见性（见图 4-15）。

（5）整理轮廓线。对绘制完好的轮廓线进行描深、加粗。

4.4.4　利用辅助平面法求相贯线

当参与相交的两回转体表面之一无积聚性（或均无积聚性）时，可采用辅助平面法求解。

所谓辅助平面法，就是在相交两回转体的适当部位作一辅助平面，先分别求出辅助平面与两回转体的截交线，然后求出两条截交线的交点。

为了便于作图，常选择特殊位置平面（投影面的平行面或垂直面）作为辅助平面，使辅助平面与两回转体表面相交的截交线为最简单的作图线（如直线或圆等）。

【例 4-6】　如图 4-16 所示，求作圆柱与球的相贯线。

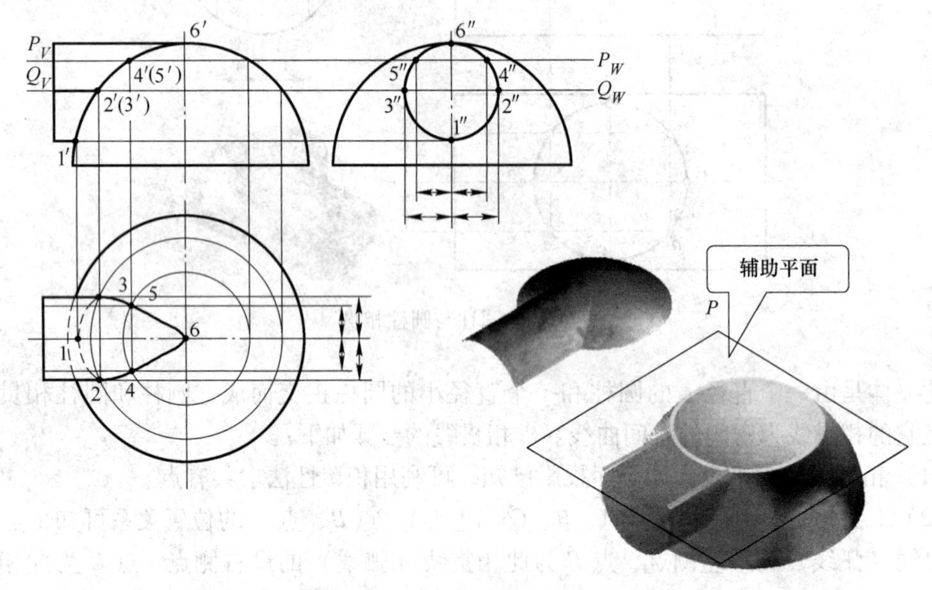

图 4-16　圆柱与球相贯

此立体是由一个圆柱和一个半球相交而成。

（1）相贯线的正面投影和侧面投影已知，可利用辅助平面法求共有点。

（2）求出相贯线上的特殊点（如点Ⅰ、Ⅱ、Ⅲ、Ⅵ）。由点Ⅰ、点Ⅱ、点Ⅲ、点Ⅵ的位置关系可知，点Ⅰ为圆柱和半球正交后相贯线的最低点，点Ⅵ为半球面的最上侧点，点Ⅱ、点Ⅲ为被圆柱的轴线所在的平面 Q_V 所截圆柱和半球相交弧线的最前点和最后点。点Ⅰ、点Ⅱ、点Ⅲ、点Ⅵ的侧面投影 1″、2″、3″、6″和点Ⅰ、点Ⅱ、点Ⅳ的正面投影 1′、2′、6′均可见；点Ⅱ、点Ⅲ的正面投影为重合点，因为点Ⅱ在前，点Ⅲ在后，所以点Ⅱ的正面投影 2′可见，点Ⅲ的正面投影（3′）不可见。圆柱与半球正交的正面投影和侧面投影可直接画出。根据点Ⅰ、点Ⅱ、点Ⅲ、点Ⅵ的正面投影 1′、2′、（3′）、6′和侧面投影 1″、2″、

3″、6″来画这四个点的水平投影。结合点Ⅰ的正面投影1′和侧面投影1″的位置可知，点Ⅰ在水平投影圆柱轴线的积聚投影上，所以作点Ⅰ的正面投影1′的竖直投影连线交水平投影圆柱轴线的积聚投影线于点Ⅰ的水平投影1。由点Ⅰ的投影关系可知，1可见。作辅助平面 Q_V 的水平投影连线切半球于辅助平面 Q_W，以辅助平面 Q_W 的截切圆的直径在圆柱和半球正交的水平投影图上画出此圆，然后作点Ⅱ、点Ⅲ的正面投影2′(3′）的竖直投影连线交此圆于点Ⅱ、点Ⅲ的水平投影2、3（由点Ⅱ、点Ⅲ的位置关系可知）。由点Ⅱ、点Ⅲ的投影关系可知，2、3可见。结合点Ⅵ的正面投影6′和侧面投影6″的位置可知，点Ⅵ在水平投影半球最高点的积聚投影上，所以作点Ⅵ的正面投影6′的竖直投影连线交水平投影半球最高点的积聚投影于点Ⅵ的水平投影6。由点Ⅵ的投影关系可知，6可见。

（3）求出若干个一般点（如点Ⅳ、Ⅴ）。由点Ⅳ、点Ⅴ的位置关系可知，点Ⅳ、点Ⅴ为被平面 P_V 所截圆柱和半球相交弧线的最前点和最后点。点Ⅳ、点Ⅴ的侧面投影4″、5″均可见；点Ⅳ、点Ⅴ的正面投影为重合点，因为点Ⅳ在前，点Ⅴ在后，所以点Ⅳ的正面投影4′可见，点Ⅴ的正面投影（5′）不可见。根据点Ⅳ、点Ⅴ的正面投影4′、(5′）和点Ⅳ、点Ⅴ的侧面投影4″、5″来画这两个点的水平投影。作辅助平面 P_V 的水平投影连线切半球于辅助平面 P_W，以辅助平面 P_W 的截切圆的直径在圆柱和半球正交的水平投影图上画出此圆，然后作点Ⅳ、点Ⅴ的正面投影4′(5′）的竖直投影连线交此圆于点Ⅳ、点Ⅴ的水平投影4、5（由点Ⅳ、点Ⅴ的位置关系可知）。由点Ⅳ、点Ⅴ的投影关系可知，4、5可见。

（4）光滑且顺次地连接各点，作出相贯线，并且判别可见性（如图4-16所示）。

（5）补画水平投影转向轮廓线。对绘制完好的转向轮廓线进行描深、加粗。

【例4-7】 如图4-17所示，求作圆柱与圆锥的相贯线。

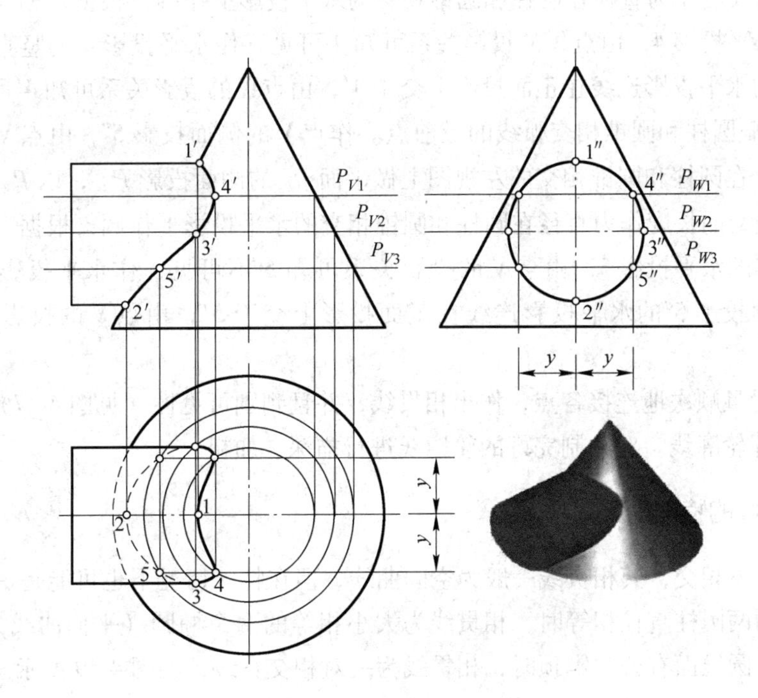

图4-17 圆柱与圆锥相贯

此立体是由一个圆柱和一个圆锥相交而成。

(1) 相贯线的侧面投影已知，可利用辅助平面法求共有点。

(2) 求出相贯线上的特殊点（如点Ⅰ、Ⅱ、Ⅲ）。由点Ⅰ、点Ⅱ、点Ⅲ的位置关系可知，点Ⅰ为圆柱和圆锥相交相贯线（弧线）的最高点，点Ⅱ为圆柱和圆锥相交相贯线（弧线）的最低点，点Ⅲ为被圆柱的轴线所在的平面 P_{V_2} 所截圆柱和半球相交弧线的最前点。点Ⅰ、点Ⅱ、点Ⅲ的侧面投影 1″、2″、3″和正面投影 1′、2′、3′均可见；圆柱与圆锥相交的正面投影和侧面投影可直接画出。根据点Ⅰ、点Ⅱ、点Ⅲ的正面投影 1′、2′、3′和侧面投影 1″、2″、3″来画这三个点的水平投影。结合点Ⅰ的正面投影 1′和侧面投影 1″的位置可知，点Ⅰ在水平投影圆柱轴线的积聚投影上，所以作点Ⅰ的正面投影 1′的竖直投影连线交水平投影圆柱轴线的积聚投影线于点Ⅰ的水平投影 1。由点Ⅰ的投影关系可知，1 可见。作辅助平面 P_{V_2} 的水平投影连线切半球于辅助平面 P_{W_2}，以辅助平面 P_{W_2} 的截切圆的直径在圆柱和半球正交的水平投影图上画出此圆，然后作点Ⅲ的正面投影 3′的竖直投影连线交此圆于点Ⅲ的水平投影 3（由点Ⅲ的位置关系可知）。由点Ⅲ的投影关系可知，3 可见。结合点Ⅱ的正面投影 2′和侧面投影 2″的位置可知，点Ⅱ为圆柱和圆锥相交相贯线（弧线）的最低点，所以作点Ⅱ的正面投影 2′的竖直投影连线交圆柱的水平投影于Ⅱ的水平投影 2。由点Ⅱ的投影关系可知，2 可见。

(3) 求出若干个一般点（如点Ⅳ、Ⅴ）。由点Ⅳ、点Ⅴ的位置关系可知，点Ⅳ为被平面 P_{V_1} 所截圆柱和圆锥相交弧线的最前点。作点Ⅳ的侧面投影 4″，由点Ⅳ的投影关系可知 4″可见，在圆柱和圆锥相交的左视图上做平面 P_{V_1} 的侧面投影 P_{W_1}，以 P_{W_1} 与圆锥的最前、后素线相交的长度作为直径在圆柱和圆锥相交的水平投影上作圆，根据宽相等的投影关系作出点Ⅳ的水平投影 4，由点Ⅳ的投影关系可知 4 可见，作水平投影 4 的竖直投影连线与侧面投影 4″的水平投影连线在正面投影上交于 4′，由点Ⅳ的投影关系可知 4′可见。点Ⅴ为被平面 P_{V_3} 所截圆柱和圆锥相交弧线的最前点。作点Ⅴ的侧面投影 5″，由点Ⅴ的投影关系可知 5″可见，在圆柱和圆锥相交的左视图上做平面 P_{V_3} 的侧面投影 P_{W_3}，以 P_{W_3} 与圆锥的最前、后素线相交的长度作为直径在圆柱和圆锥相交的水平投影上作圆，根据宽相等的投影关系作出点Ⅴ的水平投影 5，由点Ⅴ的投影关系可知 5 不可见，作水平投影 5 的竖直投影连线与侧面投影 5″的水平投影连线在正面投影上交于 5′，由点Ⅴ的投影关系可知 5′可见。

(4) 光滑且顺次地连接各点，作出相贯线，并且判别可见性（见图 4-17）。

(5) 整理轮廓线。对绘制完好的轮廓线进行描深、加粗。

4.4.5 相贯线的特殊情况

两曲面立体相交，其相贯线一般为空间曲线，但在特殊情况下也可能是平面曲线或直线。当正交的两圆柱直径相等时，相贯线为大小相等的两个椭圆（平面曲线），如图 4-18 所示；当两个圆锥面有公共锥顶时，相贯线为一对相交直线，如图 4-19 所示。

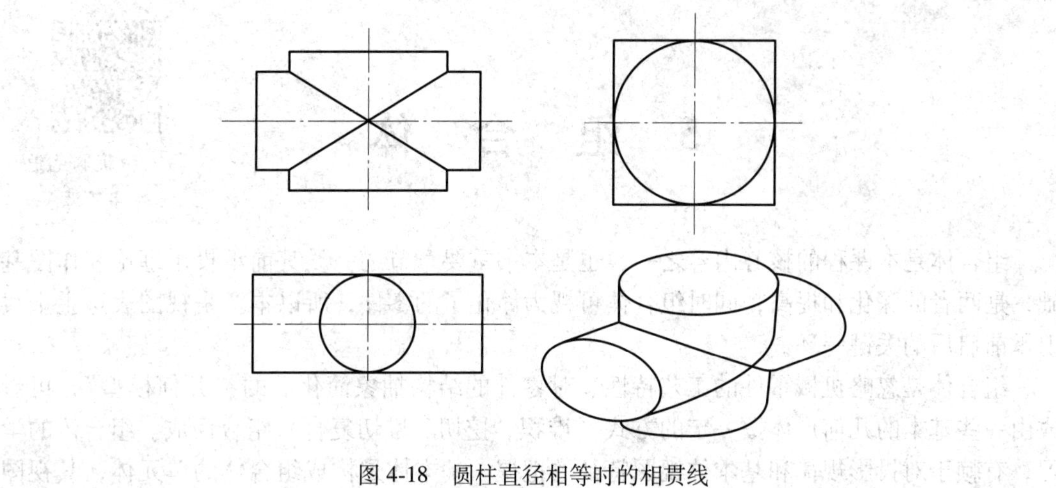

图 4-18 圆柱直径相等时的相贯线

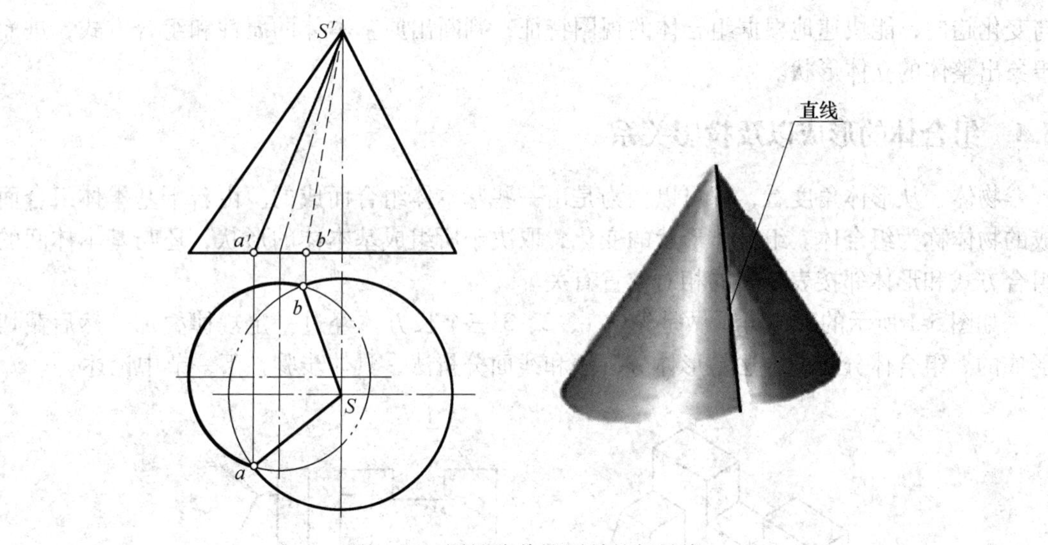

图 4-19 圆锥公共锥顶时的相贯线

5 组 合 体

组合体是本课程的核心内容之一，也是本书重要章节之一。其前承投影理论和作图基础，是两者的深化和提高，同时组合体可视为简化了的零件，所以本章是视图表达主干线上承前启后的关键一环。

组合体是忽略机械零件的工艺特性、对零件的结构抽象简化后的“几何模型”，可看成由一些基本的几何形体按一定的方式（堆积、挖切、堆切复合）组合而成。组合体的学习，有赖于对投影规律和基本体视图特征的把握。基本体是构成组合体的单元体，其视图特征必须牢固掌握。通过本章相关内容的学习，学生应掌握组合体截交线与相贯线的特征与变化趋向，能快速地根据组合体的视图特征，判断出原基本体的属性和组合方式，进而想象出整体的立体形状。

5.1 组合体的形成以及投影关系

物体，从形体角度看，都可以认为是由一些基本体组合而成的。由若干基本体组合而成的物体称为组合体。组合体形状的变化，取决于所组成基本体的形状，还与基本体间的组合方式和形体邻接表面间的相对位置有关。

如图 5-1 所示的形体可看做是先由 1、2、3 三个长方体经过一定规律叠加，然后截切形成的。组合体分析的方法是形体分析法和线面分析法，具体步骤在下一节中论述。

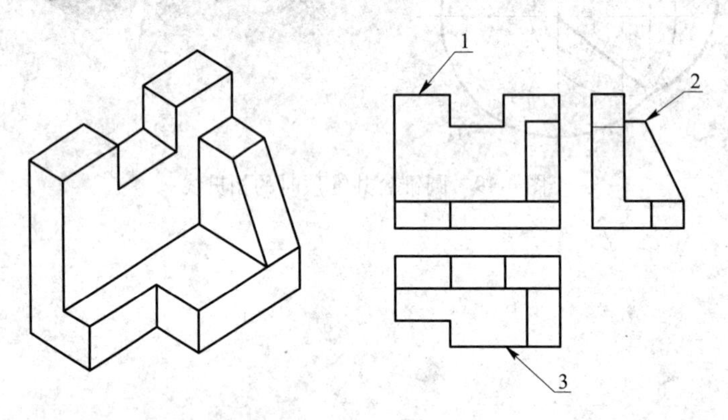

图 5-1　组合体实例

组合体投影同样符合长对正、高平齐、宽相等的基本投影关系。表达组合体一般情况下是画三投影图。从投影的角度讲，三投影图已能唯一地确定形体。当形体比较简单时，只画三投影图中的两个就够了；个别情况与尺寸相配合，仅画一个投影图也能表达形体。当形体比较复杂或形状特殊时，画投影图难以把形体表达清楚，可选用其他的投影图来表达形体，具体可见以后章节论述。本章主要是指三投影图，它是表达组合体的基础。如图 5-2 所示的组合体，它只需两个投影就可表达清楚组合体的结构。

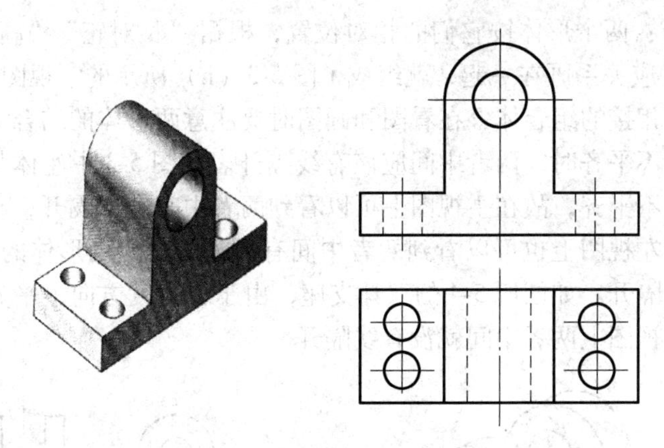

图 5-2 组合体投影实例

5.2 组合体的组合形式与分析方法

组合体的结构形状各式各样，千差万别，但它们的组合形式不外乎是叠加、截切、综合三种基本组合方式。

5.2.1 叠加

通过若干基本几何体叠加形成的组合体称为叠加式组合体，再按照形体表面接触的方式不同，叠加式组合体分为相接、相切、相交、相贯 4 种形式。

5.2.1.1 相接

两形体以平面的方式相互接触称为相接。它们的分界线或为直线，或为平面曲线。因此只要知道了它们所在的平面位置，就可以画出它们的投影。如图 5-3 所示支座可看成是平面相接的叠加式组合体。

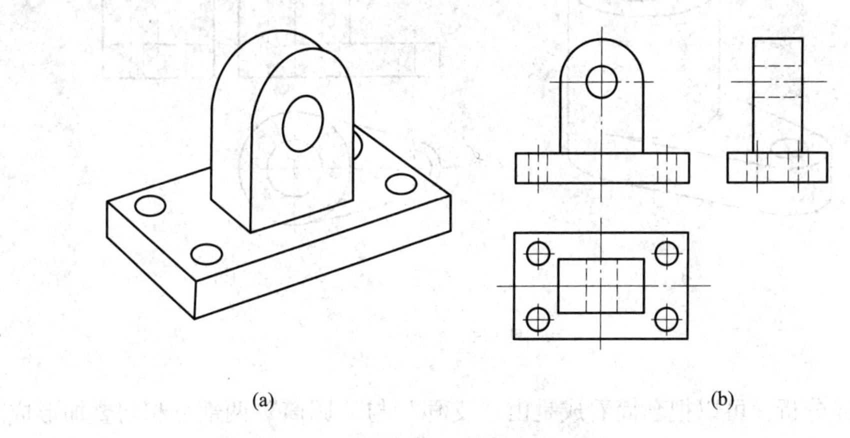

(a) (b)

图 5-3 单耳支座

(1) 形体分析：支座可以看成是由一块长方形的“底板”和一个一端呈半圆形的“座体”所组成。座体底面放在底板顶面上，两形体的结合处为平面，如图 5-3（a）所示。

（2）视图分析：两个形体按它们的相对位置，根据“长对正”“高平齐”“宽相等”的“三等”投影对应关系画在一起，就组成了图 5-3（b）所示的三视图。

对于这种平面相接的组合体，在看图和画图时要注意两形体的结合平面是平齐还是不平齐。当结合平面不平齐时，两者中间应该有线隔开。如图 5-3 中座体与底板，由于相互位置在宽度方向上不平齐，故在主视图上可以看到两者中间有线隔开；在长度方向上左端面不平齐，所以在左视图上也可以看到两者中间有线隔开。当两形体的结合平面平齐时，两者中间就没有线隔开。如图所 5-4 的双耳支座，由于在宽度方向上平齐，前面构成了一个平面，所以在主视图上两者中间就没有线隔开。

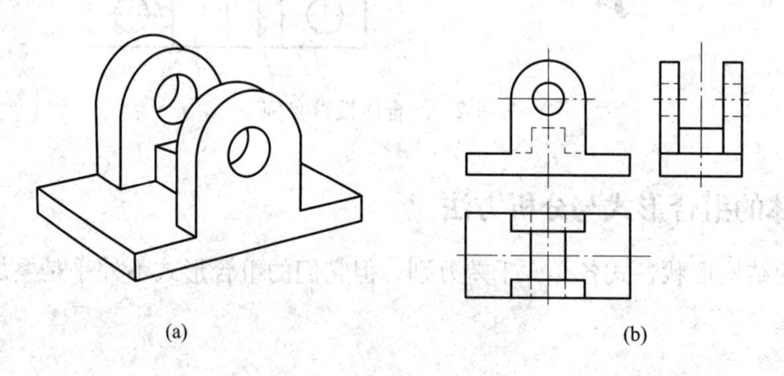
(a)　(b)

图 5-4　双耳支座

5.2.1.2　相切

相切是指两形体表面相切，接触处为光滑过渡，分为曲面与曲面相切、曲面与平面相切，两表面接触处不画线。如图 5-5 所示的套筒就可看成平面与曲面相切。

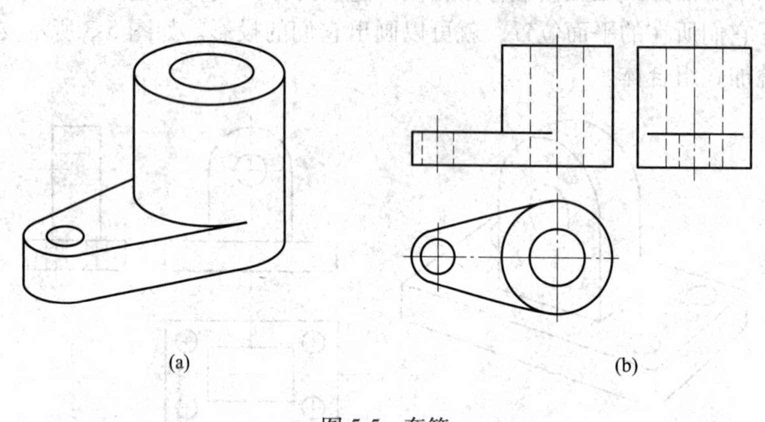
(a)　(b)

图 5-5　套筒

（1）形体分析：可以把套筒看成是由“支耳”与“圆筒”两部分相切叠加形成。

（2）视图分析：由于两形体相切，在相切处是光滑过渡的，二者之间没有分界线，所以相切处不画出切线。从主视图和左视图看，“支耳”只是根据俯视图上切点的位置而画到相切位置，但不画出切线。

5.2.1.3　相交

相交是指相邻两形体表面相交，两表面相交处要画线，画线同样遵循基本投影关系。

图 5-6 所示的套筒“圆筒”和“侧耳”之间可看成两形体相交，所以接触处画线。

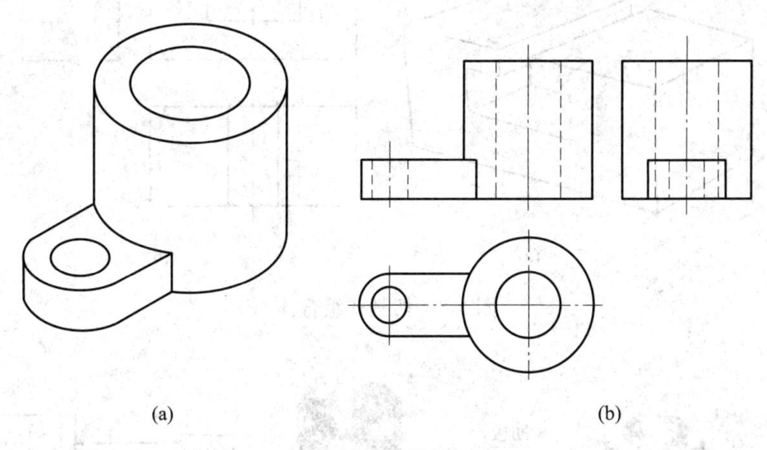

(a) (b)

图 5-6 套筒

5.2.1.4 相贯

两立体相交称为相贯，其表面形成的交线称为相贯线。由于形体不同，相交的位置不同，产生的交线也不同。这些交线有的是直线，有的是曲线。在一般情况下，相贯线的投影要通过求点才能画出。图 5-7 所示两圆柱表面相交所形成的交线就是相贯线。

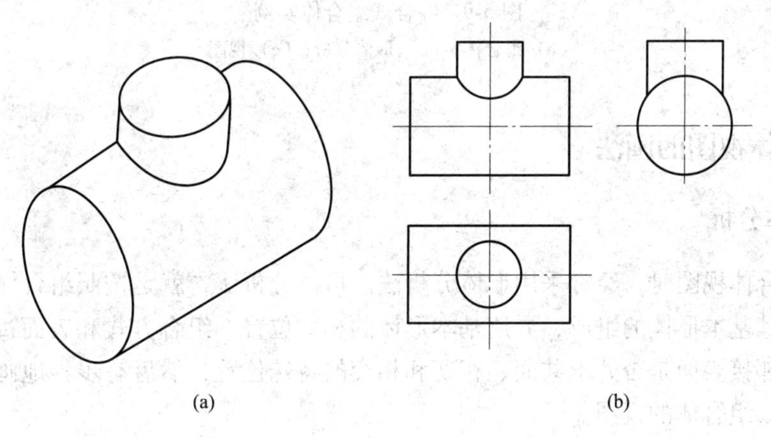

(a) (b)

图 5-7 相贯体

5.2.2 切割

切割式组合体可以看成是在基本几何体上进行切割，如钻孔、挖槽等所构成的形体。图 5-8 所示的物体，可看作是一切割式组合体，绘图时，被切割后的轮廓线必需画出来。

5.2.3 综合

综合式组合体既有叠加又有切割。常见的组合体大多是叠加和切割兼而有之的综合式组合体。如图 5-1 和图 5-9 所示为综合式组合体。

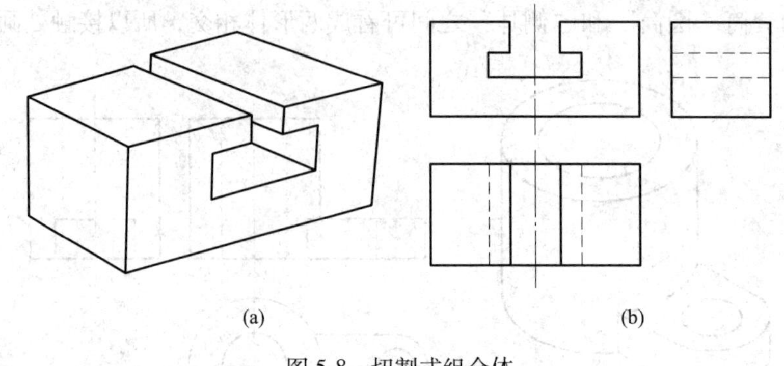

图 5-8 切割式组合体

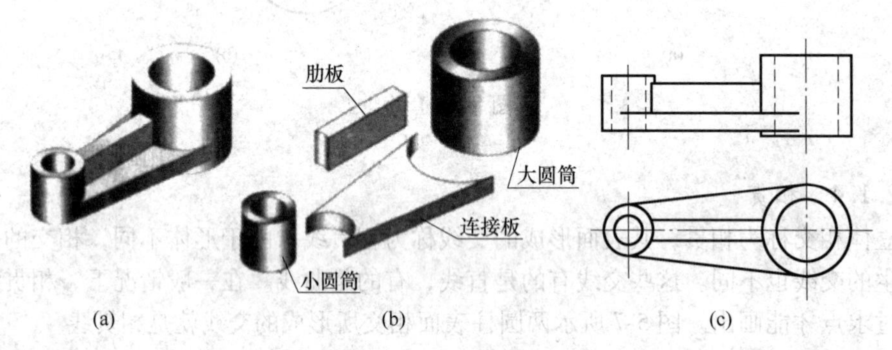

图 5-9 综合式组合体实例

（a）组合体；（b）形体分析；（c）视图

5.3 组合体视图的画法

5.3.1 形体分析

在画组合体视图时，经常采用形体分析法。形体分析法，就是按照组合体的结构形状特点，分析其基本形体的组成，弄清基本形体的相对位置、组合方式和表面过渡关系，如判断形体间邻接表面是否处于共面、相切和相交的特殊位置，然后有步骤地画出各基本形体，最后完成组合体的视图。

图 5-10 所示为一轴承座，通过形体分析可知它是由底板、支撑板、肋板（加强筋板）、圆筒以及圆柱形凸台组成的；底板、支撑板和肋板（加强筋板）组合形式为相接；支撑板的左、右侧面和圆筒外表面相切；肋板（加强筋板）和圆筒连接形式属于相交，相交线是圆弧和直线；圆筒和圆柱形凸台的中间有圆柱形通孔，它们的组合连接形式为相贯；底板上有两个圆柱形通孔，底板前面两角圆弧过渡，底面还有一矩形通槽。

5.3.2 选择视图

选择视图首先需要确定主视图。通常要求主视图能较多地表达物体的形状和特征，即尽量将组成部分的形状和相互关系反映在主视图上，并使主要平面平行于投影面，以便投影表达实体。这就要解决组合体从哪个方向投射和怎么放置两个问题。通常选择最能反映

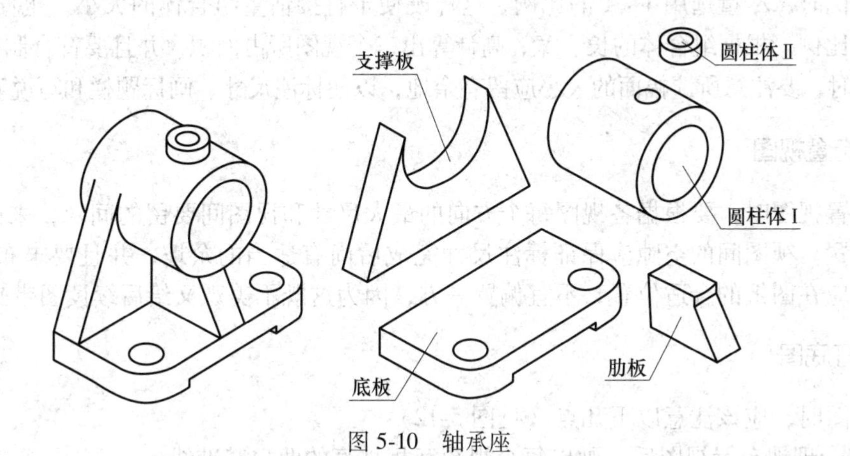

图 5-10 轴承座

组合体的形体特征及其相互位置，并能减少俯、左视图上虚线的那个方向作为投射方向；选择组合体的自然安放位置，或选择使组合体的主要表面对投影面尽可能多地处于平行位置作为放置位置。最后确定主视图投射方向。例如，如图 5-10 所示的轴承座从不同方向看到的视图，效果截然不同，选择主视图时要综合多方面考虑。如图 5-11 所示，其中 *F* 方向的视图虚线太多；*C*、*E* 不是自然安放位置；取 *B* 向为主视时，左视图虚线太多；*D* 向为主视时不利于图纸幅面的合理利用；选 *A* 向视图为主视图时，组合体处于自然安放位置，形体特征表达清楚，其他视图虚线较少，且图纸幅面利用较好。因此，选 *A* 向为主视投射方向最为合理。

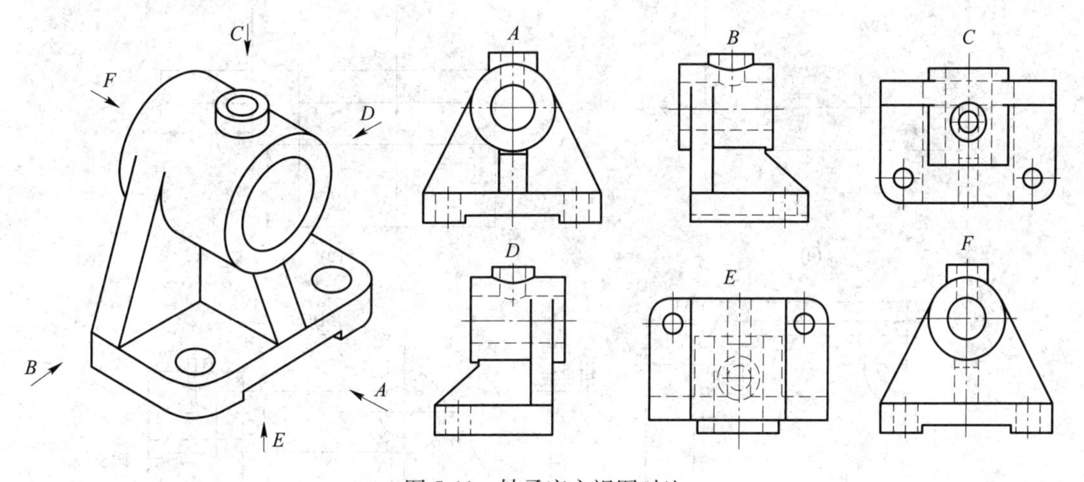

图 5-11 轴承座主视图对比

主视图确定了之后，俯视图和左视图也就相应的确定了。底板需要水平面投影表达其形状和两孔中心的位置；肋板则需要侧面投影表达形状。因此，三个视图都是必需的，都必须画出，缺少一个视图都不能将物体表达清楚。

5.3.3 选择比例，确定图幅

各个视图确定好以后，就要根据物体的大小选择适当的作图比例和图幅的大小。确定视图的比例时，尽量选用 1∶1 的比例，这样既便于直接估量组合体的大小，也便于画图。按选定的比例，根据组合体的长、宽、高计算出三个视图所占面积，并且要符合制图标准的规定。同时，要注意所选幅面的大小应留有余地，以便标注尺寸、画标题栏和写说明等。

5.3.4　布置视图

在布置视图时，要根据各视图每个方向的最大尺寸和视图间要留的间隙，来确定每个视图的位置。视图间的空隙应保证标注尺寸完成后尚有适当的余地，并且要求布置均匀，每个视图应在图纸的合适位置，不宜偏置一方，因为这既不美观又给后续读图带来不便。

5.3.5　打底图

画底图时，应该注意以下几点（见图 5-12）：

（1）合理地布置视图后，画出每个视图互相垂直的两根基准线。

（2）按组成物体的基本形状，逐一画出它们的三视图。画图的先后顺序，一般是从主视图到俯视图和左视图；先画主要组成部分，再画次要组成部分；先画能看得见的部分，再画看不见的部分；先画主要的圆和圆弧，然后画直线。

（3）画每一基本形体时，一般是三个视图对应着一起画。先画反映实形或者有特征（圆、多边形）的视图，再按投影关系画出其他视图，尤其要注意必须按照投影关系正确的画出相接、相切、相交以及相贯处的投影关系。

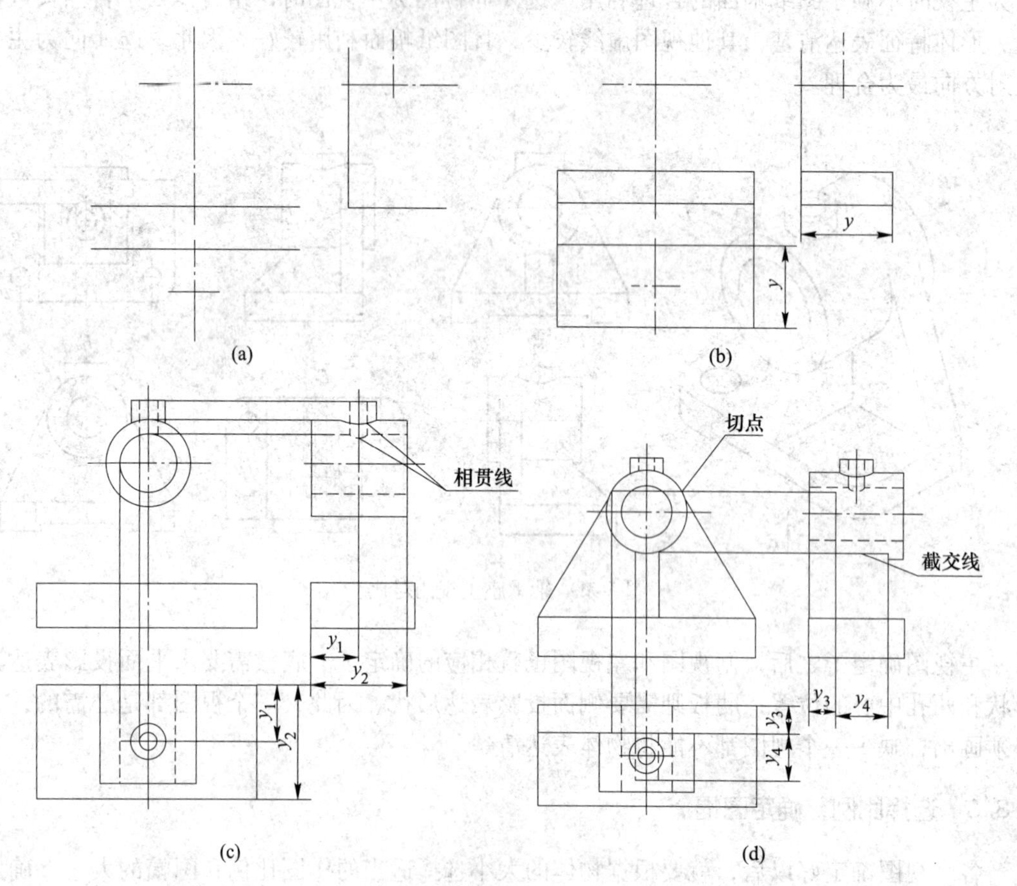

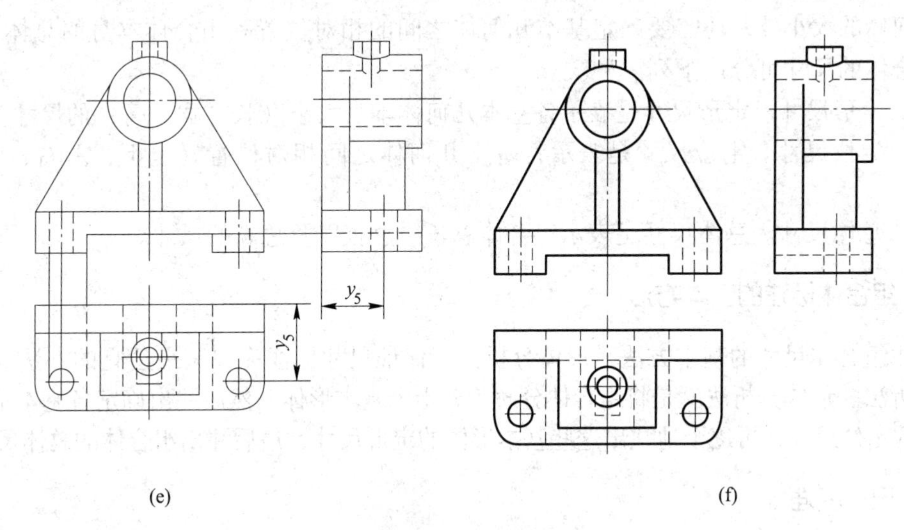

图 5-12 轴承座的画图步骤

（a）布置视图，画作图基准线；（b）画底板；（c）画圆筒和圆凸台；（d）画支撑板和肋板；
（e）画底板上圆角，圆孔和通槽；（f）擦去多余线条、描深、完成全图

5.3.6 检查、描深

底稿画完后，按形体逐个仔细检查。对形体表面中的垂直平面、一般位置平面、形体间邻接表面处于相切、共面或相交的面、线，应重点校核，纠正错误和补充遗漏，最后按标准图线描深。描深顺序一般是先曲线后直线，先细线后粗线。对称图形、半圆或大于半圆的圆弧要画出对称中心线，回转体一定要画出轴线。对称中心线和轴线用细点画线画出。

5.4 组合体视图的标注

画出组合体的视图只能表达出物体的形状，不能确定物体的大小。而在制造机器零件时，不仅要知道它的形状，而且还要知道它各部分的尺寸大小，因此必须在视图上正确注写尺寸。正确清晰地标注尺寸是很重要的工作。

5.4.1 组合体尺寸标注的基本要求

在组合体的视图上标注尺寸时，应做到正确、完整、清晰、合理。

（1）正确：所标注的尺寸必须符合国家标准的有关规定。

（2）完整：所注各类尺寸要能完全确定出物体各部分形状的大小，不允许遗漏尺寸，也不允许重复标注。

（3）清晰：尺寸布置要整齐清晰，便于看图。

（4）合理：尺寸标注的位置应合理，要符合设计和工艺的要求，便于阅读和查找。

5.4.2 组合体的尺寸种类

组合体是由若干基本几何体按一定的位置和方式组合而成，因此在视图上除了要确定

基本几何体的大小外，还需要确定基本几何体之间的相对位置和组合体本身的总体尺寸。因此组合体的尺寸可分成下列三种：

（1）定形尺寸。定形尺寸是表示各基本几何体本身大小（长、宽、高）的尺寸。

（2）定位尺寸。定位尺寸是表示各基本几何体之间相对位置（上下、左右、前后）的尺寸。

（3）总体尺寸。总体尺寸是表示组合体总长、总宽以及总高的尺寸。

5.4.3　组合体标注的基本方法

标注组合体尺寸的基本方法是形体分析法。保证尺寸标注完整，最适宜的办法是应用形体分析法。形体分析法就是将组合体分解为若干个基本形体，然后注出确定各基本形体位置关系的定位尺寸，再逐个地注出这些基本形体的定形尺寸，最后注出组合体的总体尺寸。

5.4.4　尺寸基准

标注尺寸时的起点称为尺寸基准（简称为基准）。组合体具有长、宽、高三个方向的尺寸，标注每一个方向的尺寸都应先选择好基准。标注时，通常选择组合体的底面、端面、对称面、轴心线、对称中心线等作为基准。下面以图 5-13 所示轴承座为例说明组合体尺寸标注的顺序和步骤。

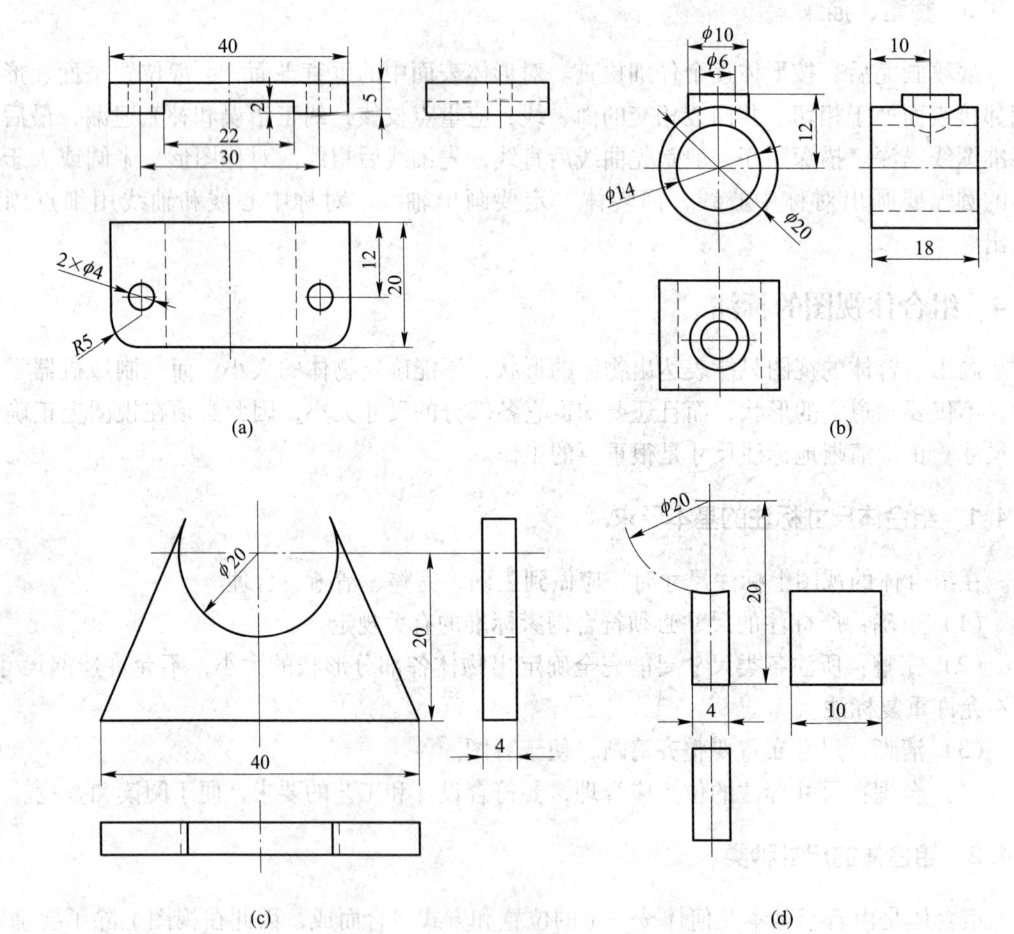

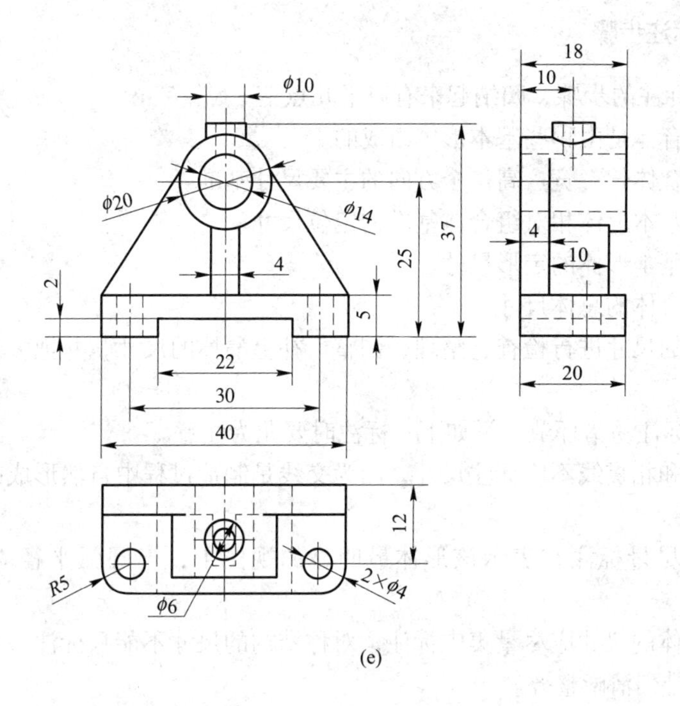

(e)

图 5-13 轴承座的尺寸标注

（a）底板尺寸标注；（b）圆筒和凸台尺寸标注；（c）支撑板尺寸标注；

（d）肋板尺寸标注；（e）轴承座完整尺寸标注

组合体的各个基本形体组合起来以后，首先必须从长、宽、高三个方位分别标注各个基本形体相对组合体基准的定位尺寸，然后标注各基本形体的定形尺寸，最后再标注出组合体的总体尺寸。

5.4.5 布置尺寸

标注组合体视图的尺寸时，要合理布置视图的尺寸，使其标注清晰，以便于后期阅读和加工。因此，在标注尺寸时，除了严格遵循国家标准的有关规定以外，还要注意以下几点事项：

（1）各基本形体的定形尺寸和有关的定位尺寸，应该尽量集中标注在一个或两个视图上，这样集中标注便于看图。

（2）尺寸应标注在表达形体特征最明显的视图上，并尽量避免标注在虚线上。

（3）对称结构的尺寸，一般应采用对称标注。

（4）尺寸应尽量注在视图外边，布置在两个视图之间。

（5）圆的直径一般注在投影为非圆的视图上，圆弧的半径则应标注在投影为圆弧的视图上。

（6）多个尺寸平行标注时，应使较小的尺寸靠近视图，较大的尺寸依次向外分布，以免尺寸线与尺寸界线交错。

（7）标注的尺寸要避免被其他图线穿过，以免给后期读图带来不便。

5.4.6 组合体标注步骤

组合体尺寸标注的步骤，归纳起来有以下几点：

（1）分析组合体是由哪些基本形体组成的。

（2）选择组合体长、宽、高每个方向的主要尺寸基准。

（3）标注各基本形体相对组合体基准的定位尺寸。

（4）标注各基本形体的定形尺寸。

（5）标注组合体的总体尺寸。

（6）对标注的尺寸进行检查、整理、调整，补上漏掉的尺寸，并把多余的和不适合的尺寸去掉。

组合体尺寸标注易错环节列举如下，标注时要尤为注意。

（1）截交线和相贯线不应标注尺寸，因为交线是制造过程中自然形成的，加工时无法控制其尺寸。

（2）尺寸应尽量标注在表示该形体最明显的视图上；半圆弧半径应直接标注在圆弧上。

（3）同一形体的尺寸应尽量集中标注；对称结构的尺寸不能只标注一半；标注同一方向的尺寸时，应排列清晰整齐。

（4）当组合体的某一方向具有回转结构时，由于标注出了定形、定位尺寸，该方向的总体尺寸不再标出。

（5）相互平行的尺寸应按大小顺序排列，小尺寸在内，大尺寸在外。

（6）尺寸应尽量标注在视图外面，以避免尺寸线以及尺寸数字与视图的其他图线相交。

5.5 读组合体视图

面对一张组合体视图，我们要看懂它的空间立体形状，就要学会正确的读图方法。画图是将实物或想象（设计）中的物体运用正投影法表达在图纸上，是一种从空间形体到平面图形的表达过程。看图，也就是我们常说的读图，是这一过程的逆过程，是根据平面图形（视图）想象出空间物体的结构形状。对于初学者来说，看图是比较困难的，但只要我们综合运用所学的投影知识，掌握看图要领和方法，多看图、多想象，逐步锻炼由图到物的形象思维，就可以不断地提高看图的能力。看图的基本方法有两种：一种称为形体分析法；另一种称为线面分析法。

5.5.1 认识分析视图

认识视图就是先弄清图样上共有几个视图，然后分清图样上其他视图与主视图之间的位置关系。抓住特征，先找出最能代表物体构形的特征视图（有时候特征投影不一定在主视图上），通过与其他视图的配合，对物体的空间构形有一个大概的了解。

例如，图 5-14 所示 U 形支架的三视图中，肋板的特征投影在主视图上，底板的特征投影在俯视图上，U 形槽的特征投影在左视图上。

5.5.2 对应投影，想象形状

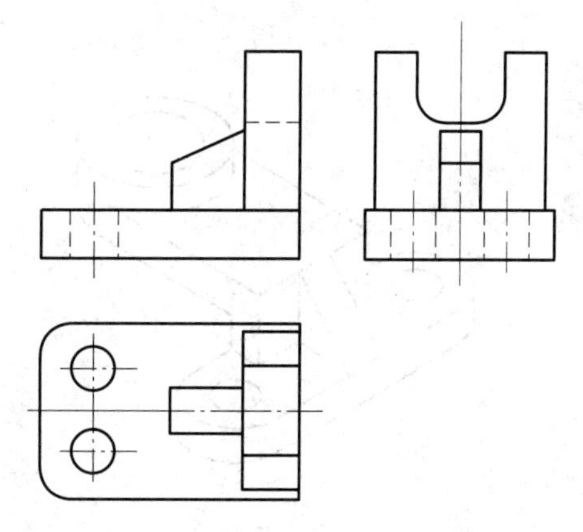

图 5-14 U 形支架三视图

参照物体的特征视图，从图上对物体进行形体分析。按照每一个封闭线框代表一个形体轮廓的投影原理，把图形分解成几个部分。再根据三视图“长对正”“高平齐”“宽相等”的投影规律，划分出每块的三个投影，分别想出它们的形状。一般的顺序是先看主要部分，后看次要部分；先看容易确定的部分，后看难于确定的部分；先看整体形状，后看细节形状。

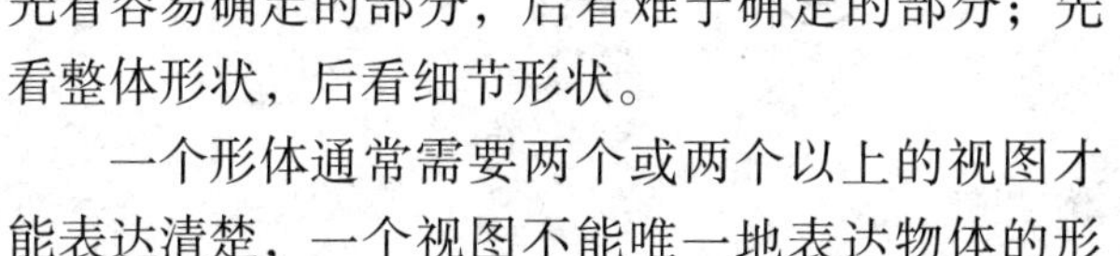

一个形体通常需要两个或两个以上的视图才能表达清楚，一个视图不能唯一地表达物体的形状，如图 5-15 所示的组合体，其主视图都是图 5-15（a）所示。两个视图也常常不能唯一地表达物体的形状，如图 5-15（b）、（c）所示组合体不但主视图都如图 5-15（a）所示，且其左视图也相同。一般三视图能唯一地表达组合体的空间形状。因此，应根据线框的三视图想清线框所表达形体的空间形状。

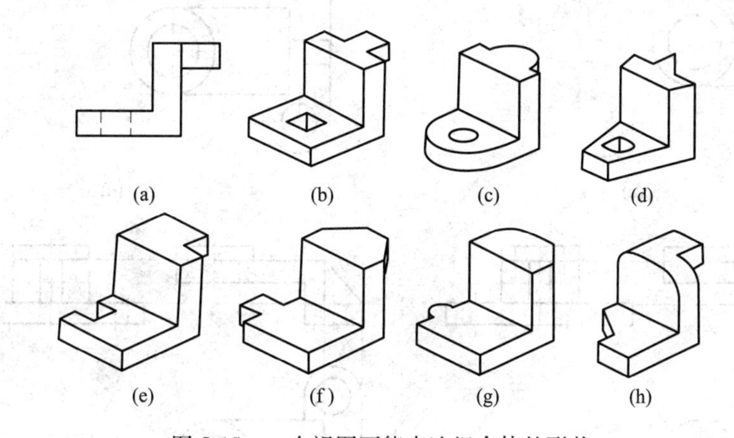

图 5-15 一个视图不能表达组合体的形状

5.5.3 综合起来，想象整体

在组合体的视图表达中，主视图是最能反映组合体的形体特征和各形体间相互位置的。因而在看图时，一般从主视图入手，几个视图联系起来看，才能准确识别各形体的形状和形体间的相互位置，切忌看了一个视图就下结论。在看懂了每一个形体形状的基础上，再根据整体的三视图，找它们之间的相对位置关系，学会逐步想象出整体形状。

图 5-16 所示支座中，圆筒 1 和直角板 2 是相切的关系，并且圆筒 1 中间有一通孔；直角板在底板 4 的右侧和底板相交；底板 4 上有两个前后对称的小孔；肋板 3 在底板 4 的中间位置，并且与直角板 2、底板 4 相交。

在一般的情况下，只用形体分析法看图就可以了。但是对于一些比较复杂的物体（如较复杂的切割类组合体），单用形体分析法还不够，还要应用另一种分析方法即线面分析

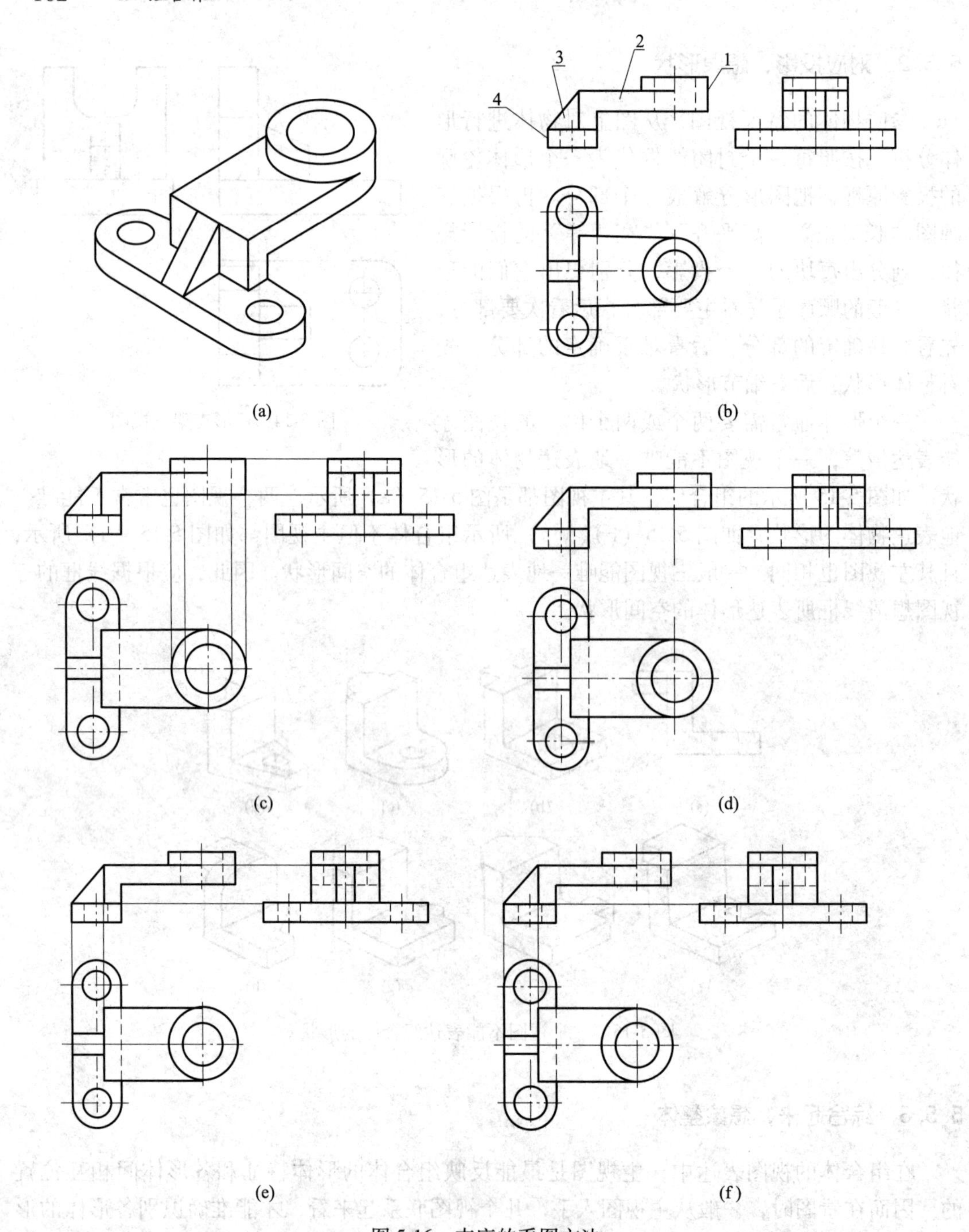

图 5-16　支座的看图方法

(a) 支座的立体图；(b) 支座三视图；(c) 形体 1 的投影分析；(d) 形体 2 的形体分析；
(e) 形体 3 的投影分析；(f) 形体 4 的投影分析
1—圆筒；2—直角板；3—肋板；4—底板

法来进行分析，集中解决看图的难点。

线面分析法就是运用线面的投影规律，分析视图中的线条、线框的含义和空间位置，从而看懂视图。线面分析必须认清图面上每个线框和图线的含义。

（1）投影图上每一条线可能是一个平面的投影，也可能是两个平面的交线或曲面的轮廓线。

（2）投影图上每一封闭线框一般情况下代表一个面的投影，也可能是一个孔或槽的投影。

（3）投影图中相邻两个封闭线框一般表示两个面，这两个面必定有上下、左右、前后之分，同一面内无分界线。

以图 5-17 所示的压块为例，说明用线面分析法看图。从图 5-17（b）所示的压块的三个视图中，可看出其基本形体是个长方体。从主视图可看出，长方体的中上部有一个阶梯孔，在它的左上方切掉一角；从俯视图可知，长方体的左端切掉前、后两个角；由左视图可知，长方体的前、后两边各切去一块长条。

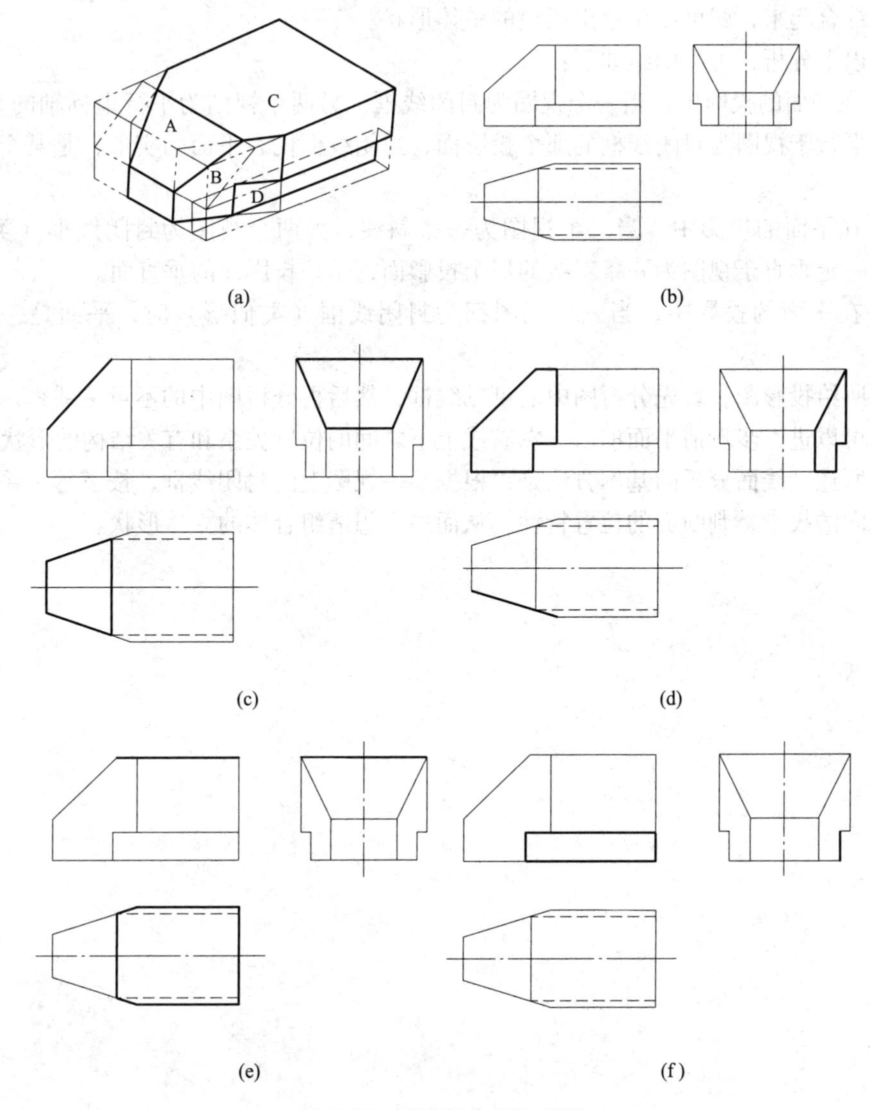

图 5-17 用线面分析法看图

（a）压块立体线面分析；（b）压块三视图；（c）A 面三视图投影；
（d）B 面三视图投影；（e）C 面三视图投影；（f）D 面三视图投影

从图 5-17（c）可知，在俯视图中有梯形线框，而在主视图中可找出与它对应的斜线，由此可见 A 面是垂直于 V 面的梯形平面，长方体的左上角是由 A 面截切而成的。平面 A 与 W 面和 H 面都处于倾斜位置，所以它的侧面投影和水平面投影是类似图形，不反映 A 面的真实形状。

从图 5-17（d）可知，在主视图中有七边形线框，而在俯视图中可找出与它对应的斜线，由此可见 B 面是垂直于 H 面的。长方体的左端，就是由这样的两个平面截切而成的。平面 B 对 V 面和 W 面都是处于倾斜位置，因而侧面投影也是个类似的七边形线框。

从图 5-17（e）和图 5-17（f）可知，由主视图上的长方形线框入手，可找到 D 面的三个投影；由俯视图的四边形线框入手，可找到 C 面的三个投影；从投影图中可知 D 面为正平面，C 面为水平面。长方体的前、后两边是由这两个平面截切而成的。

最后综合起来，就可以想象出压块的整体形状。

通过以上分析，可以归纳如下：

（1）在平面的投影中，当一个视图为封闭线框，另两个视图为平行坐标轴的直线时，平面一定平行于视图为封闭线框的那个投影面，封闭线框代表平面的实形，是某个投影面的平行面。

（2）在平面的投影中，当一个视图为一条斜线，另两个视图为封闭线框（类似形）时，平面一定垂直于视图为一条斜线的那个投影面，是该投影面的垂直面。

（3）在平面的投影中，当三个视图都为封闭线框（类似形）时，平面是一般位置平面。

根据所给投影图，首先分析图中的可见线框，然后再分析图中的不可见线框。分析不可见线框可以进一步看清平面前后、左右或上下之间的位置关系和有关结构的形状。

综上所述，线面分析的基本方法是，根据某一视图上的封闭线框，按三等关系对应另外两个视图的投影，判断面的位置特性，从而最后想清组合体的立体形状。

6 轴 测 图

扫一扫获取免费
数字资源

多面正投影图能完整、准确地反映物体的形状和大小，且度量性好、作图简单，但是立体感不强，只有具备一定读图能力的人才可以看懂，如图 6-1 所示。因此工程上有时也采用一种富有立体感，但作图较复杂和度量性差的单面投影图（即轴测图）作为辅助图样，帮助人们进行空间构思。轴测图多用于机构设计、技术说明、广告宣传等方面。

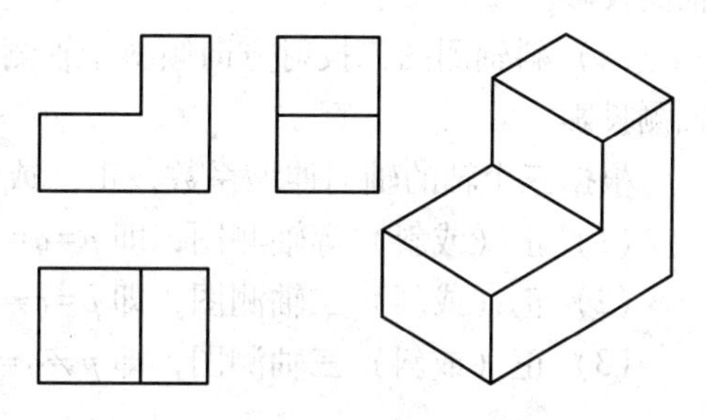

图 6-1 物体轴测图

轴测投影是单面投影。按照投影法原理将物体向单一投影面投影所得到的投影图，称为单面投影。《技术制图投影法》（GB/T 14692—2008）将单面投影分为单面正投影、单面斜投影和单面中心投影。正轴测投影采用单面正投影法，斜轴测投影采用单面斜投影法。

6.1 轴测图的基本知识

6.1.1 轴测图的形成

如图 6-2 所示，轴测投影图是将物体连同其直角坐标系，沿不平行于任一坐标面的方向，用平行投影法投射到单一投影面上所得的具有立体感的图形，简称轴测图。

被选定的单一投影面 P 称为轴测投影面。投射方向 S 称为轴测投影方向。

图 6-2 轴测图的形成

6.1.2 轴测图的基本概念

轴测图的基本概念包括：

（1）轴测投影轴——直角坐标系 OX、OY、OZ 在轴测投影上的投影 O_1X_1、O_1Y_1、O_1Z_1。

（2）正轴测投影——投射方向垂直于轴测投影面。

（3）斜轴测投影——投射方向倾斜于轴测投影面。

（4）轴间角——轴测轴之间的夹角 $\angle X_1O_1Y_1$、$\angle Y_1O_1Z_1$、$\angle X_1O_1Z_1$。

（5）轴向伸缩系数——轴测轴上线段与空间相应坐标轴上对应线段的长度比。

X 轴的轴向伸缩系数 $p = O_1A_1/OA$；

Y 轴的轴向伸缩系数 $q = O_1B_1/OB$；

Z 轴的轴向伸缩系数 $r = O_1C_1/OC$。

（6）等测——三个轴测轴的伸缩比例都相等。

（7）二测——两个轴测轴的伸缩比例相等。

6.1.3 轴测图的分类

轴测图根据投射方向和轴测投影面的位置不同可分为正轴测图和斜轴测图。

（1）正轴测图：投射方向垂直于轴测投影面的轴测投影图，即由正轴测投影法得到的轴测投影。

（2）斜轴测图：投射方向倾斜于轴测投影面的轴测投影图，即由斜轴测投影法得到的轴测投影。

根据三个轴的轴向伸缩系数，正（或斜）轴测投影图又可分为：

（1）正（或斜）等轴测图，即 $p=q=r$。

（2）正（或斜）二轴测图，即 $p=r\neq q$。

（3）正（或斜）三轴测图，即 $p\neq q\neq r$。

6.1.4 轴测图的基本性质

轴测图的基本性质包括：

（1）平行性：物体上空间互相平行的线段，其轴测投影仍然互相平行。

（2）定比性：直线段上两线段长度之比，等于其轴测投影长度之比。

（3）度量性：物体上平行于坐标轴的线段，其轴测投影也一定平行于相应的轴测轴，且线段的轴测投影长度与空间长度之比等于相应坐标轴的轴向伸缩系数。

6.1.5 轴测图的选用

在工程上常采用富有立体感的轴测图作为辅助图样来帮助说明零部件形状。常用轴测图有正等轴测图和斜二轴测图两种。

在选用轴测图时，既要考虑立体感强，又要考虑作图方便。

（1）正等轴测图的轴间角以及各轴的轴向伸缩系数均相同，用 30°的三角板和丁字尺，比较简便，它适用于绘制各坐标面上都带有圆的物体。

（2）当物体上一个方向上的圆及孔较多时，采用斜二轴测图比较简便。

究竟选用哪种轴测图，应根据各种轴测图的特点及物体的具体形状进行综合分析，然后做出决定。

6.2 正等轴测图

6.2.1 正等轴测图的轴测角和轴向伸缩系数

当构成三面投影体三根坐标轴与轴测投影面的角度相同时，用正投影法得到的投影图称为正等轴测图，简称正等测。

如图 6-3（a）所示，当空间三坐标轴与轴测投影面夹角都是 35°16′时，形成的三个轴测轴轴间角都是 120°。其中 OZ 轴应按照规定画成垂直方向。

正等轴测图中，OX、OY、OZ 三轴的轴向伸缩系数相等，即 $p=q=r=\cos35°16'=0.82$，

如图 6-3（b）所示。为了作图方便常将轴向伸缩系数化简为 1（即 $p=q=r=1$），画出的轴测图比原轴测图沿各轴向分别放大了约 1.22 倍，如图 6-3（c）所示。

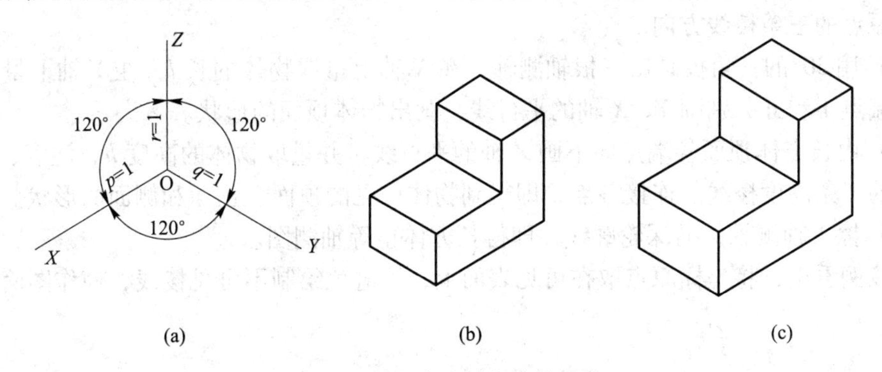

图 6-3 轴间角和轴向伸缩系数
（a）轴间角和轴向伸缩系数；（b）$p=q=r=0.82$；（c）$p=q=r=1$

6.2.2 平面立体的正等轴测图的画法

6.2.2.1 坐标法

绘制平面立体正等轴测图的基本方法是坐标法。它是根据物体的形状特点，选好恰当的坐标轴，并画出相应的轴测轴，然后根据其坐标画出平面立体的各个顶点、棱线和平面的轴测投影，然后将它们依次连接即可。

【例 6-1】 如图 6-4 所示，依据六棱柱两视图，用坐标法画出其正等轴测图。

（1）在正投影图中定出原点和坐标轴的位置。

（2）画出坐标轴的轴测投影。

（3）在轴测图中截取六边形的六个顶点，连接六点得正六边形体底面。

（4）根据平行性截取正六棱柱高，定出顶面上的点，并顺次连线。

（5）擦去作图线，加深轮廓线，完成轴测图。

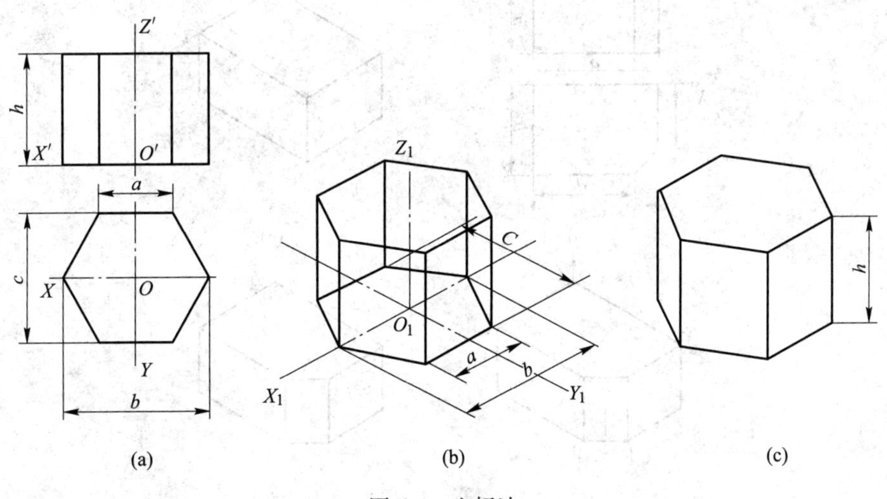

图 6-4 坐标法

【例 6-2】 如图 6-5 所示，依据正方向的两视图，用坐标法画出其正等轴测图。

（1）在三视图上定出原点和坐标轴的位置。设定右侧后上方的棱角为原点，X、Y、Z 轴是过原点的三条棱线方向。

（2）用 30°的三角板画出三根轴测轴，在 X 轴上量取物体的长 l，在 Y 轴上量取宽 b；然后由端点Ⅰ和Ⅱ分别画 Y、X 轴的平行线，画出物体顶面的形状。

（3）由长方体顶面各端点向下画 Z 轴的平行线，并量取物体的高度 h，注意，此时只画可见的三条高度棱线。连接各点，即得到物体可见的顶面、正面和侧面的形状。

（4）擦去轴测轴，描深轮廓线，即得长方体正等轴测图。

从该例看出，将坐标原点取在可见表面上，可避免绘制不可见棱线，使作图简化。

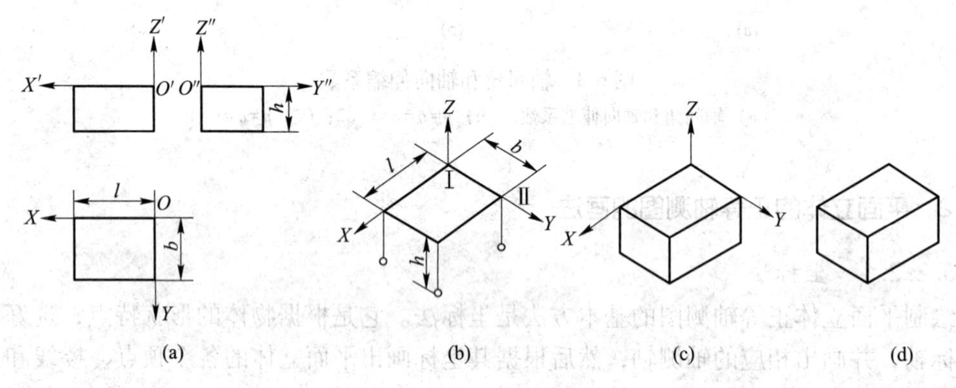

图 6-5　坐标法

6.2.2.2　切割法

对于挖切形成的物体，可先按完整的形体画出其正等轴测，再按物体的挖切过程逐一画出被切去部分。

【例 6-3】 如图 6-6 所示，已知物体的三视图，用切割法画出其正等轴测图。

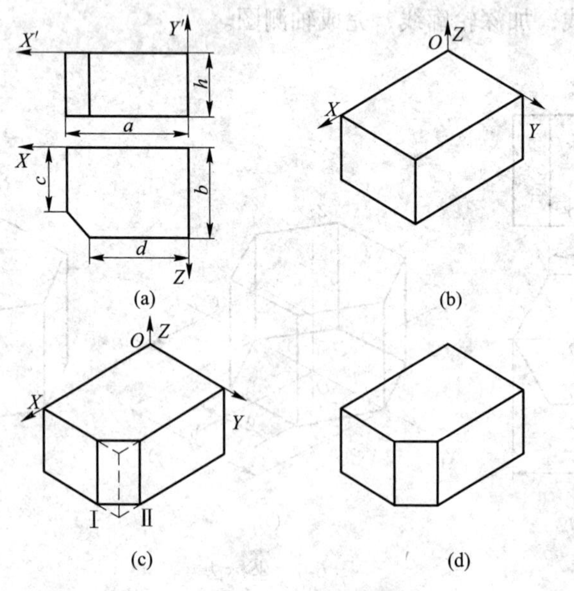

图 6-6　切割法

（1）在正投影图中定出原点和坐标轴的位置。

（2）画出坐标轴的轴测投影。

（3）在轴测图中截取长方形的四个顶点，连接四点得长方体顶面。

（4）根据平行性截取长方体的高，定出底面上的点，并顺次连线。

（5）在轴测图上定出两点Ⅰ、Ⅱ，用铅垂面切角。

（6）擦去作图线，加深轮廓线，完成轴测图。

【例 6-4】 如图 6-7 所示，已知凹形槽的三视图，用切割法画出其正等轴测图。

（1）用 30°的三角板画出 *OX* 轴、*OY* 轴、*OZ* 轴。

（2）根据三视图的尺寸画出大长方体的正等轴测图。

（3）根据三视图中的凹槽尺寸，在大长方体的相应部分，画出被截去的小长方体。

（4）擦去不必要的线条，加深轮廓线，即得凹形槽的正等轴测图。

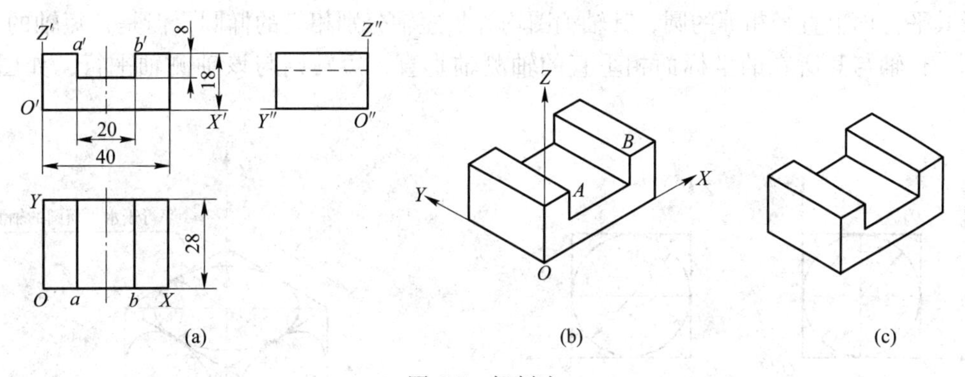

图 6-7　切割法

6. 2. 2. 3　组合法

对于叠加体，可用形体分析法将其分解成若干个基本体，然后按照各基本体的相对位置关系画出轴测图。

【例 6-5】 如图 6-8 所示，已知物体的三视图，用组合法画出其正等轴测图。

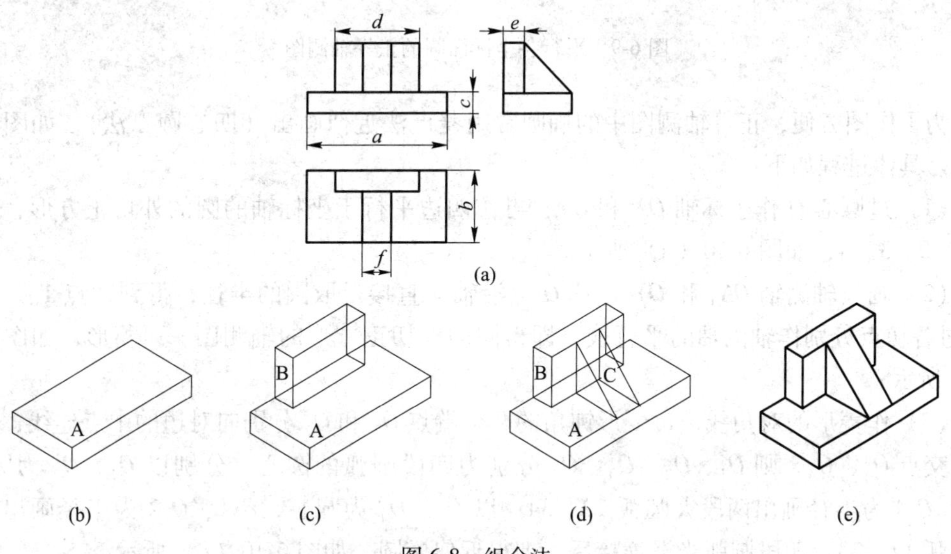

图 6-8　组合法

用形体分析法将其分解为底板 A、立板 B（长方体）和肋板（三棱柱）三个部分。

（1）根据尺寸 a、b、c 画出底板 A 的正等轴测图，如图 6-8（b）所示。

（2）按与 A 的相对位置，根据尺寸 d、c、e 画出立板的正等轴测图，如图 6-8（c）所示。

（3）以左右的中间对称平面为基准，画厚度为 f 的三棱柱的正等轴测图，如图 6-8（d）所示。

（4）检查并擦去多余的线条，加深即得立体的正等轴测图，如图 6-8（e）所示。

6.2.3 曲面立体的正等轴测图

6.2.3.1 坐标面或其平行面上圆的正等轴测图画法

在正等轴测图中，因空间三根坐标轴都与轴测投影面倾斜，且倾角相等，故三坐标面上及其平行面上直径相等的圆，其轴测图均为长短轴分别相等的椭圆，但是长短轴的方向不同，长轴与其所在的坐标面相垂直的轴测轴垂直，短轴则与该轴测轴平行，如图 6-9 所示。

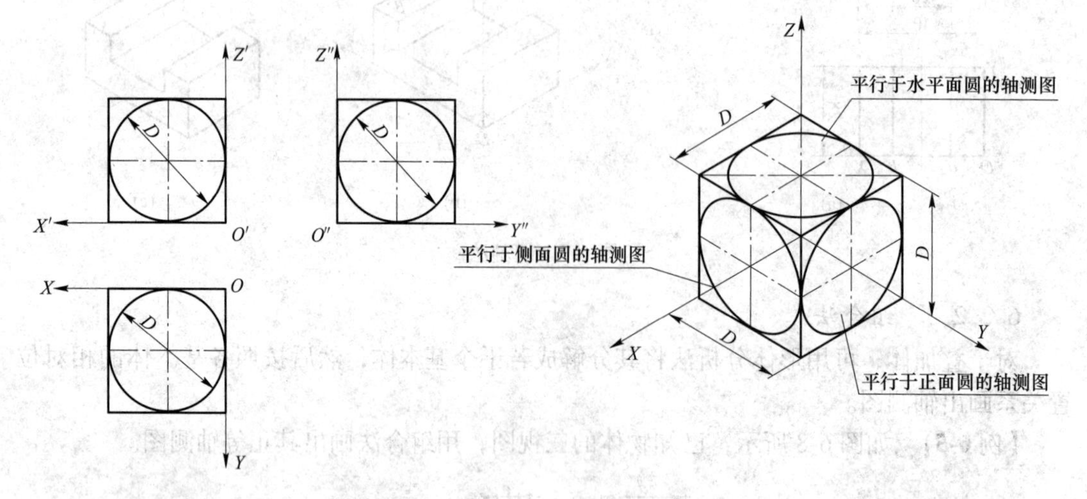

图 6-9 平行各坐标面圆的正等轴测图

为了作图方便，正等轴测图中的椭圆常用菱形法近似画出（四心圆弧法），如图 6-10 所示。具体过程如下：

（1）过圆心 O 作坐标轴 OX 和 OY，再作四边平行于坐标轴的圆的外切正方形，切点为 1、2、3、4，如图 6-10（a）所示。

（2）画出轴测轴 OX_1 和 OY_1，从 O 点沿轴向直接量取圆的半径，得到切点 1、2、3、4，过各切点分别作轴测轴的平行线，即得圆的外切正方形的轴测图——菱形，如图 6-10（b）所示。

（3）作菱形的对角线，过菱形钝角的两个端点 O_1 和 O_2 分别向对边的中点连线，得到两个交点 O_3、O_4，则 O_1、O_2、O_3、O_4 分别为四段圆弧的圆心。分别以 O_1、O_2 为圆心，$O_1$1、$O_2$4 为半径画出两段大圆弧 12、34；以 O_3、O_4 为圆心，$O_3$1、$O_4$2 为半径画出两段小圆弧 14、23。四段圆弧光滑连接后，即得近似椭圆，如图 6-10（c）所示。

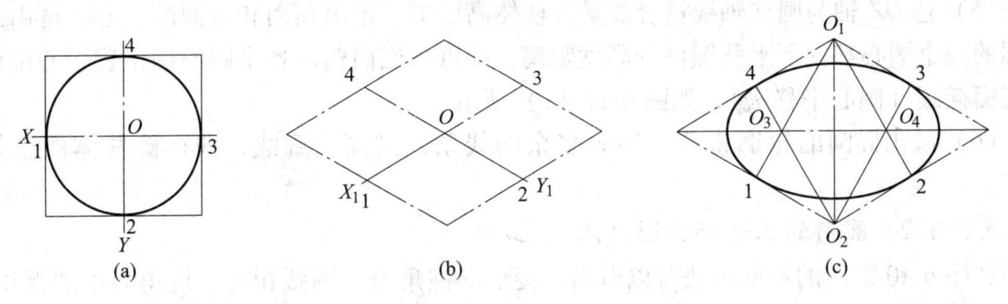

图 6-10　圆正等轴测图的四心圆弧法

正平面和侧平面上的圆的正等轴测图——椭圆的画法与水平椭圆画法相同，只是其外切菱形的方位有所不同，只要选好圆所在坐标面上的两根轴，组成方位菱形，菱形的长、短对角线分别为椭圆的长、短轴方向。

【例 6-6】 已知圆柱体的二视图，画出它的正等轴测图。

分析：图 6-11（a）为圆柱的二视图，因圆柱的顶圆和底圆都平行于 XOY，所以它们的正等轴测图都是椭圆，将顶面和底面的椭圆画好，再作两椭圆的轮廓素线即得圆柱的正等轴测图。

作图步骤：

（1）确定 X、Y、Z 轴的方向和原点 O 的位置。在俯视图圆的外切正方形中，切点为 1、2、3、4，如图 6-11（a）所示。

（2）画出顶圆的轴测图。先画出轴测轴 X、Y、Z，沿轴向可直接得切点 1、2、3、4。过这些点分别作 X、Y 轴的平行线，即得正方形的轴测图—菱形，如图 6-11（b）所示。

（3）过切点 1、2、3、4 作菱形相应各边的垂线。它们的交点 O_1、O_2、O_3、O_4 就是画近似椭圆的四个圆心，O_2、O_4 位于菱形的对角线上。

（4）用四段圆弧连成椭圆。以 $O_41=O_42=O_23=O_24$ 为半径，以 O_2、O_4 为圆心，画出大圆弧 $\overset{\frown}{12}$、$\overset{\frown}{34}$；以 $O_11=O_14=O_32=O_33$ 为半径，以 O_1、O_3 为圆心，画出小圆弧 $\overset{\frown}{14}$、$\overset{\frown}{23}$，完成顶圆的轴测图（四心圆近似画法）。

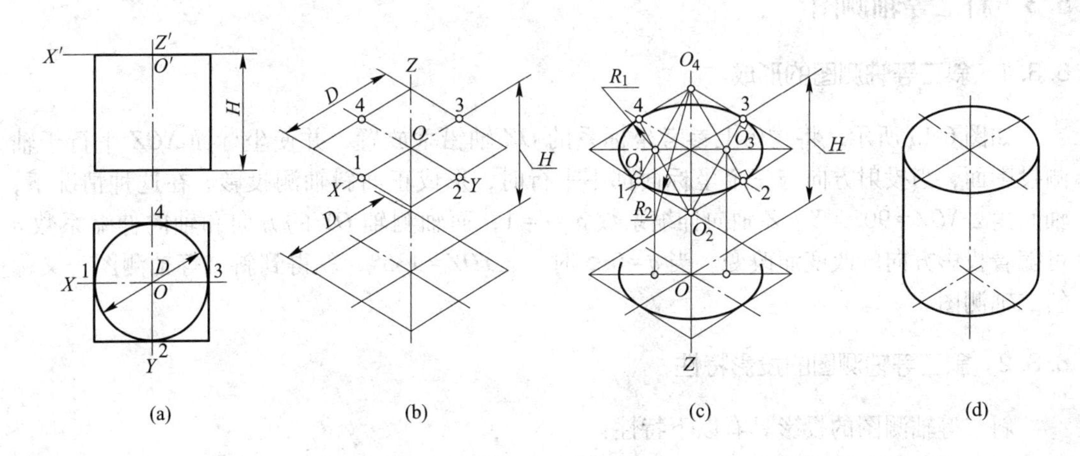

图 6-11　曲面立体的正等轴测图

（5）选 OZ 轴与圆柱轴线重合，量圆柱体高度 H，定出顶面和底面的圆心，再由顶面椭圆的四个圆心都向下平移圆柱的高度距离，即可得底面椭圆各个圆心的位置，并由此画出底面椭圆（圆心平移法），如图 6-11（c）所示。

（6）画出椭圆的轮廓素线，擦去多余的线条，描深轮廓线，即得圆柱体的正等轴测图。

6.2.3.2 圆角的正等轴测图画法

如图 6-10 菱形的近似画法可以看出，菱形的钝角与大圆弧相对，锐角与小圆弧相对，菱形相邻两边的中垂线的交点就是该圆弧的圆心。由此可得圆角的正等轴测图的近似画法，如图 6-12 所示，其作图步骤为：

（1）做长方体的正等轴测图，如图 6-12（b）所示。

（2）沿相交的两边量取圆角半径 R，得切点 1、2，分别过 1、2 点作对应边的垂线，两条垂线的交点即为底板上侧圆角的圆心 O。用移心法，得底板下侧圆角的圆心及切点，如图 6-12（c）所示。

（3）用类似的方法画出底板右侧对应的圆弧，及右侧上下两小圆弧的外公切线，如图 6-12（c）所示。

（4）擦去多余的做线图，加深完成带圆角的长方形底板的正等轴测图，如图 6-12（d）所示。

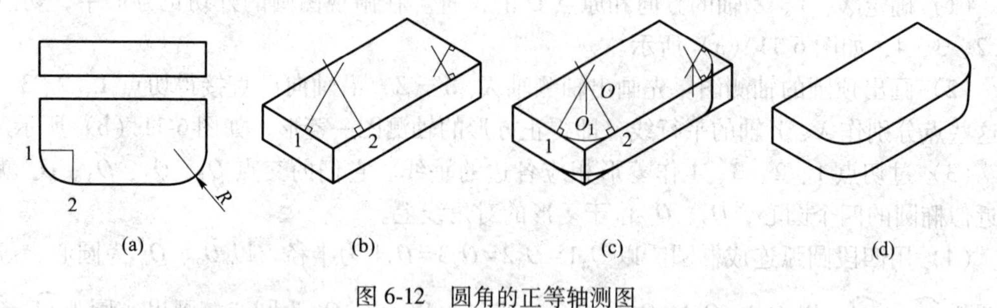

图 6-12 圆角的正等轴测图

6.3 斜二等轴测图

6.3.1 斜二等轴测图的形成

如图 6-13 所示，将物体上参考坐标系的 OZ 轴铅垂放置，并使坐标面 XOZ 平行于轴测投影面，当投射方向与三个坐标面都不平行时，形成正面斜轴测投影。在这种情况下，轴间角 $\angle XOZ=90°$，X、Z 轴向伸缩系数 $p=r=1$，而轴测轴 OY 的方向和轴向伸缩系数 q 可随着投影方向的改变而改变。当 $q=0.5$ 时，$\angle YOZ=135°$，就得到斜二等轴测图，又称斜二轴测图。

6.3.2 斜二等轴测图的投影特性

斜二等轴测图的投影具有以下特性：

（1）斜二等轴测图投影方向 S 倾斜于轴测投影面 P。

（2）由于物体的一个坐标面 XOZ（或 YOZ）平行于轴测投影面 P，因此物体上与该坐标面平行的图形，其斜轴测投影反映实形。

（3）*OX* 轴和 *OZ* 轴的轴向伸缩系数均为 1，即 $p=r=1$，且轴间角 $\angle XOZ=90°$，*OY* 轴的轴向伸缩系数 $q=0.5$，*OY* 轴在轴间角 $\angle XOZ$ 的分角线上，即 $\angle XOY=\angle YOZ=135°$，如图 6-14 所示。

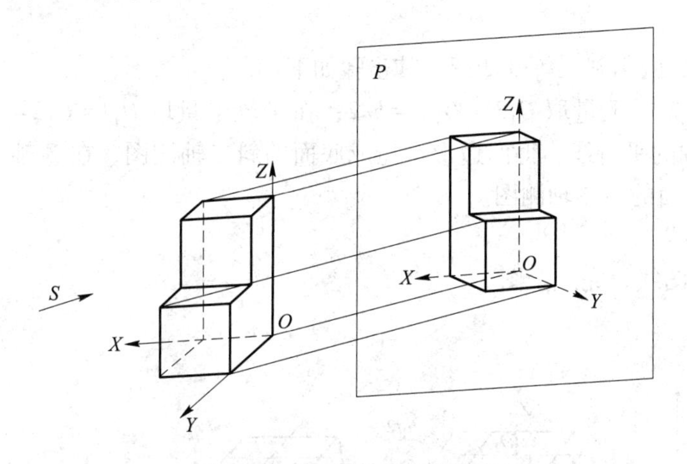

图 6-13 斜二等轴测图的形成

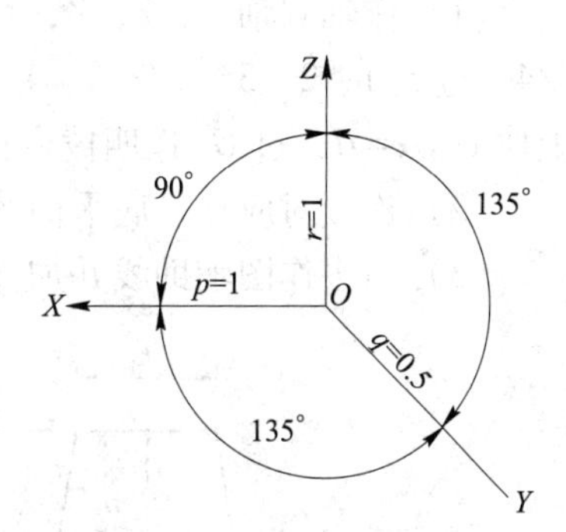

图 6-14 斜二等轴测图的参数

6.3.3 斜二等轴测图的画法

由于斜二等轴测图能反映物体 *XOZ* 坐标面及其平行面的实形，故当物体某一个方向上的形状复杂，或有平行于 *XOZ* 坐标面的圆和圆弧时，宜用斜二等轴测图表示。当圆平行 *XOY*、*YOZ* 坐标面时，其斜二等轴测图均为椭圆，画法比较麻烦，所以这种情况不宜采用斜二等轴测图，应采用正等轴测图。

【例 6-7】 根据图 6-15 所示，画出斜二等轴测图。

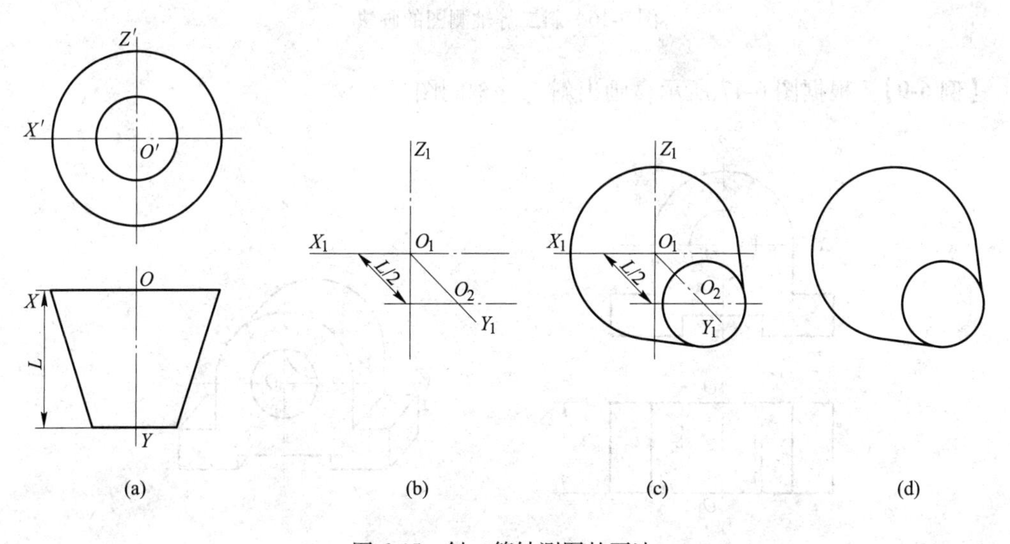

图 6-15 斜二等轴测图的画法

（1）在两视图中定出直角坐标系，如图 6-15（b）所示。

（2）画出轴测轴 OY_1，并在其上取 $O_1O_2=L/2$，定出圆心 O_2。以 O_2 为圆心画出图形前端面反映实形的正面斜二等轴测图，以为圆心画出后面可见部分，并沿轴测轴 OY 向左侧前后、右侧前后两个圆作外公切线，如图 6-15（c）所示。

（3）整理图线，擦去不可见部分，即完成 6-15（a）所示图形的斜二等轴测图，如图 6-15（d）所示。

【例 6-8】 根据图 6-16 所示，画出斜二等轴测图。其步骤如下：

（1）作轴测轴 X、Y、Z，在 X 轴上量取 $O_13=O_14=b/2$；在 Y 轴上量取 $O_11=O_12=b/4$，过点 1、2、3、4 作 X、Y 轴的平行线，得四边形，完成底面的斜二轴测图，在 Z 轴上取 $O_1O_2=H$，过 O_2 作四棱台顶面的斜二轴测图。

（2）连接对应顶、底平面棱线。

（3）擦去作图辅助线并加深图线，完成全图。

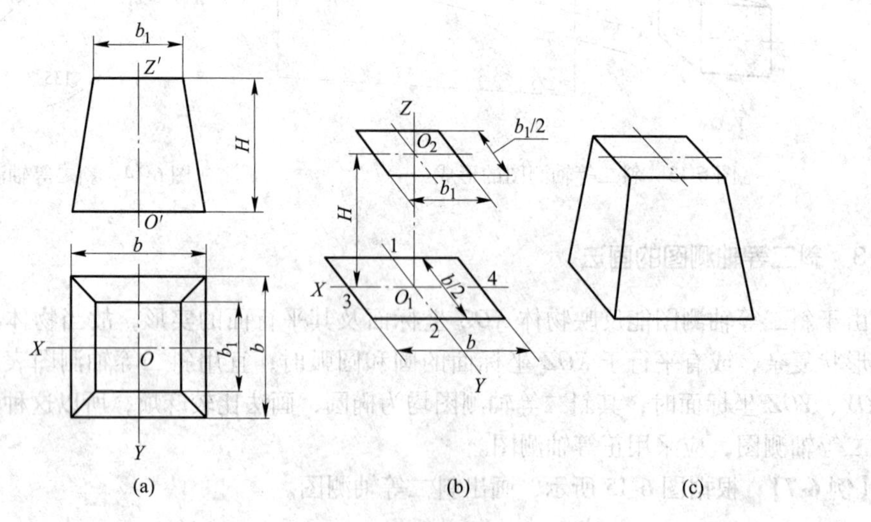

图 6-16 斜二等轴测图的画法

【例 6-9】 根据图 6-17 所示，画出斜二等轴测图。

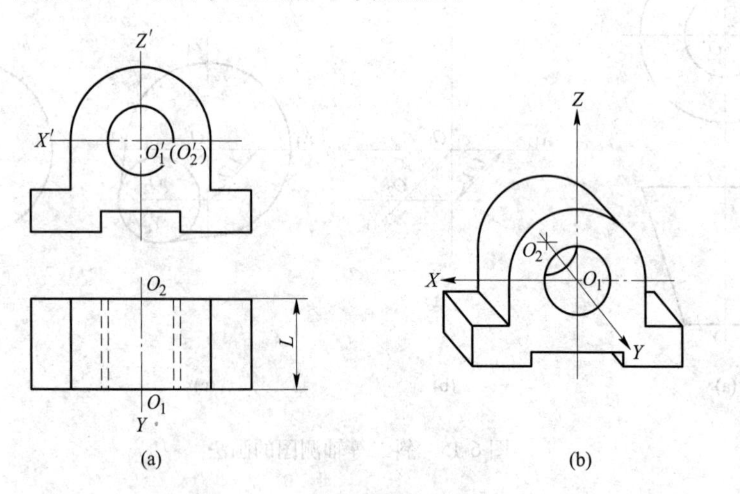

图 6-17 斜二等轴测图的画法

分析：此支架的正面有孔且圆弧曲线较多，形状较复杂。由于斜二轴测图中，凡是平行于 *XOZ* 坐标面的平面图形，其轴测投影均反映实形，所以当物体只有一个方向有圆时宜采用斜二轴测图画法。

作图步骤：

（1）如图 6-17 所示，取圆及孔所在的平面为正平面，在轴测投影面 *XOZ* 上得与主视图一样的实形。支架的宽为 *L*，反映在 *Y* 轴上应为 *L*/2。

（2）在 *Y* 轴沿圆心 O_1，向后移 *L*/2 定点 O_2 位置。以点 O_2 画后面的圆及其他部分。最后作圆头部分的公切线，擦去作图辅助线并描深，完成全图。

选择轴测图表达机件时，应考虑满足两方面的要求：立体感强且作图方便。

机件的结构形状多种多样，要根据不同机件的形体特征结合正等测和斜二测各自的表达优势合理选用。对于齿轮、端盖、阶梯轴、连杆等只在一个方向上有较多圆形或圆弧结构的机件，用斜二测作图最方便。当机件在不同的投射方向有圆或圆弧时，采用正等测表达则比斜二测作图方便且更直观。在由视图画轴测图时，通常使轴测轴 *Y* 方向与视图的主视方向保持一致。此时，视图和轴测图对应性强，表达清晰，便于识读，且在轴测图中无需标出主视方向。采用其他轴测轴方向作为主视方向投射时，通常需要用箭头及文字说明。某些机件的轴测图选择方位不当，会影响图形表达效果。

6.4　轴测图的尺寸标注与相关要求

6.4.1　轴测图的尺寸标注

在轴测图上标注尺寸，要注意以下 3 点：

（1）线性尺寸的尺寸线必须和所标注的线段平行，尺寸界线一般应平行于某一轴测轴。尺寸数字应按相应的轴测图形标注在尺寸线的上方或左方。当在图形中出现字头向下的情况时，应引出标注，将数字按水平位置注写，如图 6-18（a）所示。

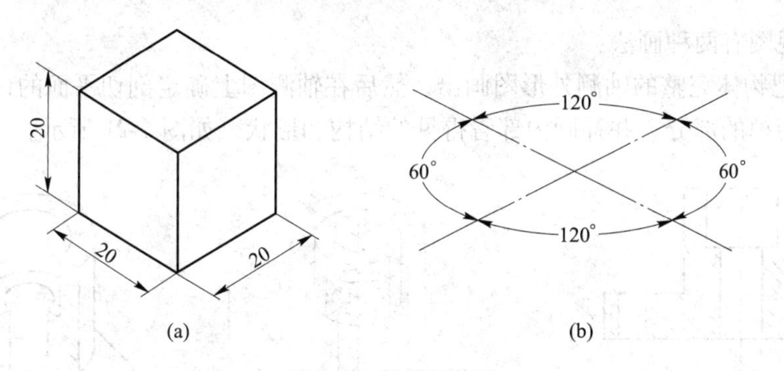

图 6-18　轴测图标注

（2）标注角度时，其尺寸线应画成与该角度所在平面内圆的轴测投影椭圆相应的椭圆弧，角度数字一般水平注写在尺寸线的中断处，字头向上，如图 6-18（b）所示。

（3）标注圆的直径时，尺寸线和尺寸界线应分别平行于圆所在平面内的轴测轴；标注圆弧半径和较小圆的直径时，尺寸线可从（或通过）圆心引出标注，但注写数字的横线必须平行于轴测轴，如图 6-19 所示。

6.4.2　轴测图的剖切方法

在轴测图中为了表达机件内部结构，可假想用剖切平面将机件的一部分剖去，这种剖切后的轴测图称为轴测剖视图。

为使图形清晰、立体感强，一般用两个互相垂直的轴测坐标面（或其平行面）进行剖切，并使剖切平面通过机件的主要轴线或对称平面，从而较完整地显示机件的内外形状。

轴测剖视图中的剖面线方向，应按图 6-20 所示方向画出，正等测如图 6-20（a）所示，斜二测如图 6-20（b）所示。

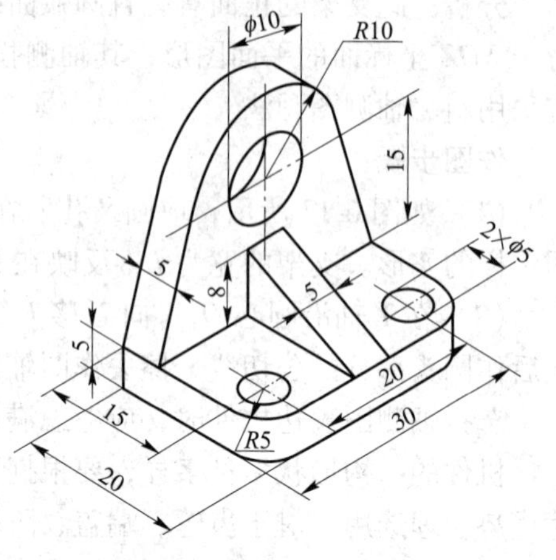

图 6-19　轴测图的尺寸标注示例

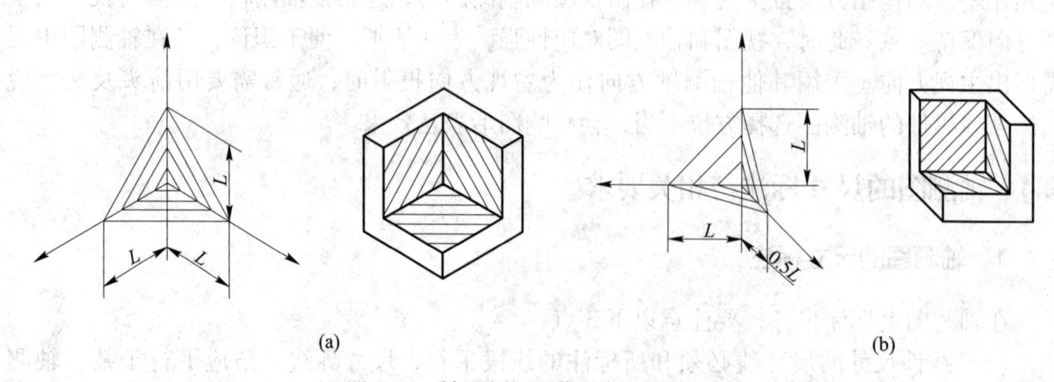

图 6-20　轴测剖视图中的剖面线画法

（a）正等轴测图；（b）斜二轴测图

轴测剖视图有两种画法：

(1) 先把物体完整的轴测外形图画出，然后在轴测图上确定剖切平面的位置，画出剖面，擦除剖切掉的部分，并补画内部看得见的结构和形状，如图 6-21 所示。

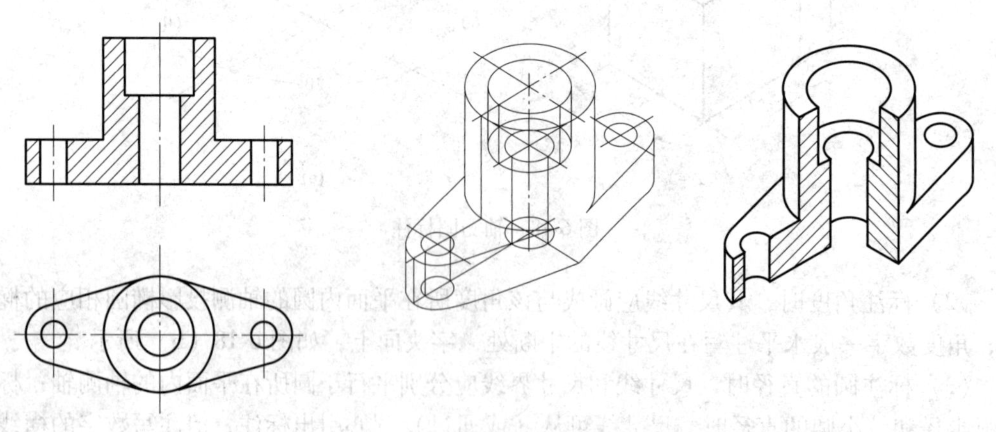

图 6-21　轴测剖视图画法一

（2）先画出剖面的轴测投影，然后再画出剖切后看得见轮廓的投影，这样可减少不必要的作图线，使作图更为迅速，如图 6-22 所示。

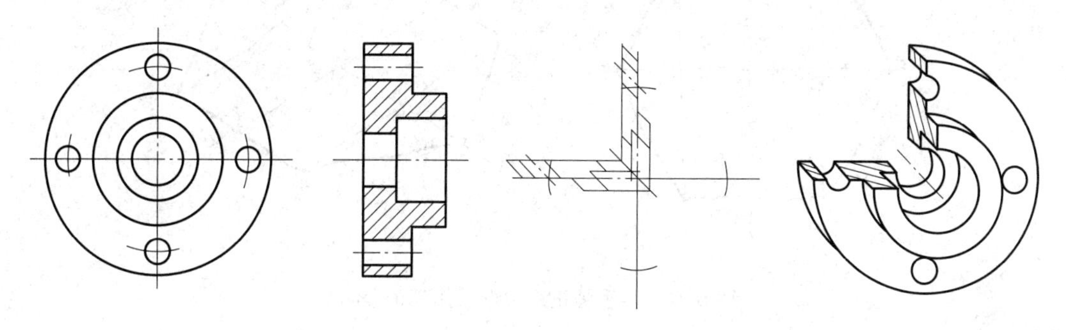

图 6-22 轴测剖视图画法二

6.4.3 轴测草图的画法

前文介绍过不用绘图仪器和工具，通过目测形体各部分的尺寸和比例徒手画图的基本方法。同样，轴测图也可以徒手绘制。徒手绘制的轴测图称为轴测草图。轴测草图是创意构思、零件测绘、技术交流常用的绘图方法。

徒手绘制轴测草图，其作图原理和过程与尺规作轴测图一样，所不同的是不受条件限制，更具灵活快捷的特点，有很大的实用价值。随着计算机绘图技术的普及，徒手图的应用将更加凸显。

6.4.3.1 轴测轴的画法

图 6-23 所示为正等测轴的画法。作轴测轴 Z，过 Z 轴作水平辅助线交于点 O，点 O 为轴测坐标原点。过点 O 向左取五等分得点 M，过点 M 沿垂线分别向上和向下各取三等分得两点 A_1、A。连接 OA，即得轴测轴 X，连接 A_1O 并延长即得轴测轴 Y。

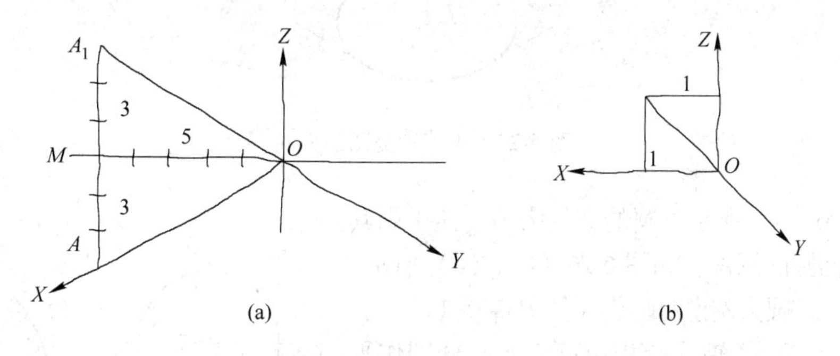

图 6-23 轴测轴的徒手绘制

6.4.3.2 已知正六边形的对角线，徒手画出正六边形并求作其正等测

如图 6-24（a）所示，作出两垂直中心线并确定出对角线 A 和 D，取 OM 等于 OA（即等于六边形边长）并六等分。过 OM 上第五等分点 K 作水平线，过 OA 中点 N 作垂直线，两线交于 B，再作出各对称点 C、E、F，连接各点成正六边形。

正六边形的正等测画法，如图 6-24（b）所示。

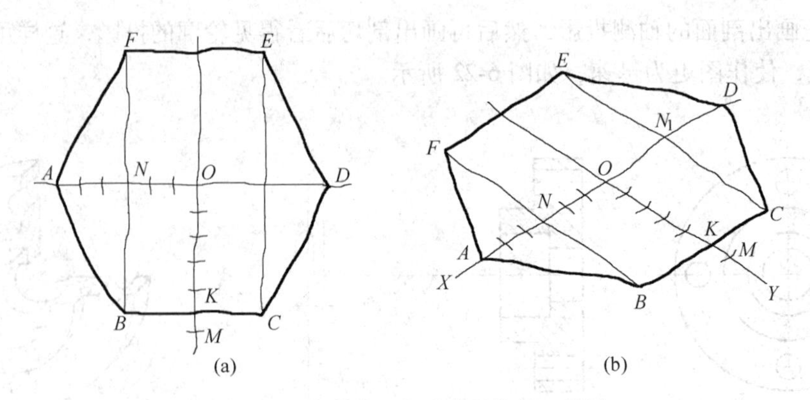

图 6-24　徒手画正六边形及作其正等测

6.4.3.3　三向正等测椭圆的徒手画法

在正等测中，平行坐标面的三种椭圆的画法前已述及，除各面上投影椭圆长短轴的方向不同以外，这三种画法的作图步骤完全一样。作图关键在于熟知各面椭圆长短轴（相互垂直）的位置关系，这对徒手图尤为重要。

如图 6-25 所示，各面椭圆长短轴的关系为：三面椭圆长轴构成一个正三角形，与其垂直的轴测轴 *X*、*Y*、*Z* 分别与各椭圆短轴重合。

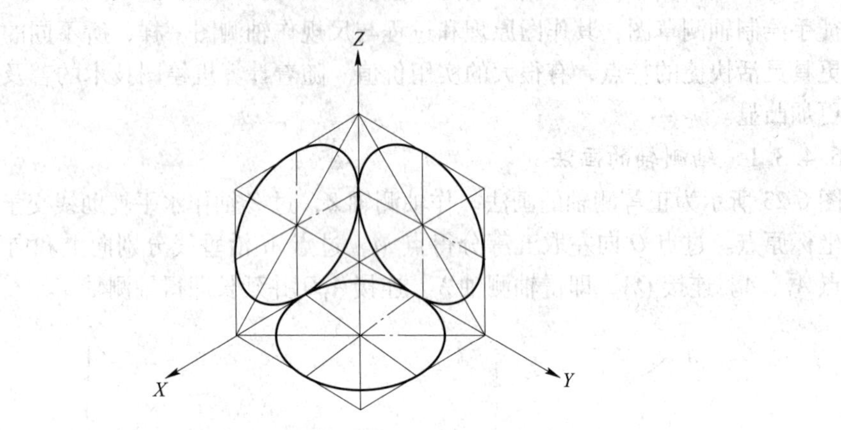

图 6-25　正等轴测图的方向

如图 6-26（a）所示，圆的直径为 *D*，徒手画其三向正等测椭圆的画法，如图 6-26（b）~（d）所示。

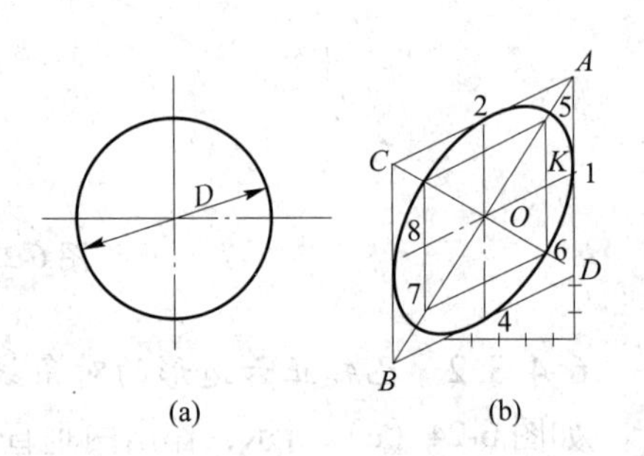

图 6-26　正等轴测图中三面椭圆的画法

现以正面椭圆为例说明画法（见图 6-26（b））：

（1）画出 *X*、*Z* 轴，沿两轴正负方向分别作平行线，平移距离为 *L*/2，两两相交，擦去多余部分，分别标注点 *A*、*B*、*C*、*D*，即为菱形。

（2）过对角线交点分别作 *X*、*Z* 轴平行线，得椭圆的四个切点 1、2、3、4。

（3）三等分 *O*1，过点 *K* 作 *Z* 轴平行线交对角线于 5、6；过 5、6 作 *X* 轴平行线，交对角线于 7、8。光滑连接 1~8 点即为所求。

【例 6-10】 画螺栓毛坯的正等轴测草图。

分析： 螺栓毛坯由六棱柱、圆锥和圆台组成，基本体的底面中心均在 O_0Z_0 轴上，如图 6-27（a）所示。作图时可先画出轴测轴，在 OZ 轴上定出各底面中心 O_1、O_2、O_3，过各中心点作平行于轴测轴 X、Y 的直线（见图 6-27（b））。按图 6-24 和图 6-26（a）所示方法画出各底面（见图 6-27（c）），最后画出六棱柱、圆柱、圆台的外形轮廓（见图 6-27（d））。

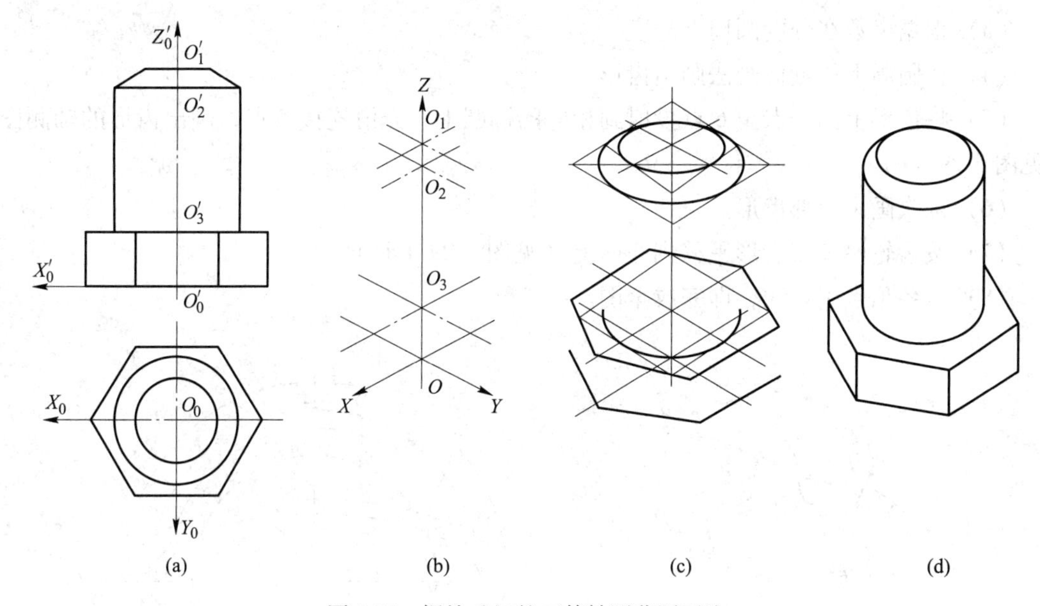

图 6-27 螺栓毛坯的正等轴测草图画法

【例 6-11】 画压板的斜二测草图。

分析： 可直接在主视图（见图 6-28（a））上作图，画出压板的轮廓。XOY 坐标面上的圆，在斜二测中是椭圆，可按图 6-26（b）所示方法先画出椭圆的外切平行四边形（见图 6-28（b）），然后画出椭圆弧（见图 6-28（c））。

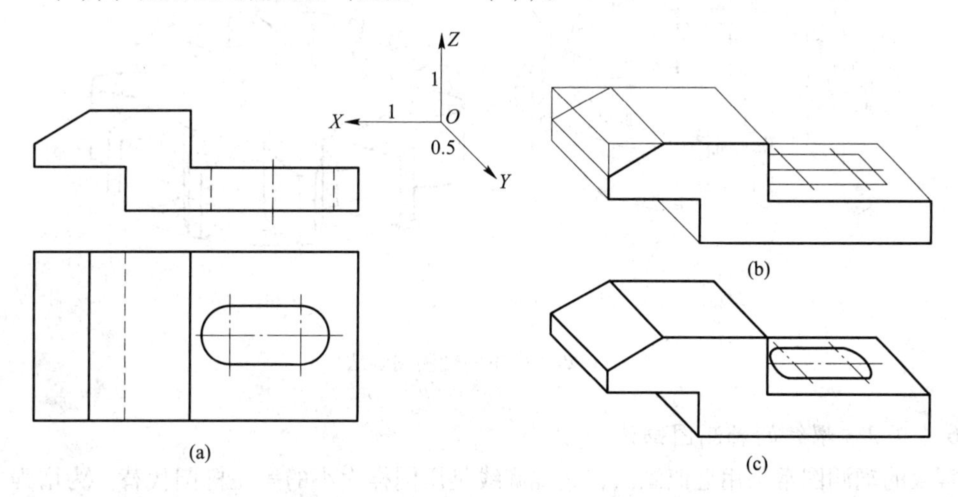

图 6-28 压板的斜二测草图的画法

6.4.4　典型零件的轴测图画法

6.4.4.1　齿轮的轴测图画法

图 6-29（a）所示为齿形正投影图。齿轮轴测图的作图步骤如下：

（1）画齿顶圆、分度圆、齿根圆的轴测投影（三个椭圆），如图 6-29（b）所示。

（2）分别以三个椭圆的长轴长度为直径画三个圆，然后再画出基圆。

（3）根据齿数在分度圆周上分度。

（4）在圆周上用近似画法画出齿形。

（5）将齿形上的 1 点至 6 点投射到相应的椭圆上，光滑连接各点，画出齿形的轴测图（见图 6-29（c））。

（6）依次画出全部齿形。

（7）按齿轮厚度将齿形平移到底面上（见图 6-29（d））。

（8）过各顶点引直线，即完成全图。

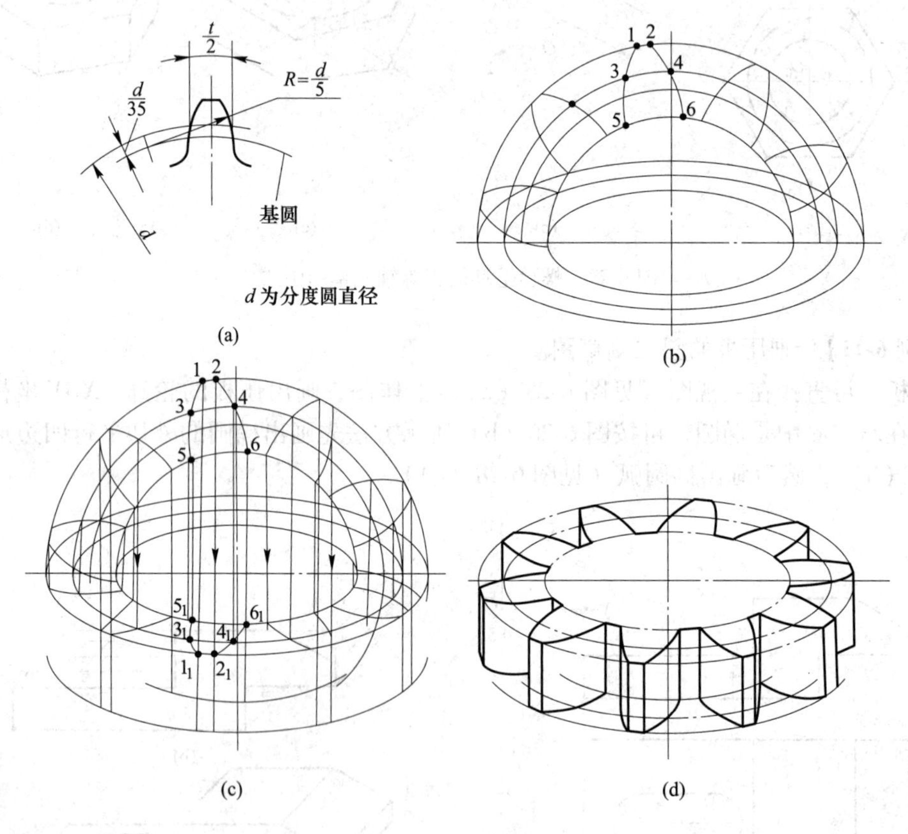

图 6-29　齿轮的轴测图画法

6.4.4.2　螺纹的轴测图画法

螺纹的轴测图常采用近似画法，其螺旋线是用同样大小的等距椭圆代替。为增强立体感，螺纹一般都作适当的润饰，如图 6-30 所示。

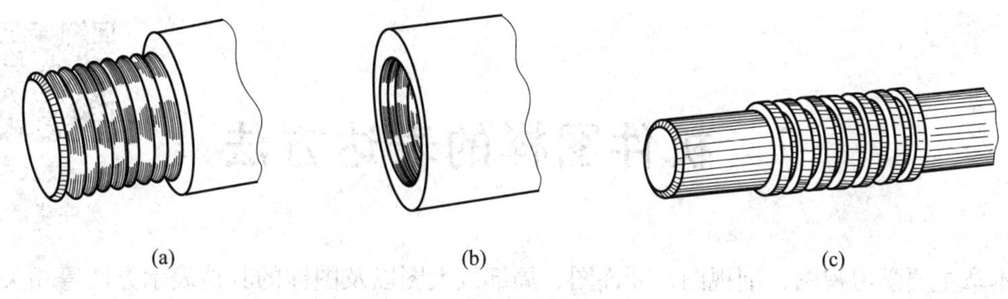

图 6-30 螺纹的轴测图画法
（a）外螺纹；（b）内螺纹；（c）整体效果图

6.4.5 轴测图的黑白润饰

轴测图常可采用墨点法（见图 6-31）或线条法（见图 6-32）进行黑白润饰。墨点可用细点，也可用粗点；线条可用不等间距的细线，也可用不等间距的不等粗线，有时还可用网格网饰（见图 6-33）。平面上的网格线应平行于相应的轴测轴。

图 6-31 墨点法

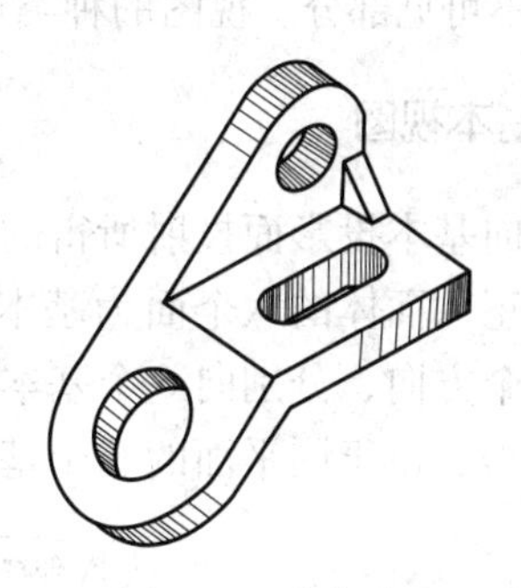

图 6-32 线条法

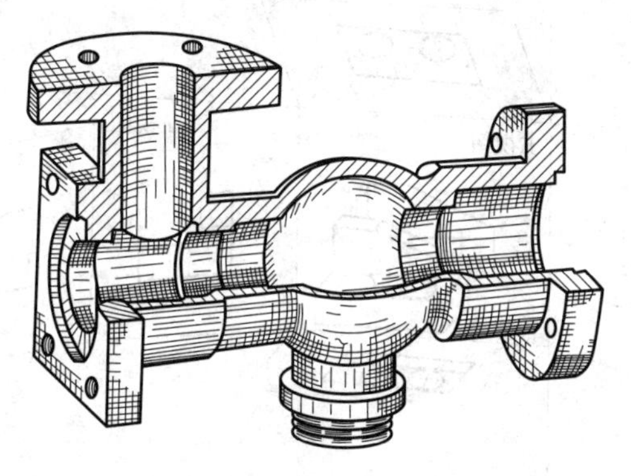

图 6-33 网格网饰

轴测图黑白润饰规则一般采用来自物体左前上方的平行光线照射物体，当反射光线与观察者的视线平行时，反射光最强，该部位为物体表面的光亮区。随反射光线与视线偏离的程度增大，表面的光亮程度逐渐降低。

7 机件图样的表达方法

本章主要学习视图、剖视图、断面图、局部放大图以及图样的其他表示方法等相关制图国家标准的规定。前面各章的学习，主要以物体的三视图为载体，旨在熟练掌握正投影法的投影特性、物图转换的基本规律和表达方法。在实际生产中，当机件的形状和内外结构比较复杂时，三视图的表达就难以清晰完整。前面学习所掌握的读、画图的基本方法和基本能力为本章的学习提供基础。本章表达方法的扩展和深化，为零件图和装配图的学习创造条件。

7.1 视图

视图主要用来表达机件的外部结构和形状，一般只画出机件的可见部分，必要时才用虚线表达其不可见部分。视图的种类通常分为基本视图、向视图、局部视图和斜视图 4 种。

7.1.1 基本视图

物体向基本投影面投射所得的视图，称为基本视图。

采用正六面体的六个面为基本投影面。将物体放在正六面体中，由前、后、左、右、上、下 6 个方向，分别向 6 个基本投影面投射得到 6 个视图，再按图 7-1 所示的展开方法展开，便得到位于同平面的 6 个基本视图，如图 7-2 所示。

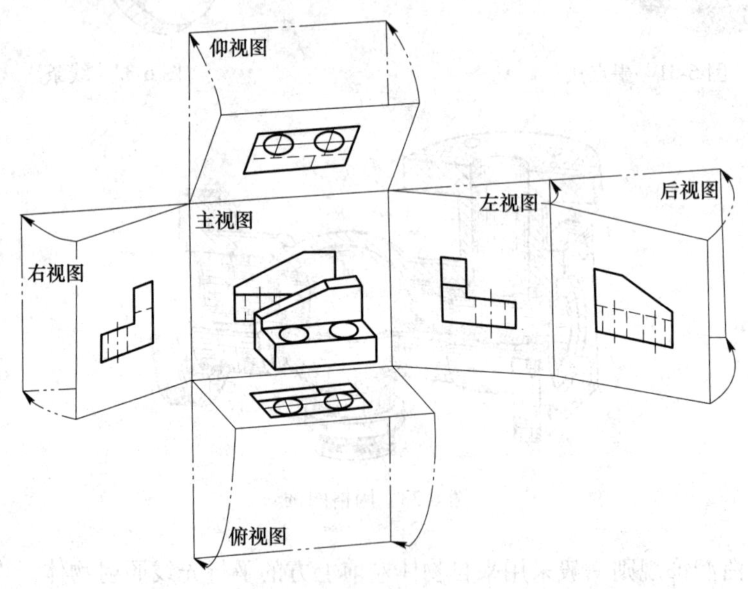

图 7-1 6 个基本视图

6 个基本视图的名称和投射方向为：

（1）主视图——由前向后投射所得的视图。

（2）俯视图——由上向下投射所得的视图。

（3）左视图——由左向右投射所得的视图。

（4）右视图——由右向左投射所得的视图。

（5）仰视图——由下向上投射所得的视图。

（6）后视图——由后向前投射所得的视图。

基本视图的配置关系如图 7-2 所示。在一张图纸上按图 7-2 配置视图时，一律不用标注视图的名称。

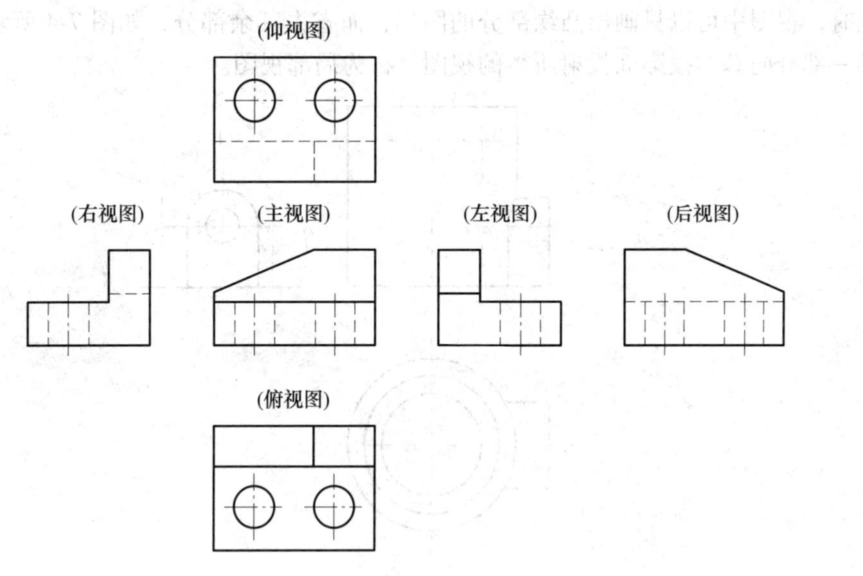

图 7-2 基本视图的配置关系

7.1.2 向视图

向视图就是可以自由配置的视图。

为了合理利用图纸，在不能按图 7-2 所示配置视图时，可以采用向视图。向视图上方应标出视图的名称“X”（X 为大写拉丁字母），在相应的视图附近用箭头指明投射方向，并注上相同的字母“X”，如图 7-3 所示。

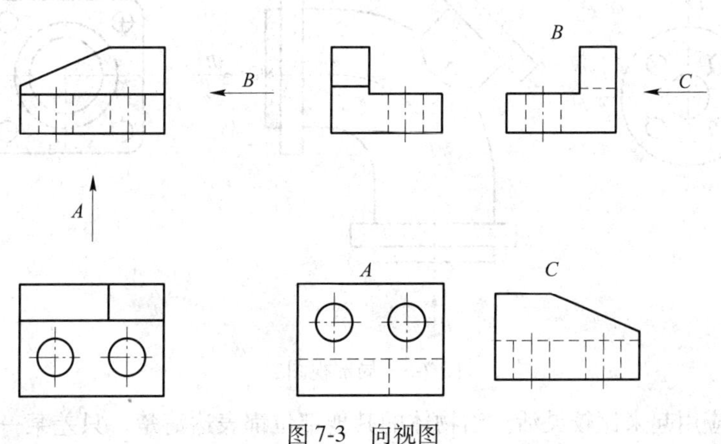

图 7-3 向视图

要特别注意的是，表示投射方向的箭头尽可能配置在主视图上，以使所获得的视图与基本视图相一致。表示后视图投射方向的箭头只能指在左视图或右视图上，不要指在俯视图或仰视图上，以免造成图形上下倒置，识图出现错误。

7.1.3　局部视图

图 7-4 所示零件，用两个基本视图（主、俯视图）就能将零件的大部分形状表达清楚，只有圆筒左侧的凸缘部分未表达清楚，如果再画一个完整的左视图，则显得有些重复。此时，视图中可以只画出凸缘部分的图形，而省去其余部分，如图 7-4 所示。这种将物体某一部分向基本投影面投射所得的视图，称为局部视图。

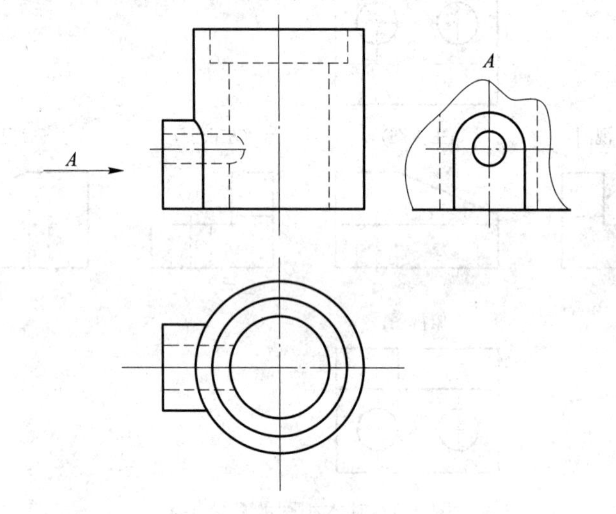

图 7-4　局部视图一

局部视图可按基本视图的配置形式配置，也可按向视图的配置形式配置并标注。当局部视图按投影关系配置，中间又没有其他图形隔开时，可省略标注。

局部视图的断裂边界应以波浪线或双折线表示。当它所表示的局部结构是完整的，且外轮廓线又成封闭时，断裂边界线可省略不画，如图 7-5 所示。

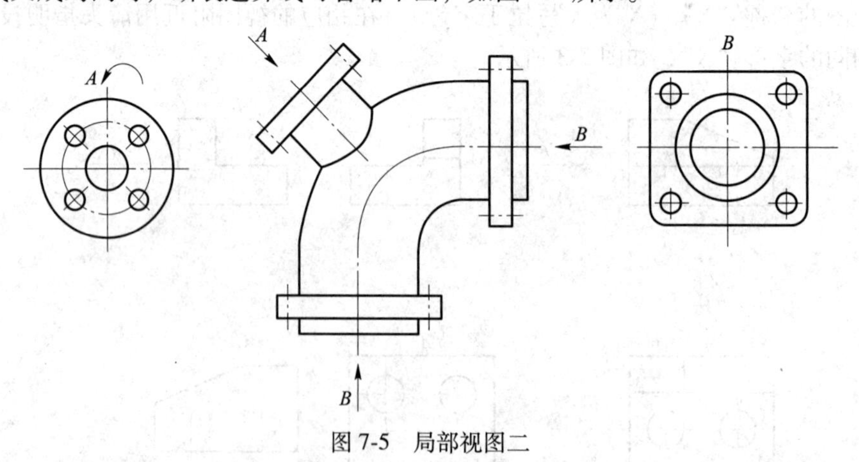

图 7-5　局部视图二

局部视图应用起来比较灵活。当物体的其他部位都表达清楚，只差某一局部需要表达时，就可以用局部视图来表达该部分的形状，这样不但可以减少基本视图，而且可以使图样简单、清晰。

7.1.4 斜视图

图 7-6 所示零件具有倾斜部分，在基本视图中不能反映该部分的实形。这时可选用一个新的投影面，使它与零件上倾斜部分的表面平行，然后将倾斜部分向该投影面投影，得到反映该部分实形的视图，如图 7-6 所示。这种物体向不平行于基本投影面的平面投射所得的视图称为斜视图。

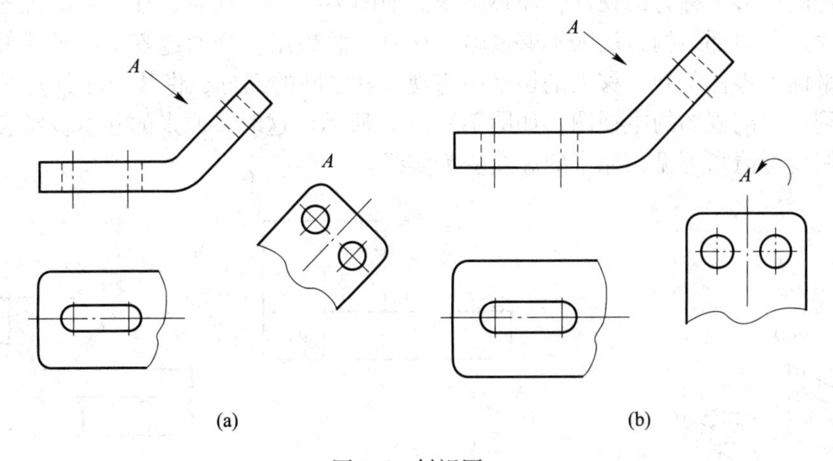

图 7-6 斜视图一

斜视图主要用来表达物体上倾斜部分的实形，所以其余部分不必全部画出。斜视图用波浪线或双折线断开即可。

斜视图通常按向视图的配置形式配置并标注（见图 7-6（a））。必要时，允许将斜视图旋转配置。标注时，表示该视图名称的大写拉丁字母应靠近旋转符号的箭头端（见图 7-6（b）），也允许将旋转角度标注在字母之后（见图 7-7）。

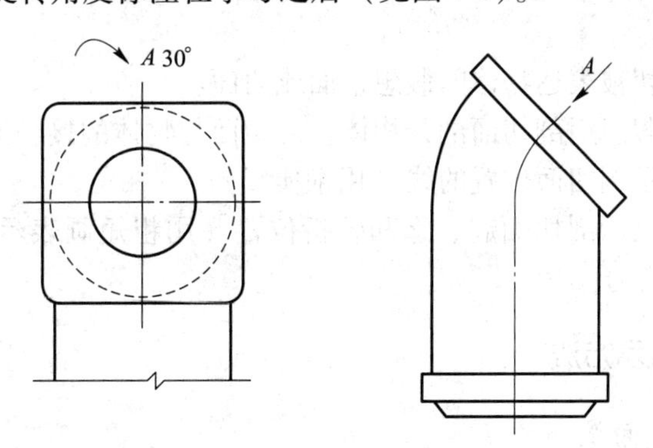

图 7-7 斜视图二

7.2 剖视图

剖视图的绘制应遵循《技术制图　图样画法　剖视图和断面图》（GB/T 17452—1998）

和《机械制图　图样画法剖视图和断面图》（GB/T 4458.6—2002）中的有关规定。

用视图表达零件形状时，零件上看不见的内部形状（如孔、槽等）用虚线表示。如果零件的内、外形状比较复杂，则图上就会出现虚、实线交叉重叠的情况，这样既不便于看图，也不便于画图和标注尺寸。为了能够清楚地表达出零件的内部形状，在机械制图中常采用剖视的方法。

7.2.1　剖视图的概念和相关术语

假想用剖切面剖开物体，将处在观察者和剖切面之间的部分移去，将其余部分向投影面投影所得的图形，称为剖视图，简称剖视。如图 7-8（b）所示，在零件的视图中，主视图用虚线表达其内部结构，反映不够清晰。这时，假想用一个通过零件的轴线并平行于 V 面的剖切平面将零件剖开，移去剖切平面与观察者之间的部分，将其余部分向 V 面进行投射，就得到一个剖视图的主视图，如图 7-8（c）所示。这时，原来的基本投影表达不清晰的内部结构变得清晰可见，原来的虚线变为实线。

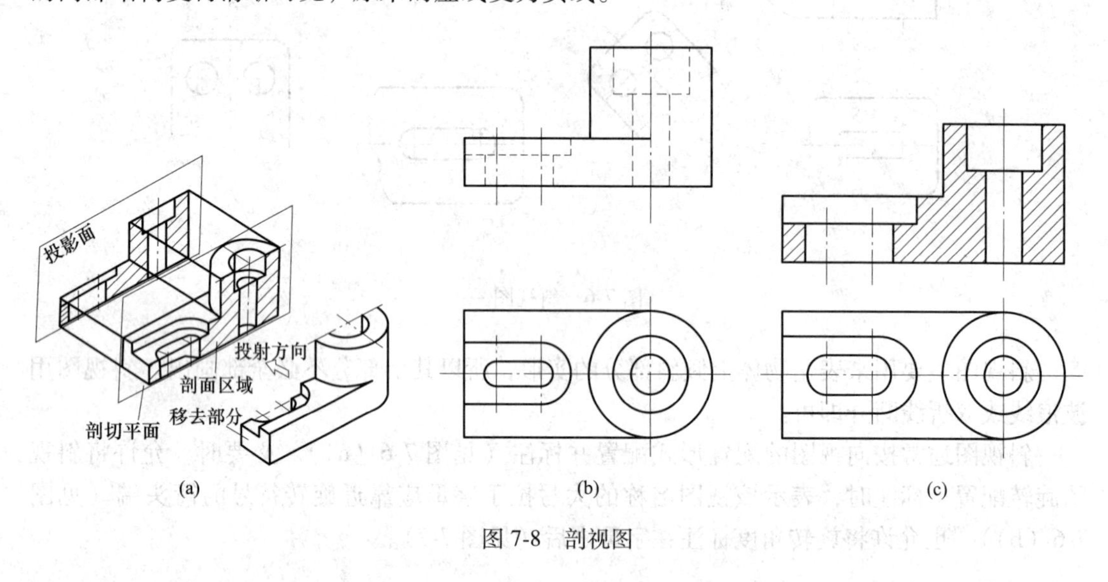

图 7-8　剖视图

（1）剖切面：剖切被表达物体的假想平面或曲面。

（2）剖面区域：假想用剖切面剖开物体，剖切面与物体的接触部分。

（3）剖切线：指示剖切面位置的线（用细实线）。

（4）剖切符号：指示剖切面起、迄和转折位置（用粗短画表示）及投射方向（用箭头或粗短画表示）的符号。

7.2.2　剖面区域的表示方法

7.2.2.1　通用剖面线

《技术制图　图样画法　剖视图和断面图》（GB/T 17452—1998）中规定，当不需要在剖面区域中表示材料的类别时，可采用通用的剖面线来表示。通用剖面线最好采用与主要轮廓或剖面区域的对称线成 45°角的等距细实线表示，如图 7-9 所示。必要时，可采用 30°或 60°角的剖面线。

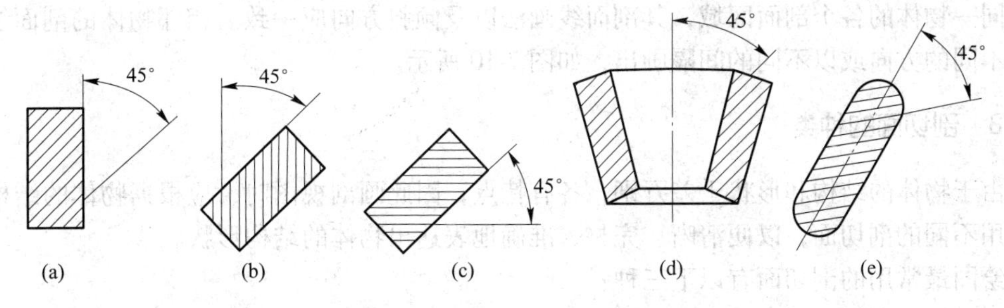

图 7-9 通用剖面线的画法

7.2.2.2 特殊剖面线

当需要在剖面区域中表示材料的类别时，应按不同的材料画出剖面符号（见表 7-1）。同一机件在各剖视图上剖面线的方向和间隔应保持一致。

剖面区域内注尺寸数字、字母处，必须预留空白（即剖面线不要与尺寸数字和字母重叠）。

表 7-1 不同材料的剖面符号

材 料		剖面符号	材 料	剖面符号
金属材料（已有规定剖面符号的除外）			木质胶合板（不分层数）	
线圈绕组材料			基础周围的泥土	
转子、电枢、变压器和电抗器等的叠钢片			混凝土	
非金属材料（已有规定剖面符号者除外）			钢筋混凝土	
型砂、填充、粉末冶金、砂轮、陶瓷刀片、硬质合金刀片等			砖	
木材	纵断面		液体	
	横断面			
玻璃以及供观察用的其他透明材料			格网	

同一物体的各个剖面区域，其剖面线画法以及倾斜方向应一致。相邻物体的剖面线必须用不同的方向或以不同的间隔画出，如图 7-10 所示。

7.2.3　剖切面的种类

由于物体的结构和形状千差万别，各有特点，因此画剖视图时，应根据物体的结构特点选用不同的剖切面，以便清晰、完整、准确地表达出物体的结构形状。

绘图最常用的剖切面有以下三种：

（1）单一剖切平面。单一剖切平面又可分为平行于某一基本投影面的单一平面剖切（图 7-8 就是平行于 *V* 面的单一平面剖切）和倾斜于基本投影面的单一平面剖切。

（2）几个平行的剖切平面（见图 7-11）。

（3）几个相交的剖切平面，即其交线垂直于某一投影面（见图 7-12）。

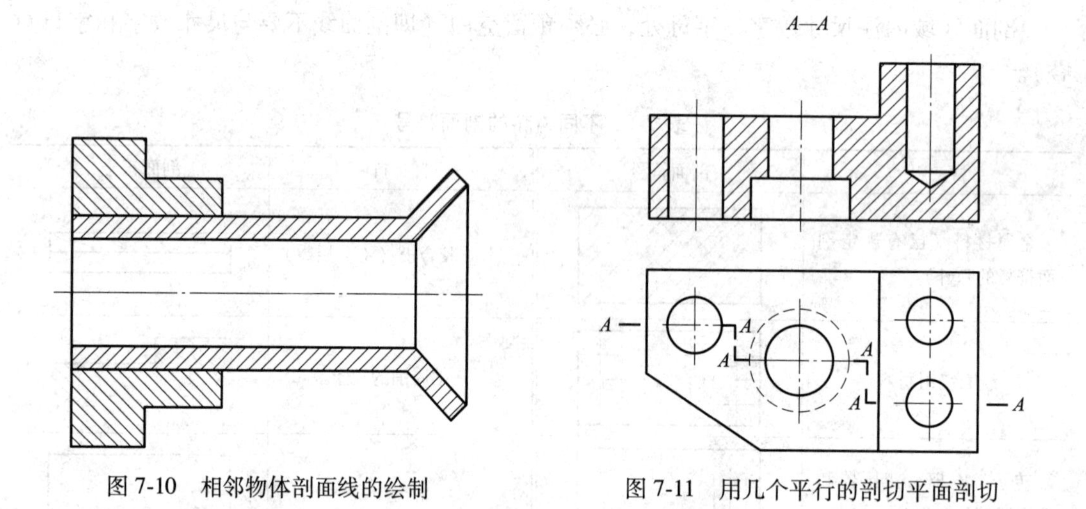

图 7-10　相邻物体剖面线的绘制

图 7-11　用几个平行的剖切平面剖切

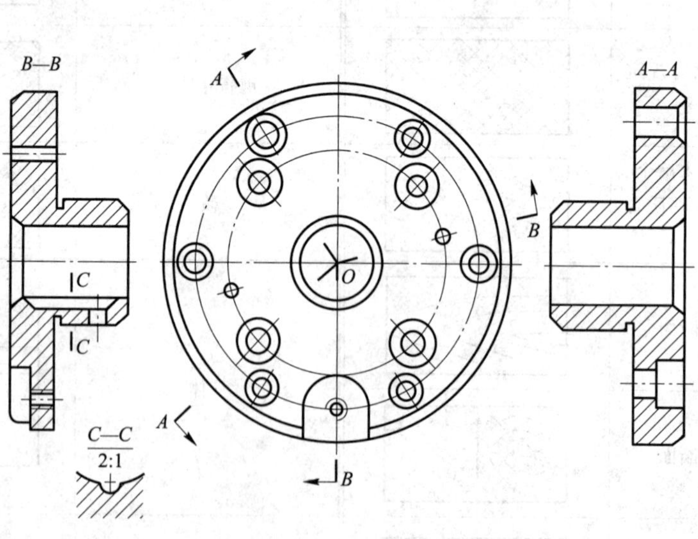

图 7-12　用几个相交的剖切平面剖切

7.2.4 剖视图的种类

按剖切的范围，剖视图可分为全剖视图、半剖视图以及局部剖视图。

7.2.4.1 全剖视图

用剖切面完全地剖开物体所得的剖视图称为全剖视图，如图 7-8、图 7-11、图 7-12 所示。全剖视图一般适用于表达内部形状比较复杂，外部形状比较简单或者外部形状已经在其他视图上表达清楚的零件。不论是用哪一种剖切方法，只要是“完全剖开，全部移去”所得的剖视图就是全剖视图。

7.2.4.2 半剖视图

当零件具有对称平面时，向垂直于对称平面的投影面上投影所得的图形，可以对称中心线为界，一半画成剖视图，另一半画成视图，这样的图形称之为半剖视图。

图 7-13 所示的零件左右对称（对称平面为侧平面），所以在主视图上可以一半画成剖视，另一半画成视图。

当机件的形状接近于对称，且不对称部分已经另有视图表达清楚时，也可以画成半剖视图，如图 7-14 所示。

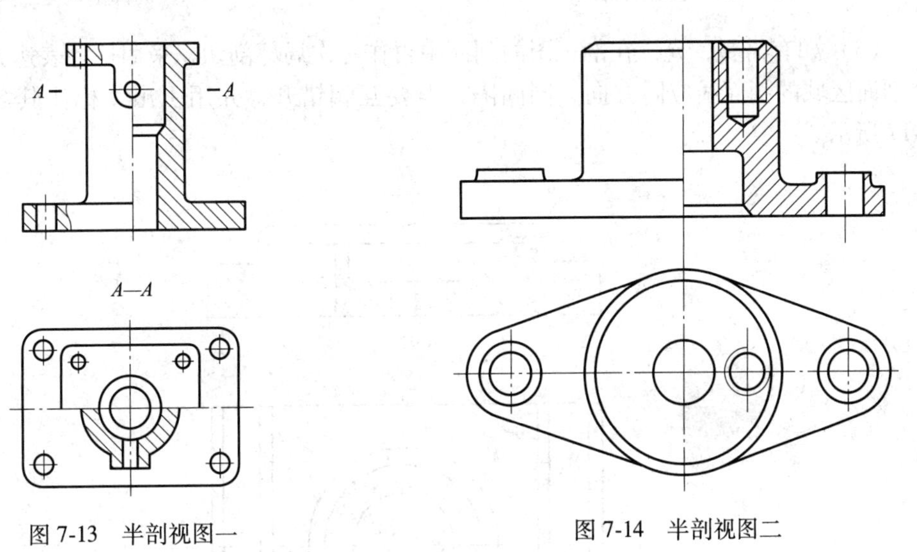

图 7-13 半剖视图一　　图 7-14 半剖视图二

画半剖视图时应注意：

（1）视图和剖视图的分界线应是对称中心线（细点画线），而不应画成粗实线，也不要与轮廓线重合。

（2）机件的内部形状在半剖视图中已经表达清楚，在另一半视图上就不必再画出虚线，但对于孔或者是槽等结构，应画出其中心线的位置。

7.2.4.3 局部剖视图

用剖切面局部地剖开物体所得的剖视图称为局部剖视图，如图 7-15 所示。

画局部剖视图时应注意：

（1）局部剖视图用波浪线或者用双折线与视图分界。波浪线和双折线不应该和图样上其他图线重合。

（2）当被剖结构为回转体时，允许将该结构的轴线作为局部剖视图与视图的分界线，如图 7-16 所示。

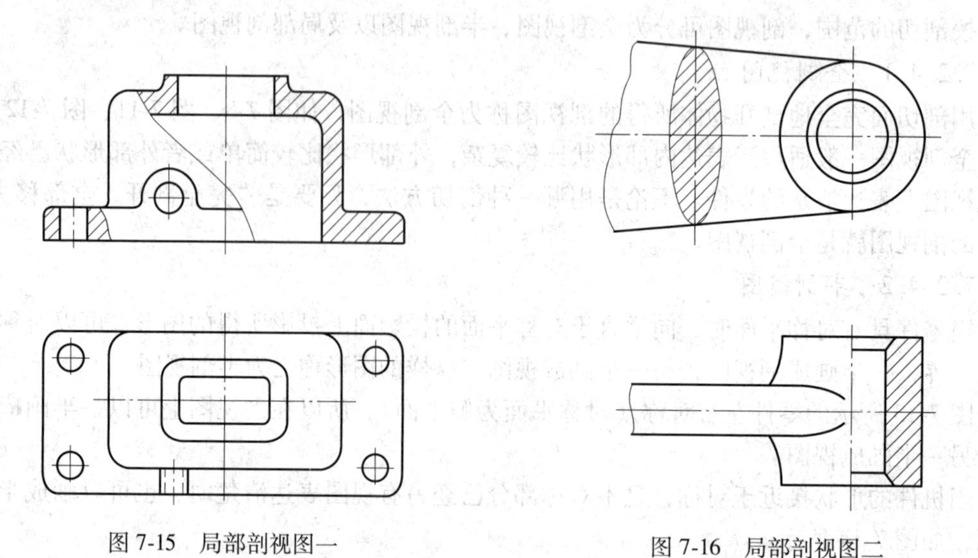

图 7-15　局部剖视图一　　　　图 7-16　局部剖视图二

（3）如有需要，允许在剖视图的剖面中再作一次局部剖切，采用这种表达方法时，两个剖面区域的剖面线应同方向，同间隔，但要互相错开，并用引出线标注其名称，如图 7-17 所示。

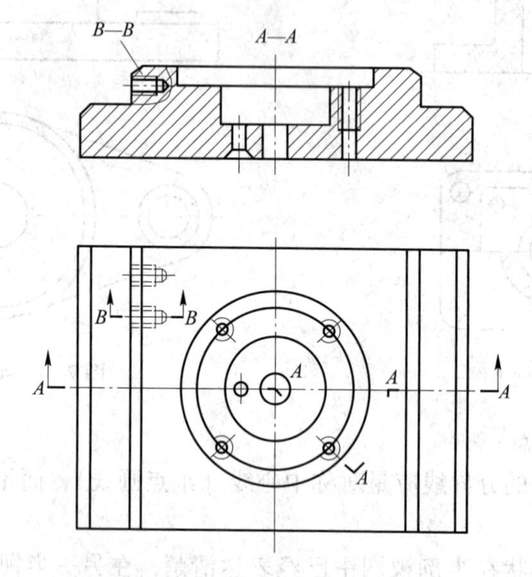

图 7-17　局部剖视图中再做局部剖

（4）剖视图和视图分界处的波浪线或者双折线，可看成机件断裂痕迹的投影，所以只能画在机件的实体部分，而不应画入孔、槽或者超出视图的轮廓线以外。

（5）在同一个视图上，采用局部剖的数量不宜太多，以免造成图形支离破碎，影响图形的分析。

局部剖视图既能够把物体局部的内部形状表达清晰，又能够保留物体的某些外部形状，其剖切的位置和范围可根据需要自定，因此是一种极其灵活的表达方法。

7.2.5 画剖视图的注意事项

（1）剖视图是利用剖切面假想地剖开物体，所以，当物体的一个视图画成剖视图后，其他视图的完整性仍然不受影响，仍然按完整视图绘制，如图 7-8（c）中俯视图画成完整的视图。

（2）在剖切面后方的可见部分应该全部画出，不能有遗漏现象，也不应该多画。图 7-18 所示就是绘制剖视图时几种常见的漏线、多线现象。

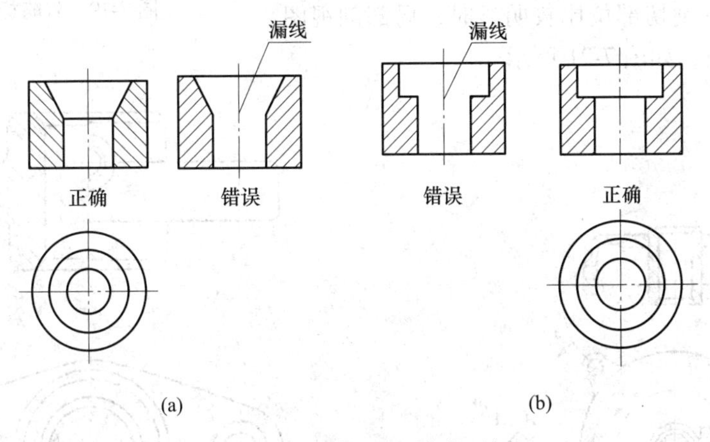

图 7-18 常见漏线、多线示例

（3）在剖视图上，对于已经表达清楚的结构，其虚线可以省略不画。但是如果仍然存在表达不清楚的部位，其虚线则不能省略。在没有被剖切的视图上，关于虚线的问题也按同样的原则处理。

7.2.6 剖视图的标注

为便于读图，画剖视图时，一般应在剖视图的上方标注出剖视图的名称“×—×”（×为大写拉丁字母），在相应的视图上用剖切线和剖切符号表示剖切位置和投影方向（用箭头表示），并注上相同的字母。

剖视图标注的三要素为剖切符号、剖切线和字母。

（1）剖切符号：指示剖切面起、止和转折位置（用线宽为（1~1.5）d、长 5~10mm 的粗短画线表示）及投影方向（用箭头表示）。剖切符号不要与图形轮廓线相交。

（2）剖切线：指示剖切面位置的线用细点画线表示，如果图形不大，剖切符号之间的剖切线通常可以省略不画。

（3）字母：大写拉丁字母注在剖视图的上方以及剖切符号附近，用来表示剖视图的名称。

在剖视图的绘制过程中，以下情况可以省略标注：

（1）剖视图剖切符号之间应用剖切线（细点划线）相连。在一些不太复杂的场合剖切线也可省略不画，如图 7-17 所示。

（2）剖视图转折处位置较小，难以注写又不至于引起误解的情况下，也可以省注字母，如图 7-17 所示。

（3）当剖视图按基本投影关系配置，中间又没有其他图形隔开时，可以省略箭头，如图 7-19 所示。

（4）当单一剖切平面通过物体的对称平面或者是基本对称的平面，且剖视图按投影关系配置，中间又没有其他的图形隔开时，可以省去标注，如图 7-20 所示的主视图。

（5）当单一剖切部位比较明显时，局部剖视图的标注可以省略，如图 7-21 所示。

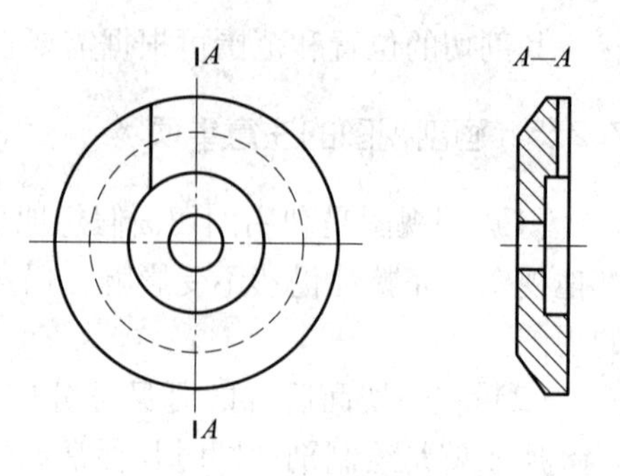

图 7-19　省略标注一

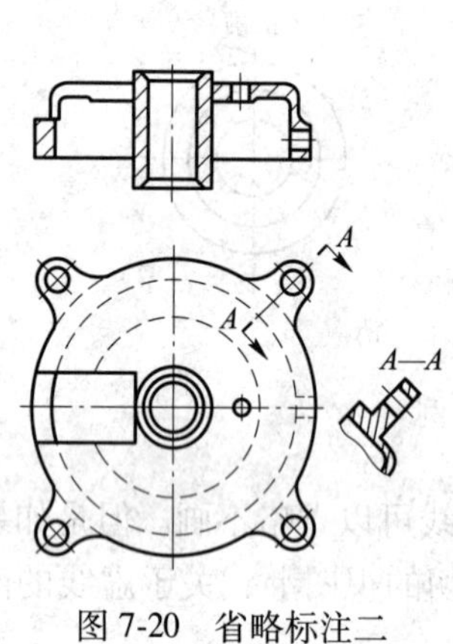

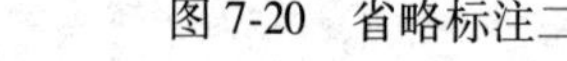

图 7-20　省略标注二

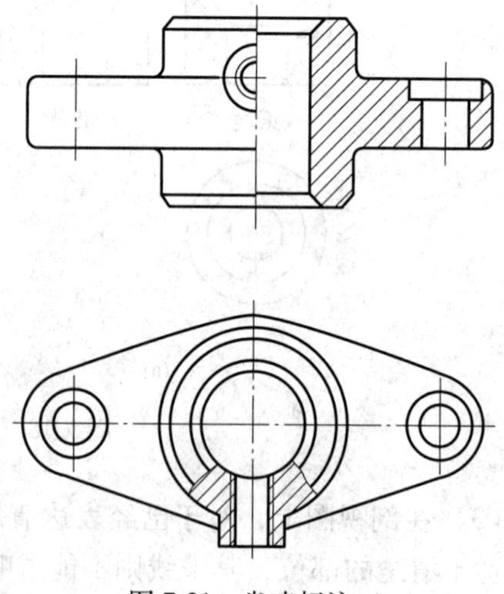

图 7-21　省略标注三

7.3　断面图

绘制断面图时，应当遵循《技术制图　图样画法　剖视图和断面图》（GB/T 17452—1998）以及《机械制图　图样画法　剖视图和断面图》（GB/T 4458.6—2002）中的有关规定。

7.3.1　断面图的概念

假想用剖切平面将机件的某处切开，仅画出该剖切面和机件接触部分的图形，称为断面图，简称断面，如图 7-22 所示。断面分为移出断面图和重合断面图两种。

画断面图时，应特别注意断面图和剖视图之间的区别，断面图只画出物体被切除的断面形状。剖视图除了画出物体的断面形状之外，还要画出断面后面可见部分的投影。图 7-23 所示为断面图和剖视图的区别。

断面图通常用来表示物体上某一局部的断面形状，例如肋板、轮辐、轴上的键槽以及轴上的孔等结构。

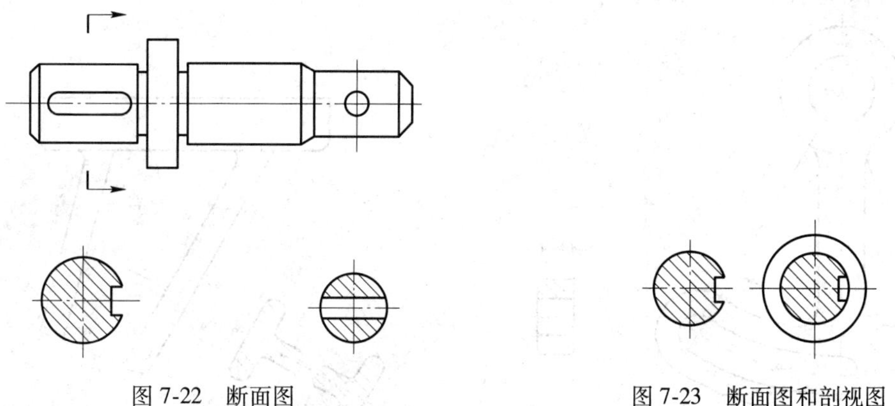

图 7-22 断面图　　图 7-23 断面图和剖视图

7.3.2 断面图的分类及画法

7.3.2.1 移出断面图

移出断面图的图形应该绘制在所要表达的视图之外，一般绘制在剖切线的延长线上（见图 7-22）也可以绘制在其他适当位置。其断面轮廓线用粗实线绘制。

绘制移出断面图时应注意以下几点：

（1）当剖切平面通过由回转面形成的孔或者是凹坑的轴线时，这些结构应该按照剖视图的绘制方法绘制，如图 7-24 所示。

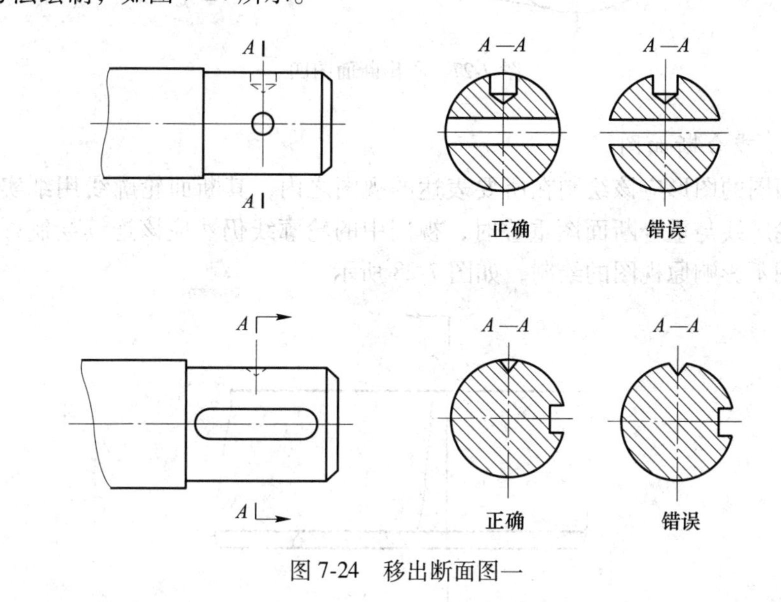

图 7-24 移出断面图一

（2）当剖切平面通过非圆孔，会导致出现相互分离的两个断面图时，则这些结构应该按照剖视图绘制，如图 7-25 所示。

（3）如果是由两个或者多个相交的剖切平面剖切得出的移出断面图，中间一般应该断开绘制，如图 7-26 所示。

（4）当断面为对称形状时，也可以绘制在视图的中断位置处，如图 7-27 所示。

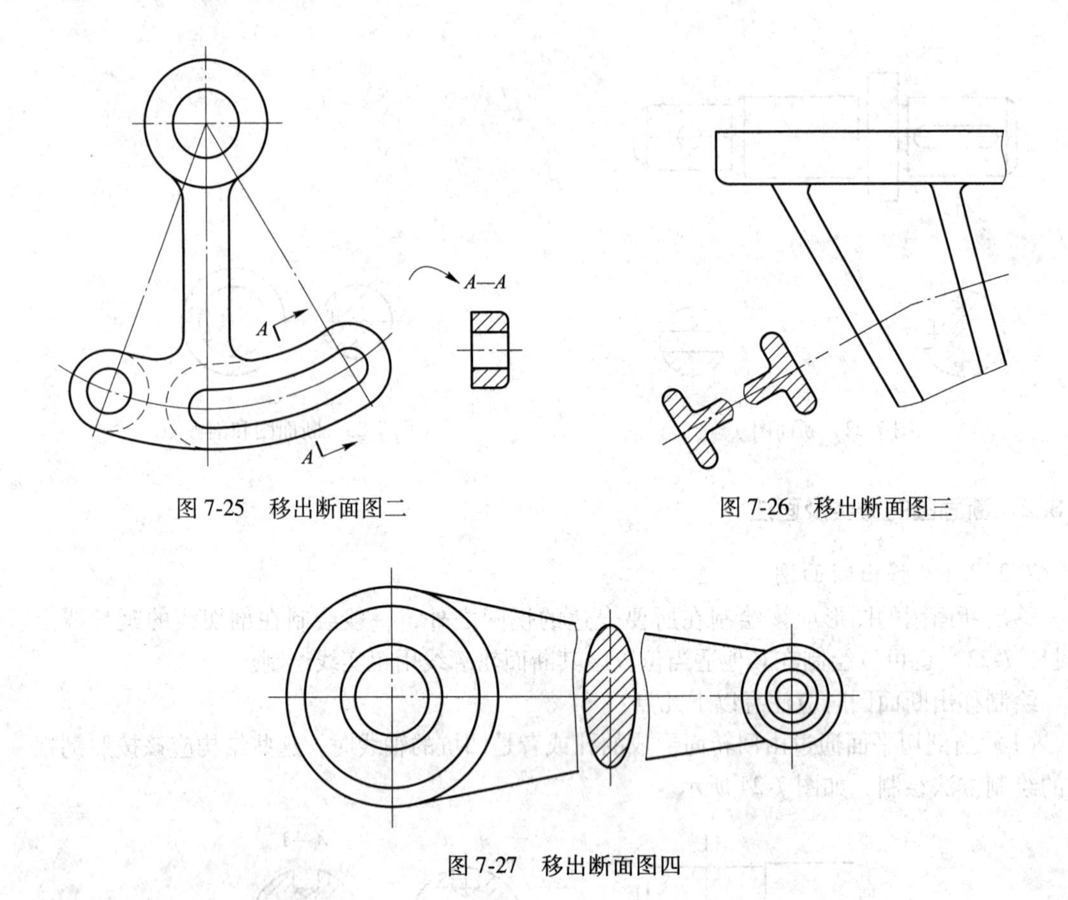

图 7-25　移出断面图二

图 7-26　移出断面图三

图 7-27　移出断面图四

7.3.2.2　重合断面图

重合断面图的图形应该绘制在所要表达的视图之内，其断面轮廓线用细实线绘制出。当视图中的轮廓线与重合断面图重叠时，视图中的轮廓线仍然应该连续绘制，不可间断，即重合断面图不影响原视图的绘制，如图 7-28 所示。

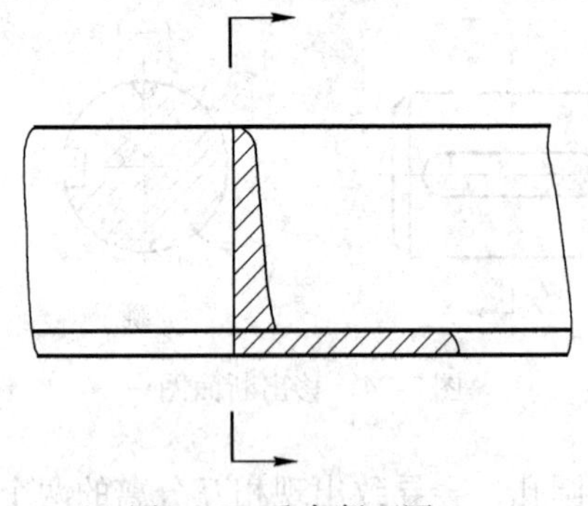

图 7-28　重合断面图一

7.3.2.3　断面图的标注

（1）移出断面图的标注：一般应在断面图的上方标注移出断面图的名称“×-×”（×为大写的拉丁字母）。在相应的视图上用剖切符号表示剖切位置以及投影方向（用箭头表示），并标注相同的字母，如图 7-25 所示。

移出断面图的标注及其可以省略标注的一些场合见表 7-2。

表 7-2 移出断面图的标注

<table>
<tr><th>配置
断面形状</th><th>对称的移出断面</th><th colspan="2">非对称的移出断面</th></tr>
<tr><td>配置在剖切线或者是剖切符号的延长线上</td><td>省略标注</td><td colspan="2">省略字母</td></tr>
<tr><td rowspan="2">不配置在剖切符号延长的线上</td><td rowspan="2">A
A
A—A
省略箭头</td><td>按投影关系配置</td><td>A
A
A—A
省略箭头</td></tr>
<tr><td>不按投影关系配置</td><td>A
A
A—A
需要完整的标注出剖切符号及字母</td></tr>
</table>

（2）重合断面图的标注：重合断面图一般不需要标注，如图 7-28 和图 7-29 所示。

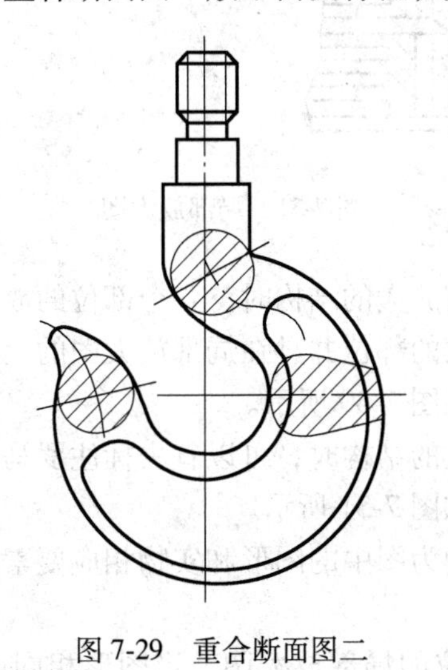

图 7-29 重合断面图二

7.4　局部放大图

物体上的一些细小结构，在视图中难以清晰地表达，同时也不便于标注尺寸。对于这种细小结构，可以用大于原图的比例画出，并将它们放置在图纸的适当位置。这种方式绘制出的图形称为局部放大图，如图 7-30 所示。

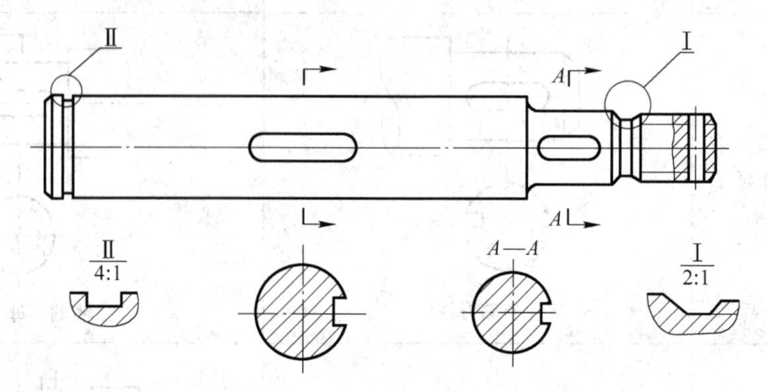

图 7-30　局部放大图一

绘制局部放大图时应当注意以下几点：

（1）局部放大图可以画成视图、剖视图、断面图，它与放大部分的表达方式无关，如图 7-30 所示。局部放大图应该尽量配置在被放大部位的附近，必要的时候可以用几个图形来表达同一个被放大部位的结构。

（2）绘制局部放大图时，除螺纹牙型、齿轮和链轮的齿形外，应当在原图中用细实线圈出被放大的部位，如图 7-30 和图 7-31 所示。

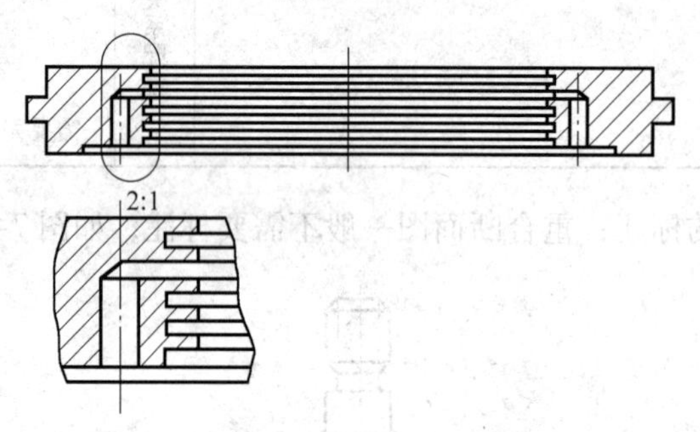

图 7-31　局部放大图二

当同一个机件上有几个被放大的结构时，各个部位的放大比例可以不同，但必须用罗马字母依次编号，标明被放大的部位并且在局部放大图的上方用分数的形式标注出相应的罗马数字和所采用的比例，如图 7-30 所示。

当机件上仅有一处被放大的结构时，可以省去标注罗马字母，只需在局部放大图的上方注明所采取的比例即可，如图 7-31 所示。

局部放大图所采用的比例为图中的图形和实物相应要素的线性尺寸之比，而与原图形所采用的比例无关。

（3）同一机件上不同部位的局部放大图，当图形相同或者对称时，只需画出一个即可，如图7-32所示。

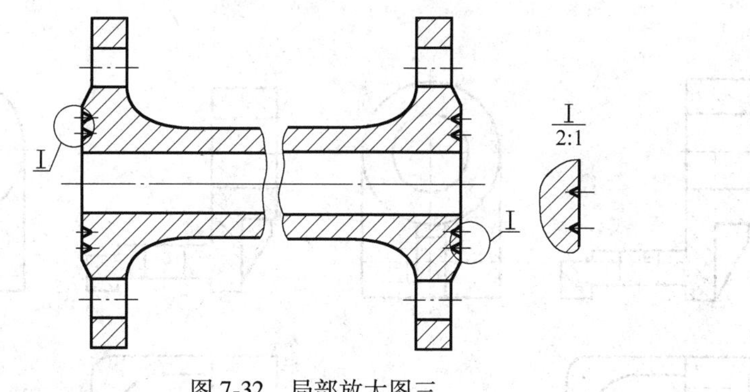

图7-32　局部放大图三

7.5　简化画法和规定画法

为了提高识图和绘图的效率，增加图样的清晰度，加快设计的进度，简化手工绘图和计算机绘图对技术图样的要求，在不妨碍机件的结构和形状表达完整、清晰的前提下，力求制图简便，看图方便。《技术制图　简化表示法　第1部分：图样画法》（GB/T 16675.1—2012）中规定了技术图样的简化画法和规定画法。

7.5.1　简化画法的基本要求

（1）在保证机件表达清晰、完整的前提下，应尽量避免不必要的视图和剖视图，如图7-33所示。

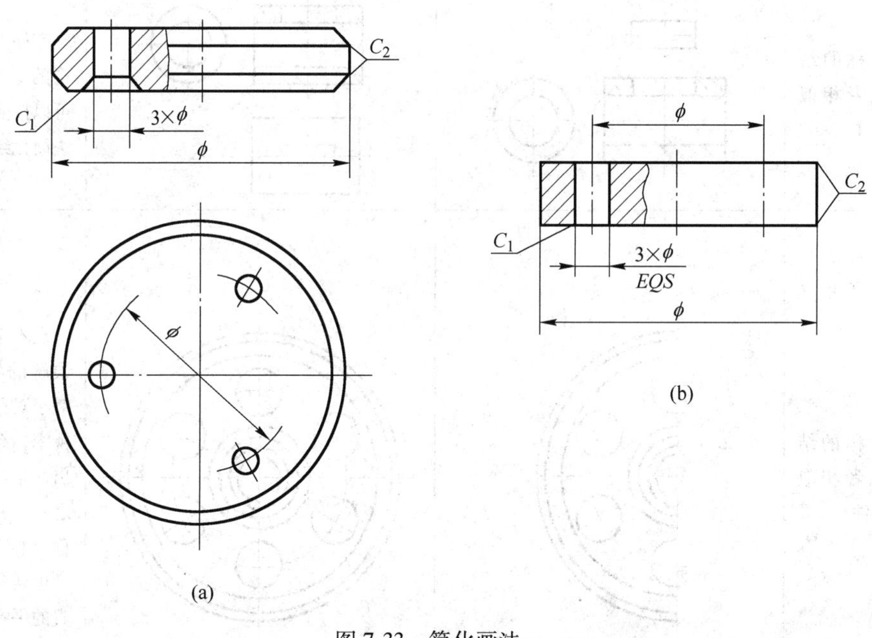

图7-33　简化画法一

（a）简化前；（b）简化后

（2）在不会引起误解的前提下，应尽量避免使用虚线表示不可见的结构，如图 7-34 所示。

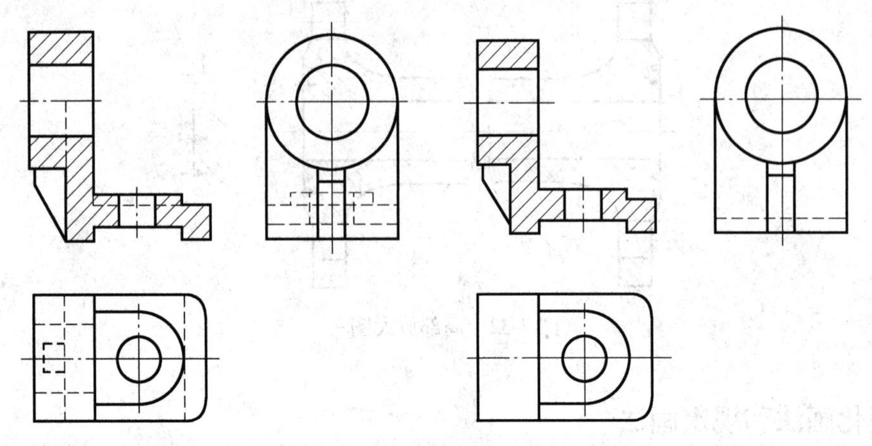

图 7-34　简化画法二

（a）简化前；（b）简化后

7.5.2　简化画法和规定画法的示例

简化画法和规定画法示例见表 7-3。

表 7-3　简化画法和规定画法示例

序号	简化对象	简化画法	规定画法	示例说明
1	对称的结构或者相似的零件	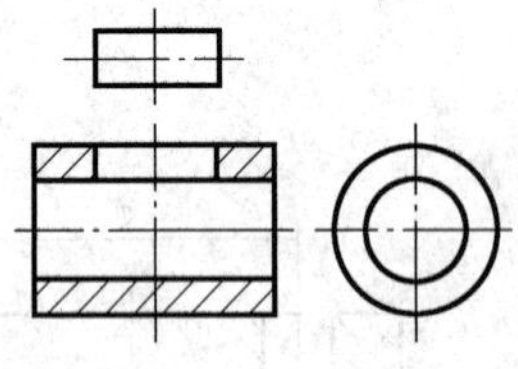	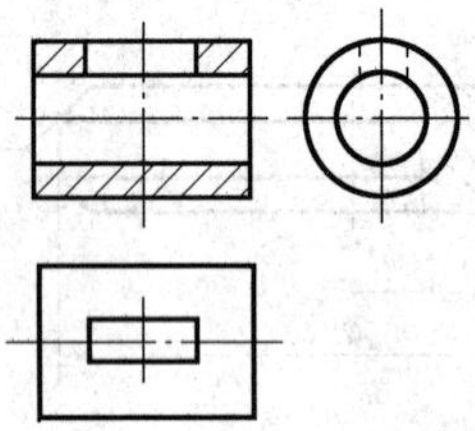	零件上对称结构的局部视图，可以按照简化画法简化绘制
2	对称的结构或者相似的零件	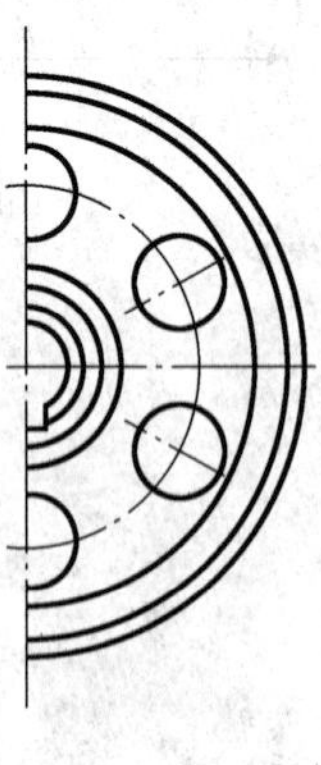		在不至于引起误解的情况下，对于对称结构的视图，允许只画出一半或者四分之一，并且在对称中心线的两端画出两条与其垂直的平行细实线

续表 7-3

序号	简化对象	简化画法	规定画法	示例说明
3	剖面符号	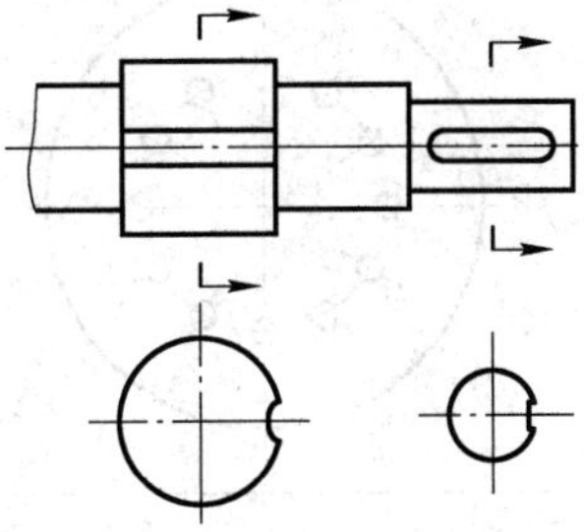	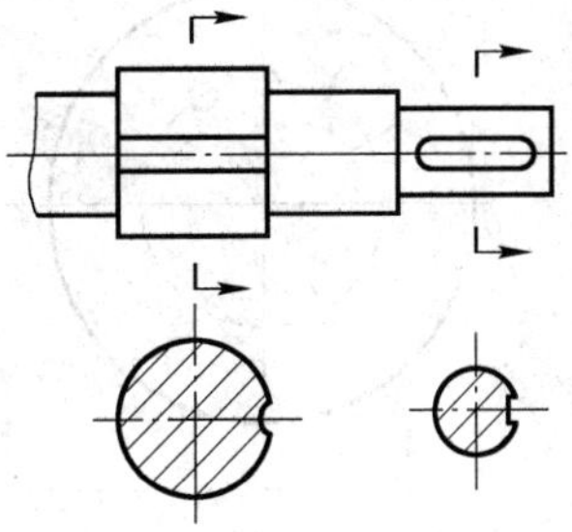	在不至于引起误解的情况下，剖切符号可以省略
4	相贯线或过渡线	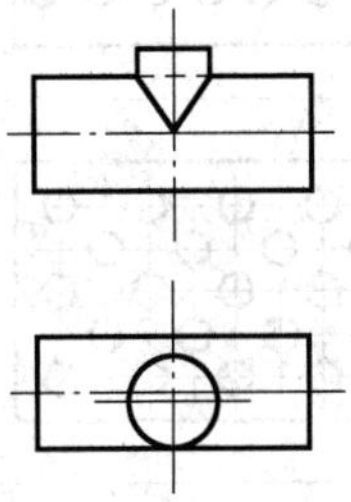	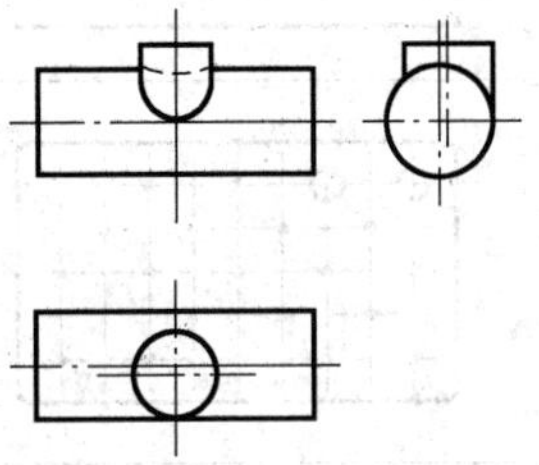	在不至于引起误解的情况下，视图中的相贯线或过渡线可以简化，例如用圆弧或者直线代替非圆曲线
		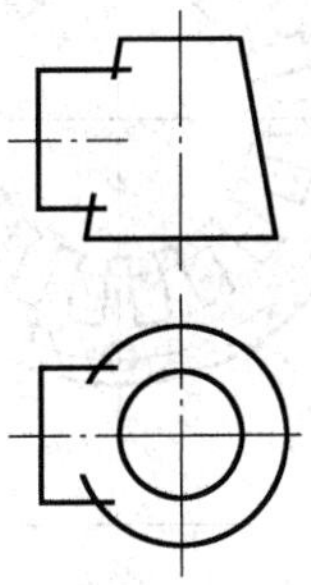	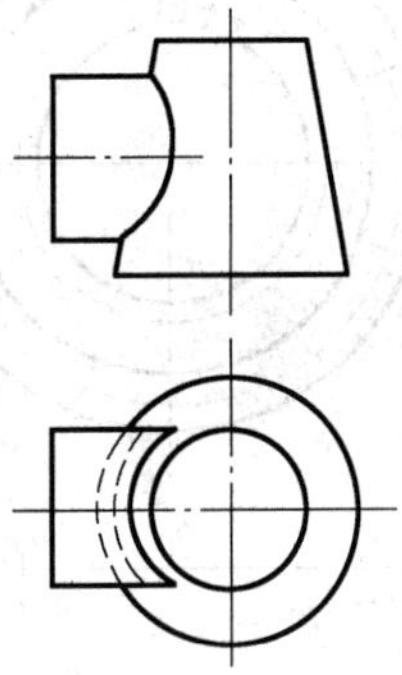	允许采用模糊画法表示相贯线
5	符号表示	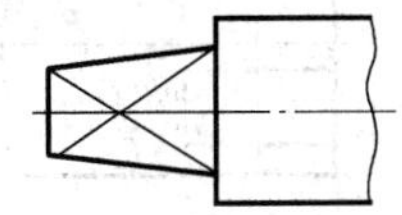	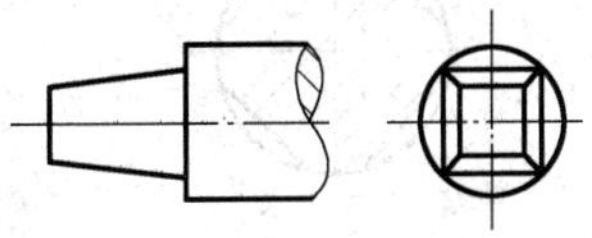	当回转体零件上的平面在图形中不能充分的表达时，允许用两条相交的细实线表示这些平面
		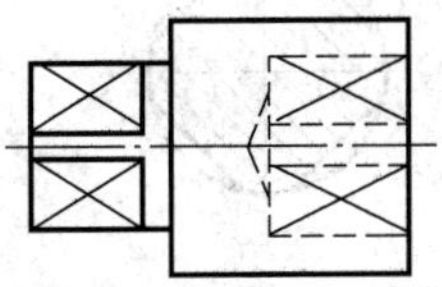	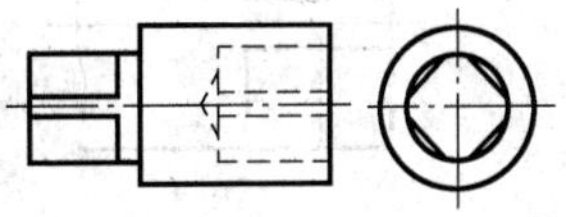	

续表 7-3

序号	简化对象	简化画法	规定画法	示例说明
6	机件上相同的要素	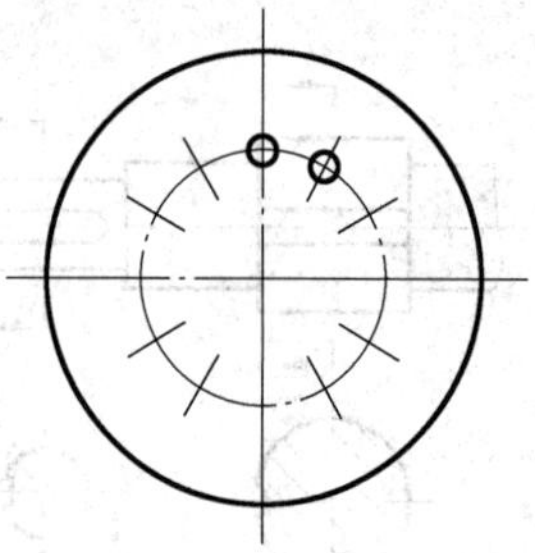	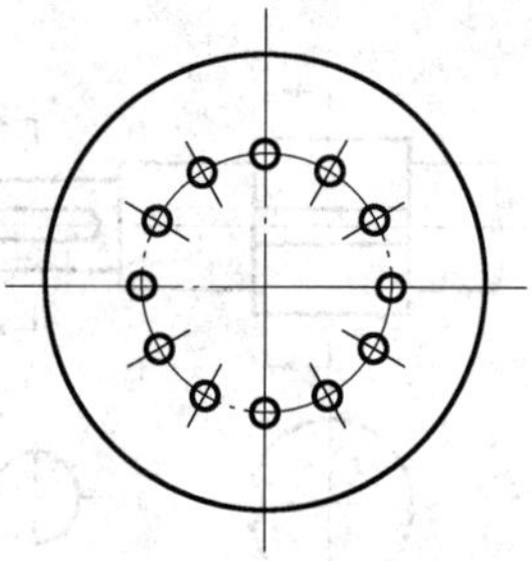	当有若干直径相同并且成规律分布的孔时，允许只画出其中一个或者几个孔，其余的只需用细点画线表示出其中心位置即可
		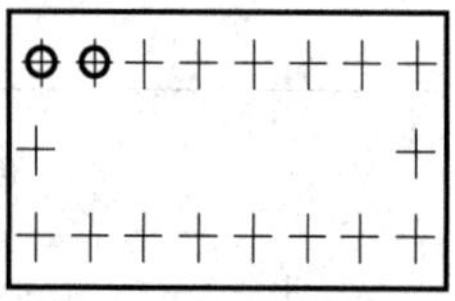	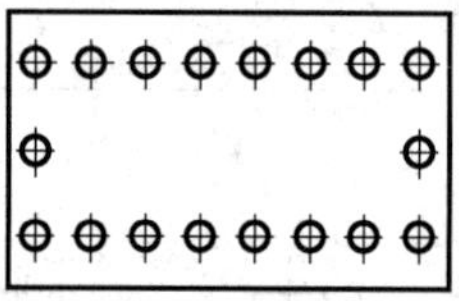	
		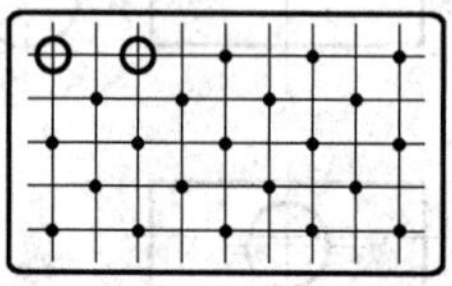	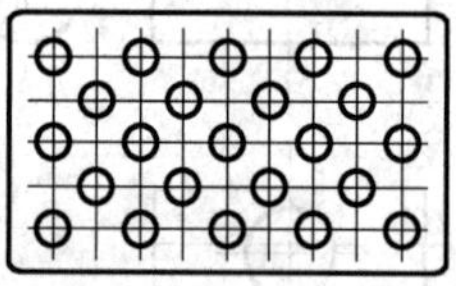	
		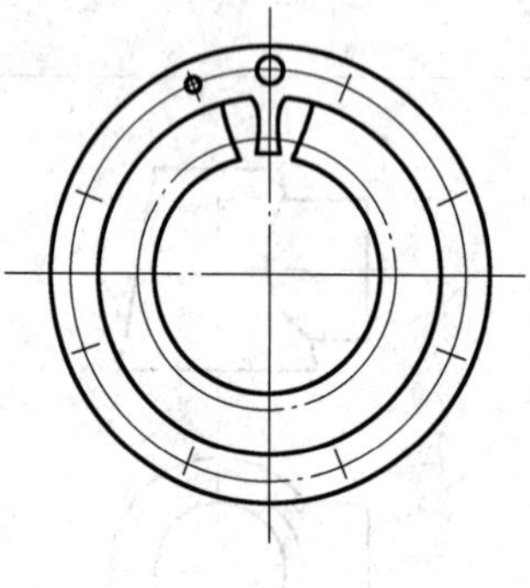	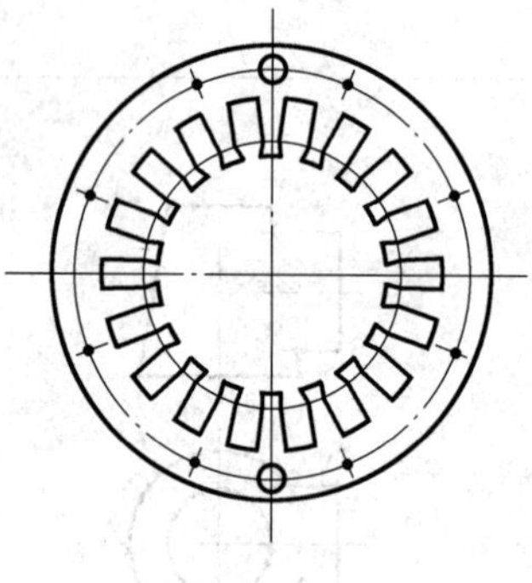	当机件上具有若干个相同的结构（齿、键槽等），并且按照一定的规律分布时，只需要画出几个完整的结构，其余的用细实线连接，在零件图中注明结构的总数
7	机件上较小的结构以及倾斜的要素	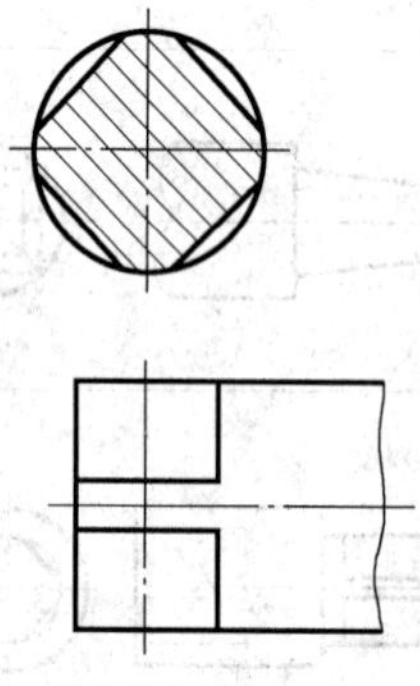	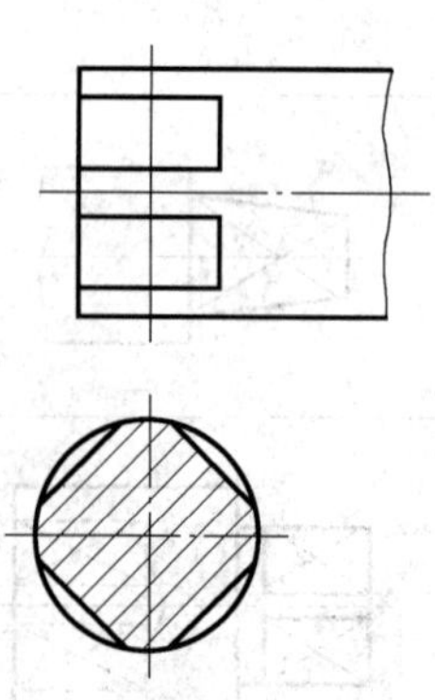	当零件上较小的结构以及斜度等已经在一个视图表达清楚时，其他视图可以简化或者省略

续表 7-3

序号	简化对象		简化画法	规定画法	示例说明
7	机件上较小的结构以及倾斜的要素		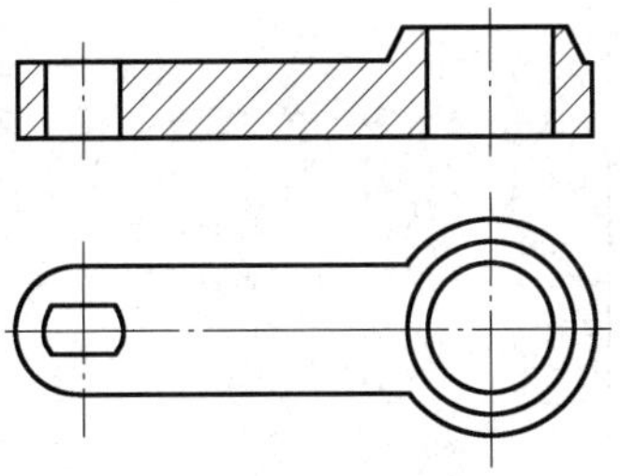	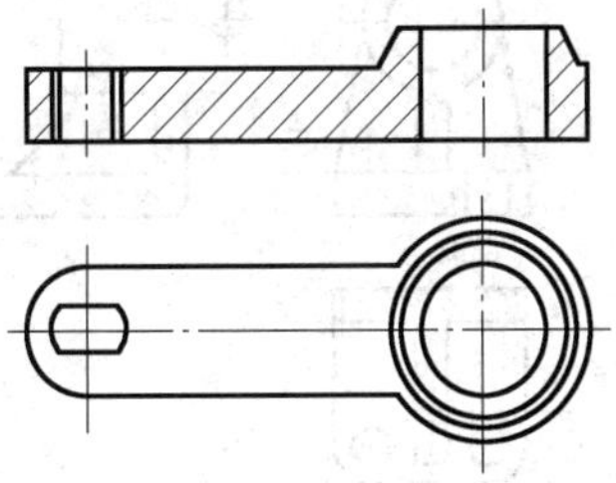	当零件上较小的结构以及斜度等已经在一个视图表达清楚时，其他视图可以简化或者省略
			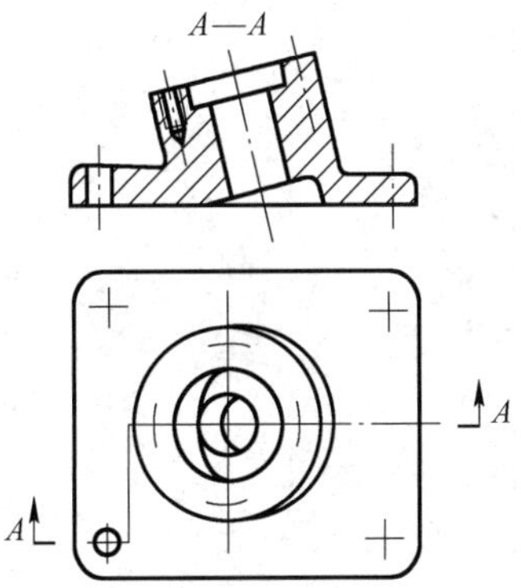 A—A A A	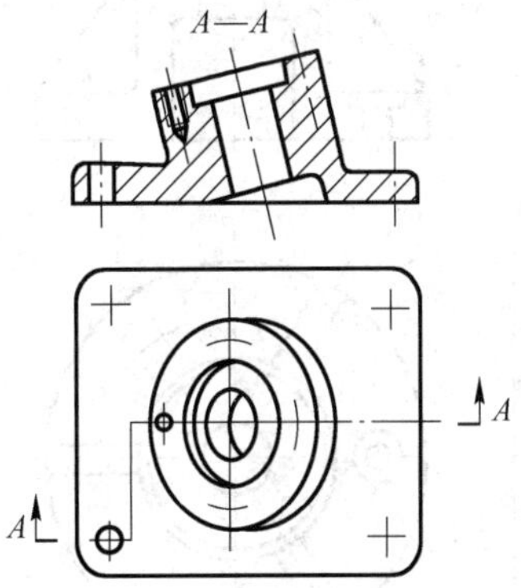 A—A A A	和投影面倾斜角度小于或者等于 30°的圆或者圆弧，其投影可以用圆或圆弧代替
			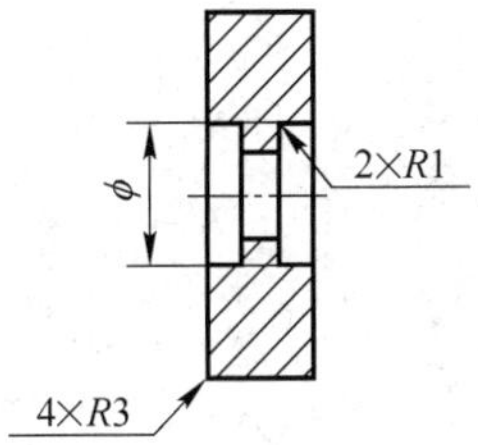 ϕ 2×R1 4×R3	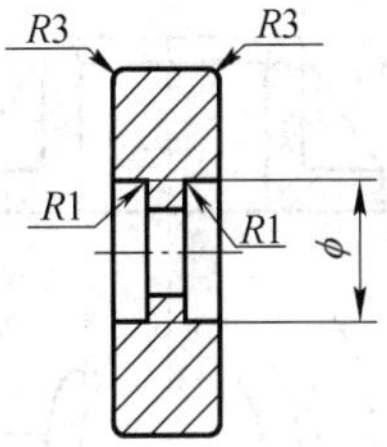 R3 R3 R1 R1 ϕ	除了确属需要表述的某些结构圆角外，其他圆角在零件图中都可以省略不画，但是必须注明尺寸，或者在技术要求中加以说明
8	滚花结构	直纹	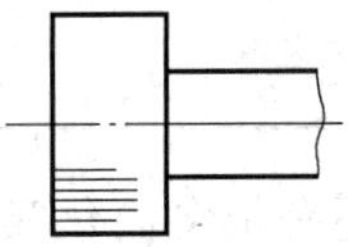	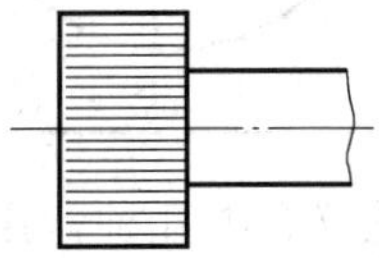	滚花结构一般采用在轮廓线附近用细实线画出局部的方法表示
		斜纹	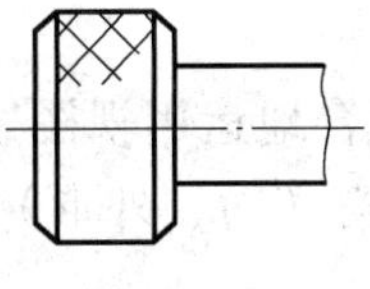	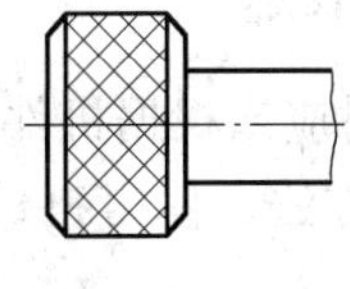	

续表 7-3

序号	简化对象	简化画法	规定画法	示例说明
9	肋板、轮辐以及薄壁结构	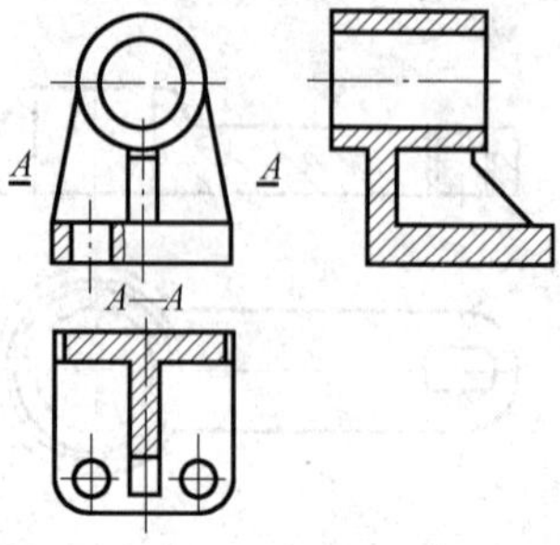 A　A A—A		绘图时，对于机件的肋板、轮辐以及薄壁结构等，如果按纵向剖切，这些结构都不画剖面符号，而是用粗实线将它和相邻结构区分开。当零件回转体上均匀分布的肋、轮辐、孔等结构不处于剖切平面上时，可以将这些结构旋转到剖切平面上画出

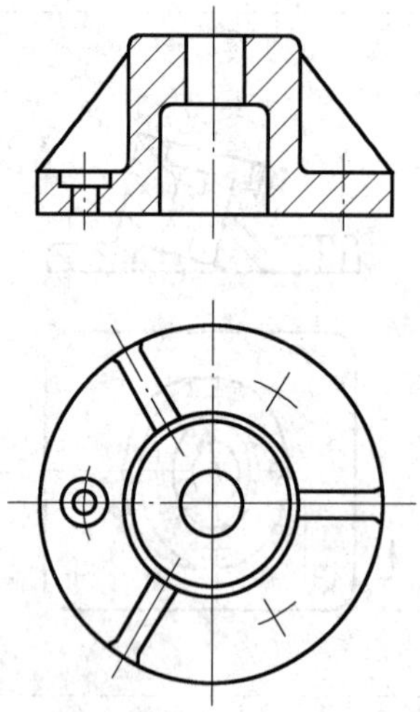

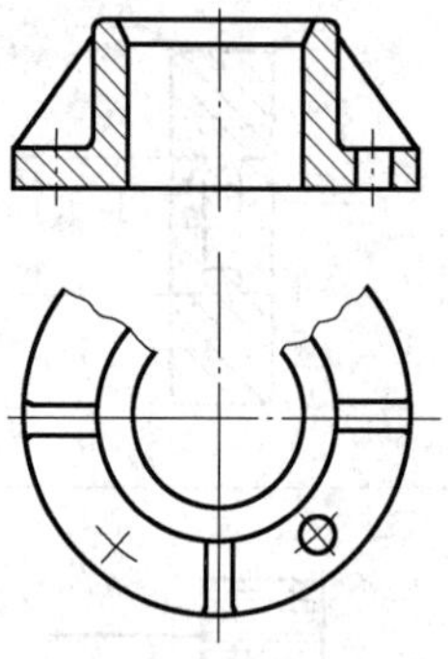

在实际绘图中除表 7-3 中几种常用简化画法，还有很多简化实例。就表 7-3 中列举的几种简化画法和规定画法的对比以供同学们学习。

7.6　机件图样综合表达

在绘制机件图样时应该根据机件的具体情况综合地运用视图、剖视图、断面图、局部放大图等各种表达方法，使得机件各部分的结构（内、外形）表达完整、正确并且清晰。

7.6.1　机件图样综合表达的要求

（1）视图数量应适当。用较少的视图，完整、清晰地表述机件结构。但也不是越少越好，如果由于视图数量的减少而增加了识图的难度，给看图带来困难，则应该适当的补充视图。

（2）综合运用各种表达方式。视图的数量和选用的表达方案有关，因此在确定视图的表达方案时，既要注意使每个视图、剖视图和断面图等具有明确的表达内容，又要注意它们之间的相互联系以及分工，以达到表达完整、清晰的目的。在选择表达方案时，首先要考虑表达主要结构的形状和它们之间的相互位置关系，然后再表达一些次要的或者是细小部位的结构。

为了表达机构的内、外形状结构，当机件具有对称中心面时，可以采用半剖视图。当机件没有对称中心面并且内、外结构一个比较简单，一个相对复杂时，在表述中就要突出重点，当外部形状比较复杂时就要以视图为主，当内部形状比较复杂时就要以剖视图为主。当机件没有对称中心面并且内、外结构都比较复杂时，若投影不重叠，可以采用局部剖视图，如果投影重叠，就要分别表达。

当分散表述的图形（局部视图、斜视图，局部剖视图）处于同一个方向时，可以将其适当地集中或者结合起来，并且优先选用基本视图，如果一个方向只有一个或者小部分结构没有表述清晰时，可以采用分散表达。

为了便于读图和尺寸标注，一般不采用细虚线。只有当在一个视图上画少量的细虚线并不会造成识图困难以及影响视图清晰，而且可以省去一个视图时才用细虚线。

（3）比较表达方案，择优选择。同一个机件往往可以采用多种表达方案。不同视图数量、表达方法和尺寸标注方法可以构成多种不同的表达方案。同一机件的几个表达方案可能各有优缺点，这就要求绘图者认真分析择优选择。

7.6.2　图样综合表达应用示例

【例 7-1】　分析轴的剖视图和断面图，如图 7-35 所示。

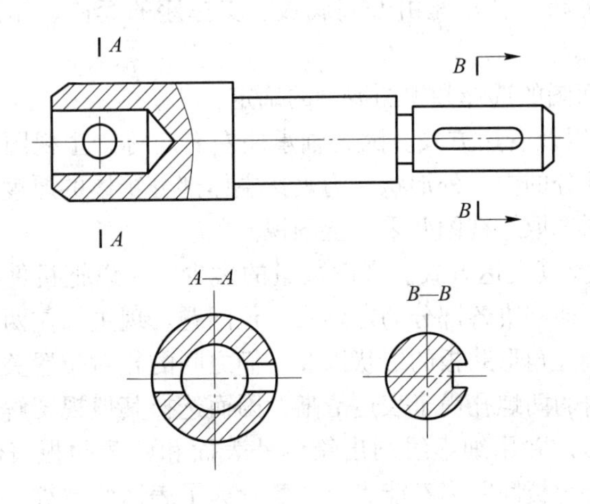

图 7-35　轴的表达方式

分析方法：看剖视图和断面图时，首先要根据剖视图和断面图的概念分析采用的是何种剖视图或者是断面图，同时还要搞清楚剖切平面对机件和投影面的位置，然后再按照看视图的步骤和方法去看图，就可以想出图示物体的形状了。

图 7-35 共有三个图形，上面是主视图，下面是两个移出断面图。

主视图中剖视图和视图是用波浪线区分开的，所以主视图采用的是局部剖视，单一剖切平面通过轴的轴线，并且平行于 *V* 面。

在两个移出断面图中，左面的 *A—A* 断面图是用通过两个小孔的中心线，并且平行于 *W* 面（垂直于轴）的剖切平面剖切后画出的。由于图形是对称的，所以省去了表示投射方向的箭头。

右面的 *B—B* 断面图是为了表达轴右侧外圆上的键槽，用通过键槽中部，并且平行于 *W* 面（垂直于轴）的剖切平面剖切后画出的。由于图形非前后对称，所以要标出表示投影方向的箭头，该断面图为向右投影所得。

【例 7-2】 如图 7-36 所示，分析轴承座的综合表达。

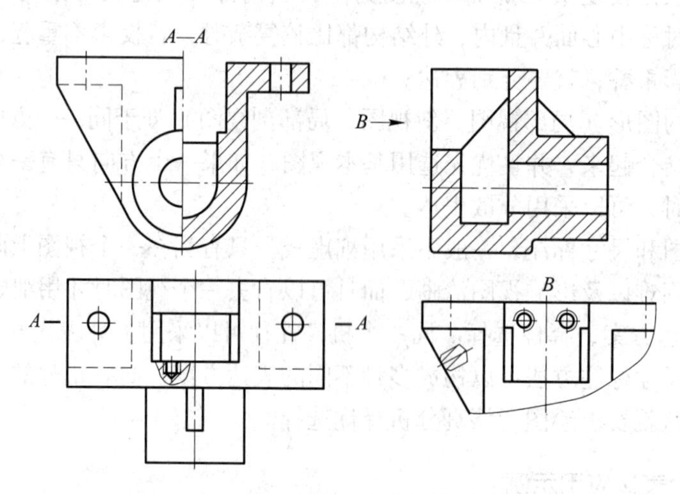

图 7-36　轴承座的视图表达

（1）机件的构形分析。轴承座由安装底板、支撑座的套筒、储油的箱体和三块肋板（起加强强度作用）组成。

（2）剖视图、断面图的选择和视图数量的确定

1）确定主要视图以及表达方式。因为轴承座左右对称，主视图采用半剖视图来表达轴承座的外形和箱体部分的内、外形状。为表达主体部分箱体的厚度、套筒的长度及前肋板的形状等，另一视图选取左视图并采用全剖视。

2）确定其他视图及其表达方式。视图数量的多少，应以把机件各部分的形状和相对位置表达清楚为原则，即解决各部分的定形及定位问题。现主、左两视图已表达了主体的形状、套筒和前面一个三角形肋板的形状以及它们之间的相对位置关系，而底板实形、两侧肋板的厚度和箱体内的两螺孔尚未表达清晰，因而选择其他视图解决以上问题。增加俯视图来表示底板的实形，并用细虚线画出箱体外表面和两侧肋板表面轮廓，使得肋板厚度、底板上孔至箱壁与肋板间距离都能表达清楚。为了表达两螺纹孔的大小与位置，增加 *B* 向局部视图（后视图），并在该视图上对侧肋板作重合断面图，这既突出表达了肋板的

形状，又便于标注肋板的尺寸。至此，轴承座各部分的形状与位置关系都已表示清楚，视图数量足够，表达方式也合理。

7.7 第三角画法

世界各国都采用正投影法来绘制技术图样。国际标准中规定，在表达机件结构时，第一角画法以及第三角画法在国际技术交流中都可以采用。例如中国、俄罗斯、英国、德国以及法国等国家采用第一角画法，美国、日本、澳大利亚以及加拿大等国家采用第三角画法。为了适应日益发展的国际科学技术交流的需要，有必要了解第三角的画法。本节通过第三角画法和第一角画法的比较，简单介绍第三角画法的原理、特点以及表达方式。

相互垂直的三个投影面将空间分为如图 7-37 所示的四个分角，按顺序分别为第一分角（Ⅰ）、第二分角（Ⅱ）、第三分角（Ⅲ）以及第四分角（Ⅳ）。

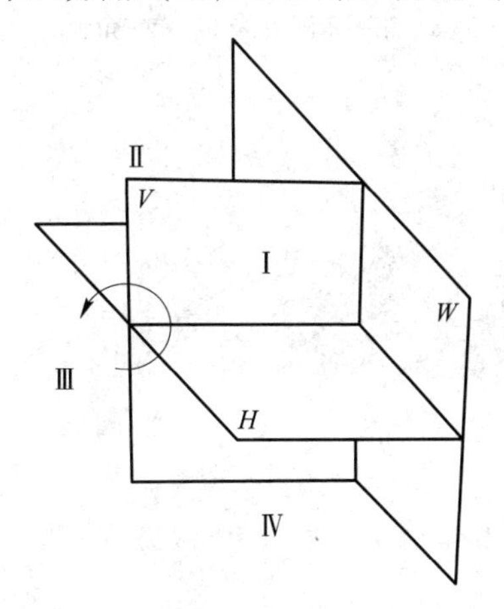

图 7-37　四个分角

第一角画法是将机件放置于第一角内，使机件处于观察者与投影面之间，保持“观察者→机件→投影面”的相互关系，用正投影法来绘制机件的图样，如图 7-1 和图 7-2 所示。

第三角画法是将机件放置于第三角内，并使投影面（假想为透明的）置于观察者与机件之间，保持“观察者→投影面→机件”的相互关系，用正投影法来绘制机件的图样，如图 7-38 所示。

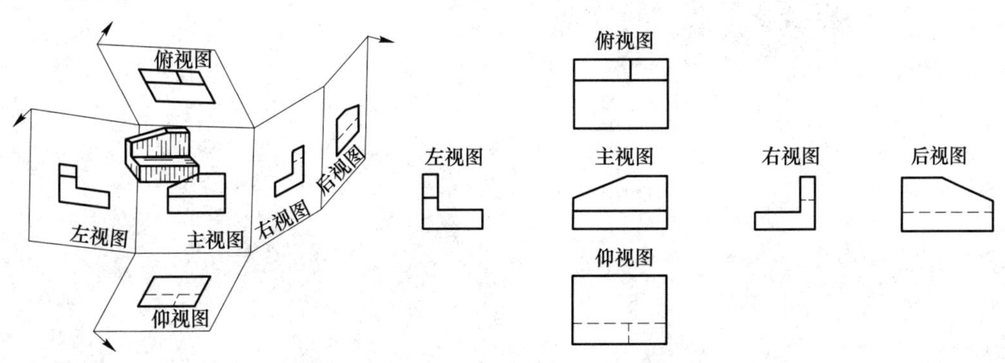

图 7-38　第三角画法的形成以及视图的配置

和第一角画法一样，第三角画法也有六个基本视图。假想将机件置于透明的正六面体内，观察者在外，将机件从六个方向进行投射，在六个基本投影面上得到六个基本视图。

国家标准规定，我国优先采用第一角画法。采用第一角画法和第三角画法均可以用识别符号表示，如图 7-39 所示。采用第一角画法时，通常不必画出识别符号；但是采用第三角画法时，必须在图样的标题栏或者是其他适当位置画出第三角投影的识别符号。

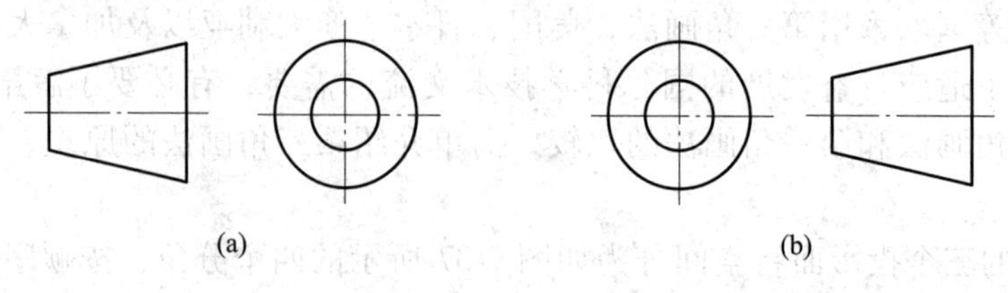

图 7-39　第一角画法和第三角画法的识别符号
（a）第一角画法；（b）第三角画法

扫一扫获取免费
数字资源

8 标准件与常用件

在各种机器、仪器、设备、建筑物上使用的，按照国家规定结构、尺寸、画法、标记等各个方面已经完全标准化且具有互换性的零部件统称为标准件，包括紧固件、连接件、传动件、密封件等机械零件，如螺纹件、键、销、滚动轴承等。

为了简化作图，制图标准中给出了标准件和常用结构要素的简化画法规定。标准还规定了这些标准结构要素的标记及标注方法。本章着重介绍标准件和常用件的基本结构、规定画法、标记和标注。

螺纹及螺纹紧固件的画法是本章学习的重点，要熟练掌握其规定画法和链接画法，正确识读；掌握螺纹连接件的标记。

8.1 螺纹与螺纹紧固件

螺纹是机器中不可缺少的起连接作用的结构，而螺纹紧固件是利用螺纹的连接作用和固定其他零件的标准件。

8.1.1 螺纹

8.1.1.1 螺纹的概念和分类

不论是在生产还是在日常生活中，人们对螺纹的使用都是非常普遍的。在圆柱或圆锥母体表面上制出的螺旋线形的、具有特定截面的连续凸起部分称为螺纹。螺纹的分类有很多种，按母体形状可分为圆柱螺纹和圆锥螺纹；按其在母体所处位置分为外螺纹、内螺纹；在圆柱或者圆锥外表面上形成的螺纹为外螺纹，如图 8-1（a）所示，在圆柱或者圆锥内表面上形成的螺纹为内螺纹，如图 8-1（b）所示；按其截面形状（牙型）分为三角形螺纹、矩形螺纹、梯形螺纹、锯齿形螺纹及其他特殊形状螺纹。

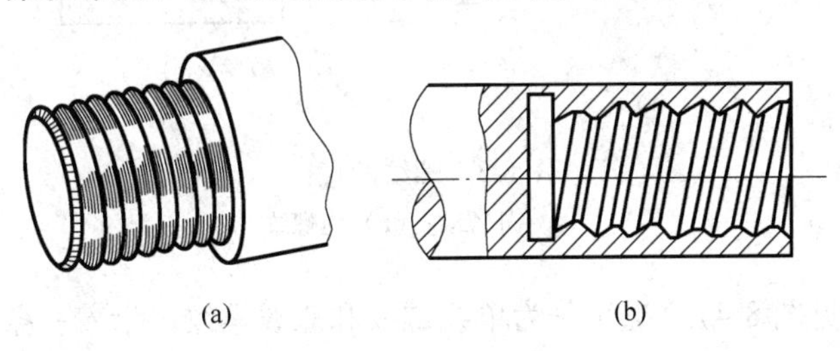

图 8-1 外螺纹（a）和内螺纹（b）

8.1.1.2 螺纹的加工

螺纹加工是一种使用制作螺纹的工具采用切削、车削、铣削、磨削等工艺对工件进行加工的工艺，一般指用成型刀具或磨具在工件上加工螺纹的方法，主要有车削、铣削、攻丝、套丝、磨削、研磨和旋风切削等。车削、铣削和磨削螺纹时，工件每转一转，机床的传动链保证车刀、铣刀或砂轮沿工件轴向准确而均匀地移动一个导程。在攻丝或套丝时，刀具（丝锥或板牙）与工件做相对旋转运动，先形成的螺纹沟槽引导刀具（或工件）做轴向移动。螺纹的加工方法有很多种，在生产加工中一般会采用以下几种：

（1）车床加工。在数控车床中加工螺纹时，其加工进给不是采用机械传动链实现的，而是通过主轴编码器数控系统进给驱动装置进给电机丝杠刀架刀具来实现螺纹加工。数控系统依据检测到的主轴旋转信号，控制电动机的进给，实现车螺纹所要求的比例关系，切削出符合要求的螺纹。

（2）专用工具加工。丝锥是一种加工内螺纹的刀具，沿轴向开有沟槽，也叫螺丝攻。丝锥根据其形状分为直槽丝锥、螺旋槽丝锥和螺尖丝锥（先端丝锥）。板牙是加工或修正外螺纹的螺纹加工工具，板牙相当于一个具有很高硬度的螺母，螺孔周围制有几个排屑孔，一般在螺孔的两端磨有切削锥。

8.1.1.3 螺纹的要素

（1）牙型（见图 8-2）。牙型为螺纹轴线断面上的螺纹轮廓形状。常见的牙型有三角形螺纹（即普通螺纹）、梯形螺纹、矩形螺纹、圆弧螺纹等。

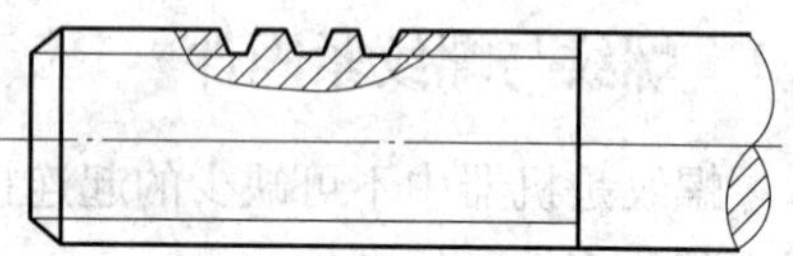

图 8-2 牙型示意图

（2）直径。螺纹的直径有大径、小径和中径之分。如图 8-3 所示，d、d_1、d_2 分别为外螺纹的大径、小径、中径，D、D_1、D_2 分别为内螺纹的大径、小径、中径，通常用螺纹大径来表示螺纹的规格大小，故螺纹大径又称为公称直径；而用螺纹中径来控制精度。

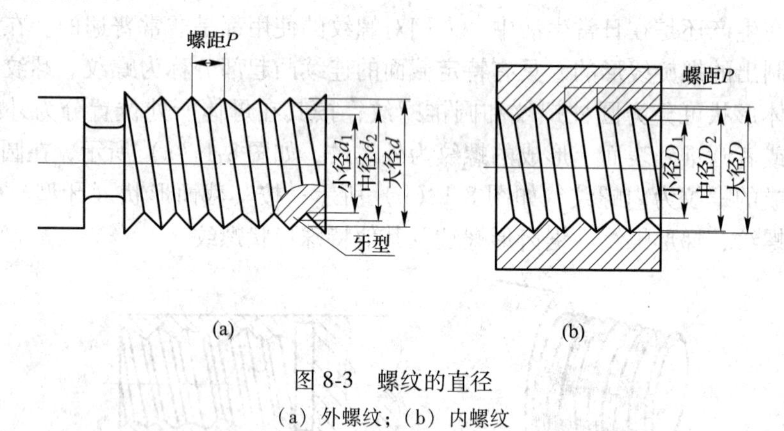

图 8-3 螺纹的直径

（a）外螺纹；（b）内螺纹

（3）线数 n（见图 8-4）。螺纹分为单线螺纹和双线螺纹。沿着一条螺旋线形成的螺纹称为单线螺纹；沿着两条及以上螺旋线形成的螺纹称为多线螺纹。

（4）螺距 P 与导程 P_n（见图 8-4）。螺距为螺纹上的相邻两牙在中径上对应两点之间的轴向距离，用 P 表示。导程为在同一条螺旋线上的中径上相邻两牙对应两点之间的轴向距离，用 P_n 表示。螺距与导程的关系为：$P=P_n/n$。

（5）螺纹的旋向。螺纹有左旋螺纹和右旋螺纹之分。当内外螺纹相旋合时，顺时针转动旋入的为右旋螺纹，逆时针转动旋入的为左旋螺纹，如图 8-5 所示。

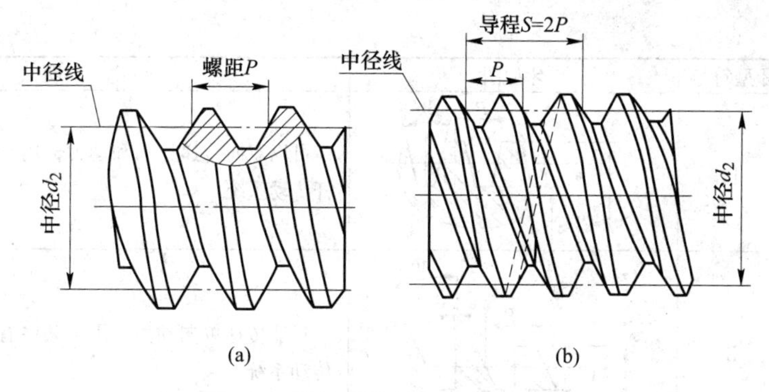

图 8-4 螺纹的线数、螺距及导程

（a）单线螺纹；（b）双线螺纹

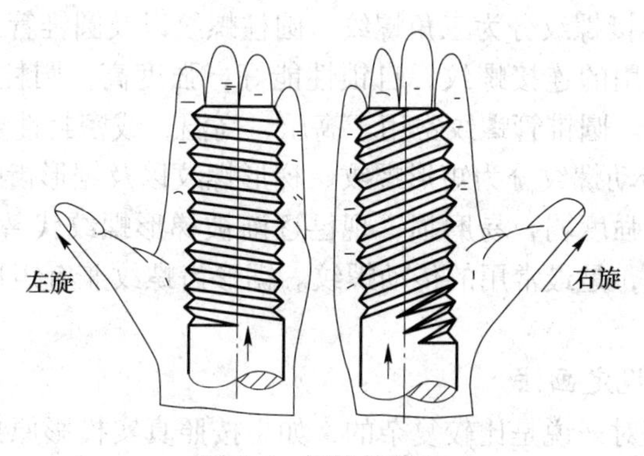

图 8-5 螺纹的旋向

8.1.1.4 螺纹的种类

螺纹一般分为连接螺纹、传动螺纹和专门用途螺纹，在工程实际中有时还会有专门用途螺纹的分类，见表 8-1。

表 8-1 常用螺纹的分类、特征代号及牙型

螺纹类别			特征代号	螺纹牙型放大图	说明
连接螺纹	普通螺纹	粗牙普通螺纹	M	P, H/8, H, H/4, d, d_2, d_1, 60°	最常用的连接螺纹，同一种大径的普通螺纹，一般有几种螺距，螺距最大的为粗牙普通螺纹，其余都为细牙普通螺纹，细牙普通螺纹用在细小的精密零件或薄壁零件上
		细牙普通螺纹			
	管螺纹	非螺纹密封的管螺纹	G	P, 55°, d, d_2, d_1	自身密封性很差，用在电线管等不需要密封的管子上，这种螺纹如果另加密封结构后，也有较好的密封效果
		螺纹密封的管螺纹	R_p R_1 R_2 R_c	有效螺纹长度, 基准距离, 1:16, 55°, d, d_2, d_1 螺纹密封的圆锥外管螺纹	有很好的密封性，用在水管、气管等有密封要求的管子上，R'_p 为圆柱管螺纹，R_c 为圆锥内管螺纹，R_1、R_2 为圆锥外管螺纹，其中，R_1 为与圆柱内管螺纹旋合的圆锥外管螺纹，R_2 为与圆锥内管螺纹旋合的圆锥外管螺纹

续表 8-1

种类		牙型符号	牙型图	说明
传动螺纹	梯形螺纹	Tr		可以双向传递运动和动力，用于各种机床上的丝杆传动系统
	锯齿形螺纹	B		只能传递单向动力，用于某些有特殊要求的丝杆传动系统

（1）连接螺纹。连接螺纹分为三角螺纹、圆柱螺纹以及圆锥管螺纹。其中，三角螺纹又称普通螺纹，是最常用的连接螺纹，自锁性能好，强度高。圆柱螺纹常用于水、煤气、润滑和电缆管路系统中。圆锥管螺纹常用于高压、高温，或密封性要求高的管路系统。

（2）传动螺纹。传动螺纹分为矩形螺纹、梯形螺纹以及锯形齿螺纹。其中，矩形螺纹传动效率最高，但牙根强度弱，易磨损，现已逐渐被梯形螺纹代替。梯形螺纹工艺性好，牙根强度高，对中性好，是最常用的传动螺纹。锯形齿螺纹兼有矩形螺纹和梯形螺纹的特点，只能单向传动。

8.1.1.5 螺纹的规定画法

螺纹的真实投影相对来说是比较复杂的，如果按照真实投影原封不动地画下来既耗时又耗力，所以为了方便绘图，国家标准对螺纹的画法做了规定简化：

（1）螺纹的牙顶（外螺纹的大径线、内螺纹的小径线）用粗实线表示。

（2）螺纹的牙底（外螺纹的小径线、内螺纹的大径线）用细实线表示。

（3）在投影为圆的视图上，表示牙底的细实线图只画约四分之三圈。

（4）螺纹终止线用粗实线表示。

（5）剖面线必须画到粗实线。

（6）需要表示螺纹收尾时，螺纹部分的牙底线与轴线成 30°。

按照以上规定画出的外螺纹和内螺纹如图 8-6、图 8-7 所示。

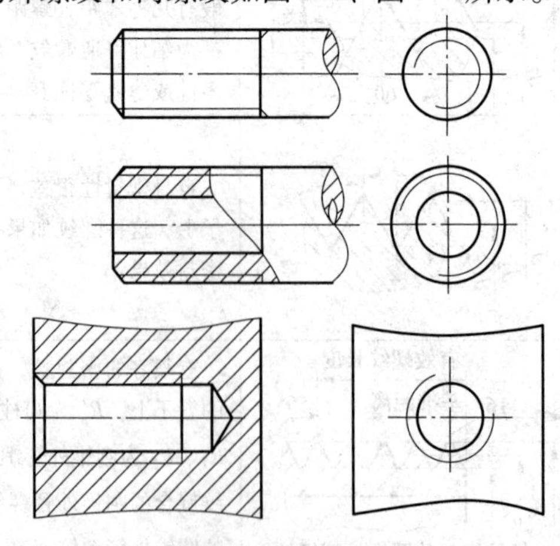

图 8-6 外螺纹画法

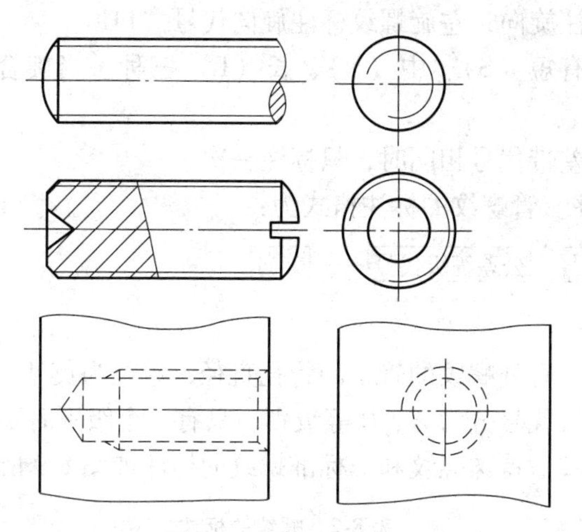

图 8-7　内螺纹的画法

在用剖视图表示内外螺纹连接时，其旋合部分应按照外螺纹的画法绘制，其余部分按照内外螺纹原有的画法绘制。注意在绘制时内外螺纹剖面线应该相反，大径线要和大径线对齐，小径线也要和小径线对齐，在非圆的剖视图中，按不剖绘制，如图 8-8 所示。

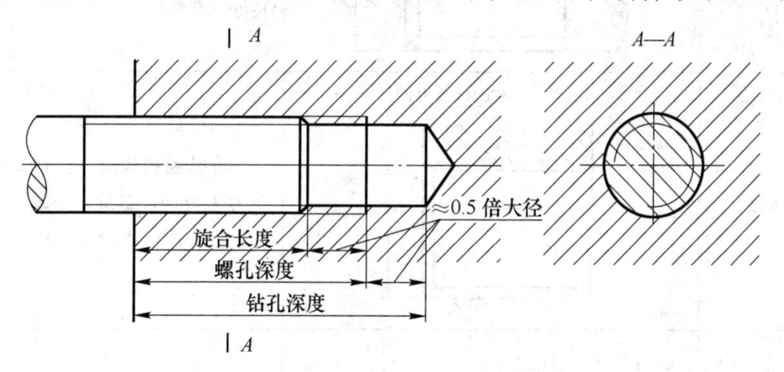

图 8-8　螺纹连接画法

8.1.1.6　螺纹的标注

（1）普通螺纹标注。普通螺纹的标注格式为：

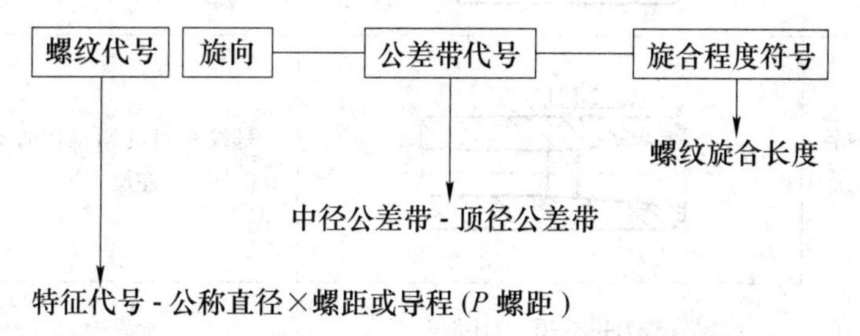

例如：M10-5g6g-s：M10×1LH-6H

标注内容说明：

1）粗牙螺纹不标注螺距。

2）单线螺纹不标注导程与线数。

3）右旋螺纹不标注旋向，左旋螺纹标注旋向代号“LH”。

4）旋合长度代号有短（S）、中（N）、长（L）三种，当旋合长度为中等时，“N”可以省略。

5）中径和顶径公差带代号相同时，只标注一次。

（2）管螺纹的标注。管螺纹的标注格式为：

特征代号　尺寸代号　公差等级代号——旋向

标注内容说明：

1）尺寸代号即加工有外螺纹的管子的管孔直径，单位为英寸。

2）管螺纹公差等级代号分为 A、B 等级别，只有一个级别时不标注。

螺纹的标注见表 8-2。特殊螺纹和非标准螺纹的标注如图 8-9 所示。

表 8-2　螺纹的标注

螺纹类别		标注例图	说　明
连接螺纹	粗牙普通螺纹	M10-6g	粗牙普通内螺纹，公称直径为 10mm 右旋，中顶径公差带代号相同，均为 6g，中旋合长度
	细牙普通螺纹	M20×1.5-7H-L	细牙普通内螺纹，公称直径为 20mm，螺距为 1.5mm，右旋，中顶径公差带代号相同，均为 7H，长旋合长度
	非螺纹密封的管螺纹	G1/2A	非螺纹密封的圆柱外管螺纹，尺寸代号为 1/2 英寸，公差等级为 A 级，右旋
	螺纹密封的管螺纹	Re1/2-LH	螺纹密封的圆锥内管螺纹，尺寸代号为 1/2 英寸，左旋
传动螺纹	梯形螺纹	Tr40×14(P7)LH-8e-L	梯形外螺纹，公称直径 40mm，导程 14mm，螺距 7mm，双线，左旋，中径公差带代号为 8e，中等旋合长度

续表 8-2

螺纹类别		标注例图	说　明
传动螺纹	锯齿形螺纹	B90×12LH-7C	锯齿形外螺纹，公称直径 90mm，螺距 12mm，单线，左旋，中径公差带代号为 7e，中等旋合长度

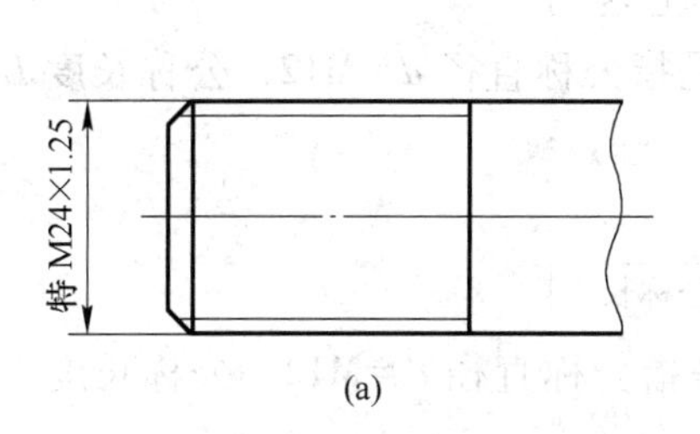

(a)

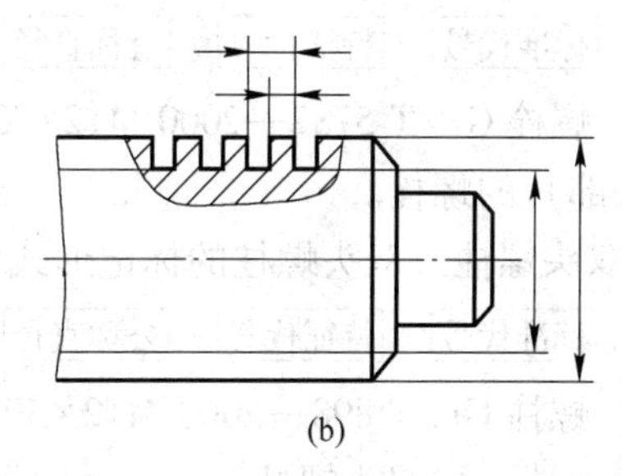

(b)

图 8-9　特殊螺纹和非标准螺纹的标注

（a）特殊螺纹；（b）非标准螺纹

（3）螺纹连接图中的标注。在螺纹连接图中标注螺纹时，注意普通螺纹、梯形螺纹、锯齿形螺纹要将公差带代号换为配合代号。管螺纹的标注方法是将内、外螺纹未连接图中的标注内容分别写出来，两者用斜线隔开，如图 8-10 所示。

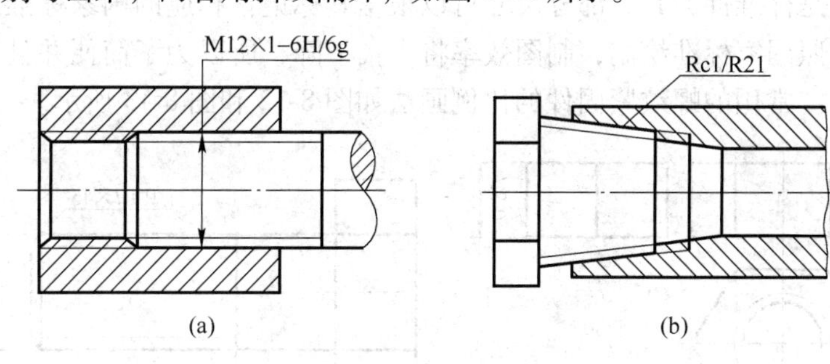

图 8-10　螺纹连接的标注

（a）普通螺纹；（b）管螺纹

8.1.2　螺纹紧固件

8.1.2.1　螺纹紧固件的标记和画法

日常生活中常用的螺纹紧固件有螺栓、螺钉、螺柱、螺母和垫圈等。这其中除了垫圈没有螺纹外，其余零件都有螺纹。螺纹紧固件是标准件，通常只需要用简化画法画出它们的装配图，并给出规定标记，不需要画出零件图。螺纹紧固件如图 8-11 所示。

A　螺纹紧固件的标记

（1）螺栓。螺栓的标记形式为：

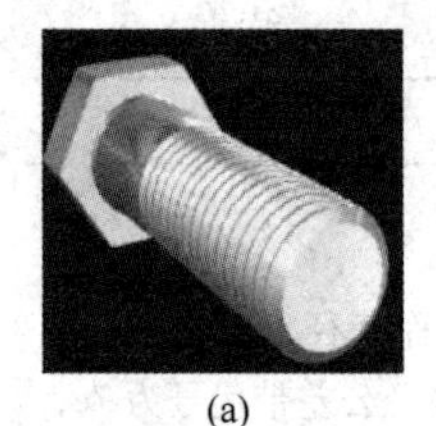

(a)

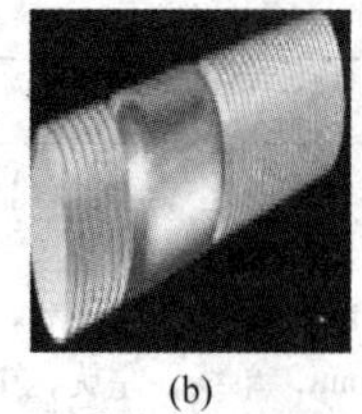

(b)

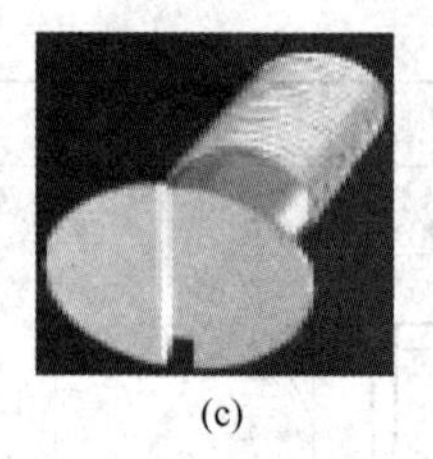

(c)

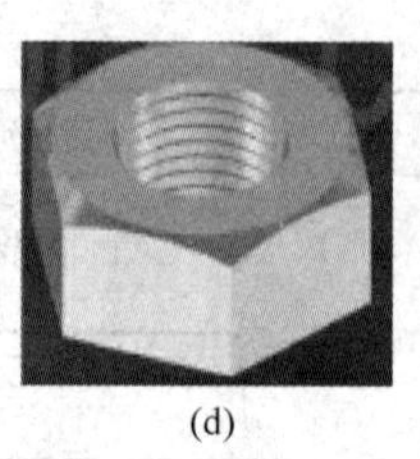

(d)

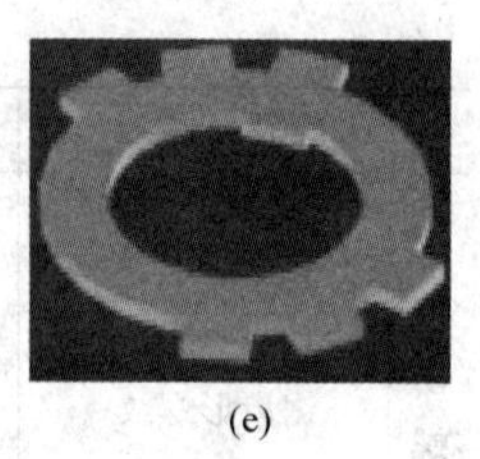

(e)

图 8-11　螺纹紧固件

（a）六角头螺栓；（b）双头螺栓；（c）圆柱头螺钉；（d）内六角头螺钉；（e）六角螺母

名称　标准代号　特征代号　公称直径 × 公称长度

例如，螺栓 GB/T 5782—2000 M12×50，是指公称直径 d = M12，公称长度 L = 50mm（不包括头部）的螺栓。

（2）双头螺柱。双头螺柱的标记形式为：

名称　标准代号　特征代号　公称直径 × 公称长度

例如，螺柱 GB/T 898—2000 M12×50，是指公称直径 d = M12，公称长度 L = 50mm（不包括旋入端）的双头螺柱。

（3）螺母。螺母的标记形式为：

名称　标准代号　特征代号　公称直径

例如，螺母 GB/T 6170—2000 M24，指螺纹规格 D = M24 的螺母。

B　螺纹紧固件的画法

螺纹紧固件是标准件，其各部分尺寸可以根据其标记在相应的国家标准中查到，但是如果原封不动按照国家标准绘制，制图效率将大幅下降，所以为了简便并且提高效率，通常采用比例画法。常用的螺纹紧固件的比例画法如图 8-12 和图 8-13 所示。

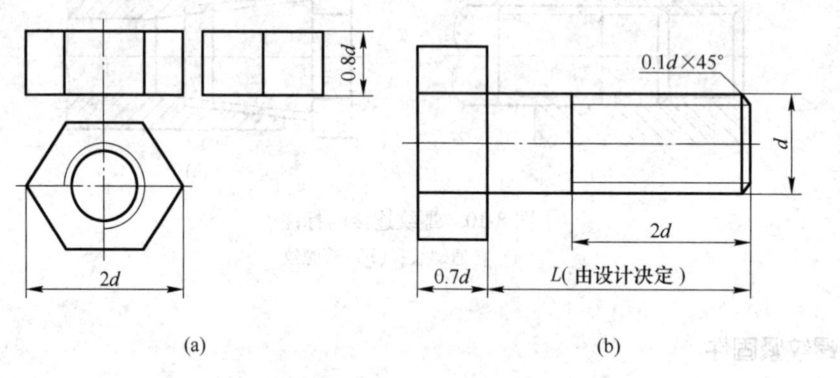

图 8-12　螺纹紧固件的比例画法一

（a）六角螺母；（b）六角头螺栓

8.1.2.2　螺纹紧固件的装配图画法

螺纹紧固件的三种连接形式分别是螺栓连接、螺柱连接、螺钉连接，如图 8-14 所示。在连接装配图中有以下规定：

（1）两零件的接触表面画一条线，不接触表面画两条线，间距过小时可适当夸大

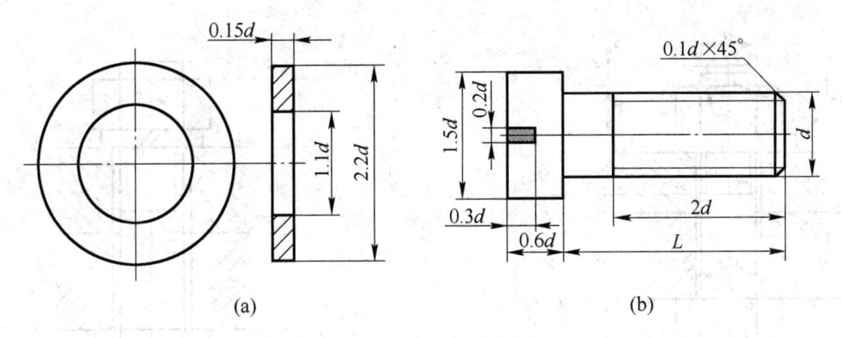

图 8-13 螺纹紧固件的比例画法二

（a）垫圈；（b）螺钉

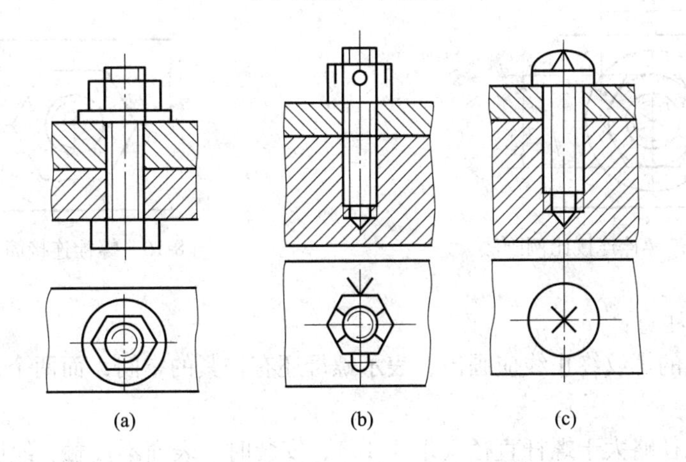

图 8-14 螺纹紧固件的连接形式

（a）螺栓连接；（b）螺柱连接；（c）螺钉连接

绘制。

（2）剖视图中，相邻两零件的剖面线方向相反或有一定间隔，同一零件各处剖面区域上的剖面线要一致。

（3）剖视图中，剖面过标准件轴线时按不剖绘制。

A 螺栓连接

螺栓连接一般适用于两个不太厚并允许钻成通孔的零件连接，可承受较大的力，由螺栓、螺母和垫圈配套使用。连接前，先在两个被连接件上钻出通孔，通孔的直径一般取 $1.1d$；将螺栓从一端穿入孔中，然后在另一端加上垫圈、拧紧螺母，如图 8-15 和图 8-16 所示。

螺栓的长度 L 应符合下列关系：

$$L = \delta_1 + \delta_2 + h + m + a$$

式中 δ_1，δ_2——被连接件的厚度；

h——垫圈厚度，$h = 0.15d$，mm；

m——螺母厚度，$m = 0.8d$，mm；

a——螺栓伸出长度，$a = (0.2 \sim 0.3)d$，mm。

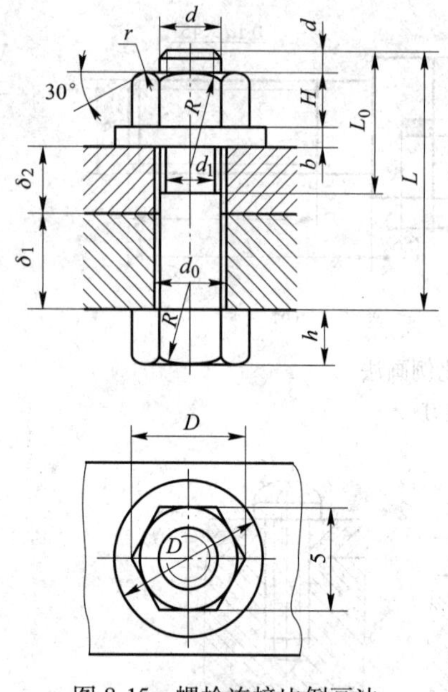

图 8-15 螺栓连接比例画法

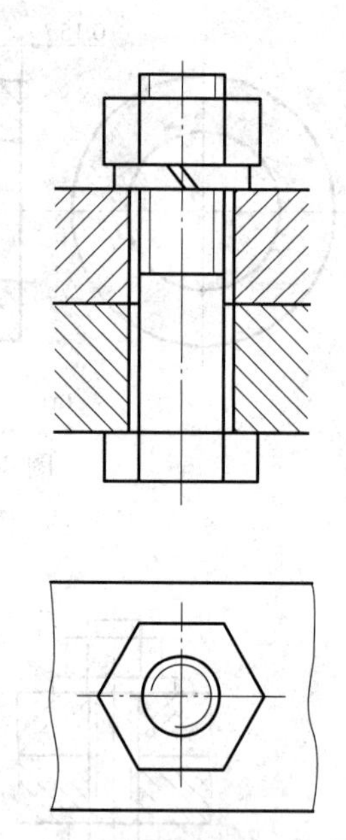

图 8-16 螺栓连接简化画法

在绘图时应注意：

（1）螺栓上的螺纹终止线应画出，表示螺母还有拧紧的空间，而两个被连接件之间无缝隙存在。

（2）通孔孔径略大于螺杆直径（取 1.1d），安装时，表面不接触，绘图时各自的轮廓用各自的线表示。

用比例画法绘制螺栓连接装配图的画图步骤如图 8-17 所示。

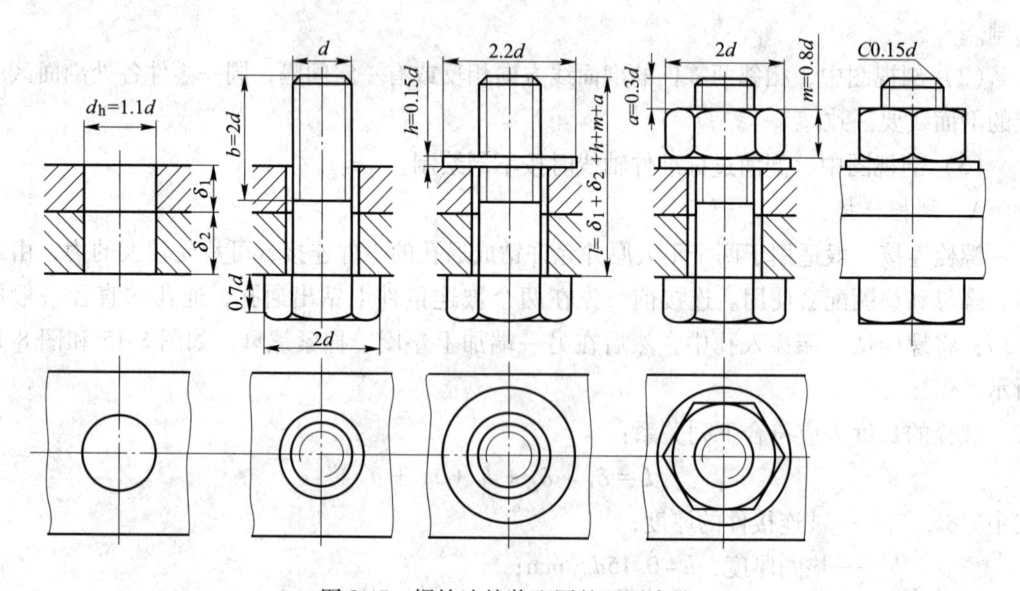

图 8-17 螺栓连接装配图的画图步骤

B　双头螺柱连接

双头螺柱连接由双头螺柱、螺母、垫圈组成。双头螺柱连接多用于被连接件之一太厚，不适合于钻成通孔或不能钻成通孔的场合。连接时，将一端（旋入段）旋入被连接件的螺纹孔中，另一端（紧固端）穿过较薄的被连接件的通孔，再套上垫圈，用螺母拧紧，如图 8-18 和图 8-19 所示。

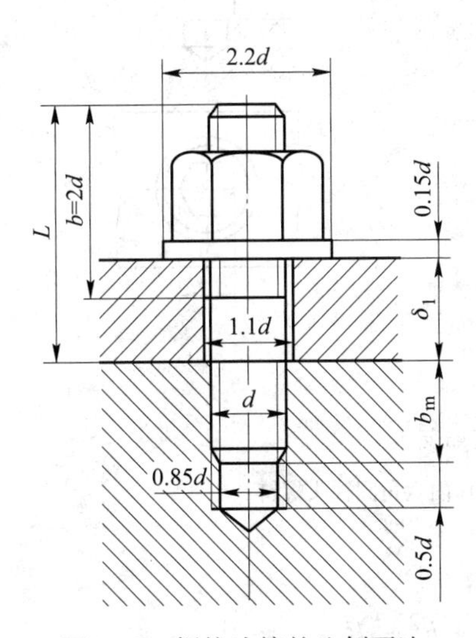

图 8-18　螺柱连接的比例画法

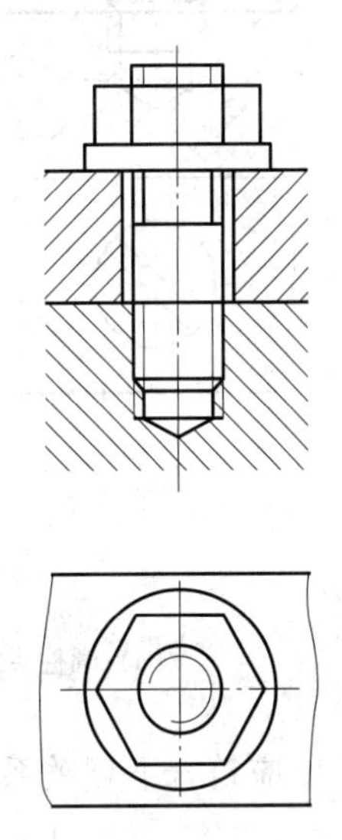

图 8-19　螺柱连接的简化画法

螺柱 L 长度应符合下列关系：

$$L = \delta + h + m + a$$

式中　δ——较薄被连接零件的厚度；

m——螺母厚度，$m = 0.8d$；

h——垫圈厚度，$h = 0.15d$；

a——螺柱伸出长度，$a = (0.2 \sim 0.3)d$。

在绘图时应注意：

（1）螺柱的旋入端 b_m 与被连接件的材料有关，不同的材料 b_m 的取值是不同的。

（2）旋入端的螺纹终止线应与结合面平齐。

（3）螺纹孔的螺纹深度应大于旋入端螺纹长度 b_m，螺孔深通常取值为 $b_m + 0.5d$，钻孔深通常取值为 $b_m + d$。

（4）弹簧垫圈的作用是防止松动，其外径和普通垫圈相比而言是小于普通垫圈的，一般取值为 $1.5d$。弹簧垫圈开槽方向画成与水平成 60°方向，并向左上倾斜的两条线，两条线间距约为 $0.1d$。

C　螺钉连接

螺钉按用途可以分为连接螺钉和紧钉螺钉。连接螺钉的种类很多，一般按照螺钉的头部和扳拧形式来划分。连接螺钉用于受力不大而又不需经常拆卸的两个零件的连接中。连接螺钉连接时是不需要使用螺母的，它是将螺钉头部压紧另一个被连接零件，如图 8-20 所示。

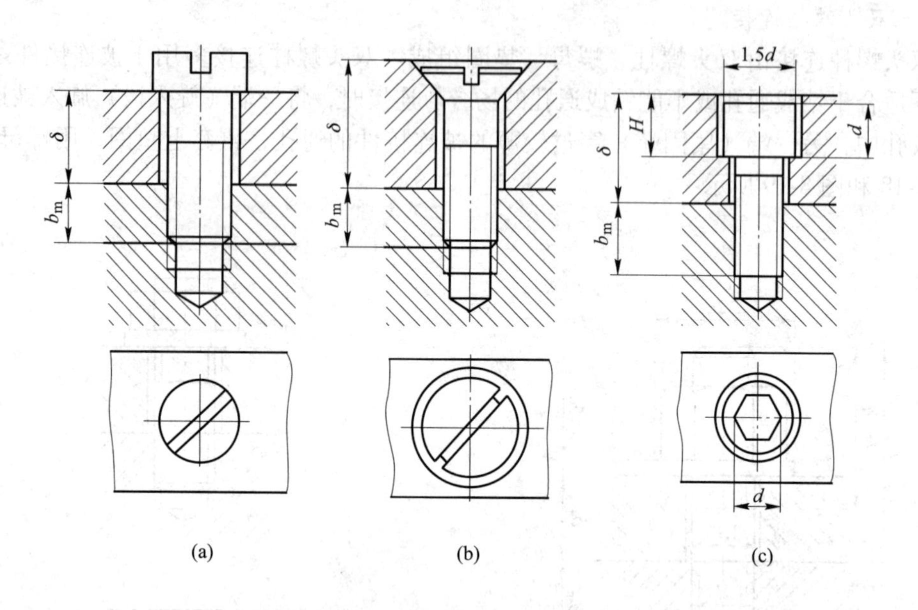

图 8-20　螺钉连接装配图

（a）圆柱头螺钉；（b）沉头螺钉；（c）内六角圆柱头螺钉

螺钉 L 长度应符合下列关系：

$$L = \delta + b_m \quad \text{或} \quad L = \delta + b_m - H$$

式中　δ——沉孔零件的厚度；

b_m——螺纹的拧入深度，可根据零件的材料确定；

H——沉孔的深度。

绘图时应注意以下几点：

（1）螺钉的螺纹终止线不能与结合面平齐，应画在结合面的上方（光孔零件内），表示螺钉还有拧紧余地，以保证连接紧固。

（2）圆柱头螺钉以钉头的平面为定位面，沉头螺钉以锥面为定位面。

（3）螺钉头部与沉孔、螺钉杆部与通孔之间应分别有间隙，应画出两条轮廓线。但对于沉头螺钉，则应注意锥面处只画一条轮廓线。

（4）螺钉的终止线应画在螺孔顶面以上。

（5）当采用开槽螺钉连接时，一字槽的画法为：在非圆视图上槽位于螺钉头部的中间位置，槽口正对绘图者，而在圆投影的视图上槽应与水平成 45°方向绘制，当图中槽宽小于 2mm 时，可以涂黑表示。

8.2　键和销

8.2.1　键

键（见图 8-21）的主要是用于轴与轴上传动件（如齿轮、带轮等）的连接进而传递扭矩。

8.2.1.1 常用键

常用键的种类有普通平键（A 型、B 型、C 型）、半圆键和钩头楔键，如图 8-22 所示。键的规格尺寸为键宽、键长和键高。键的规定标记为："标准号 键 类型代号 $b×h×L$"。当类型代号为 A 型时，可省略型号字母 A，例如：b = 18mm，h = 11mm，L = 100mm 的 A 型普通平键标记为 GB/T 1096—2000 键 18×11×100。但是如果为其他类型（例如 B 型）则不可以将其省略，例如 GB/T 1096—2000 键 B 18×11×100。

图 8-21 键与键槽

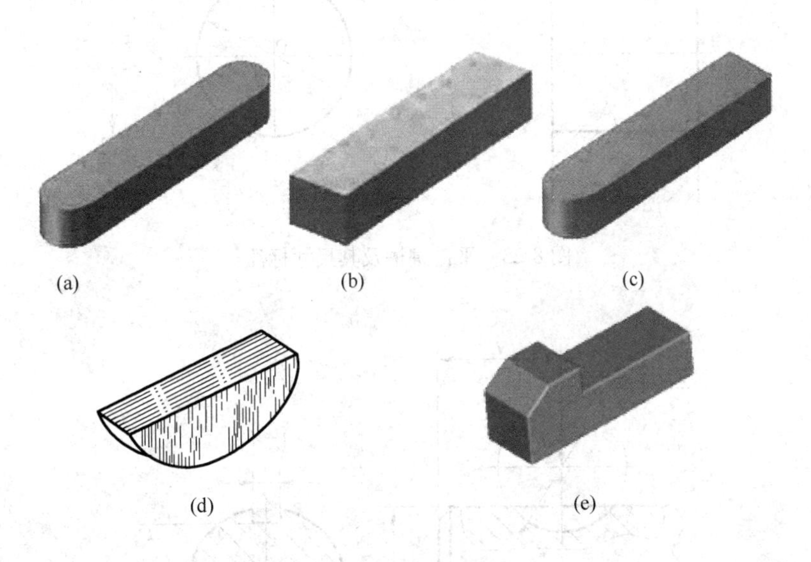

图 8-22 常用的键

(a) 普通平键 A；(b) 普通平键 B；(c) 普通平键 C；
(d) 半月键；(e) 钩头楔键

8.2.1.2 键槽的画法和尺寸标注

键槽的尺寸、型式和键的选用是相辅相成的，其也有相应的国家标准。在设计或测绘时，键槽的各个部位的大小尺寸可根据被连接的轴径在国家标准中查到。键和键槽的长度尺寸，应根据轮毂宽度，在标准系列中选用（键长不超过键宽）。

键槽及其尺寸标注方法，如图 8-23 和图 8-24 所示。

8.2.1.3 键连接画法

普通平键连接（见图 8-25）和半圆键连接（见图 8-26）的作用原理相似，均是用键的两个侧面传递扭矩。半圆键常用于载荷不大的作用轴上。

绘图时应注意以下几点：

(1) 画键连接图形时，在反应长方向的剖视图中，轴一般采用局部剖视，键按不剖处理。

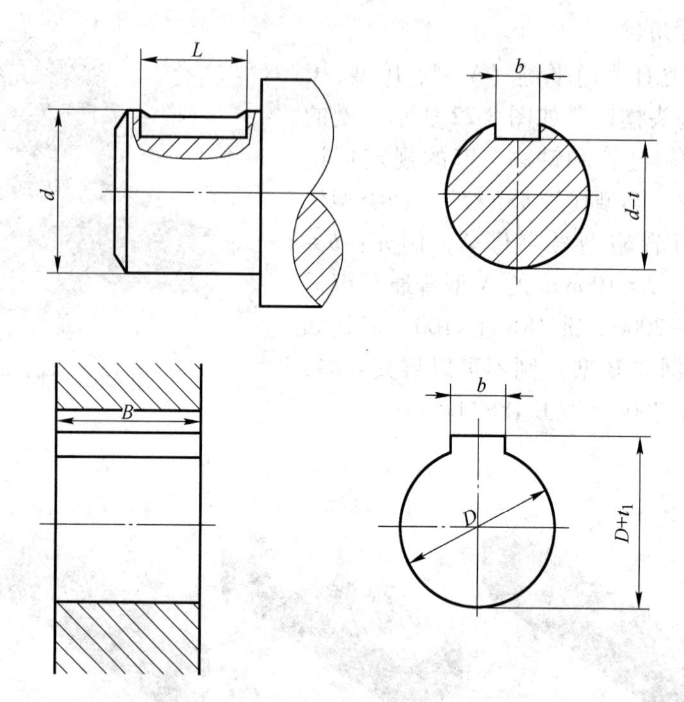

图 8-23 平键键槽及其尺寸标注

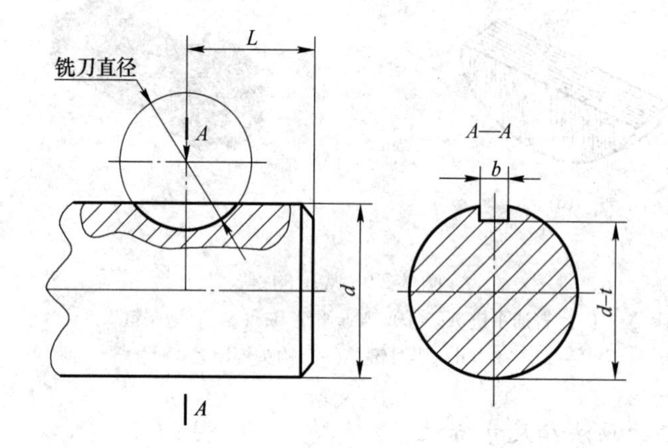

图 8-24 半圆键键槽及其尺寸标注

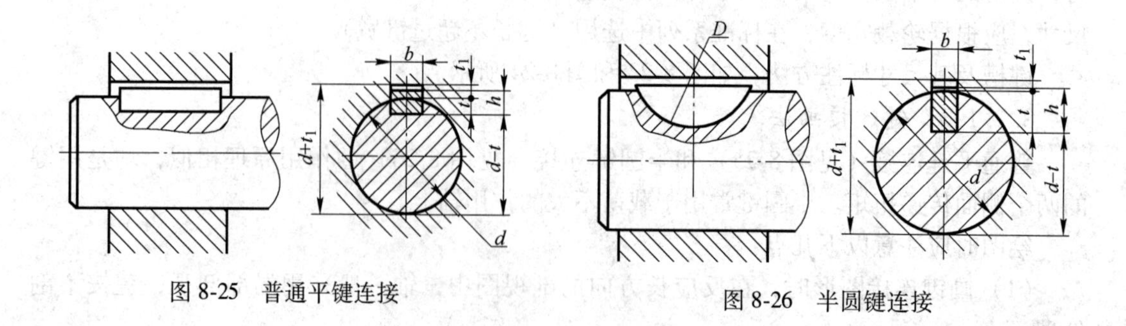

图 8-25 普通平键连接

图 8-26 半圆键连接

（2）在连接时，普通平键和半圆键的两侧面和轴与轮的键槽两侧面接触，分别只画一条线，键的上底面与键槽底面之间留有缝隙，画两条线。

8.2.2 销

8.2.2.1 销及其标记

销在机器设备中的主要作用是定位、连接、锁定、防松。常见的销的类型有圆柱销、圆锥销、开口销，如图 8-27 所示。圆柱销起到连接并定位的作用，圆锥销起到连接并精准定位的作用，开口销起到锁定并防松作用。

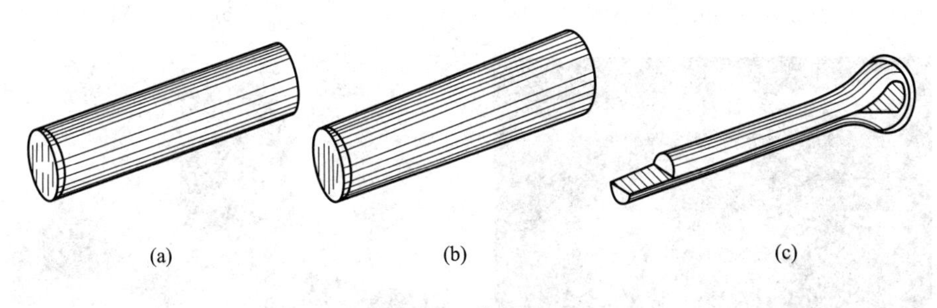

图 8-27 常用的销
（a）圆柱销；（b）圆锥销；（c）开口销

销是标准件，在国家标准中可以查到其规格尺寸。销的标记为：“销”、国标号、型式代号、公称直径×长度，当仅有一种型号时不标型式代号。例如：公称直径 10mm、长 50mm 的 B 型圆柱销标记为：销 GB/T 117 A10×50。

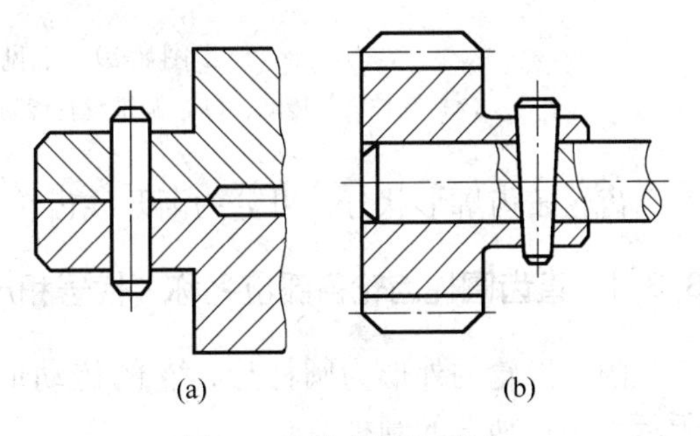

图 8-28 销连接的画法
（a）圆柱销连接画法；（b）圆锥销连接画法

8.2.2.2 销连接画法

圆柱销连接画法如图 8-28（a）所示，圆锥销连接画法如图 8-28（b）所示。

8.3 齿轮

齿轮用于传递动力和运动，可以变换速度和改变运动方向，是机器中最常见的零件之一。齿轮按照不同的方法也可以分为很多种，按照传动方式分，常见的齿轮传动可分为下列 4 种形式：

（1）圆柱齿轮传动：用于平行两轴之间的传动，如图 8-29（a）所示。

（2）圆锥齿轮传动：用于两相交轴之间的传动，如图 8-29（b）所示。

（3）蜗杆蜗轮传动：用于两交叉轴之间的传动，如图 8-29（c）所示。

（4）齿轮齿条传动：用于直线运动和旋转运动间的转换，如图 8-29（d）所示。

齿轮按轮齿形式分，可分为直齿、斜齿、人字齿。

齿轮按轮齿是否符合标准分，可分为标准齿轮和非标准齿轮。具有标准齿的齿轮称为标准齿轮，如渐开线齿轮。轮齿不符合标准的为非标准齿轮。

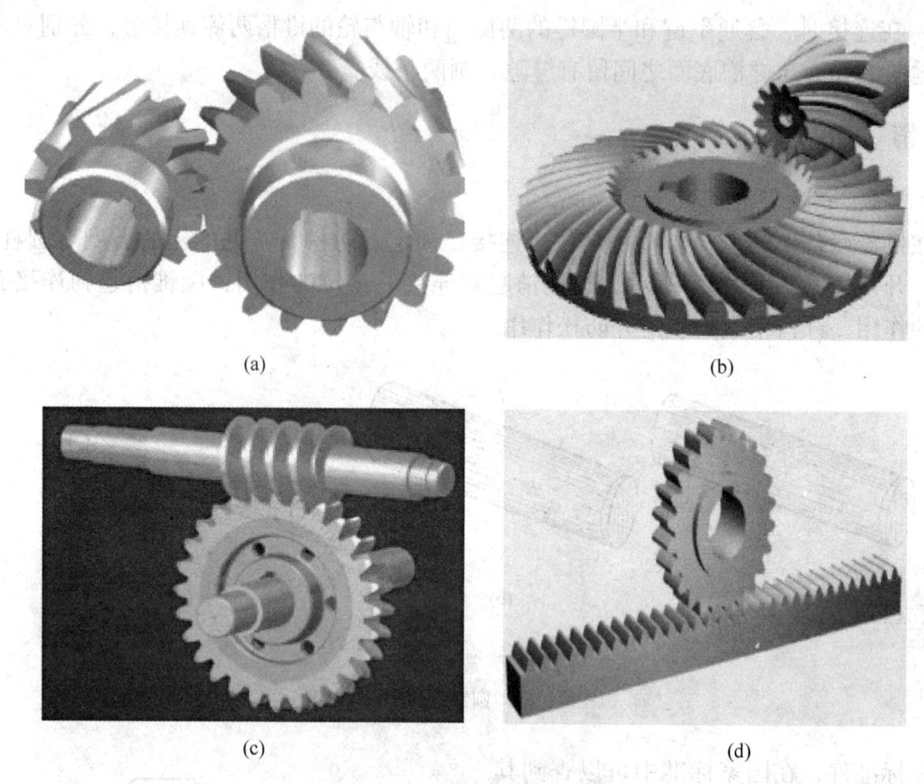

图 8-29 常见的齿轮传动形式
(a) 圆柱齿轮传动;(b) 圆锥齿轮传动;(c) 蜗杆蜗轮传动;(d) 齿轮齿条传动

齿轮按齿廓形状分，可分为渐开线齿轮、圆弧齿轮和摆线齿轮。

8.3.1 直齿圆柱齿轮各部位名称、代号和尺寸计算

圆柱齿轮的外形为圆柱形，它的传动形式有外啮合传动和内啮合传动两种。图 8-30 所示为相互啮合的圆柱齿轮。

(1) 齿数：齿轮上轮齿的总数称为齿数，用 z 表示，是齿轮计算的主要参数之一。

(2) 齿顶圆：齿轮齿顶端所在的圆称为齿顶圆。对于外齿轮，齿顶圆是齿轮上最大的圆，对于内齿轮，齿顶圆是齿轮上最小的圆。齿顶圆直径用 d_a 表示，$d_a = m(z+2)$。

(3) 齿根圆：齿轮齿根端所在的圆称为齿根圆。齿根圆直径用 d_f 表示，$d_f = m(z-2.5)$。

(4) 分度圆：齿轮设计和加工时计算尺寸的基准圆称为分度圆。分度圆直径用 d 表示，$d=mz$。

(5) 节圆：两齿轮啮合时，连心线 O_1O_2 上的两齿廓接触点 P（节点）的轨迹称为节圆。节圆半径用 d'表示。正确安装的标准齿轮的节圆与分度圆重合，即 $d=d'$。

(6) 齿高：齿轮在齿顶圆和齿根圆之间的径向距离称为齿高，用 h 表示。齿高分为齿顶高（齿顶圆与分度圆之间的径向距离，用 h_a 表示，$h_a=m$）和齿根高 h_f（齿根圆与分度圆之间的径向距离，用 h_f 表示，$h_f=1.25m$），其中 h 与 h_a 和 h_f 的关系为 $h = h_a + h_f$。

(7) 齿距：分度圆上相邻两齿廓对应两点之间的弧长称为齿距，用 p 表示。

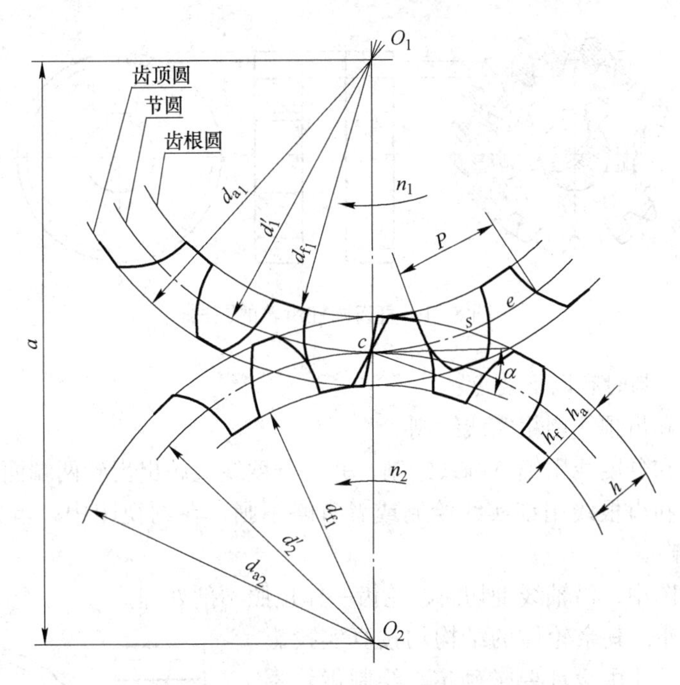

图 8-30 相互啮合的圆柱齿轮示意图

（8）齿数：齿轮上轮齿的总数称为齿数，用 z 表示，是齿轮计算的主要参数之一。

（9）模数：在齿轮上存在多少个齿数就会存在多少个齿距，所以分度圆的周长为：$\pi d=pz$，即 $d=pz/\pi$，令 $p/\pi=m$，则 $d=mz$，m 称为齿轮的模数。为了便于设计，模数已经标准化，见表 8-3。

表 8-3 模数的标准系列

第一系列	0.1	0.12	0.15	0.2	0.25	0.3	0.4	0.5	0.6	0.8	
	1	1.25	1.5	2	2.5	3	4	5	6	8	
	10	12	16	20	25	32	40	50			
第二系列	0.35	0.7	0.9	1.75	2.25	2.75	(3.25)	3.5	(3.75)	4.5	5.5
	(6.5)	7	8	(11)	14	18	22	28	(30)	36	45

注：选用模数时，应优先采用第一系列，其次是第二系列，括号内的模数尽可能不用。

（10）压力角和齿形角 α：轮齿在分度圆上啮合点 P 的受力方向（渐开线的法线方向）与该点的瞬时速度方向（分度圆的切线方向）所夹的锐角 α 称为压力角。标准规定压力角 $\alpha=20°$。齿形角指加工齿轮用的基本齿条的法向压力角，所以齿形角也为 α，数值也是 $\alpha=20°$。

（11）中心距 a：两圆柱齿轮轴线之间的距离称为中心距。对于装配准确的标准齿轮，中心距 $a = d_1/2 + d_2/2 = m(z_1 + z_2)/2$。

8.3.2 直齿圆柱齿轮的画法

8.3.2.1 单个齿轮的画法

齿轮的轮齿部分应按 GB/T 4459.2—2003 的规定绘制，如图 8-31 所示。

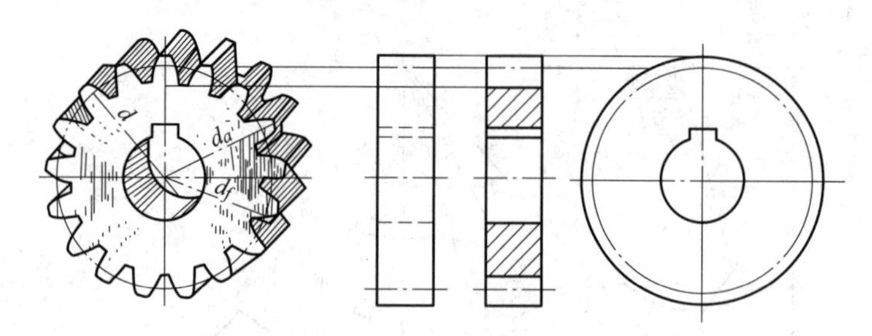

图 8-31　直齿圆柱齿轮的画法

单个齿轮在绘制时有以下要点：

（1）齿顶圆和齿顶线用粗实线绘制。

（2）分度圆和分度线用细点画线绘制，并且分度线应超出齿轮两端面 2~3mm。

（3）齿根圆和齿根线用细实线绘制或者省略不画；在剖视图中，齿根线用粗实线绘制，并且不可省略。

（4）在剖视图中，沿轴线剖切时，轮齿一律按照不剖处理。

除轮齿部分外，其余轮体的结构均按真实投影绘制，其结构和尺寸由设计要求确定。绘制齿轮零件图时，通常用两个视图表达，如图 8-32 所示。将非圆的剖视图或者半剖视图作为主视图，并将轴线水平放置，再配合一个圆的完整视图或者局部视图。

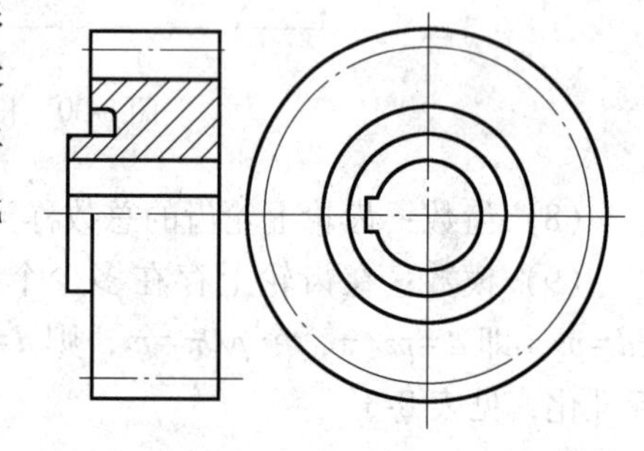

图 8-32　直齿圆柱齿轮的视图选择

8.3.2.2　两齿轮啮合的画法

相互啮合的两齿轮在绘制时有以下要点：

（1）在啮合区以外的部分按照单个齿轮绘制。

（2）在非圆投影的剖视图中剖切平面通过两齿轮轴线时，如图 8-33（a）主视图，两轮节线重合，画点画线，齿根线画粗实线，齿顶线一个轮齿可见画粗实线，一个轮齿被遮住画虚线，虚线也可以省略。

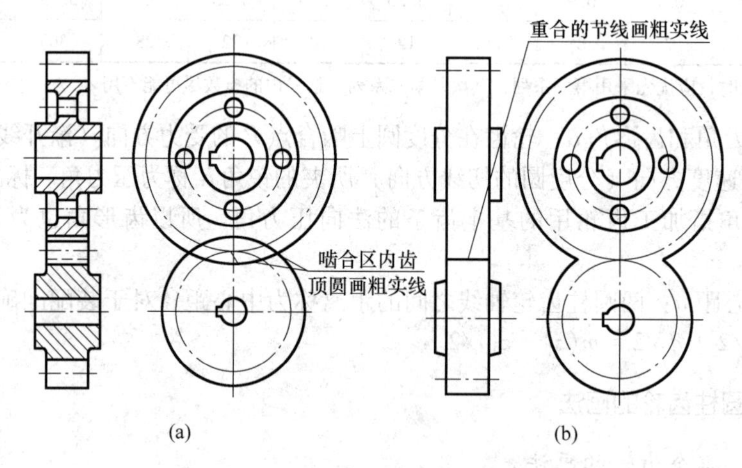

图 8-33　直齿圆柱齿轮啮合画法

(3) 在投影为圆的视图中，两齿轮节圆相切，齿顶圆画粗实线，如图8-33 (a) 左视图。在啮合区的齿顶圆也可以省略不画，如图8-33 (b) 左视图。齿根圆全部省略不画。

(4) 当不采用剖视而用外形视图表示时，啮合区的齿顶线不需画出，节线用粗实线绘制，非啮合区的节线仍用细点画线绘制，齿根线均不画出，如图8-33 (b) 所示主视图。

如果两齿轮宽不相等，啮合区的画法如图8-34所示，但不论齿宽是否相等，一齿轮的齿顶线与另一齿轮的齿根线之间均应该有0.25m的间隙。

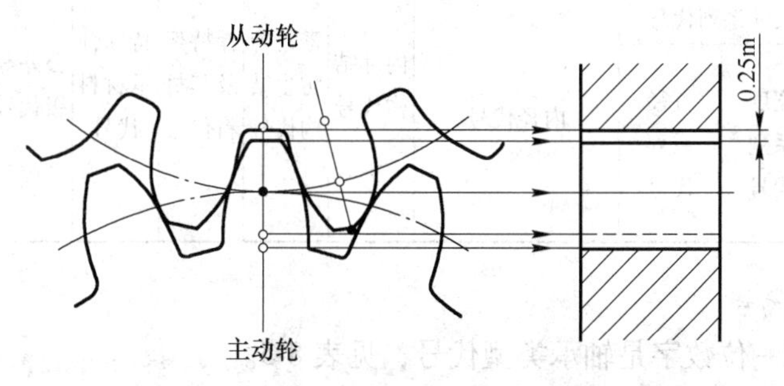

图8-34　齿宽不同时啮合区的画法

8.4　滚动轴承

8.4.1　滚动轴承的结构、分类和代号

8.4.1.1　滚动轴承的结构

滚动轴承由内圈、外圈、滚动体和保持架组成（见图8-35）：

(1) 内圈：套在轴上，随轴一起转动；

(2) 外圈：装在机座孔中，一般固定不动或偶作少许转动；

(3) 滚动体：装在内、外圈之间的滚道中；

(4) 保持架：用以均匀隔开滚动体，故又称隔离圆。

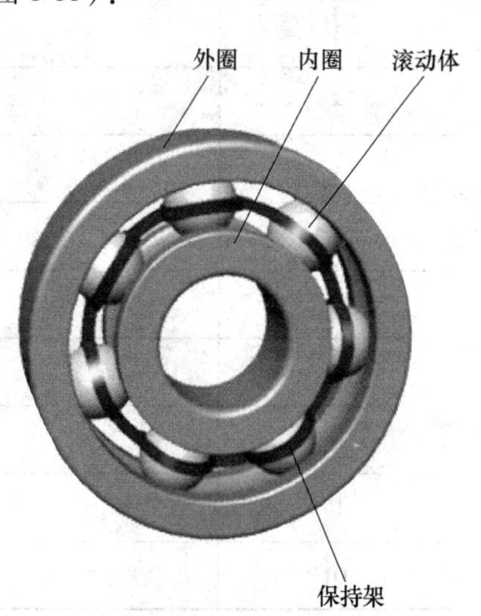

图8-35　滚动轴承结构

8.4.1.2　滚动轴承的分类

按承受载荷方向分，滚动轴承可以分为以下3类：

(1) 向心轴承：主要承受径向力，如深沟球轴承。

(2) 推力轴承：主要承受轴向力，如推力球轴承。

(3) 向心推力轴承：同时承受径向力和轴向力。

8.4.1.3　滚动轴承的代号

代号的构成按顺序由前置代号、基本代号、后置代号构成，见表8-4。

前置代号和后置代号是轴承在结构形状、尺寸、公差、技术要求等有改变时，在其基本代号左右添加的补充说明。

基本代号表示轴承的基本类型、结构和尺寸，是轴承代号的基础。基本代号通常由4位数字表示，从左往右依次为：轴承类型代号、尺寸系列代号、内径代号。

表 8-4 滚动轴承的代号构成

<table>
<tr><td>前置代号</td><td colspan="5">基 本 代 号</td><td colspan="8">后 置 代 号</td></tr>
<tr><td rowspan="4">轴承类型代号</td><td>五</td><td>四</td><td>三</td><td>二</td><td>一</td><td rowspan="4">内部结构代号</td><td rowspan="4">密封与防尘结构代号</td><td rowspan="4">保持架及其材料代号</td><td rowspan="4">特殊轴承材料代号</td><td rowspan="4">公差等级代号</td><td rowspan="4">游隙代号</td><td rowspan="4">多轴承配置代号</td><td rowspan="4">其他代号</td></tr>
<tr><td rowspan="3">类型代号</td><td colspan="2">尺寸系列代号</td><td colspan="2" rowspan="3">内径代号</td></tr>
<tr><td>宽度系列代号</td><td>直径系列代号</td></tr>
</table>

A 轴承类型代号

基本代号的第一位数字是轴承类型代号，见表 8-5。

表 8-5 轴承类型代号

代号	轴 承 类 型
0	双列角接触轴承
1	调心球轴承
2	调心滚子轴承和推力调心滚子轴承
3	圆锥滚子轴承
4	双列深沟球轴承
5	推力球轴承
6	深沟球轴承
7	角接触轴承
8	推力圆柱滚子轴承
N	圆柱滚子轴承
U	外球面球轴承
QJ	四点接触球轴承

B 尺寸系列代号

基本代号的第二、三位数字是尺寸系列代号。尺寸系列代号由轴承的宽（高）度系列代号（一位数字）和直径系列代号（一位数字）左右排列组成。它反映了同种轴承在内圈孔径相同时内、外圈宽度、厚度的不同及滚动体大小不同。显然，尺寸系列代号不同的轴承，其外廓尺寸不同，承载能力也不同。

尺寸系列代号有时可以省略：除圆锥滚子轴承外，其余各类轴承宽度系列代号“0”均省略；深沟球轴承和角接触球轴承的10尺寸系列代号中的“1”可以省略；双列深沟球轴承的宽度系列代号“2”可以省略。

C 内径代号

内径代号由数字表示。表示轴承公称内径的内径代号见表8-6。

表8-6 滚动轴承内径代号

<table>
<tr><th colspan="2">轴承公称内径/mm</th><th>内 径 代 号</th><th>示 例</th></tr>
<tr><td colspan="2">0.6~10（非整数）</td><td>用公称内径毫米数直接表示，在其与尺寸系列代号之间用“/”分开</td><td>深沟球轴承618/2.5
d=2.5mm</td></tr>
<tr><td colspan="2">1~9（整数）</td><td>用公称内径毫米数直接表示，对深沟及角接触球轴承7，8，9直径系列，内径与尺寸系列代号之间用“/”分开</td><td>深沟球轴承625618/5
d=5mm</td></tr>
<tr><td rowspan="4">10~17</td><td>10</td><td>00</td><td rowspan="4">深沟球轴承6200
d=10mm</td></tr>
<tr><td>12</td><td>01</td></tr>
<tr><td>15</td><td>02</td></tr>
<tr><td>17</td><td>03</td></tr>
<tr><td colspan="2">20~480
（22，28，
32除外）</td><td>公称内径除以5的商数，商数为个位数，需在商数左边加“0”，如08</td><td>调心滚子轴承23208
d=40mm</td></tr>
<tr><td colspan="2">≥500以及
22，28，32</td><td>用公称内径毫米数直接表示，但在与尺寸系列之间用“/”分开</td><td>调心滚子轴承230/500
d=500mm
深沟球轴承62/22
d=22mm</td></tr>
</table>

8.4.2 滚动轴承的表示法

滚动轴承是将运转的轴与轴座之间的滑动摩擦变为滚动摩擦，从而减少摩擦损失的一种精密机械元件。滚动轴承由专业工厂生产，当需要表示滚动轴承时，可根据不同场合分别采用通用画法、特征画法或规定画法。常用滚动轴承的通用画法、特征画法和规定画法见表8-7。

表 8-7 常用滚动轴承的简化画法和规定画法

类型名称和标准号	结构	简化画法		规定画法
		通用画法	特征画法	
深沟球轴承 GB/T 276—1994			A, B/6, 2B/3, d, D, B	2B/3, 30°, A, B/6, d, D, B
圆锥滚子轴承 GB/T 297—1994		B, A, 2A/3, 2B/3, d, D	A, 2A/3, A/6, d, D, B	B, B/2, A, A/2, A/2, 60°, d, D
推力球轴承 GB/T 301—1995			T, C, A/2, A, A/4, T/4, 15°, A/2, d, B, D	T, T/2, 60°, A/2, A, T/2, d, D

8.5 弹簧

弹簧是机械中最常用的零件之一，它具有功能转换的特性，可用于减震、夹紧、测力、复位、调节、储存能量等场合。

弹簧的种类有很多，常见的有圆柱螺旋弹簧、截锥螺旋弹簧、板弹簧、平面涡卷弹簧等。其中圆柱螺旋弹簧最为常见，它又分为压缩弹簧（Y 型）、拉伸弹簧（L 型）和扭转弹簧（N 型）三种，如图 8-36 所示。

8.5.1 圆柱螺旋式压缩弹簧各部分的名称与尺寸计算

弹簧各部分名称代号如图 8-37 所示，其包括：

（1）弹簧丝的直径：制造弹簧用的金属丝直径，用 d 表示。

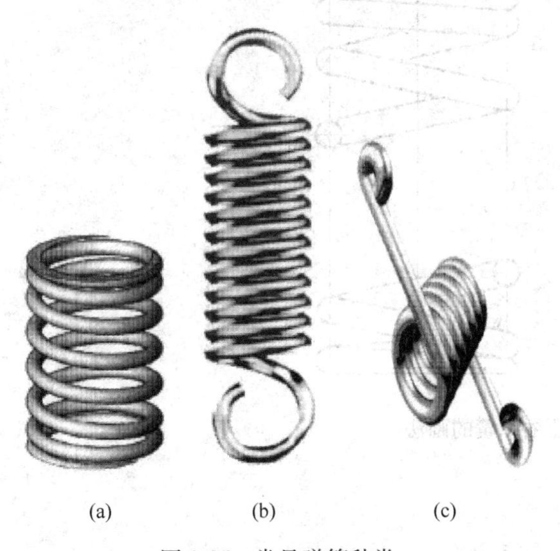

(a) (b) (c)

图 8-36 常见弹簧种类

（a）拉伸弹簧；（b）压缩弹簧；（c）扭转弹簧

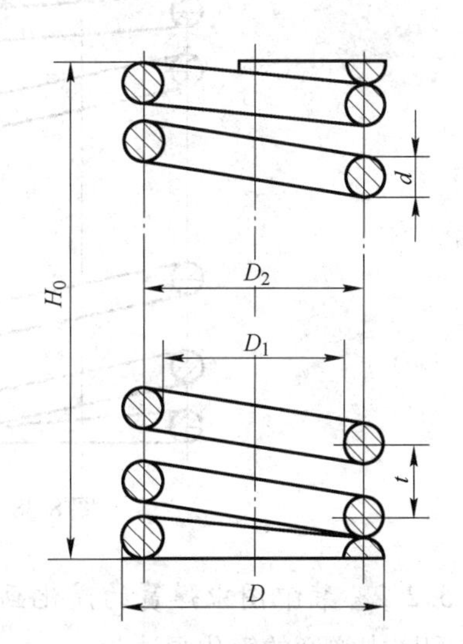

图 8-37 弹簧各部分名称代号

（2）弹簧直径：弹簧直径包括弹簧中径（弹簧的平均直径，用 D 表示）、弹簧内径（弹簧的最小直径，用 D_1 表示）和弹簧外径（弹簧的最大直径，用 D_2 表示）。D、D_1、D_2 的计算公式分别是 $D=(D_1+D_2)/2$、$D_1=D_2-2d=D-d$、$D_2=D_1+2d=D+d$。

（3）节距：相邻两有效圈上对应点间的轴向距离。

（4）有效圈数（n）、支撑圈数（n_2）、总圈数（n_1）：有效圈数是保持相等节距的圈数。支撑圈数有 1.5 圈、2 圈、2.5 圈三种。总圈数是支撑圈数和有效圈数之和。

（5）自由高度：未受载荷时的弹簧高度（或长度），用 H_0 表示。H_0 的计算公式为 $H_0=nt+(n_2-0.5)d$。

（6）旋向：弹簧分为左旋和右旋两种。

（7）展开长度：制造弹簧所需金属丝的长度，一般用 L 表示。按螺旋线展开可得 L 的计算公式为 $L\approx n_1\sqrt{(nD)^2+t^2}$。

8.5.2 弹簧的画法

8.5.2.1 弹簧的规定画法

弹簧的规定画法可采用视图、剖视图和示意图三种形式画，但是弹簧的实际投影是比较复杂的，因此国家标准也规定了弹簧的画法，如图 8-38 所示，在绘制时应该注意以下几点：

（1）在平行于螺旋弹簧轴线的视图中，其各圈的外形轮廓应画成直线。

（2）有效圈数在四圈以上的螺旋弹簧，可在每一端只画1~2圈（支撑圈除外），中间各圈只需用通过簧丝断面中心的细点画线连起来，且允许适当缩短图形长度。

（3）螺旋弹簧均可画成右旋，但对于左旋弹簧不论是否画成左旋，一律要注出旋向符号“LH”。

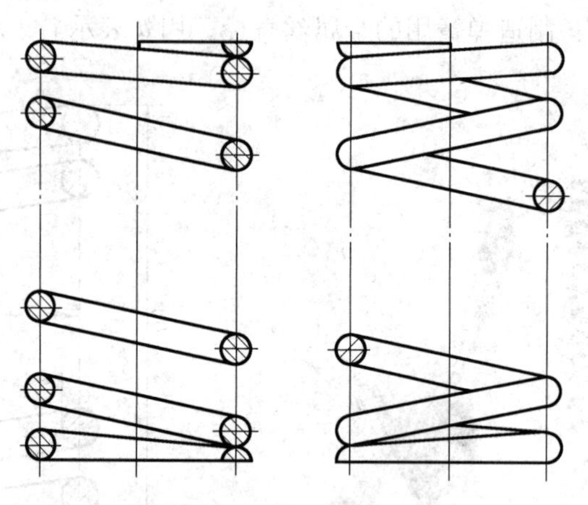

图8-38　螺旋压缩弹簧的画法

8.5.2.2　装配图中弹簧的简化画法

装配图中弹簧的简化画法为：

（1）在装配图中，弹簧被看作实心物体，弹簧后面被挡住的零件轮廓不必画出，如图8-39（a）所示。

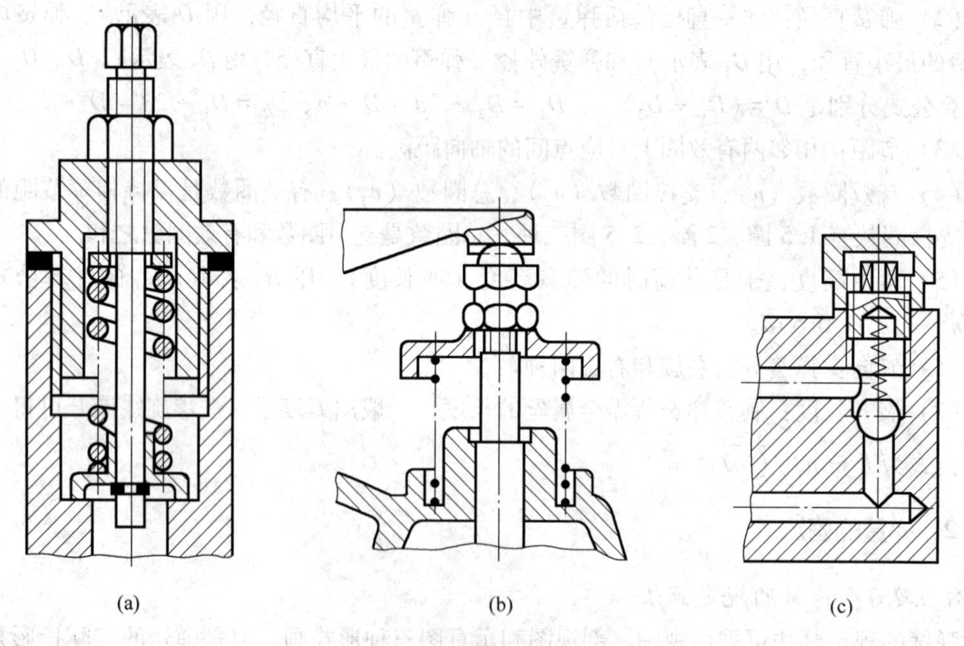

图8-39　装配图中弹簧的画法

（2）在装配图中，被剖切后的簧丝直径在图形上等于或小于2mm时，可采用涂黑表示，且各圈的轮廓线不画，如图8-39（b）所示；也允许用示意图绘制，如图8-39（c）所示。

8.5.3 圆柱螺旋压缩弹簧的作图步骤

圆柱螺旋弹簧的作图步骤见表 8-8。

表 8-8 圆柱螺旋压缩弹簧的作图步骤

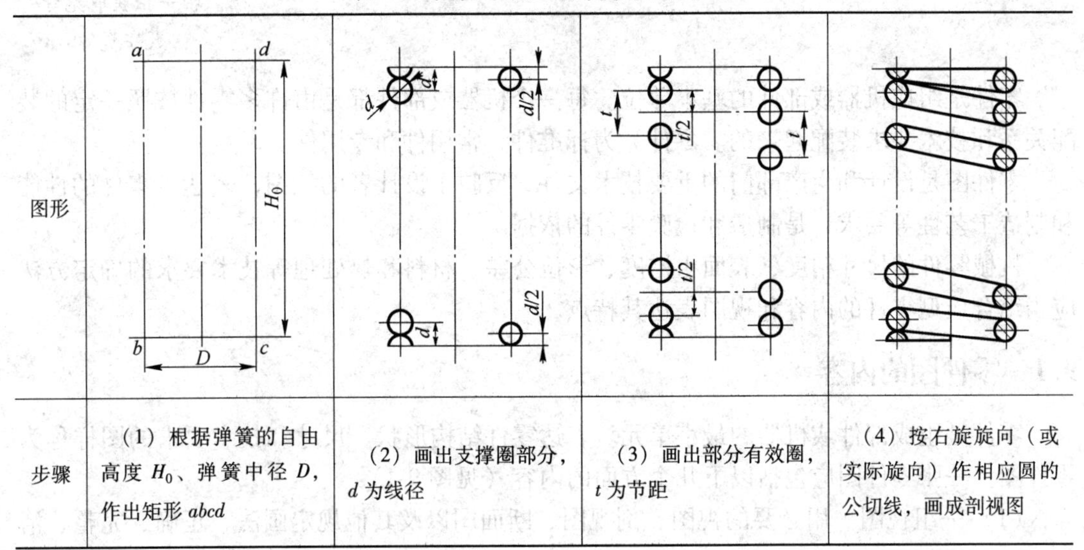

步骤	(1) 根据弹簧的自由高度 H_0、弹簧中径 D，作出矩形 $abcd$	(2) 画出支撑圈部分，d 为线径	(3) 画出部分有效圈，t 为节距	(4) 按右旋旋向（或实际旋向）作相应圆的公切线，画成剖视图

9 零 件 图

扫一扫获取免费数字资源

零件是组成机器或部件的基本单位。每一个机器或部件都是由许多零件按照一定的装配关系和技术要求装配起来的。零件分为标准件、常用件和专用件。

零件图是设计和生产部门的重要技术文件，反映了设计者的意图，表达了零件的性能和制造工艺性等要求，是制造和检验零件的依据。

机械零件的尺寸精度、表面粗糙度、形位公差、材料和热处理等技术要求的确定方法应当结合典型零件的内容和视图表达其特点。

9.1 零件图的内容

零件是组成部件或机器的最小单元。表达零件结构形状、尺寸和技术要求的图样称为零件图。一张零件图应包括以下几个方面的内容（见图 9-1）：

（1）一组视图。用必要的视图、剖视图、断面图以及其他规定画法，正确、完整、清

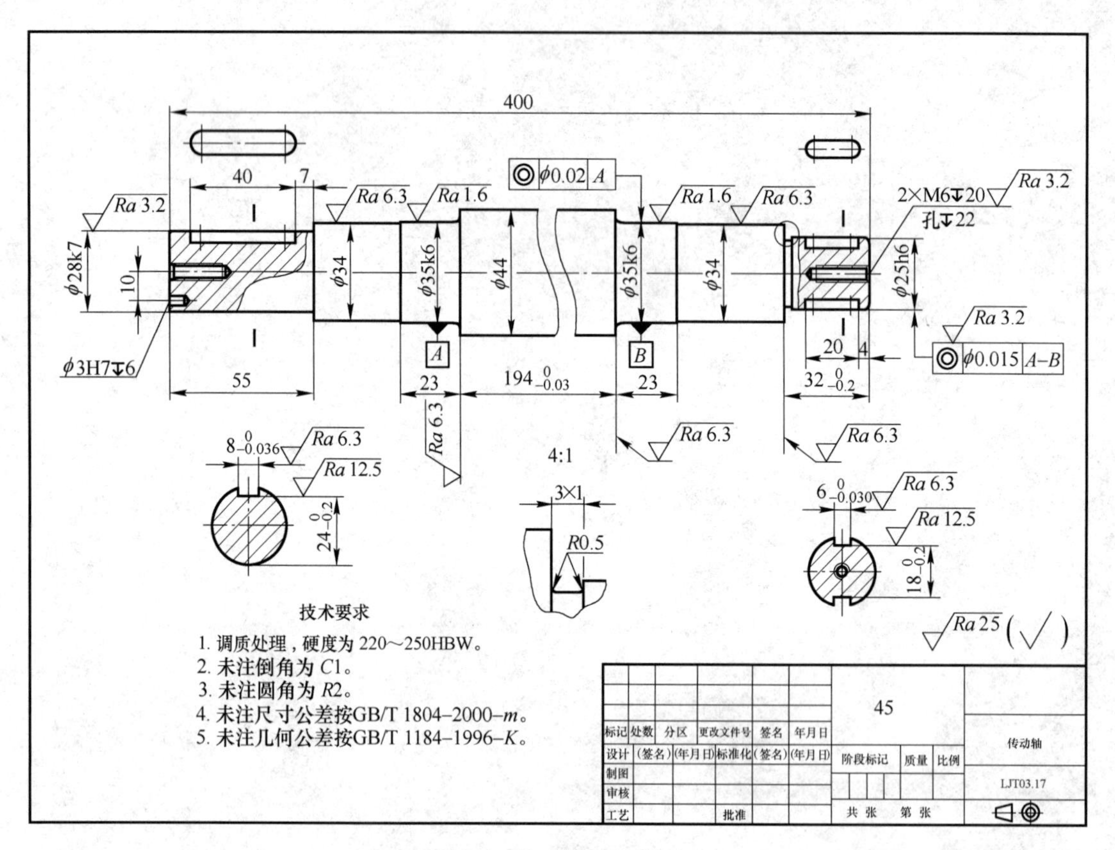

图 9-1 传动轴的零件图

晰地表达零件的结构及内外形状。

（2）完整尺寸。正确、完整、清晰、合理地标注零件制造、检验时的全部尺寸。

（3）技术要求。用规定的代号、符号或文字说明零件在制造、检验和装配过程中应达到的各项技术要求，如表面粗糙度、尺寸公差、几何公差、材料及热处理等。

（4）标题栏。注写零件的名称、数量、材料、比例、图号、设计人员、审核人员等内容。

零件的结构形状、尺寸和技术要求等方面主要取决于它在机器或部件中的作用和与相关零件间的装配、连接关系。了解这些内容和常识对正确识读理解图样上的各项要求和尺寸标注及零件的表达方案具有重要意义。

图 9-2 所示的铣刀头是铣床上的一个部件。铣刀头的铣削功能是通过带轮、键、轴等零件把动力（扭矩）传递到刀盘上来实现的。而轴又需要轴承、座体等零件支承起来；端盖可调节轴承的松紧并确定轴向定位，同时和毡圈一道起密封作用，防止润滑油外泄和灰尘、其他杂物的侵入；螺钉则把端盖与座体连接起来并紧固。

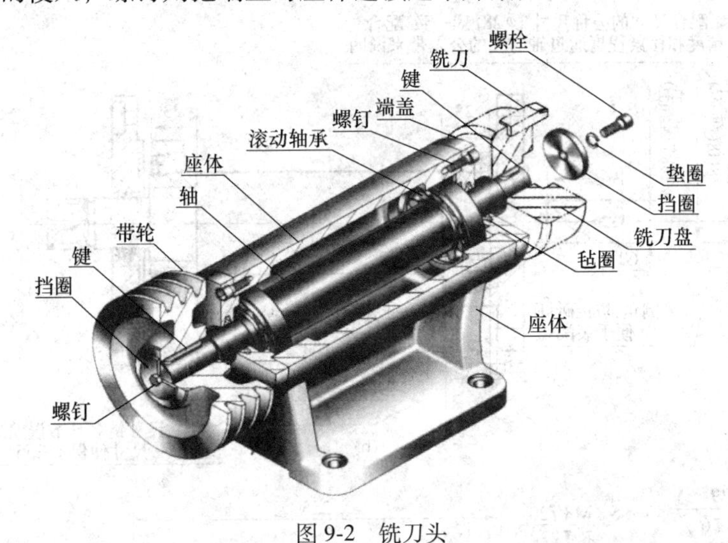

图 9-2 铣刀头

由此可见，机器中的每一个零件都有它的作用，各零件间又相互依存、相互配合。各零件的作用不同，其结构形状、尺寸及技术要求就不同；同一零件中，各部位与相邻零件的配合连接关系不同，其各项要求也不相同。

下面从铣刀头各零件的作用及其与相邻零件的关系简要说明其结构、尺寸和表面质量的不同要求，如图 9-3 所示。

图 9-3（a）、（b）说明了轴为什么要做成阶梯形，还说明了倒角、轴肩等细部结构的作用，各处的尺寸精度、表面质量和这些结构的作用之间的关系等。

图 9-3（b）、（c）表示轴、端盖、轴承、调整环的轴向尺寸与座体长度（255）的关系。同时两图还说明了 V 带轮与轴、端盖凸台和座体轴孔两配合部位的公称尺寸（$\phi28$、$\phi80$）要一致，配合性质（松紧程度）则是通过轴、孔公差带代号或偏差值来说明。

图 9-3（c）说明端盖上的六个沉孔和座体两端面上的六个螺孔的定位尺寸（$\phi98$）的一致性。

分析可知，零件的结构形状、尺寸及技术要求与其在机器或部件中的作用密不可分，而这些技术信息的表达是通过零件图的各项内容来实现的。所以，合理地选择表达方案，完整地标注尺寸，正确地理解和标注各项技术要求是绘制零件图的基本要求。

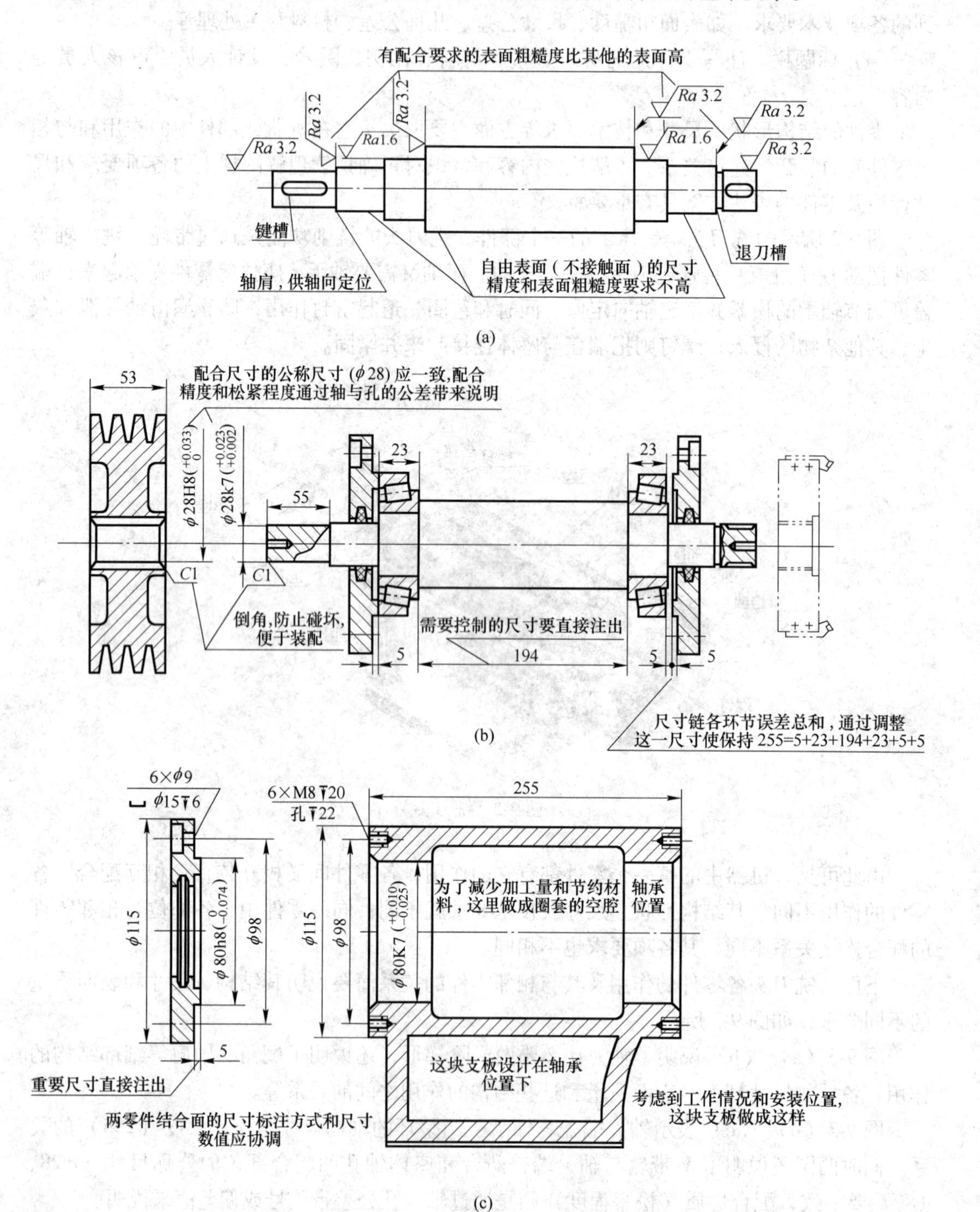

图 9-3　铣刀头各零件作用及配合关系分析

9.2　零件图的视图表达

确定合理的表达方案，主要考虑两点，即主视图和其他视图的选择。

零件视图选择的原则：在完整、正确、清晰地表达各部分结构形状和大小的前提下，力求画图简便，尽量不采用虚线表达零件的结构，避免不必要的细节重复，视图数量最少。

9.2.1　主视图的选择

主视图是零件图中最重要的视图，一般将反映零件信息量最大的视图作为主视图。主视图选择的合理性，关系到零件结构形状表达是否清楚、其他视图的数量和位置的确定，以及读图和画图的便捷性。选择主视图的原则有形状特征原则、工作位置原则和加工位置原则。

（1）形状特征原则。主视图应选择尽量多地反映零件各部分的机构特征及相互位置关系的投射方向。图 9-4 所示支座由底板 1、肋板 2、大圆筒 3、小圆筒 4、肋板 5 五部分组成，箭头 *A* 所示方向的投影能清楚地显示出该支座各部分的形状、大小及相互位置关系，较其他方向（如 *B* 向）更清楚地显示零件的形状特征。因此，选择 *A* 为主视图的投射方向。

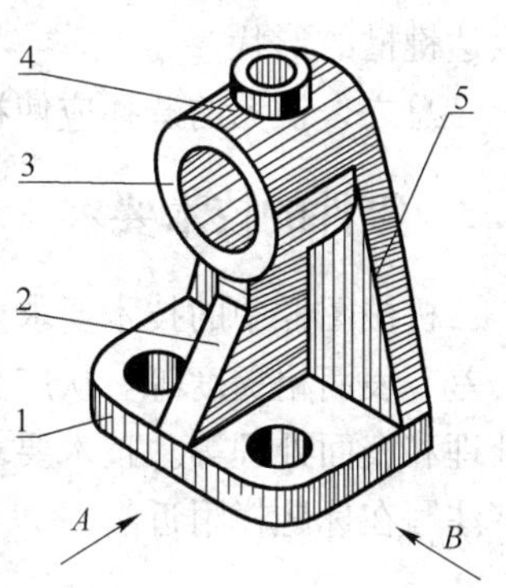

图 9-4　支座的主视图选择

1—底板；2，5—肋板；3—大圆筒；4—小圆筒

（2）工作位置原则。主视图的方向，应符合零件在机械上的工作位置。对于支架、箱体等非回转体零件，选择主视图时，一般应遵循工作位置原则。图 9-4 所示支架 *A* 投射方向的主视图既体现了它的工作位置原则，又同时表达了形状特征原则。

（3）加工位置原则。主视图的方位，应尽量与零件主要的加工位置一致。如图 9-5 所示，轴类零件主要加工在车床和磨床上完成，因此其主视图应选择水平位置放置其轴线，以便看图加工。

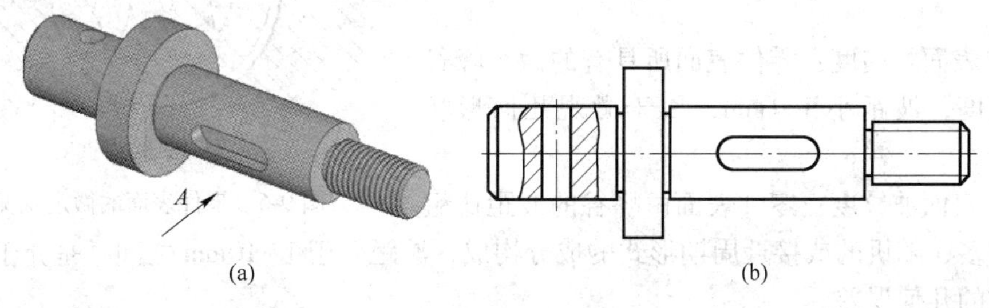

图 9-5　轴的主视图选择

对于轴套类、轮盘类等回转体零件，选择主视图时，一般应遵循加工位置原则。

综上所述，主视图的选择主要依据零件的形状特征、加工位置及工作位置等因素综合考虑决定。

9.2.2　其他视图的选择

选择其他视图时，应以主视图为基础，根据零件形状的复杂程度和结构特点，以完整、正确、清晰地表达各部分结构为主线，优先考虑基本视图，采用相应的剖视图、断面图等方法，使每一个视图有一个表达的重点。采用这些方法后，对于零件尚未表达清楚的局部形状或细部结构，可选择必要的局部视图、斜视图或局部放大视图等来表达。

一般情况下，视图的数量与零件的复杂程度有关系，零件越复杂，视图的数量越多。对于同一零件，特别是结构较为复杂的零件，可选择的表达方案可能会有若干个，应比较归纳后选择一个最佳的表达方案。

图 9-1 是传动轴的表达方案。主视图以表达外形为主，同时采用了两处局部剖视图，表达键槽、螺纹孔的长度以及位置；采用了两处移出断面图，以表达零件形状以及键槽的宽度和深度；采用了一处局部放大视图，表达零件切槽处的细部结构；采用两处局部视图表达键槽的形状。

总之，视图的选择应使视图的数量最少，以表达正确、完整、清晰，简单易懂。

9.3　零件的技术要求

机械图样中的技术要求主要是指零件几何精度方面的要求，如尺寸公差、形状和位置公差、表面粗糙度等。从广义上讲，技术要求还包括理化性能方面的要求，如对材料的热处理和表面处理等。技术要求通常是用符号、代号或标记标注在图形上，或者用简明的文字注写在标题栏附近。

9.3.1　表面结构的表示法

为了保证零件的表面质量，需要在设计时就给出零件的表面结构要求。表面结构是在有限区域上的表面粗糙度、表面波纹度、表面缺陷、表面纹理和表面几何形状的总称。

零件的表面，不管经过怎样精细的加工，在显微镜下观察，都是高低不平的波纹，如图 9-6 所示。根据波距的大小不同，零件表面的形貌可分三种情况。

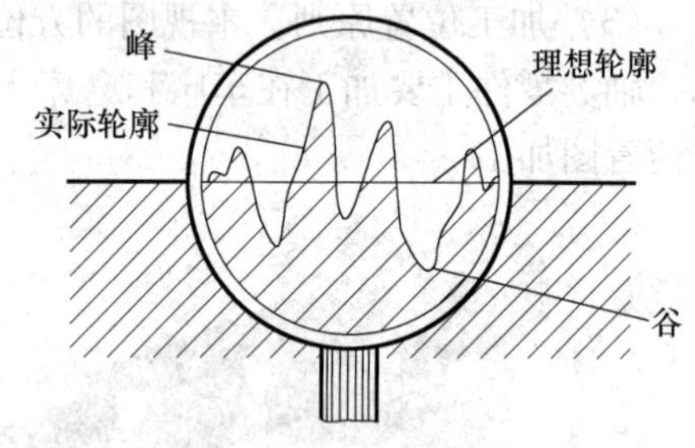

图 9-6　零件表面的微观状况

（1）表面粗糙度：零件表面所具有的微小峰谷的不平程度，波距小于 1mm，属于微观几何形状误差。

（2）表面波纹度：零件表面由峰谷的波距比粗糙度大得多、随机的或接近周期形式的成分构成，波距介于 1~10mm 之间，是介于微观和宏观之间的几何误差。

（3）形状误差：零件表面峰谷的波距大于 10mm 的不平程度。属于宏观几何误差。

9.3.1.1　表面粗糙度的评定参数

《产品几何技术规范（GPS）表面结构　轮廓法　表面粗糙度参数及其数值》（GB/T 3505—2009）中规定了表面粗糙度参数及其数值。表面粗糙度常用轮廓算数平均偏差 *Ra* 和轮廓最大高度 *Rz* 来评定，参数 *Ra* 被推荐优先选用。*Ra* 值越小，表面质量要求越高，加工成本也越高。

常用的 *Ra* 值为 25、12.5、6.3、3.2、1.6、0.8（单位 μm）等，见表 9-1。

表 9-1 常用的 *Ra* 值

Ra/μm	表面特征	主要加工方法	应 用 举 例
25	可见刀痕	粗车、粗铣、粗刨、钻、粗纹锉刀和粗砂轮加工	粗糙度最低的加工面，很少使用
12.5	微见刀痕	粗车、刨、立铣、平铣、钻	不接触表面、不重要的接触面，如螺钉孔、倒角、机座底面等
6.3	可见加工痕迹	精车、精铣、精刨、铰、镗、粗磨等	没有相对运动的零件接触面，如箱、盖、套筒要求紧贴的表面、键和键槽工作表面；相对运动速度不高的接触面，如支架孔、衬套的工作表面等
3.2	微见加工痕迹		
1.6	看不见加工痕迹		
0.8	可辨加工痕迹方向	精车、精铰、精拉、精镗、精磨等	要求很好配合的接触面，如与滚动轴承配合的表面、锥销孔等；相对运动速度较高的接触面，如滑动轴承的配合表面、齿轮轮齿的工作表面等

9.3.1.2 表面粗糙度的图形符号

表面粗糙度的图形符号种类、名称、尺寸及含义见表 9-2。

表 9-2 表面粗糙度符号

符号名称	符 号	含义及说明
基本图形符号	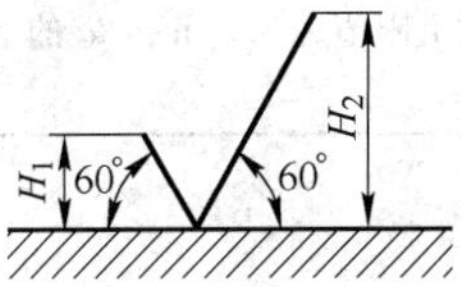	基本图形符号表示未指定工艺方法的表面，当不加注粗糙度参数值或有关说明（如表面处理、局部热处理状况等）时，仅适用于简化代号标注； 符号的 H_1 高度值为 1.4h（h 为图样中的字母和数字的字高），H_2 高度值约为 3h
扩展图形符号		基本符号加一短画，表示表面粗糙度是用去除材料的方法获得，如车、铣、磨、抛光等
	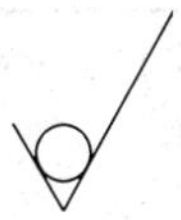	基本符号加一小圆，表示表面粗糙度是用不去除材料的方法获得，如铸、锻、热轧等；或者是保持原始供应状况的表面（毛面）；或者是保持上道工序的状况
完整图形符号	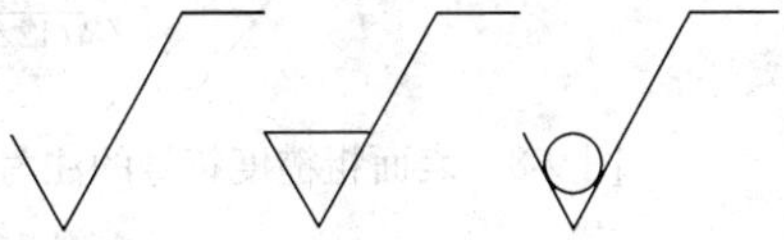	在三种符号的长边上加一横线（横线长度视注写内容而定），用于注写对表面结构的各种要求

表面粗糙度要求在图形符号上的注写位置如图 9-7 所示。

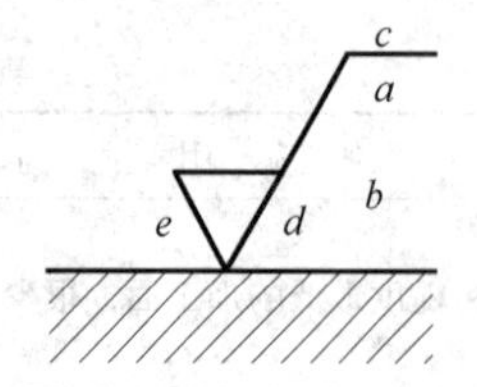

区域 a：注写表面结构的单一要求或第一表面结构要求；
区域 b：注写第二表面结构要求；
区域 c：注写加工方法及涂镀要求，如车、铣、磨、镀 Cr 等；
区域 d：注写表面纹理方向；
区域 e：注写加工余量

图 9-7　粗糙度注写位置

9.3.1.3　表面粗糙度代号及其含义

表面粗糙度图形符号注写了参数和数值等要求后，称为表面粗糙度代号。表面粗糙度代号示例及其含义见表 9-3。

表 9-3　表面粗糙度代号示例

代　号	含　义
Ra 1.6	用去除材料方法获得的表面粗糙度，*Ra* 的上限值为 1. 6μm
Ra 6.3	用不去除材料方法获得的表面粗糙度，*Ra* 的上限值为 6. 3μm
Rz_{max} 3.2	用去除材料方法获得的表面粗糙度，*Rz* 的最大值为 3. 2μm
Ra 3.2 *Ra* 1.6	用去除材料方法获得的表面粗糙度，*Ra* 的上限值为 3. 2μm，*Ra* 的下限值为 1. 6μm

9.3.1.4　表面粗糙度代号在图样中的注法

（1）在图样中，零件上每一表面的粗糙度要求一般只标注一次，并尽可能注在标注该表面尺寸与公差的视图上。除非另有说明，否则所标注的粗糙度要求是对完工零件表面的要求。

（2）表面粗糙度符号的注写和读取方向与尺寸的注写和读取方向一致，如图 9-8 所示。

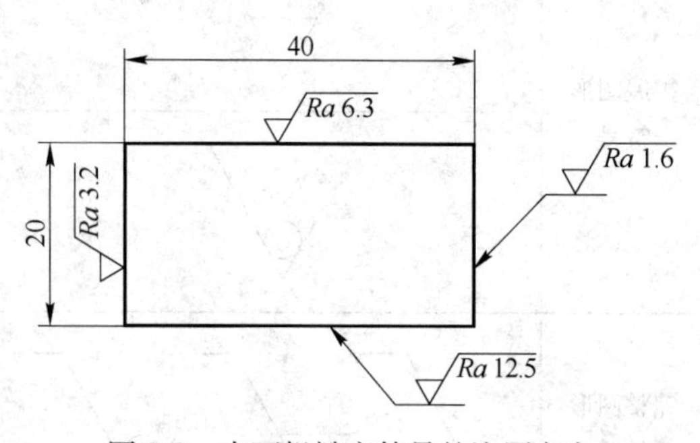

图 9-8　表面粗糙度符号的注写方向

（3）表面粗糙度符号可注在轮廓线或轮廓线的延长线上，其符号应从材料外指向并接触所注表面的轮廓线或轮廓线的延长线，如图 9-9（a）所示。必要时，表面粗糙度符号可采用带箭头或黑点的指引线引出标注，如图 9-9（b）所示。

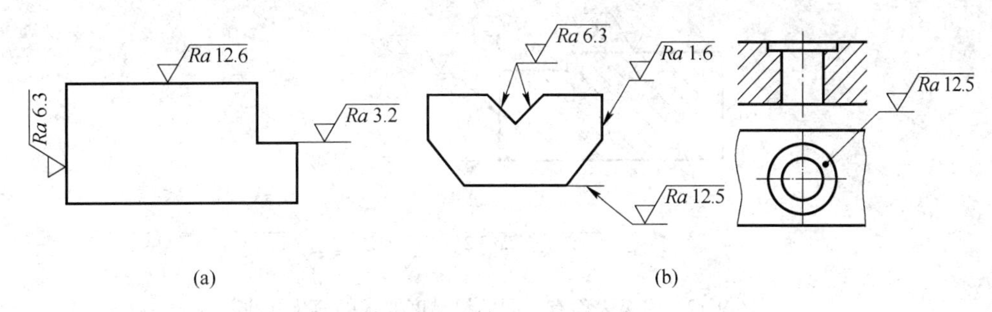

图 9-9　表面粗糙度的标注方法

（4）在不致引起误解的情况下，表面粗糙度符号可以标注在尺寸线上，如图 9-10（a）所示；也可以标注在几何公差框格的上方，如图 9-10（b）所示。

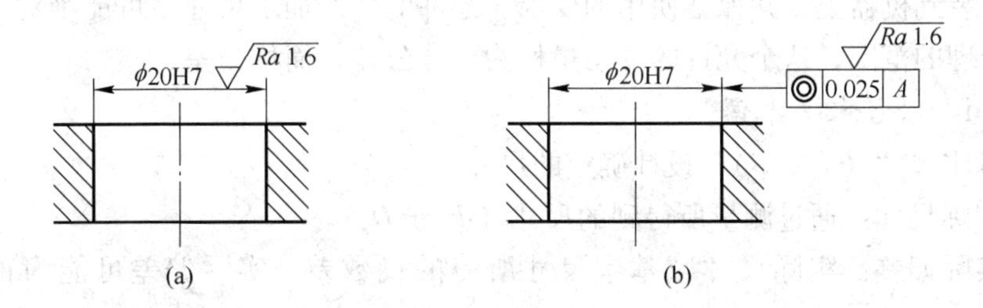

图 9-10　表面粗糙度在尺寸线、几何公差框格符号上

9.3.1.5　表面粗糙度要求的简化注法

（1）如果工件的多数（或全部）表面有相同的粗糙度要求，则它们的粗糙度符号可统一标注在标题栏附近，此时，符号后面加一圆括号，圆括号内画出无任何其他标注的基本符号或不同的表面粗糙度符号，如图 9-11 所示。

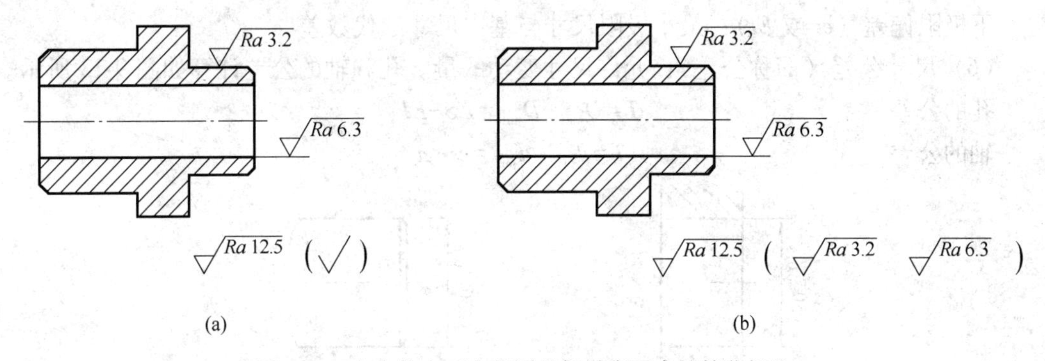

图 9-11　大多数表面有相同的粗糙度要求的简化标注

（2）多个表面有共同的粗糙度要求时，可用带字母的完整符号以等式的形式在图形或标题栏附近进行简化标注，如图 9-12 所示。

9.3.2　极限与配合

极限与配合是零件图和装配图中的一项重要技术要求，也是评定产品质量高低的一项重要技术指标。

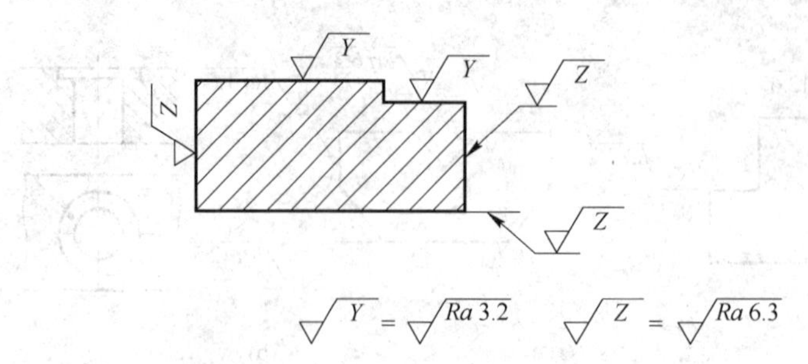

图 9-12　多个表面有共同的粗糙度要求的简化标注

由互换性、加工工艺性及经济性的要求，零件图上必须标注尺寸公差。

零件的互换性是批量化生产的基础，即同一规格的零件中任取一件，不需要再经过修配，就能安装到机器上，并保证使用的要求。零件的生产加工尺寸不可能绝对准确，必须给予一个合理的范围，这个允许的变动量称为尺寸公差，简称公差。

9.3.2.1　公差相关术语

（1）基本尺寸（d 或 D）：设计确定的尺寸。

（2）实际尺寸：通过测量所得到的尺寸（d_a 或 D_a）。

（3）实际偏差：实际尺寸减基本尺寸所得的代数差。实际偏差可能为正数、负数或零。

（4）极限尺寸：

最大极限尺寸是指孔或轴允许的最大尺寸（d_{max}或 D_{max}）；最小极限尺寸是指孔或轴允许的最小尺寸（d_{min}或 D_{min}）。

（5）极限偏差：指上极限偏差和下极限偏差。

上极限偏差（es 或 ES）：最大极限尺寸与基本尺寸的代数差。

下极限偏差（ei 或 EI）：最小极限尺寸与基本尺寸的代数差。

（6）尺寸公差（简称公差）：允许尺寸变动的量。孔和轴的公差计算如图 9-13 所示。

孔的公差　　$T = D_{max} - D_{min} = ES - EI$

轴的公差　　$T = d_{max} - d_{min} = es - ei$

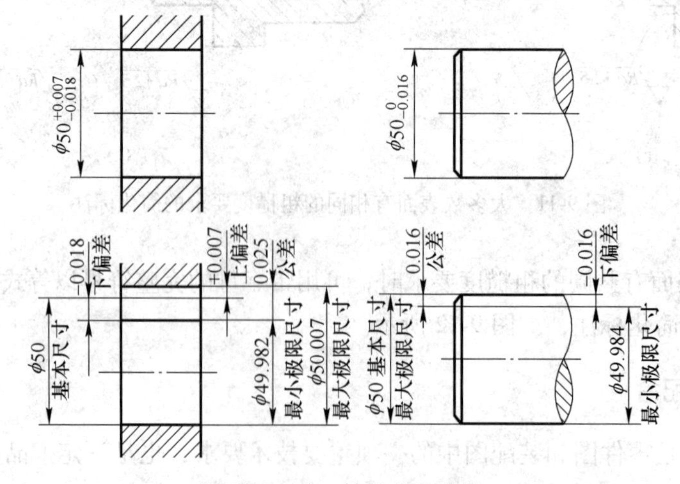

图 9-13　孔、轴的公差计算

公差值必须为正值，不会是 0 或负数。

（7）公差带和公差带图：公差带图中由代表上、下偏差的两条平行直线所限定的一个区域称为公差带。按比例绘制一方框简图，称为公差带图，如图 9-14 所示。

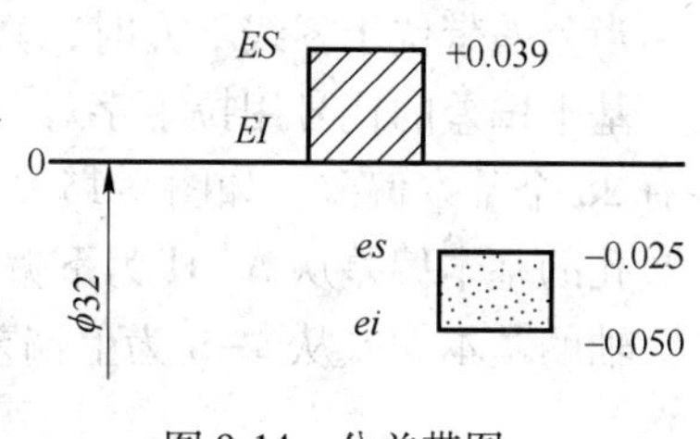

图 9-14 公差带图

公差带由“公差带大小”和“公差带位置”两个要素组成。公差带的大小由“标准公差”确定，公差带的位置由“基本偏差”确定。图 9-14 中零线表示基本尺寸，正偏差位于零线的上方，负偏差位于零线的下方。

（8）标准公差：标准公差是确定公差带大小的公差值，用字母 IT 表示，共分为 20 个公差等级：IT01、IT0、IT1、…、IT18。其中 01 级最高，公差值最小；18 级最低，公差值最大，见表 9-4。

表 9-4 标准公差数值（GB/T 1800.1—2009）

基本尺寸		IT01	IT0	IT1	IT2	IT3	IT4	IT5	IT6	IT7	IT8	IT9	IT10	IT11	IT12	IT13	IT14	IT15	IT16	IT17	IT18
大于	至	μm													mm						
—	3	0.3	0.5	0.5	1.2	2	3	4	6	10	14	25	40	60	0.10	0.14	0.25	0.40	0.60	1.0	1.4
3	6	0.4	0.6	1	1.5	2.5	4	5	8	12	18	30	48	75	0.12	0.18	0.30	0.48	0.75	1.2	1.8
6	10	0.4	0.6	1	1.5	2.5	4	6	9	15	22	36	58	90	0.15	0.22	0.36	0.58	0.90	1.5	2.2
10	18	0.5	0.8	1.2	2	3	5	8	11	18	27	43	70	110	0.18	0.27	0.43	0.70	1.1	1.8	2.7
18	30	0.6	1	1.5	2.5	4	6	9	13	21	33	52	84	130	0.21	0.33	0.52	0.84	1.3	2.1	3.3
30	50	0.6	1	1.5	2.5	4	7	11	16	25	39	62	100	160	0.25	0.39	0.62	1.00	1.6	2.5	3.9
50	80	0.8	1.2	2	3	5	8	13	19	30	46	74	120	190	0.30	0.46	0.74	1.20	1.9	3.0	4.6
80	120	1	1.5	2.5	4	6	10	15	22	35	54	87	140	220	0.35	0.54	0.87	1.40	2.2	3.5	5.4
120	180	1.2	2	3.5	5	8	12	18	25	40	63	100	160	250	0.40	0.63	1.00	1.60	2.5	4.0	6.3
180	250	2	3	4.5	7	10	14	20	29	46	72	115	185	290	0.46	0.72	1.15	1.85	2.9	4.6	7.2
250	315	2.5	4	6	8	12	16	23	32	52	81	130	210	320	0.52	0.81	1.30	2.1	3.2	5.2	8.1
315	400	3	5	7	9	13	18	25	36	57	89	140	230	360	0.57	0.89	1.40	2.3	3.6	5.7	8.9
400	500	4	6	8	10	15	20	27	40	63	97	155	250	400	0.63	0.97	1.55	2.5	4.0	6.3	9.7
500	630	—	—	9	11	16	22	30	44	70	110	175	280	440	0.70	1.10	1.75	2.8	4.4	7.0	11.0
630	800	—	—	10	13	18	25	35	50	80	125	200	320	500	0.80	1.25	2.0	3.2	5.0	8.0	12.5
800	1000	—	—	11	15	21	29	40	56	90	140	230	360	560	0.90	1.40	2.3	3.6	5.6	9.0	14.0
1000	1250	—	—	13	18	24	34	46	66	105	165	260	420	660	1.05	1.65	2.6	4.2	6.6	10.5	16.5
1250	1600	—	—	15	21	29	40	54	78	125	195	310	500	780	1.25	1.95	3.1	5.0	7.8	12.5	19.5
1600	2000	—	—	18	25	35	48	65	92	150	230	370	600	920	1.50	2.3	3.7	6.0	9.2	15.0	23.0
2000	2500	—	—	22	30	41	57	77	110	175	280	440	700	1100	1.75	2.8	4.4	7.0	11.0	17.5	28.0
2500	3150	—	—	26	36	50	69	93	135	210	330	540	860	1350	2.10	3.3	5.4	8.6	13.5	21.0	33.0

（9）基本偏差：用以确定公差带相对零线位置的上偏差或下偏差，一般是指靠近零线的那个偏差。

当公差带位于零线上方时，其基本偏差为下偏差；

当公差带位于零线下方时，其基本偏差为上偏差。

基本偏差的代号用拉丁字母表示，大写为孔，小写为轴，共有 28 个代号，即孔和轴各有 28 个基本偏差，如图 9-15 所示。

孔的基本偏差从 A~H 为下偏差，从 J~ZC 为上偏差。

轴的基本偏差从 a~h 为上偏差，从 j~zc 为下偏差。

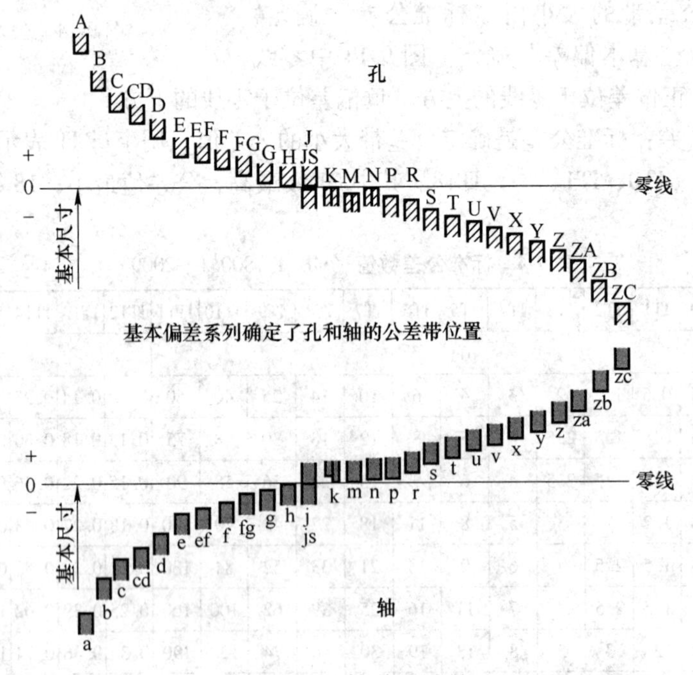

图 9-15　基本偏差系列

（10）公差带代号：孔和轴的公差带代号均由基本偏差代号与公差等级代号组成，并且要用同一号字书写。例如：H8、F8 为孔的公差带代号；h7、n7 为轴的公差带代号。

25n6 的含义是：基本尺寸为 25，公差等级为 IT6 级，基本偏差为 n 的轴的公差带。

9. 3. 2. 2　配合

基本尺寸相同的相互结合的孔和轴的公差带之间的关系称为配合。当孔的实际尺寸大于轴的实际尺寸时，孔与轴之间存在间隙；当孔的实际尺寸小于轴的实际尺寸时，孔与轴之间存在过盈。

配合分为间隙配合、过渡配合和过盈配合三种。

（1）间隙配合。间隙配合是指孔的公差带在轴的公差带之上，任取其中一对孔和轴相配合都成为具有间隙（包括最小间隙为零）的配合，如图 9-16 所示。

间隙配合可保证两个相配零件的相对运动、储存润滑油及补偿由温度变化而引起的变形。

（2）过盈配合。过盈配合是孔的公差带在轴的公差带之下，任取其中一对孔和轴相配合都成为具有过盈（包括最小过盈为零）的配合，如图 9-17 所示。

过盈配合时具有过盈的两个零件结合牢固，可传递扭矩。

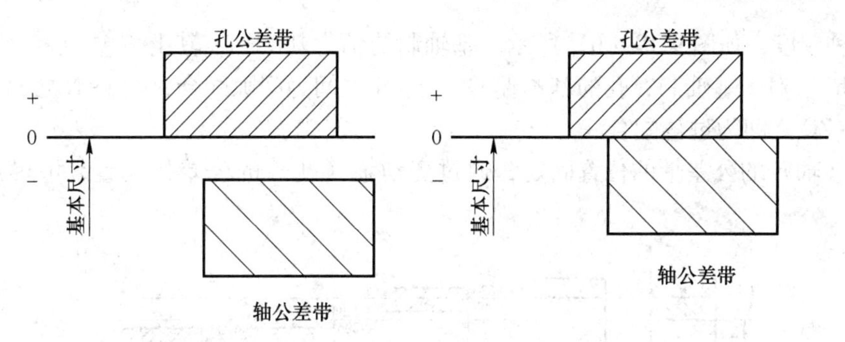

图 9-16 间隙配合

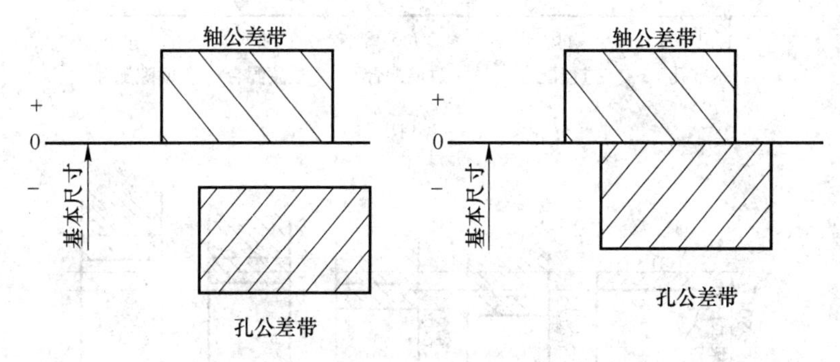

图 9-17 过盈配合

（3）过渡配合：过渡配合是孔的公差带与轴的公差带相互交叠，任取其中一对孔和轴相配合，可能具有间隙也可能具有过盈的配合，如图 9-18 所示。

过渡配合时，一般间隙和过盈都不大，所以两相配零件间同轴度较好。

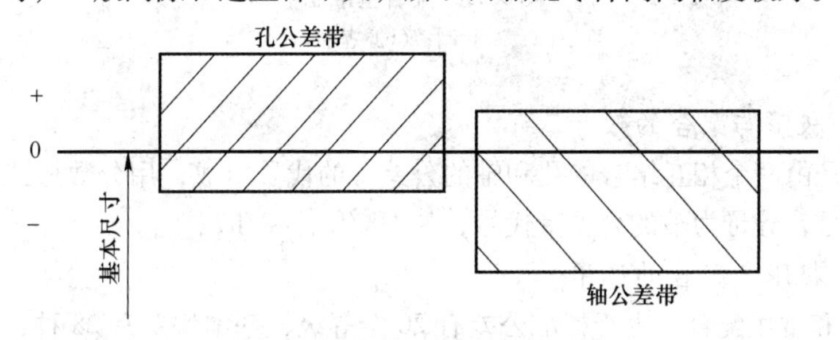

图 9-18 过渡配合

9.3.2.3 配合基准制

任何一种孔的公差带和任何一种轴的公差带都可以形成一种配合。但为了简化起见，国标对孔与轴公差之间相互位置关系，规定了两种制度，即基孔制和基轴制。

（1）基孔制：基本偏差为一定的孔的公差带，与不同基本偏差的轴的公差形成各种配合的一种制度，如图 9-19（a）所示。基准制的孔称为基准孔，其下偏差为零。基准孔的代号为“H”。对于基孔制，轴的基本偏差在 a～h 之间为间隙配合，在 j～n 之间为过渡配合，在 p～zc 之间为过盈配合。

（2）基轴制：基本偏差为一定的轴的公差带，与不同基本偏差的孔的公差带形成各种配合的一种制度，如图9-19（b）所示。基轴制的轴为基准轴，其上偏差为零，基准轴的代号为“h”。对于基轴制，孔的基本偏差在A~H之间为间隙配合，在J~N之间为过渡配合，在P~ZC之间为过盈配合。

将孔（轴）的公差带的位置固定，通过变动轴（孔）的公差带位置，可得到各种不同的配合。

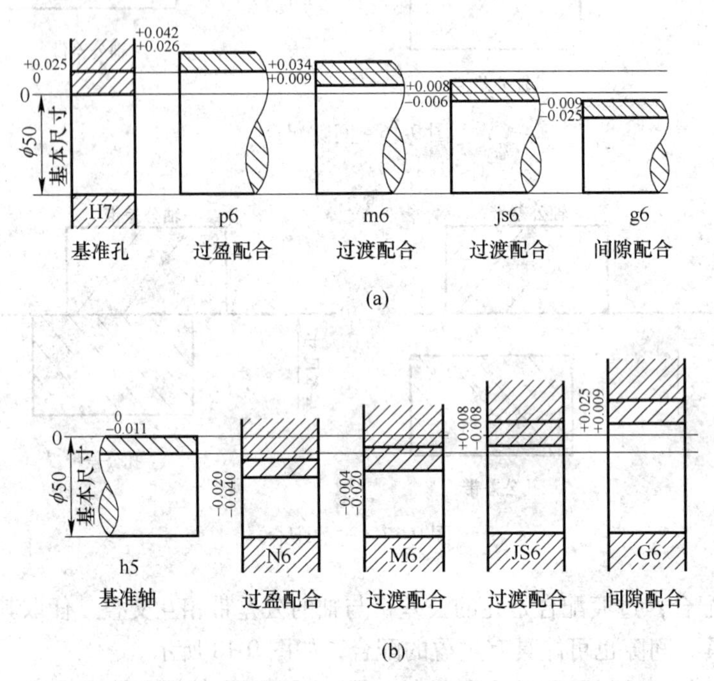

图9-19 配合基准制

（a）基孔制；（b）基轴制

9.3.2.4 极限与配合的代号

配合代号是由两个相互结合的孔和轴的公差带的代号组成，用分数形式表示，分子为孔的公差带代号，分母为轴的公差带代号，如H8/f7、F8/h7。

9.3.2.5 极限与配合的选用

（1）优先和常用配合。由于标准公差有20个等级，基本偏差有28种，因而可以组成大量的配合。过多的配合既不能发挥标准的作用，也不利于生产，为此，国家标准规定了优先、常用和一般用途的孔、轴公差带和与之相应的优先和常用配合。

1）基孔制优先配合。基孔制的常用配合有59种，其中包括优先配合13种。

间隙配合：H7/g6、H7/h6、H8/f7、H8/h7、H9/d9、H9/h9、H11/c11、H11/h11；

过渡配合：H7/k6、H7/n6；

过盈配合：H7/p6、H7/s6、H7/u6。

2）基轴制优先配合。基轴制常用配合有47种，其中优先配合也是13种。

间隙配合：G7/h6、H7/h6、F8/h7、H8/h7、D9/h9、H9/h9、C11/h11、H11/h11；

过渡配合：K7/h6、N7/h6；

过盈配合：P7/h6、S7/h6、U7/h6。

（2）优先采用基孔制。在选择配合时，优先采用基孔制，这样可以减少定值刀具、量具的规格数量。只有在具有明显经济效益和不适合采用基孔制的场合，才采用基轴制。例如：使用冷拔钢作轴与孔的配合；标准的滚动轴承的外圈与孔的配合，往往采用基轴制。

9.3.2.6 极限与配合的标注

在标注配合的孔或轴的尺寸时，必须注写标准公差等级与基本偏差代号（偏差值）。

A 零件图上的标注形式

极限与配合在零件图上有三种标注形式。一是在孔或轴的基本尺寸后面只注公差带代号，如图 9-20（a）所示；二是在孔或轴的基本尺寸后面只注写极限偏差数值，如图 9-20（b）、（c）所示，在零件图中此种注法居多；三是在孔或轴的基本尺寸后面同时标注公差带代号和极限偏差值，此时偏差值需要加上括号，如图 9-20（d）所示。

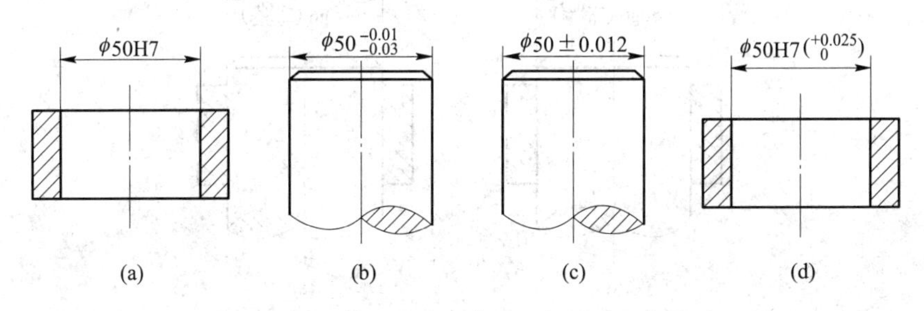

图 9-20 零件图上配合代号和极限偏差标注法

注意事项：

（1）上偏差注在基本尺寸的右上方，下偏差与基本尺寸注在同一底线上。

（2）偏差数字比基本尺寸数字小一号字。

（3）上、下偏差的小数点需要对齐，小数点后的位数必须相同，若位数不同，则以数字“0”补齐。

（4）偏差为“零”时，用数字“0”标出，不可省略。

（5）若上、下偏差数值相等，则在基本尺寸后面注上“±”符号，再注写一个与基本尺寸数字等高的偏差值。

B 装配图的标注形式

极限与配合在装配图上有三种标注形式。一是在基本尺寸后面只注公差带代号，如图 9-21（a）所示；二是在基本尺寸后面只注写极限偏差数值，如图 9-21（b）、（c）所示；三是在基本尺寸后面同时标注公差带代号和极限偏差值，此时偏差值需要加上括号，如图 9-21（d）、（e）所示。

C 特殊标注法

与标准件和外购件相配合的孔和轴可以只标注该零件的公差代号，如图 9-22 所示。

9.3.3 几何公差

零件在加工制造过程中，不仅会产生尺寸误差，而且也会出现几何要素的形状和相互位置的误差。精度要求不高的零件，通常只要控制尺寸精度就可保证零件的质量；精度要求较高的零件，除了控制尺寸精度外，还要对零件上某些几何要素的形状和位置误差进行

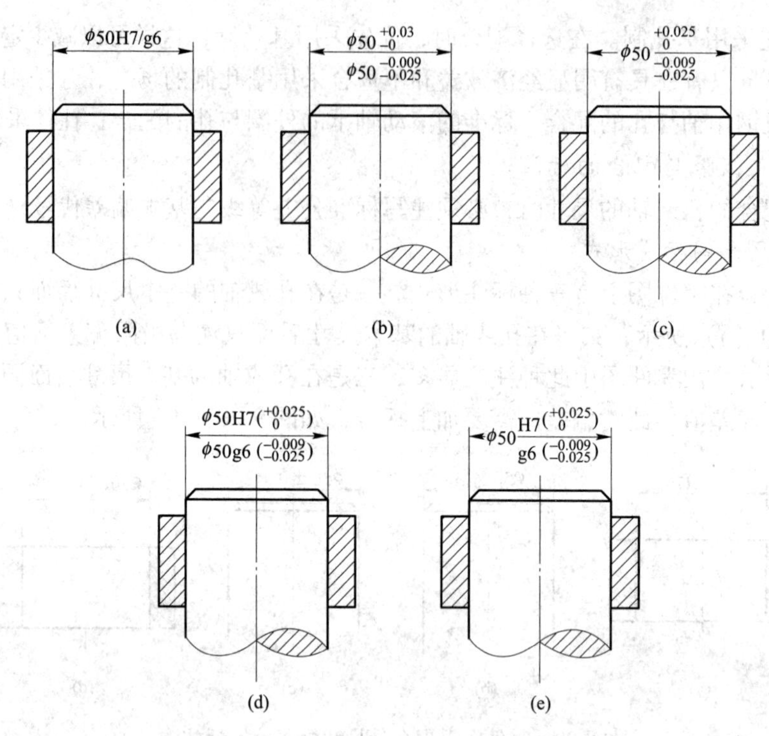

图 9-21　装配图上配合代号和极限偏差标注法

控制，即给出几何公差。几何公差是指零件的实际形状和实际位置对其理想形状和理想位置所允许的最大变动量，它包括形状公差、方向公差、位置公差和跳动公差。

9.3.3.1　几何公差相关概念

A　要素

要素是指构成零件几何特征的点、线、面。其包括：

（1）理想要素：具有几何学意义的要素。

（2）实际要素：零件上实际存在的要素。

（3）被测要素：给出了形状或（和）位置公差的要素。

（4）基准要素：用来确定被测要素的方向或（和）位置的要素。理想基准要素简称基准。

（5）单一要素：仅对其本身给出形状公差要求的要素。

（6）关联要素：对其他要素有功能关系的要素。

B　形状公差

形状公差是指单一实际要素的形状所允许的变动全量。

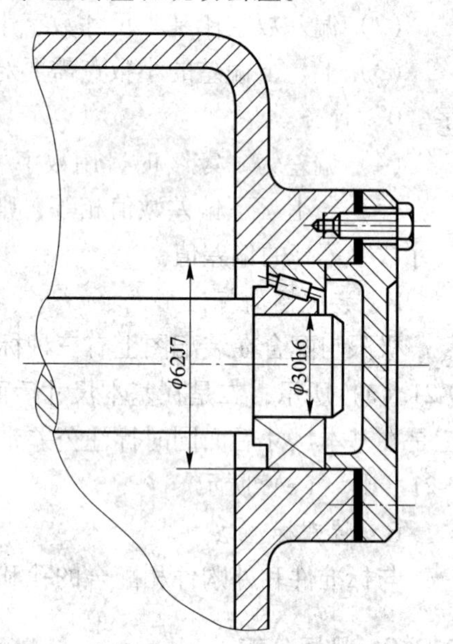

图 9-22　标准件、外购件与零件相配合时的标注

C　位置公差

位置公差是指关联实际要素的位置对基准所允许的变动全量。位置公差可分为定向公

差、定位公差和跳动公差。定向公差是指关联实际要素对基准在方向上允许的变动全量；定位公差是指关联实际要素对基准在位置上的允许变动全量；跳动公差是指关联实际要素绕基准轴线回转一周或连续回转时所允许的最大跳动量。

D 形状公差带和位置公差带

形状和位置公差带是指限制实际要素变动的区域。形位公差带的主要形状见表9-5。

表9-5 形位公差带的主要形状

两平行直线		一个圆	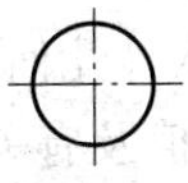	两同轴圆柱	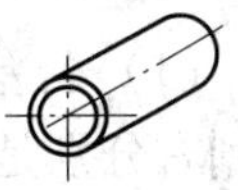
两等距曲线		一个球		两平行平面	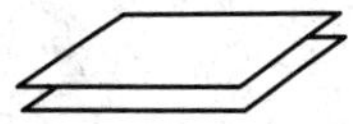
两同心圆		一个圆柱	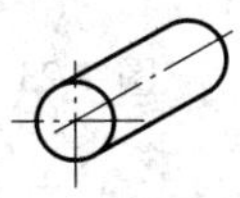	两等距曲面	

E 理论正确尺寸

理论正确尺寸是指确定被测要素的理想形状、方向、位置的尺寸。该尺寸不附带公差。

F 基准和三基面体系

基准和三基面体系分别为：

(1) 基准：理想基准要素，它是确定要素几何关系的依据。基准分别称为基准点、基准线（轴线）和基准平面（中心平面）。基准要素有单一基准要素和组合基准要素之别。

(2) 三基面体系：由三个互相垂直的基准平面组成的基准体系，它的三个平面是确定和测量零件上各要素几何关系的起点。

(3) 基准目标：为构成基准体系的各基准平面而在要素上指定的点、线、面。

G 延伸公差带

延伸公差带是根据零件的功能要求，需将位置度和对称度公差带延伸到被测要素的长度界限之外时的公差带。

H 独立原则

独立原则是指图样上给定的形位公差与尺寸公差无关，形位公差与尺寸公差分别满足零件功能要求。此原则是形位公差和尺寸公差相互关系的基本原则。

I 相关要求

相关要求是指图样上给定的形位公差与尺寸公差相互有关的公差要求。相关要求包括：

(1) 包容要求——为使实际要素处处位于理想形状的包容面之内的一种公差要求。

(2) 最大实体要求——控制被测要素的实际轮廓处于其最大实体实效边界之内的一种公差要求。

(3) 最小实体要求——控制被测要素的实际轮廓处于其最小实体实效边界之内的一种

公差要求。

（4）可逆要求——在不影响零件功能的前提下，当要素的轴线或中心平面的形位误差值小于给出的形位公差值时，允许增大相应的尺寸公差，即允许以形位公差反过来补偿给出的尺寸公差。可逆要求通常与最大实体要求或最小实体要求一起应用。

9.3.3.2 几何公差的标注

图样上标注几何公差涉及公差框格、被测要素和基准要素（形状公差除外）三方面的内容，即：

（1）公差框格。如图 9-23 所示，几何公差框格由两格或多格组成，框格中的内容从左到右分别是几何特征符号、公差值及有关符号、基准字母及有关符号，见表 9-6。

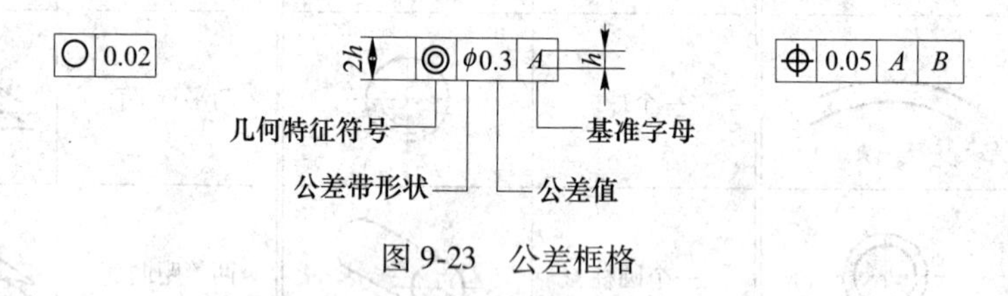

图 9-23 公差框格

表 9-6 几何特征和符号

公差类型	几何特征	符号	基准
形状公差	直线度	—	无
	平面度	▱	
	圆度	○	
	圆柱度	⌭	
	线轮廓度	⌒	
	面轮廓度	⌓	
方向公差	平行度	//	有
	垂直度	⊥	
	倾斜度	∠	
	线轮廓度	⌒	
	面轮廓度	⌓	

公差类型	几何特征	符号	基准
位置公差	位置度	⌖	有
	同轴度	◎	
	对称度	⌯	
	线轮廓度	⌒	
	面轮廓度	⌓	
跳动公差	圆跳动	↗	有
	全跳动	⌰	

公差框格用细实线绘制，框格的高度是框格内所书写字体高度的两倍，框格的宽度推荐值为：第一格与框格高度相等；第二格与标注内容的长度相适应；第三格及以后各格与有关字母的宽度相适应。

（2）被测要素的标注。被测要素是指零件上给出几何公差的点、线、面。公差框格通过指引线与被测要素相连接，指引线可以从框格的任一端引出，终端带箭头。当公差涉及轮廓线或轮廓面时，箭头指向被测要素的轮廓线或其延长线，并明显地与尺寸线错开，如图 9-24（a）所示。箭头也可指向轮廓面引出线的水平线；当公差涉及的要素是中心线、中心面或中心点时，箭头应位于相应尺寸线的延长线上，如图 9-24（d）~（f）所示。

（3）基准要素。基准要素是指零件上用来确定被测要素的方向或位置的点、线、面。

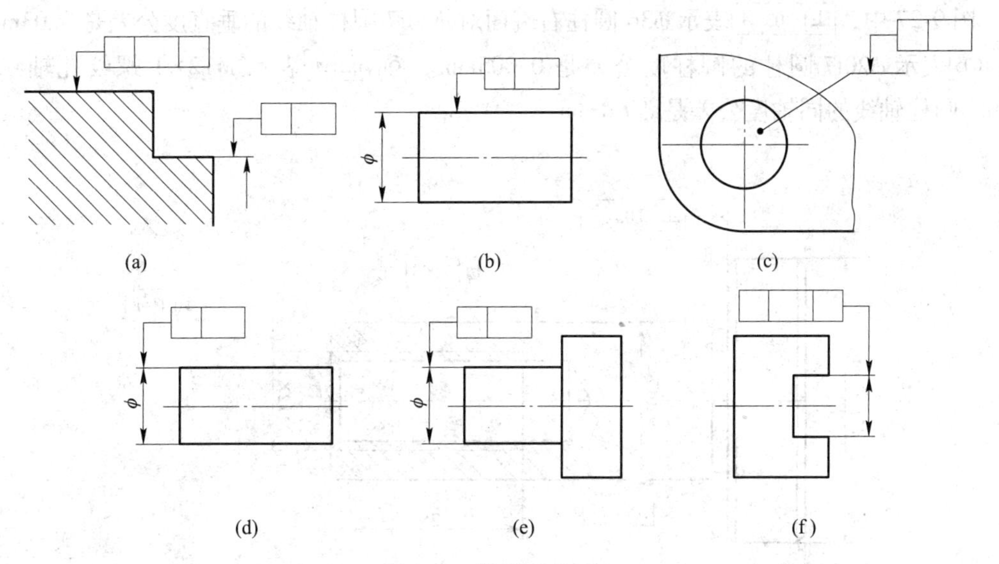

图 9-24 被测要素标注

基准用一个大写字母来代表，字母写在框格内，与涂黑的或空白的三角形相连的方式来表示基准，如图 9-25 所示。

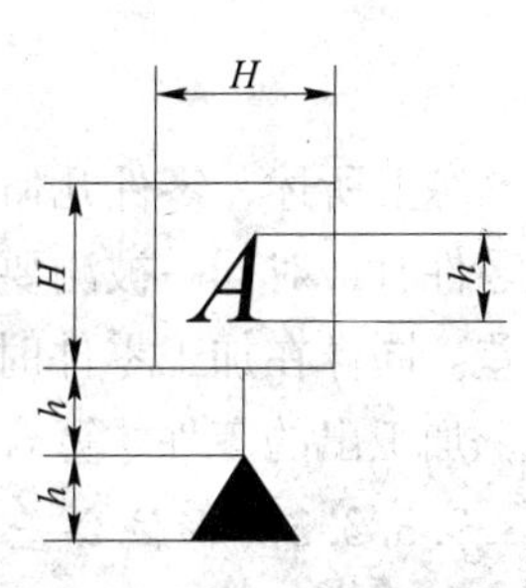

图 9-25 基准代号的画法

当基准要素是轮廓线或轮廓面时，基准的三角形放置在要素轮廓线或其延长线上，并与相关尺寸线明显错开，如图 9-26（a）、（b）所示，也可放置在轮廓面引出线的水平线上；当基准是尺寸要素确定的轴线、中心平面或中心点时，基准的三角形放置在该尺寸的延长线上，且基准框格与三角形的连线必须与尺寸线的延长线重合，如图 9-26（c）~（e）所示。

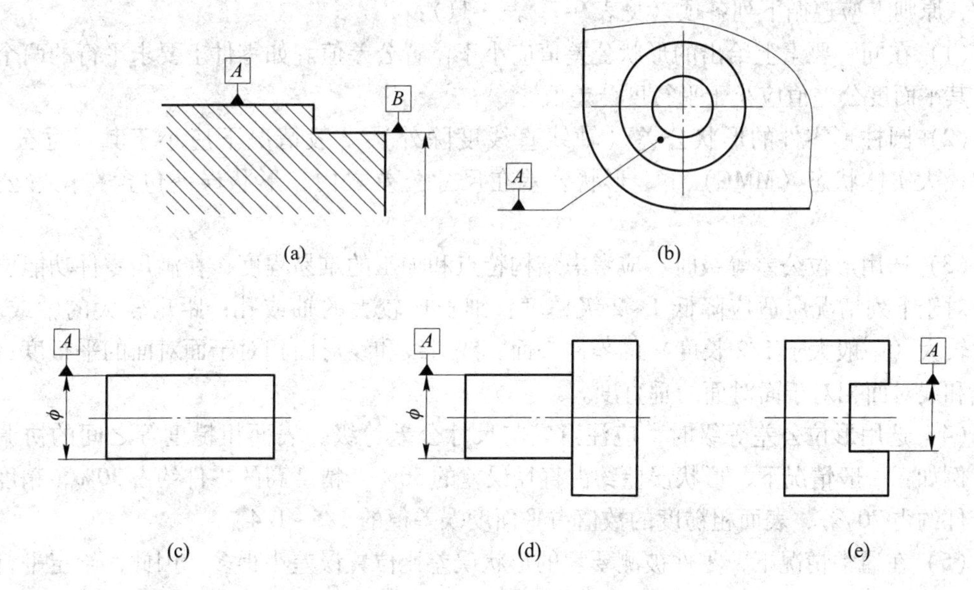

图 9-26 基准代号的位置

图 9-27 中，⊥ 0.03 A 表示 $\phi36$ 圆柱右端面对 $\phi20f7$ 圆柱轴线的垂直度公差是 0.03mm。⌭ 0.005 表示 $\phi20f7$ 圆柱的圆柱度公差是 0.005mm。◎ $\phi0.1$ A 表示 M12×1 螺纹孔轴线对 $\phi20f7$ 圆柱轴线的同轴度公差是 $\phi0.1$mm。

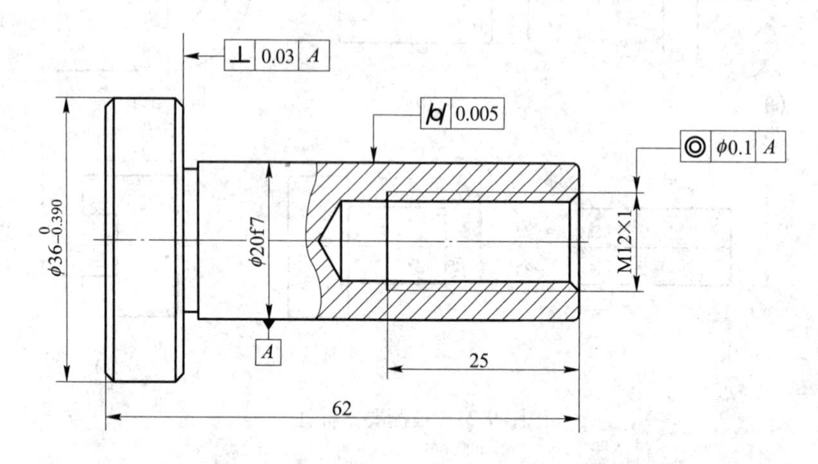

图 9-27　几何公差标注示例

综上所述，零件几何参数准确与否，不仅决定于尺寸，也决定于几何误差。因而在设计零件时，对同一被测要素，除给定尺寸公差外，还应根据其功能和互换性要求，给几何公差。同样在加工零件时，既要保证尺寸公差，又要达到零件图样上标注的几何公差要求，加工出的零件才算合格。

9.3.3.3　形位公差等级的选择

根据零件功能要求、结构、刚性和加工经济性等条件，按公差数值表确定要素的公差值时，原则上应遵循下列各项（见表 9-7~表 9-11）：

（1）在同一要素上给出的形状公差值应小于位置公差值。如零件上要求平行的两个平面，其平面度公差值应小于平行度公差值。

（2）圆柱形零件的形状公差（轴线直线度除外）一般情况下应小于其尺寸公差。例如最大实体状态（MMC）下，形状公差在尺寸公差之内，形状误差包含在位置公差带内。

（3）选用形位公差等级时，应考虑结构特点和加工的难易程度，在满足零件功能要求下，对于下列情况应适应降低 1~2 级精度：细长比较大的轴或孔；距离较大的轴或孔；宽度较大（一般大于 1/2 长度）的零件表面；线对线和线对面相对于面对面的平行度；线对线和线对面相对于面对面的垂直度。

（4）选用形位公差等级时，应注意它与尺寸公差等级、表面粗糙度等之间的协调关系。例如：一般情况下，形状误差约占直径误差的 50%（精度高的零件约占 30%，精度低的零件约占 70%），表面粗糙度的数值占平面度误差值的 1/5~1/4。

（5）在通常情况下，零件被测要素的形状误差比位置误差小得多。因此，给定平行度或重直度公差的两个平面，其平面度的公差等级，应不低于平行度或垂直度的公差等级；同一圆柱面的圆度公差等级应不低于其径向圆跳动公差等级。

表 9-7 平行度加工精度

尺寸范围/mm	公差等级				
	5	6	7	8	9
	加工方法				
≤100	外圆磨	内圆磨	车床 卧式铣镗床	多刀半自动 车床拉削	转塔车床
≤250					
≤400	内圆磨 平面磨		牛头刨铣床		
≤800					
≤1600		龙门铣	龙门刨	落地车床 立车	卧式车床
≤3200					
≤16000					

表 9-8 各种加工方法所能达到的直线度、平面度公差等级

加工方法			公差等级											
			1	2	3	4	5	6	7	8	9	10	11	12
车	卧式车 立车 自动车	粗											○	○
		细									○	○		
		精					○	○	○	○				
铣	万能铣	粗											○	○
		细										○	○	
		精						○	○	○	○			
刨	龙门刨 牛头刨	粗											○	○
		细									○	○		
		精						○	○	○	○			
磨	无心磨 外圆磨 平磨	粗										○	○	○
		细								○	○			
		精		○	○	○	○	○	○					
研磨	机动研磨 手工研磨	粗				○	○							
		细			○									
		精	○	○										
刮		粗						○	○					
		细				○	○							
		精	○	○	○									

表 9-9 各种加工方法所能达到的平行度、垂直度和端面跳动公差等级

加工方法	公差等级											
	1	2	3	4	5	6	7	8	9	10	11	12
	面/面											
拉								○	○	○	○	○
插							○	○	○	○	○	○
刨						○	○	○	○	○	○	○

续表 9-9

加工方法	公差等级											
	1	2	3	4	5	6	7	8	9	10	11	12
面/面												
铣					○	○	○	○	○	○		
磨			○	○	○	○	○	○				
刮	○	○	○									
研	○	○	○									
面/线												
钻（铰）								○	○	○	○	○
铣						○	○	○	○	○		
车（镗）					○	○	○	○	○			
坐标镗				○	○	○	○					
磨			○	○	○	○	○	○				
线/线												
钻（铰）								○	○	○		
铣							○	○	○			
车（镗）						○	○	○				
磨					○	○	○	○				
坐标镗			○	○	○	○						

表 9-10　各种加工方法所能达到的圆度、圆柱度公差等级

表面	加工方法		公差等级											
			1	2	3	4	5	6	7	8	9	10	11	12
轴	车	自动、半自动车							○	○	○			
		立车、六角车						○	○	○	○			
		卧式车					○	○	○	○	○	○	○	○
		精车			○	○	○							
	磨	无心磨			○	○	○	○	○	○				
		外圆磨	○	○	○	○	○	○	○					
	研磨		○	○	○	○	○							
孔	普通钻孔								○	○	○	○	○	○
	铰、拉孔							○	○	○				
	车（扩）孔						○	○	○	○	○			
	镗	普通镗					○	○	○	○	○			
		精镗			○	○	○							
	珩磨						○	○	○					
	磨孔					○	○	○						
	研磨		○	○	○	○	○							

表 9-11 各种加工方法所能达到的同轴度、径向跳动公差等级

加工方法		公差等级											
		1	2	3	4	5	6	7	8	9	10	11	12
铰							○	○	○				
车、镗	孔					○	○	○	○	○	○		
	轴				○	○	○	○	○	○			
磨	孔			○	○	○	○	○	○				
	轴		○	○	○	○	○	○					
珩磨				○	○	○							
研磨		○	○	○	○								

9.4 零件的工艺结构

工程实际中大部分零件要经过铸造或锻造（热加工）及机械加工（冷加工）等过程才能制造出来，因此设计零件结构形状时，不仅要满足设计要求，还要符合冷（热）加工的工艺要求。常见零件结构工艺性要求有铸造工艺结构和机械加工工艺结构。

9.4.1 铸造工艺结构

铸造是将金属液体浇注到已有的型腔内，冷却、凝固后形成所需要的毛坯件。为了防止铸件产生缺陷（缩孔、缩松、裂纹等），需要设计铸件结构。

9.4.1.1 起模斜度

用铸造的方法制造的零件称为铸件。铸造零件制作毛坯时，为了便于从砂型中起模，铸件的内、外壁沿着起模方向应设计一定的斜度，称为起模斜度，如图 9-28（a）所示。起模斜度在制定零件的铸造工艺图时需要画出，而在零件图中一般不画，必要时可在技术要求中注明，如图 9-28（b）、（c）所示。起模斜度的大小，木模造型常选 1°~3°，金属模手工造型常选 1°~2°，金属模机械造型常选 0.5°~1°。

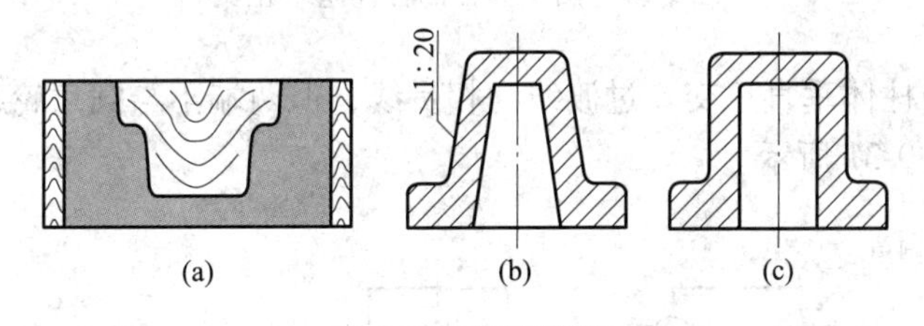

图 9-28 起模斜度

9.4.1.2 铸造圆角

为了防止浇注铁水时冲坏砂型，或避免铁水冷却收缩时在转角处产生裂纹或缩孔，铸件的拐角处做成圆角。铸造圆角的半径一般为 3~5mm，或取壁厚的 0.2~0.4，常在技术要求中统一说明（也可查相关手册）。

9.4.1.3 铸件壁厚

铸件各处壁厚应尽量均匀（见图 9-29（a）），若因机构需要出现壁厚相差过大，则壁厚应由大到小逐渐变化（见图 9-29（b）），以避免各部分因冷却速度不同而产生缩孔或缝隙（见图 9-29（c））。

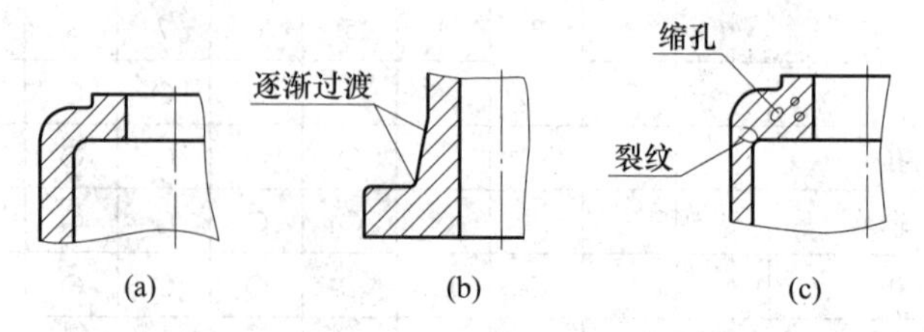

图 9-29　铸件壁厚

（a）壁厚均匀；（b）壁厚不同应逐渐过渡；（c）壁厚处理不当时铸件可能产生的缺陷

9. 4. 1. 4　过渡线

由于铸造和模锻零件均有铸造（模锻）圆角，因此零件各表面相交处没有明显的交点，交线不完整而形成过渡线。按 GB/T 4457. 4—2002 规定，过渡线线型为细实线。过渡线的画法与相贯线的画法基本相同，即：

（1）两不等径圆柱体垂直正交。过渡线为相贯线，相贯线端部与轮廓线间留出空白，如图 9-30 所示。

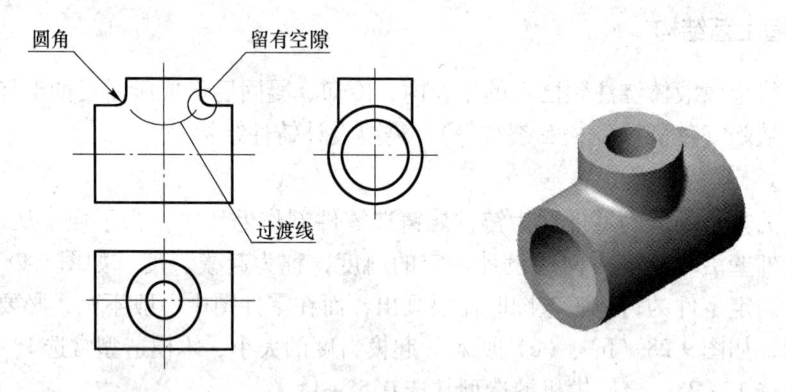

图 9-30　两不等径圆柱体垂直正交

（2）两等径圆柱体垂直正交。过渡线为相贯线，但两端不与圆角轮廓线接触，切点附近应留空白，如图 9-31 所示。

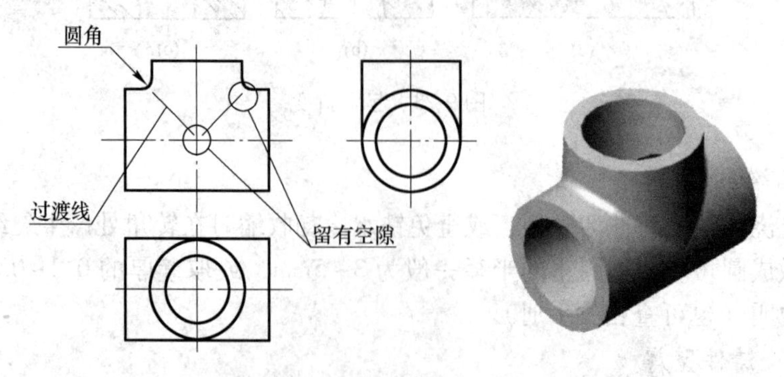

图 9-31　两等径圆柱体垂直正交

（3）平面与曲面相交、相切。过渡线为直线，且平面轮廓线的端部稍向外弯，如图 9-32 所示。

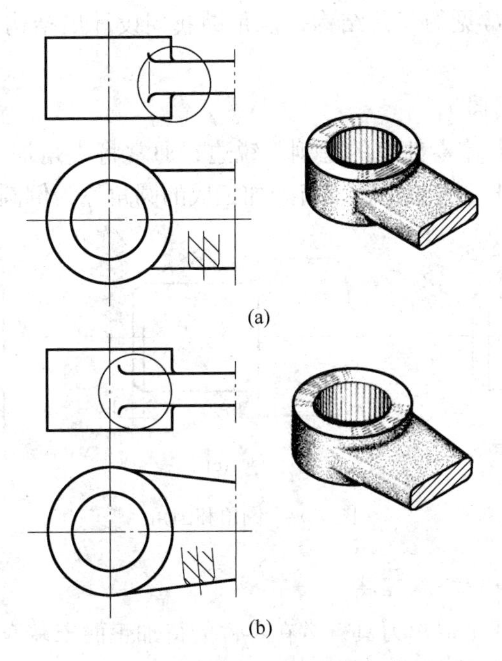

图 9-32 平面与曲面的过渡线
（a）平面与曲面相交；（b）平面与曲面相切

（4）曲面与曲面相交、相切。过渡线为向内弯的曲线，如图 9-33 所示。

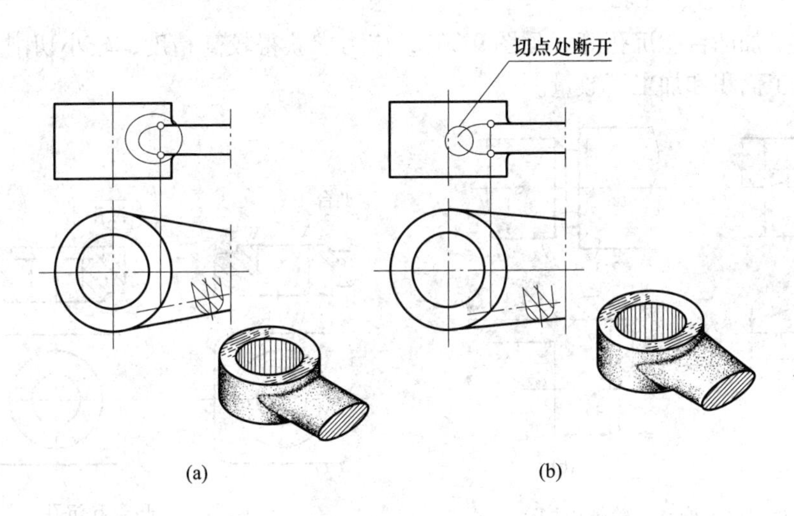

图 9-33 曲面与曲面的过渡线
（a）曲面与曲面相交；（b）曲面与曲面相切

9.4.2 机械加工工艺结构

切削加工是用刀具从毛坯、半成品或型材上切除多余材料以获得所需形状、尺寸、精度和质量要求的零件的加工方法。切削加工可分为机械加工和手工切削两类。零件的结构形状除了要满足其在机械或部件中的工作要求外，还要考虑其加工制造的工艺性和使用寿命。了解零件上常见的工艺结构，能帮助我们设计出结构合理、便于加工和装配的零件。

9.4.2.1　倒角和倒圆

为了便于装配，要去除零件上的毛刺、锐边，通常将尖角加工成倒角，如图 9-34 所示。在轴肩处，为了防止应力集中，轴肩处加工成的圆角称为倒圆，如图 9-34 所示。

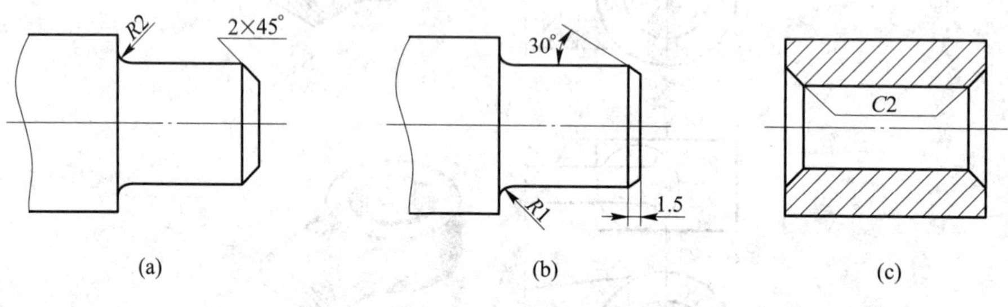

图 9-34　倒角和圆角

9.4.2.2　退刀槽和砂轮越程槽

车削螺纹时，为了便于退出刀具，常在零件的待加工面末端车出螺纹退刀槽，退刀槽尺寸按照“槽宽×直径”（或“槽宽×深度”）的形式标注。

磨削加工时，为了让砂轮能稍微越过加工表面，在被加工表面末端加工的退刀槽又称砂轮越程槽，如图 9-35 所示。

9.4.2.3　凸台、沉孔

在毛坯上加凸台、沉孔等（见图 9-36），应力求获得较高精度，较小切削余量，并尽可能减少加工面积和加工面数量。

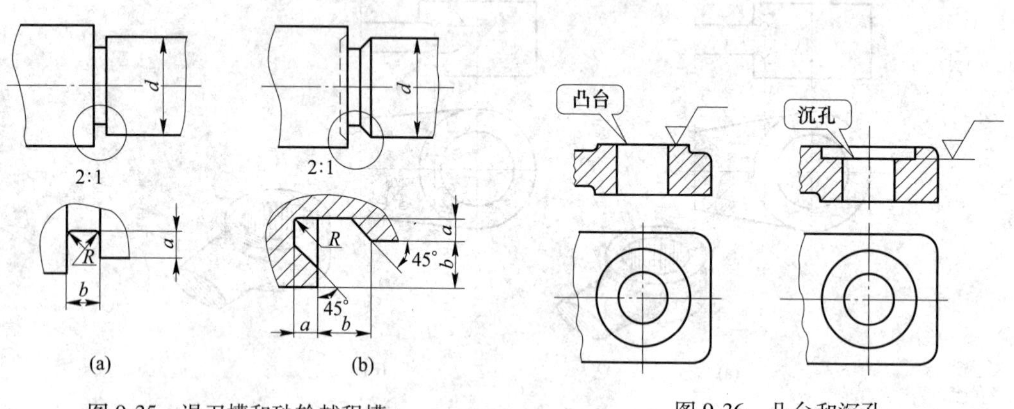

图 9-35　退刀槽和砂轮越程槽

（a）退刀槽；（b）越程槽

图 9-36　凸台和沉孔

9.4.2.4　钻孔

钻头钻盲孔时，孔的底部有 120°锥角，钻孔深度是圆柱部分的深度（不包括锥坑深度）。钻阶梯孔时，阶梯孔过渡处，有 120°锥台。

用钻头钻孔时，要求钻头轴线尽量垂直于被钻孔的端面，通常增加凸台或凹坑，避免钻头单边受力，保证钻孔准确和避免钻头折断，如图 9-37 所示。

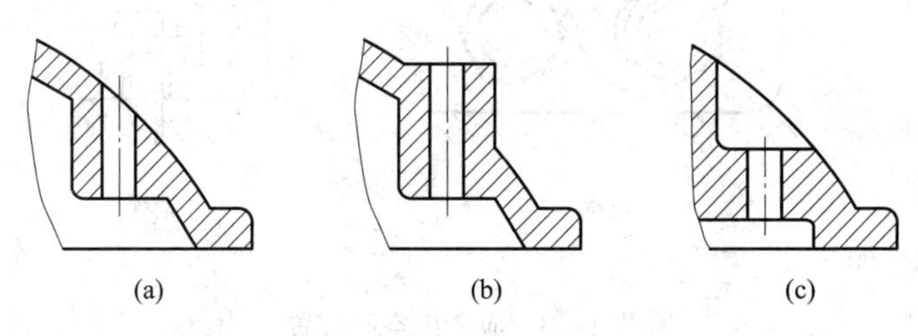

图 9-37 钻孔端面的正确结构

（a）不合理；（b）合理；（c）钻盲孔

9.4.3 热处理

在机器制造和修理过程中，为改善材料的机械加工工艺性能（易加工），并使零件能获良好的力学性能和使用性能，在生产过程中常采用热处理的方法。在图样上标注的热处理技术要求，是指成品零件热处理最终状态所具有的性能要求和应达到的技术指标。对于退火、正火、淬火、回火（含调质）作为最终热处理状态的零件，硬度要求通常用布氏硬度或洛氏硬度表示，也可用其他硬度表示。对于其他力学性能要求，应注明其技术指标和取样方法。对于大型铸、锻件不同部位、不同方向的性能要求，也应在图样上标注。

热处理技术要求的指标，一般以范围法表示，标出上、下限值，如 60~65HRC。

当零件表面有各种热处理要求时，一般可按下述原则标注：

（1）零件表面需全部进行某种热处理时，可在技术要求中用文字统一加以说明。

（2）零件表面需局部热处理时，可在技术要求中用文字说明；也可在零件图上标注。零件需局部热处理或局部镀（涂）覆时，应用粗点画线画出其范围并标注相应的尺寸，也可将要求注写在表面粗糙度符号长边的横线上，如图 9-38 所示。

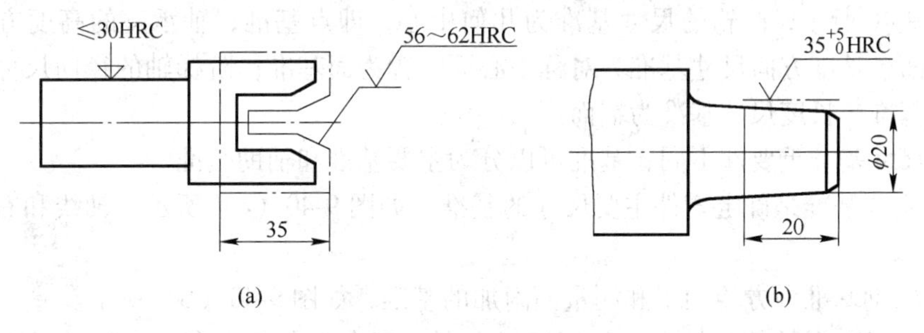

图 9-38 表面局部热处理

9.4.4 装配工艺结构

为了便于零件的装配和拆卸，保证必要的安装、拆卸紧固件的空间，设置的工艺（如扳手旋转空间、螺钉拆卸空间等）如图 9-39 所示。

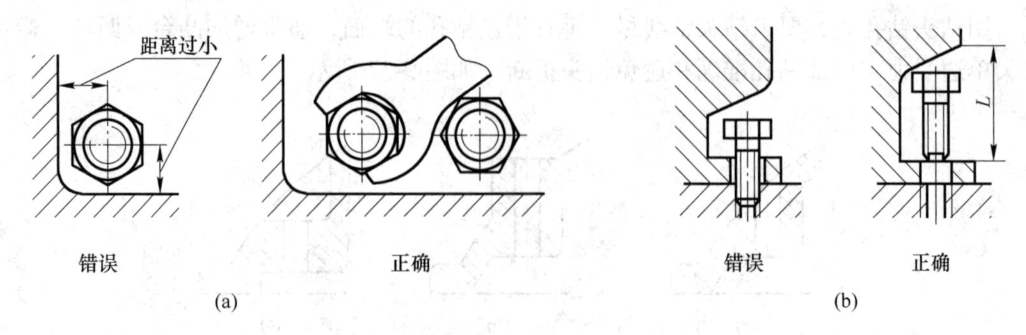

图 9-39　应考虑空间位置

（a）应考虑扳手活动范围；（b）应考虑拧入螺钉所需的空间

9.5　零件图中的尺寸标注

零件图中标注的尺寸，除了满足正确、完整、清晰的要求外，还要考虑合理性。所谓合理是指标注的尺寸既要符合设计要求，又要便于加工、测量和检验。

GB/T 4458.4—2003 和 GB/T 16675.2—2012 中规定，为了做到合理，标注尺寸时，需要对零件的结构和工艺进行分析，先确定零件尺寸基准再标注尺寸。要真正做到这一点，需要有一定的专业知识和实际生产经验。这里，仅对尺寸合理标注进行初步介绍。

9.5.1　合理选择尺寸基准

9.5.1.1　尺寸基准的分类

基准是指零件在机器中或在加工、测量时，用以确定零件位置的一些面、线或点。

根据尺寸基准的几何形式不同，基准可以分为点基准、线基准和面基准。

（1）点基准是以球心、顶点等几何中心为尺寸基准；

（2）线基准是以轴和孔的回转轴线为尺寸基准；

（3）面基准是以主要加工面、端面、装配面、支撑面、结构对称中心面等为尺寸基准。

如图 9-40 所示，凸轮的尺寸基准为几何中心，即点基准；轴承座的高度方向尺寸基准为安装面，长度方向尺寸基准为对称中心面，皆为面基准；阶梯轴的径向尺寸基准为轴线，即线基准，长度尺寸基准为端面。

根据尺寸基准重要性不同，基准可以分为主要基准和辅助基准。

（1）主要基准是确定零件主要尺寸的基准，如图 9-40（c）所示，轴线和右端面均为主要基准。

（2）辅助基准为方便加工和测量而附加的基准，如图 9-40（b）所示。

总之，每个零件都有长、宽、高三个方向，每个方向至少有一个尺寸基准，同一方向的尺寸基准之间一定有尺寸联系，如轴承座主、辅尺寸基准之间的联系尺寸 f（见图 9-40（b））。

根据使用场合和作用不同，基准可以分为设计基准和工艺基准两大类。

（1）设计基准。确定零件在机器中位置的一些面或线称为设计基准。它是根据零件在机器中的作用和结构特点，为保证零件的设计要求而确定的基准。通常选择机器或部件中

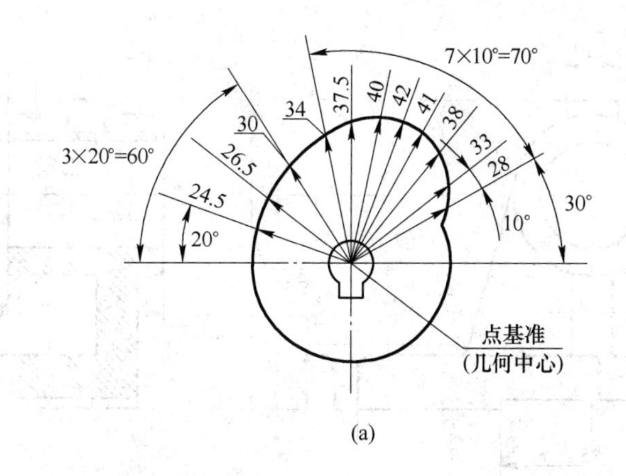

(a)

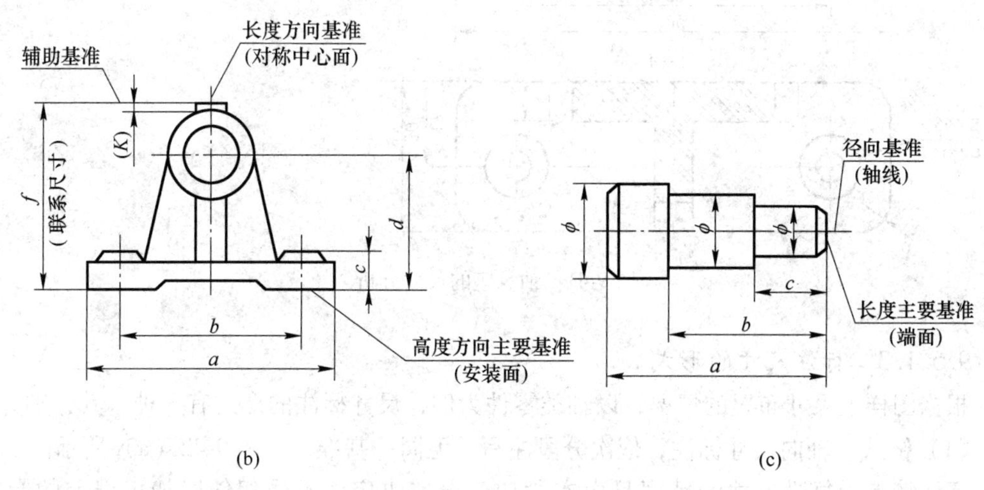

(b) (c)

图 9-40 点、线、面基准

(a) 凸轮；(b) 轴承座；(c) 阶梯轴

确定零件位置的接触面、对称面、回转面的轴线等作为设计基准。如图 9-41 所示，底面 B 为设计基准，它是轴承座底面的安装面，轴承孔的中心高度应根据这一平面来确定；对称面 C 也为设计基准，保证两孔之间的距离及其对轴孔的对称关系。

（2）工艺基准。根据加工、测量、检验等工艺需要选定的一些面、线或点称为工艺基准。如图 9-41 所示，端面 D 为工艺基准，以保证轴承孔的长度尺寸 30 和加油螺孔定位尺寸 15；端面 E 也是工艺基准，以便测量加油螺孔的深度 6。

9.5.1.2 尺寸基准的选择

从设计基准出发标注尺寸，以保证设计要求；从工艺基准出发标注尺寸，便于加工和测量。设计零件时最好使工艺基准和设计基准重合。当设计基准和工艺基准不重合时，应将设计基准作为主要基准，工艺基准作为辅助基准。零件在长、宽、高三个方向都应该有一个主要基准。零件上用以作为尺寸基准的几何要素通常是：重要的安装定位面，与其他零件的结合面，主要结构的对称面，重要的端面、轴肩面以及轴和孔的轴线。如图 9-41 所示，轴承座底面 B 为高度方向主要基准；左右对称面 C 为长度方向主要基准；轴承端面 D 为宽度方向主要基准。

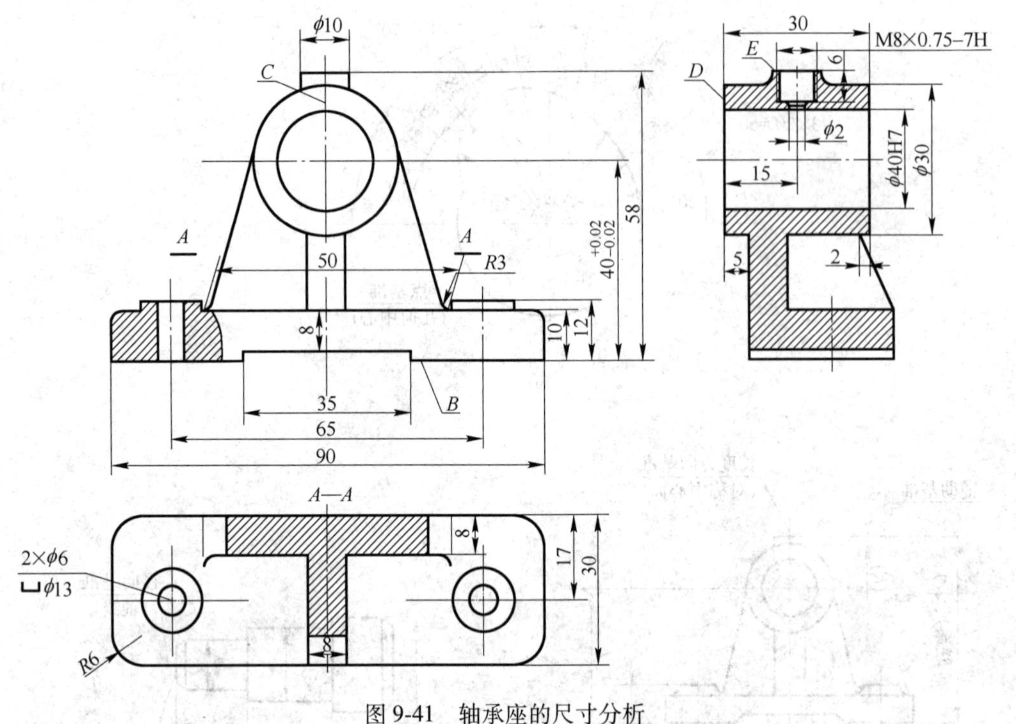

图 9-41　轴承座的尺寸分析

9.5.1.3　标注尺寸的形式

根据图样上尺寸布置的情况，以轴类零件为例，尺寸标注的形式有 3 种，其分别为：

（1）链式。轴向尺寸标注，依次分段注写，无同一基准，如图 9-42（a）所示。

标注特点：每段尺寸的精度只由本段加工误差决定，不受相邻段加工误差的影响。首、末端面之间的尺寸误差，为中间各段误差之和。而各段轴之端面均为该段轴长度方向尺寸标注的基准。

（2）坐标式。轴向尺寸的标注，以一边端面为基准，分层注写，如图 9-42（b）所示。

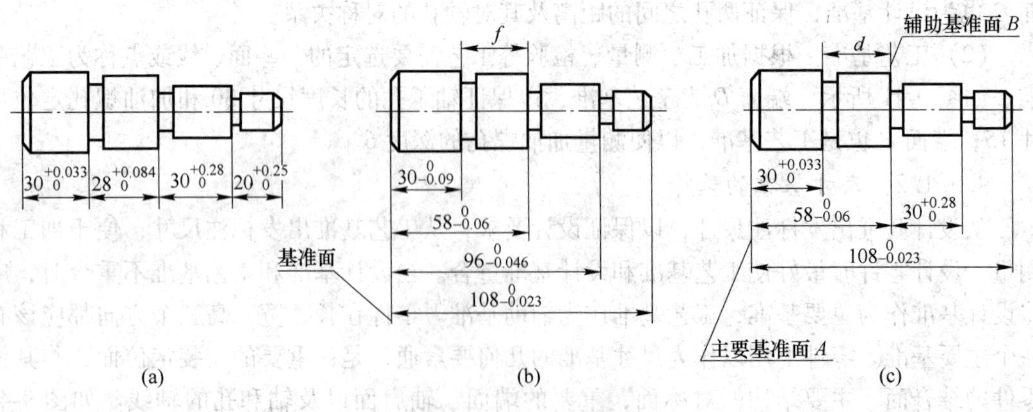

图 9-42　尺寸标注的形式
（a）链式；（b）坐标式；（c）综合式

标注特点：每段尺寸的精度只由本段实际尺寸决定，相邻端面之间的尺寸误差取决于与此两端面有关的两个尺寸的误差。如图 9-42（b）所示，f 段的误差与尺寸 $30_{-0.09}^{\ 0}$ 和 $58_{-0.06}^{\ 0}$ 两尺寸的误差大小有关，即 $f_{-0.06}^{+0.09}$。

（3）综合式。轴向尺寸的标注，采用链式和坐标式两种方法标注，如图 9-42（c）所示。

标注特点：综合式标注尺寸是最常见的一种标注方法，能灵活地适应零件各部分结构对尺寸精度的不同要求。如尺寸 $30_{0}^{+0.28}$ 是从辅助基准面 B 标注的，这主要是依据零件该部分的功能而定。尺寸 $30_{0}^{+0.28}$ 与 $58_{-0.06}^{\ 0}$ 构成链式标注，其他各尺寸从主要基准面 A 标注，构成坐标式标注。

9.5.2　合理标注零件尺寸时应注意的问题

（1）零件图上的主要尺寸应直接标注。零件图中尺寸分为主要尺寸和非主要尺寸两种。主要尺寸是装配尺寸链中的尺寸环，包括零件的性能规格尺寸、配合尺寸、确定零件之间的相对位置的尺寸、连接尺寸、安装尺寸等，一般都有公差要求。不直接影响零件的使用性能、安装精度和规格性能的尺寸称为非主要尺寸，包括零件的外形尺寸、非配合尺寸、满足尺寸和加工工艺尺寸等方面的尺寸（如退刀槽、凸台、凹槽、倒角等），一般没有公差要求。

如图 9-43 所示，中心高度 d 和安装孔的中心距尺寸 a 如果标注成图 9-43（b）上的尺寸 f 和 e，就是错误的。

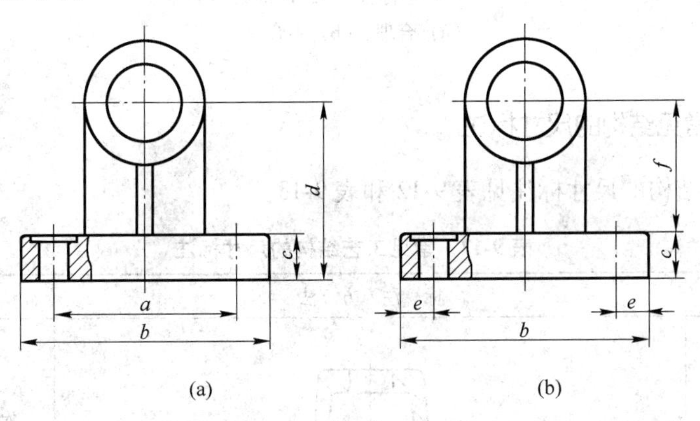

图 9-43　主要尺寸直接标注

（a）合理；（b）不合理

（2）避免注成封闭尺寸链。一组首尾相连的链状尺寸称为封闭尺寸链，如图 9-44（a）所示。尺寸链注成封闭尺寸链形式，使各段尺寸精度都互相影响，很难同时保证图 9-44（a）中 4 个尺寸的精度，给加工带来困难。因此，应在封闭尺寸链中选择不重要的尺寸空白不注（称为开口环），如图 9-44（b）所示。

（3）尺寸标注应便于加工和测量。尺寸标注应便于测量。在测量阶梯孔深度时，为便于度量，一般以端面为度量基准面，图 9-45（a）所示标注合理；如按图 9-45（b）所示标注，孔深度尺寸都不便于测量，标注不合理。

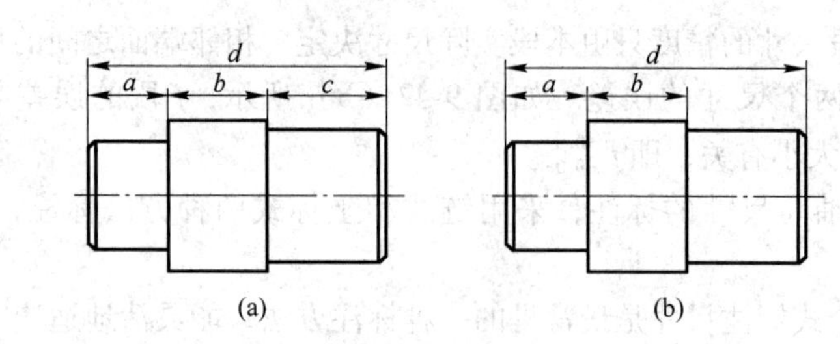

图 9-44　避免注成封闭尺寸链

（a）封闭尺寸链；（b）尺寸链不封闭

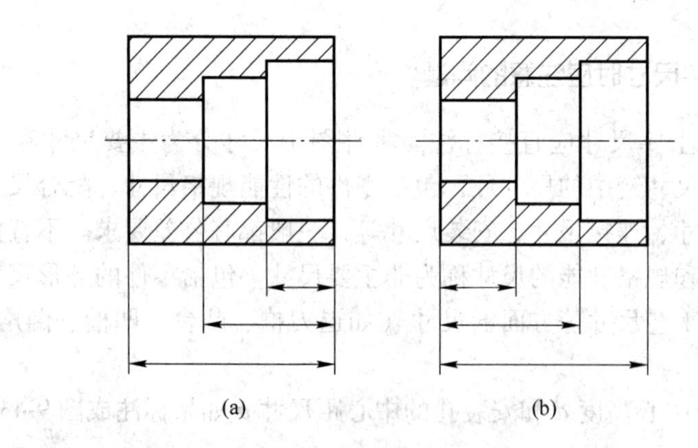

图 9-45　尺寸标注应便于加工和测量

（a）合理；（b）不合理

9.5.3　零件上常见结构的尺寸标注

零件上常见结构的尺寸标注见表 9-12 和表 9-13。

表 9-12　常见工艺结构的尺寸标注

结构类型	标 注 方 法	说　明
铸造圆角	未注铸造圆角 $R1$	铸造圆角的尺寸一般不在图上直接标注，而是集中写在技术要求中
45°倒角	$C1$　$C1$　$C1$	C 表示倒角角度为 45°，C 后面的数值表示倒角锥台结构的高度

续表 9-12

结构类型	标注方法	说明
非45°倒角	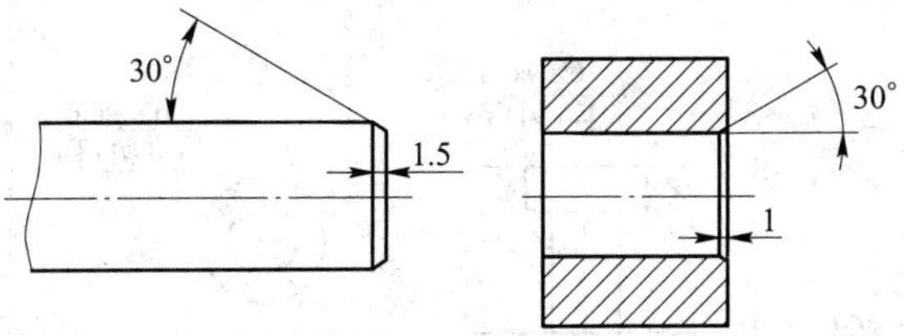 30° 1.5 30° 1	非45°倒角，要分别标注倒角角度和倒角高度尺寸
退刀槽	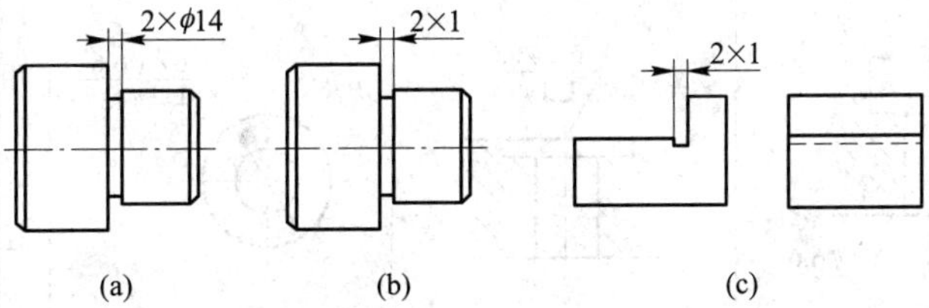 2×ϕ14 (a) 2×1 (b) 2×1 (c)	轴上的退刀槽按“槽宽×直径”或“槽宽×槽深”标注，如图(a)、(b)所示；平面结构上的退刀槽按“槽宽×槽深”标注，如图(c)所示

表 9-13 常见孔结构的尺寸标注

结构类型	标注方法			说明
	普通注法	旁注法		
螺纹孔	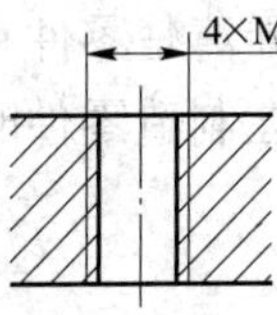 4×M8-6H	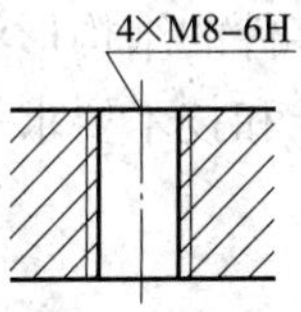 4×M8-6H	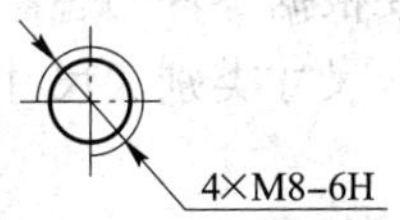 4×M8-6H	4个M8-6H的螺纹通孔
	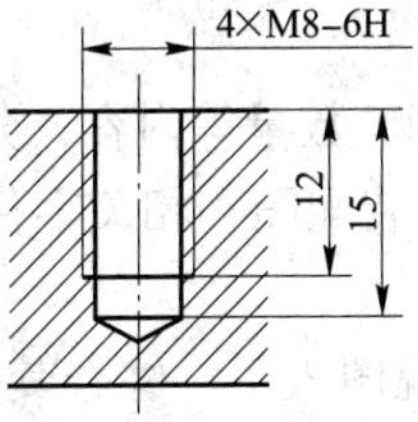 4×M8-6H 12 15	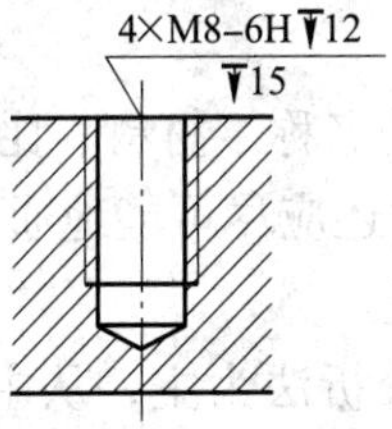 4×M8-6H↧12 ↧15	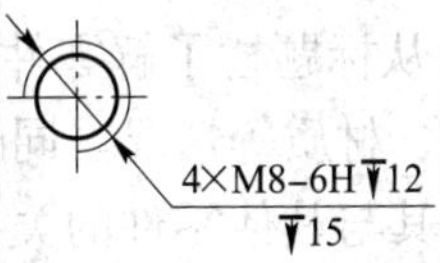 4×M8-6H↧12 ↧15	“↧”深度符号；4个M8-6H的螺纹孔，螺纹孔深度12mm，钻孔深度15mm
沉孔	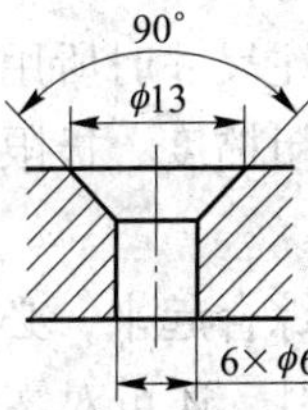 90° ϕ13 6×ϕ6.6	6×ϕ6.6 ⌵ϕ13×90°	6×ϕ6.6 ⌵ϕ13×90°	“⌵”埋头孔符号，该孔用于安装沉头螺钉；6个ϕ6.6mm带埋头孔的圆柱孔，埋头孔直径13mm，锥面顶角90°

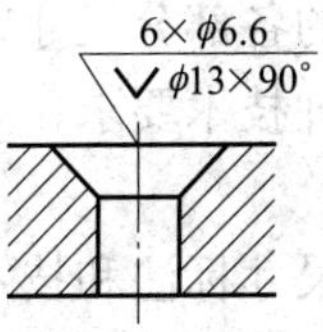

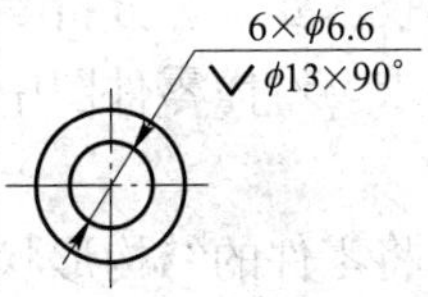

续表 9-13

结构类型	标注方法			说明
	普通注法	旁注法		
沉孔	$\phi11$ 4 $6\times\phi6.6$	$6\times\phi6.6$ ⌴ $\phi11$↧4	$6\times\phi6.6$ ⌴ $\phi11$↧4	“⌴”沉头孔符号，该孔用于安装内六角圆柱头螺钉； 6 个 $\phi6.6$mm 带沉头孔的圆柱孔，沉头孔直径 11mm，深度 4mm
	$\phi13$ $6\times\phi6.6$	$6\times\phi6.6$ ⌴ $\phi13$	$6\times\phi6.6$ ⌴ $\phi13$	“⌴”锪平孔符号（与沉头孔相同），该孔用于放置垫圈； 6 个 $\phi6.6$mm 带锪平孔的圆柱孔，锪平孔直径 13mm，锪平孔不需标注深度，其深度为锪平到不见毛面为止

9.6　读零件图综合举例

正确、熟练地识读零件图，是工程技术人员和技术工人必须掌握的基本功，是生产合格产品的基础。

识读零件图就是要根据零件图想象出零件的结构形状，同时弄清楚零件在机器中的作用、零件的自然概况、尺寸类别、尺寸基准和技术要求等，以便在制造零件时采取合理的加工方法。

9.6.1　识读零件图的步骤

识读零件图的步骤如下：

（1）概括了解。从标题栏了解零件的名称、材料、比例、数量等内容，分析零件的大致功用、类型、大小、材质等情况。同时还应尽可能地通过装配图、相关零件图及其他途径了解零件的功用及其与其他零件的关系。

（2）分析视图，想象形状。以形体分析法为主，从主视图入手，综合其他各个视图，并结合零件上常见的工艺结构知识，看懂零件各部分的结构形状，想象出整个零件的形状。

（3）分析尺寸和技术要求。分析零件的各部分尺寸以及标注尺寸时所用的基准。

（4）了解技术要求。看懂零件图中各种技术要求，如表面粗糙度、极限与配合、几何公差等内容。

（5）归纳总结。将零件的结构形状、尺寸标注和技术要求综合起来，必要时结合相关技术资料，对零件形成完整的认识。借助装配图或其他技术资料，还可对零件的各部分的功能进行分析。

9.6.2 典型零件分析

机械零件形状千差万别，它们既有共同之处，又各有特点。其按形状特点可分为以下几类：

(1) 轴套类零件，如机床主轴、各种传动轴、空心套等。

(2) 轮盘类零件，如各种车轮、手轮、凸缘压盖、圆盘等。

(3) 叉架类（叉杆和支架）零件，如摇杆、连杆、轴承座、支架等。

(4) 箱体类零件，如变速箱、阀体、机座、床身等。

以上各类零件在选择视图时都有自己的特点，要根据视图的选择原则来分析、确定各类零件的表达方案。

9.6.2.1 轴套类零件

轴类零件和套类零件的形体特征多是同轴回转表面。

大多数轴的长度大于它的直径。按外部轮廓形状分，轴类零件分为光轴、台阶轴、空心轴等。轴上常见的结构有越程槽（或退刀槽）、倒角、圆角、键槽、螺纹等。在机器中，轴的作用是支承转动零件（如齿轮、带轮）和传递转矩。

大多数套类零件的壁厚小于它的内孔直径。套类零件上常有油槽、倒角、退刀槽、螺纹、油孔、销孔等。套类零件的主要作用是支承和保护转动零件，或用来保护与它外壁相配合的表面。

【例 9-1】 按识读零件图的步骤分析轴套零件图（见图 9-46）。

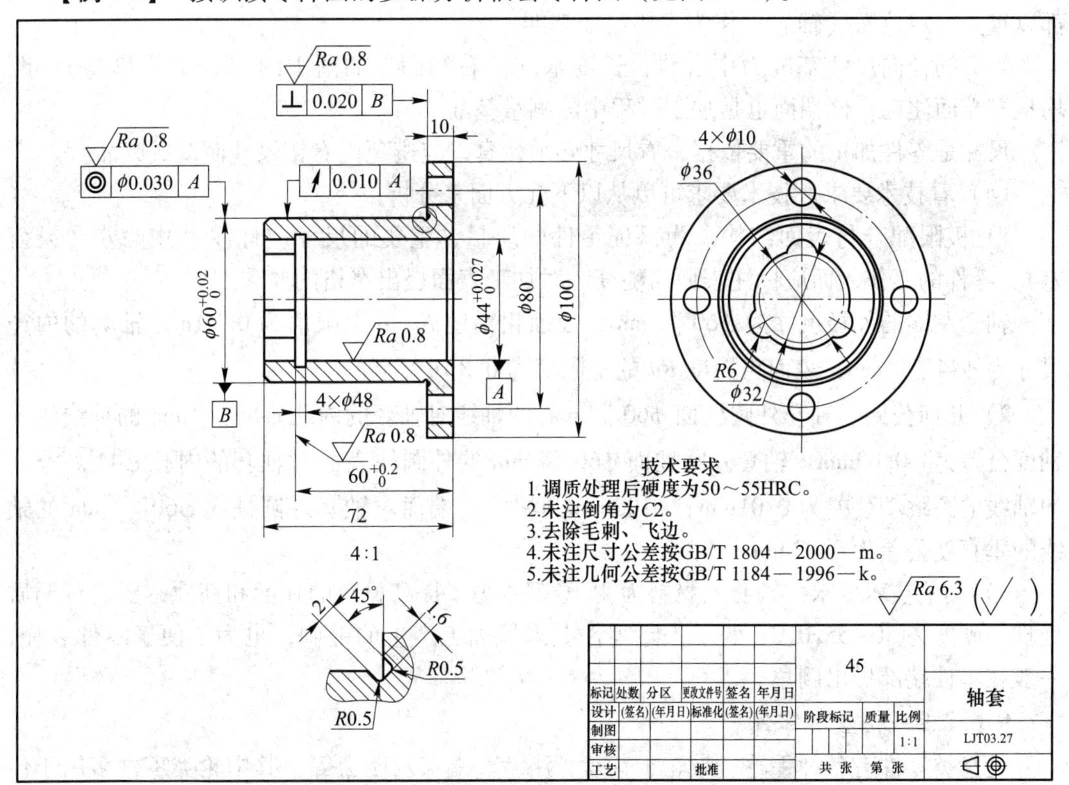

图 9-46 轴套的零件图

（1）看标题栏。由标题栏可知，零件名称为轴套，属轴套类零件，材料为 45 钢，比例 1∶1。从零件图的名称分析它的功用，由此可对零件有个概括的了解。

（2）分析视图。根据视图的布置和有关的标注，首先找到主视图，接着根据投影的规律，看清弄懂其他各视图以及所采用的表达方法。图 9-46 所示轴套视图，包括两个基本视图（主、左视图）和一个局部放大图。

主视图为全剖视图，表达了套筒的内外基本形状。回转体零件一般都在车床、磨床上加工，根据结构特点和主要的加工位置情况（轴线水平位置），一般将轴套横放，因此可用一个基本视图——主视图来表达它的整体结构形状。这种选择符合零件的主要加工位置原则。全剖视图反映了零件内部的状况，在距离右端面 60mm 处有一处油槽，宽度为 4mm，直径为 48mm。

左视图的主要目的是为了表达零件各个孔的位置状况以及形状特征。该图表明在轴套左侧有四个均匀分布的 ϕ10mm 的孔，在轴孔的左侧有三个均匀分布的 $R6$ 的孔。

局部放大视图主要是为了反映切槽处的形状特征，表明切槽处角度 45°，深度 1.6mm，槽宽 2mm，并且圆角为 $R0.5$mm。

分析图形，不仅要看清主要结构的形状，而且要细致、认真地分析每一个细小部位的结构，以便于能够较快想象出零件的结构形状。

（3）看尺寸标注。看懂图样上标注的尺寸是很重要的。轴套类零件的主要尺寸是径向尺寸和轴向尺寸（高、宽尺寸和长度尺寸）。

在加工和测量径向尺寸时，均以轴线为基准（设计基准）；轴的长度方向的尺寸一般都以重要的定位面（轴肩）作为主要尺寸基准。

轴套的径向尺寸基准为中心线，长度基准是右端面。如图中的 10、60、72 等尺寸，均从右端面注起，该端面也是加工过程中的测量基准。

尺寸是零件加工的重要依据，看尺寸必须认真，应避免因看错尺寸而造成废品。

（4）看技术要求。技术要求可以从以下几方面来分析：

1）极限配合与表面结构。为保证零件的质量，重要的尺寸应标注尺寸偏差（或公差），零件的工作表面应标注表面粗糙度，对加工表面提出严格的要求。

轴套左端的外径尺寸为 $\phi60^{+0.02}_{0}$mm，表面粗糙度 Ra 的上限值为 0.8μm。轴套的内径尺寸为 $\phi44^{+0.027}_{0}$mm，表面粗糙度 Ra 的上限值为 0.8μm。

2）几何公差。轴套外圆柱面 $\phi60^{+0.02}_{0}$mm 的轴线对轴套的内孔 $\phi44^{+0.027}_{0}$mm 的轴线的同轴度公差为 ϕ0.03mm，轴套外圆柱面 $\phi60^{+0.02}_{0}$mm 的外圆柱表面对轴套的内孔 $\phi44^{+0.027}_{0}$mm 的轴线的圆跳动公差为 0.01mm，ϕ100mm 圆柱的右端面对轴套外圆柱面 $\phi60^{+0.02}_{0}$mm 的轴线的垂直度公差为 0.02mm。

3）其他技术要求。轴套的材料为 45 号钢，为了提高材料的强度和韧性，要进行调质处理，硬度为 50~55HRC；为了去除零件上因机加工产生的毛刺，也为了便于零件装配，一般在零件端部做出倒角。

9.6.2.2 轮盘类零件

轮盘类零件有各种手轮、带轮、花盘、法兰、端盖及压盖等，其中轮类零件多用于传递转矩，盘类零件起连接、轴向定位、支承和密封作用。轮盘类零件的结构形状比较复杂，它主要由同一轴线不同直径的若干个回转体组成，盘体类的厚度比较薄，其长径比小于1。

【例 9-2】 分析平带轮零件图（见图 9-47）。

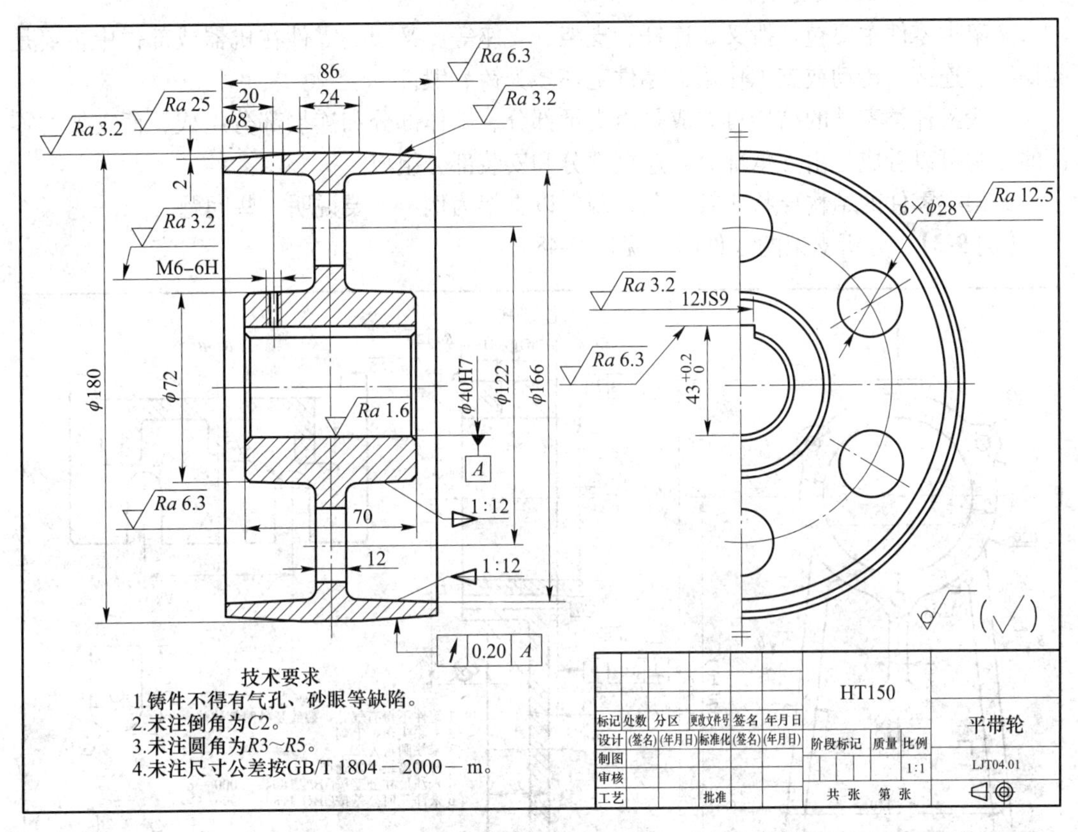

图 9-47 平带轮零件图

（1）看标题栏。由视图的标题栏可知，零件名称叫平带轮，材料为 HT150（灰铸铁），比例 1∶1。

（2）分析视图。从图形的表达方案来看，因轮盘类零件一般都是短粗的回转体，主要在车床或镗床上加工，故主视图的轴线水平位置放置，符合零件的加工位置原则。为表达清楚零件的内部结构，主视图是全剖视图。为了表达外部轮廓，还选取了一个左视图，从图中可清楚地看到平带轮的轮缘、轮毂、轮辐各部分之间的关系。

（3）看尺寸标注。盘类零件的径向尺寸基准为轴线。圆柱体直径一般都注在投影的非圆视图上，轴向尺寸以平带轮的对称中心面为基准。在图 9-47 中标注了轮缘、轮毂、轮辐的定位、定形尺寸。因为平带轮形状比较简单，所以尺寸较少，很容易看懂。

（4）看技术要求。平带轮的配合面很少，所以技术要求简单，精度较低，只有尺寸 φ40H7 和 12JS9 为配合尺寸。平带轮大部分为非加工面。图 9-47 中还注明了四条技术要求。

通过以上分析可以看出轮盘类零件在表达方面的特点：盘盖类零件主视图一般按加工位置（轴线水平）放置，选择垂直于轴线的投射方向画主视图。为了表达其内部结构，主视图常采用剖视图。其他视图的确定需依据零件结构的复杂程度而定，一般情况下，常用左视图或右视图来表达其外形结构。因此，盘盖类零件一般用两个基本视图来表达，有时为了表达局部结构也常采用局部视图和局部放大图。

9. 6. 2. 3　叉架类零件

叉架类零件主要包括拨叉、连杆、支架、支座等。叉架类零件在机器或部件中主要是起操纵、连接、传动或支承作用，零件毛坯多为铸、锻件。

一般叉杆类零件的结构可看成是由支承部分、工作部分和连接部分组成，而支架类零件的结构可以看成是由支承部分、连接部分和安装部分组成。

叉架类零件的结构形状比较复杂，现仅以支架为例，扼要说明一些问题。

【例 9-3】 分析支架的零件图（见图 9-48）。

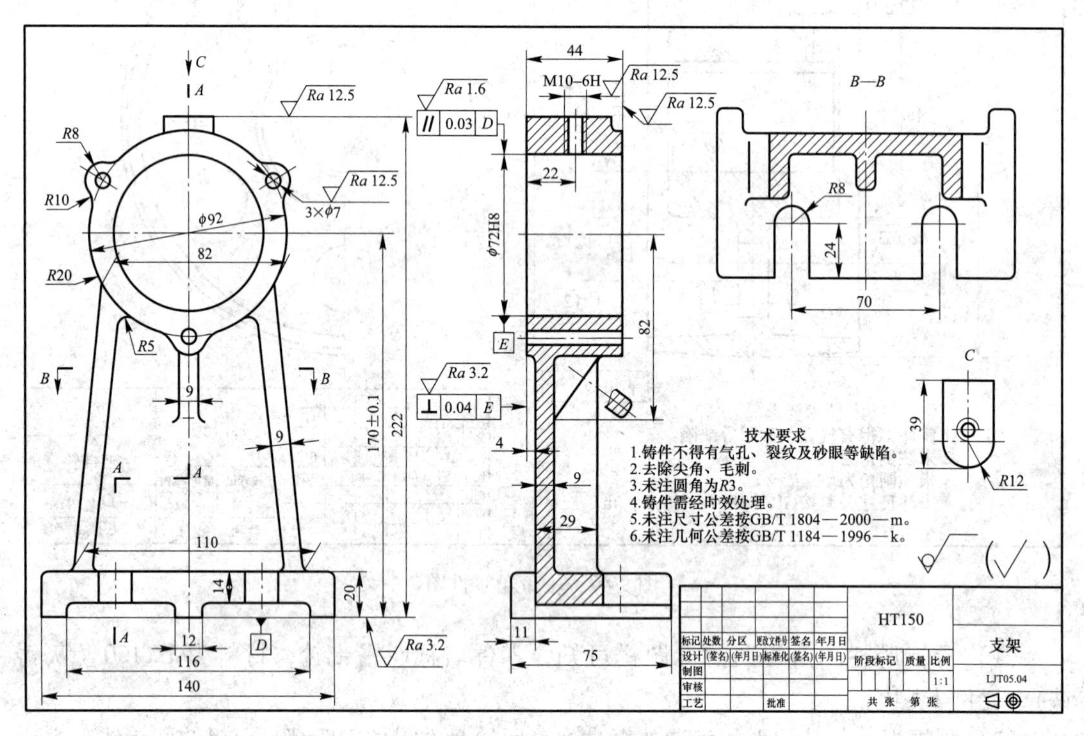

图 9-48　支架零件图

（1）结构特点。支架类零件一般由支承部分、连接部分和安装部分三部分组成。支承部分为带孔的圆柱体，其上面往往有安装油环的凸台或安装端盖的螺孔。连接部分为带有加强肋板的连接板，结构比较匀称。安装部分为带有安装孔和槽的底板，为使底面接触良好和减少加工面，底面做成凹坑结构。

（2）视图选择。叉架类零件需经过多种机械加工。为此，它的主视图应按工作位置和结构形状特征原则来选择。叉架类零件图一般都用三个基本视图表达，分别显示三个组成部分的形状特征。

（3）尺寸标注。支架的底面为装配基准面，它是高度方向的主要尺寸基准，标注出支承部位的中心高尺寸（170±0.1）mm。支架结构左右对称，即选对称面为长度方向的主要尺寸基准，标注出底板安装槽的定位尺寸 70mm，还有尺寸 24mm、82mm、12mm、

110mm、140mm 等。宽度方向是以后端面为基准，标注出肋板的定位尺寸 4mm。

（4）技术要求。支架零件精度要求的部位是工作部分，即支承部分，支承孔为 72H8，表面粗糙度 *Ra* 的上限值为 3.2μm。另外，底面粗糙度 *Ra* 的上限值为 6.3μm，前、后面 *Ra* 的上限值分别为 25μm、6.3μm，这些平面均为接触面。

通过以上分析可以看出叉架类零件在表达方面的特点：叉架类零件通常按其工作位置放置，且选择反映形状特征的表面作为主视方向。支架在机器工作时不停地摆动，没有固定的工作位置。为了画图方便，一般把叉架主要轮廓放置垂直或水平位置，主视图常采用局部剖视图。叉架类零件的其他视图可利用左（右）视图或俯视图表达零件的外形结构，其上局部和肋板等结构常选择断面图、局部视图、斜视图来表示。

9.6.2.4 箱体类零件

箱体类零件是机器或部件中的主要零件。常见的箱体类零件有减速器、泵体、阀体、机座等。箱体类零件结构复杂，它在传动机构中的作用与支架相似，主要是容纳和支承传动件，同时也是保护机器中其他零件的外壳，利于安全生产。箱体类零件的毛坯常为铸件，也有焊接件。

【例 9-4】 分析缸体的零件图（见图 9-49）。

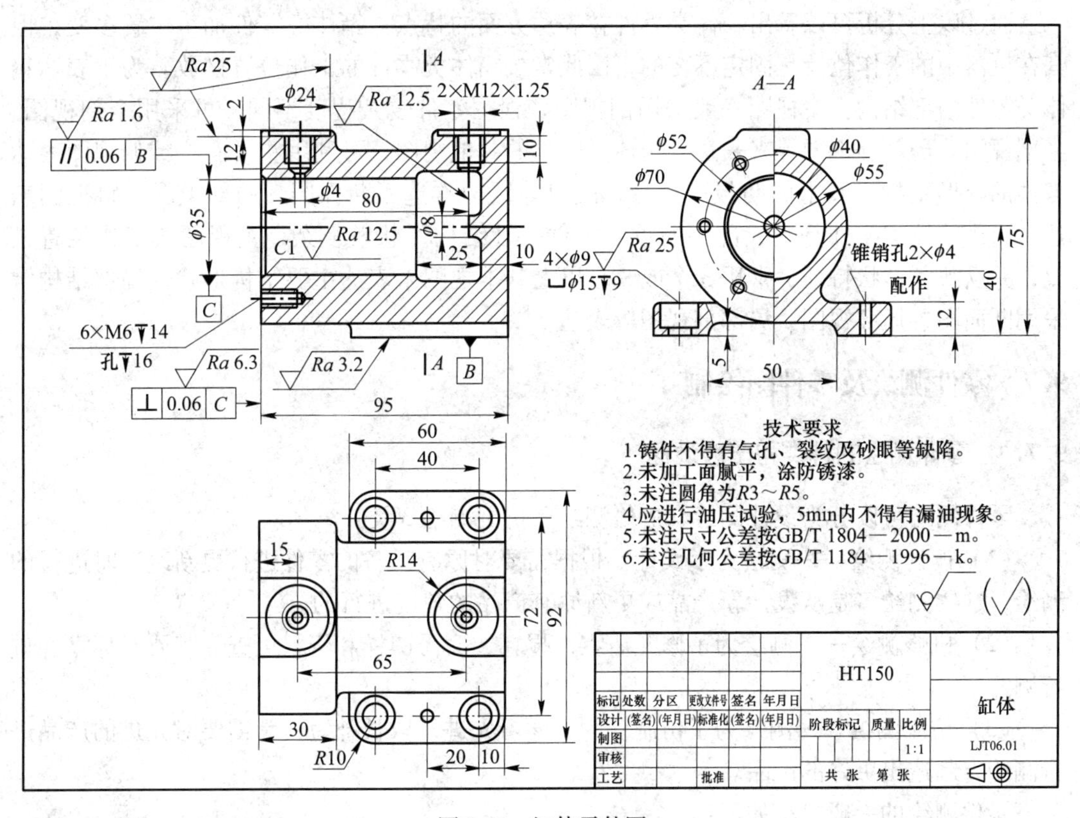

图 9-49 缸体零件图

（1）结构特点。缸体的结构形状比较复杂。用形体分析法可见，缸体是一个由底板和圆柱组成的结构紧凑、有足够强度和刚度的壳体。

（2）表达方案。选择箱体表达方案的各视图时，先选择一组基本视图（三视图），再根据需要表达的结构作适当的剖切，增添必要的其他视图。

主视图选择显示箱体的工作位置，并同时满足表达形状特征和各部分相对位置的方向作为其投射方向。箱体由于外形比较简单，内部机构比较复杂，因此主视图采取全剖视图，这样可以看到箱体内部的形状，左视图采用半剖视图。从主视图和左视图可以看出，在 ϕ70mm 的端面上有 6 个 M6 深 14mm 的螺纹孔。从主视图可以看到，在视图的上方有两个螺纹孔用以安装注油和放油螺塞。俯视图反映了底板的形状。

（3）尺寸标注。箱体类零件结构复杂，尺寸比较多，因此尺寸分析也比较困难，一般采用形体分析法标注尺寸。箱体类零件在尺寸标注或分析时应注意以下几个方面：

1）重要轴孔对基准的定位尺寸。由图可知，高度方向的主要尺寸基准为底平面，孔 ϕ40mm 的高度方向的定位尺寸为 40mm。底平面既是箱体的安装面，又是加工时的测量基准面；既是设计基准，又是工艺基准。

2）与其他零件有装配关系的尺寸，例如箱体底板的安装孔中心距 40mm、72mm。

（4）技术要求。箱体类零件的技术要求，主要是支承传动轴的轴孔部分，其轴孔的尺寸精度、表面粗糙度和几何公差，这些都将直接影响加速器中的箱体的装配质量和使用性能。

通过以上分析可以看出箱体类零件在表达方面的特点：箱体类零件加工位置多变，但其在机器中的工作位置是固定不变的，因此常按箱体类零件的工作位置摆放。为了表达箱体类零件内部结构，主视图一般采用剖视图，根据零件复杂程度不同，可采用全剖视图、半剖视图、局部剖视图等来表达。箱体类零件的其他视图，可利用左（右）或俯视图表达零件的外形结构，其上的肋板、凸台、倾斜等结构常选用断面图、局部视图、斜视图表达。由于箱体类零件是组成部件的重要零件，其结构形状较复杂，主视图按工作位置摆放，并反映其形状特征，常用 3 个或 3 个以上基本视图来表达主要结构形状，局部结构常采用断面图、局部视图、局部剖视图等表达。

9.7 零件测绘及零件图绘制

9.7.1 零件测绘的种类和一般过程

零件测绘可以分为设计测绘、机修测绘和仿制测绘 3 类：

（1）设计测绘——测绘为了设计。根据需要对原有设备的零件进行更新改造时进行的测绘，这些测绘多是从设计新产品或更新原有产品的角度进行的。

（2）机修测绘——测绘为了修配。零件损坏，又无图样和资料可查，需要对坏零件进行测绘。

（3）仿制测绘——测绘为了仿制。为了学习先进，取长补短，常需要对先进的产品进行测绘，制造出更好的产品。

零件测绘的一般过程如下：

（1）了解和分析零件。在测绘时，首先要了解零件的名称、材料及其在装配体上的作用、与其他零件的关系，然后对零件的结构形状、制造工艺过程、技术要求及热处理等进行全面的了解和分析。

（2）确定表达方案。在对零件全面了解、认真分析的基础上，根据零件表达方案的选择原则，确定最佳表达方案。

（3）根据已选定的表达方案，徒手绘制草图。

（4）测绘零件的全部尺寸，并根据尺寸标注的原则和要求，标注全部尺寸。

9.7.2 零件草图基础知识

9.7.2.1 零件草图概念

零件测绘工作常在机器设备的现场进行，受条件限制，一般先绘制出零件草图，然后根据零件草图整理出零件工作图。因此，零件草图绝不是潦草图。

徒手绘制的图样称为草图，它是不借助绘图工具，用目测来估计物体的形状和大小，徒手绘制的图样。在讨论设计方案、技术交流及现场测绘中，经常需要快速地绘制出草图，徒手绘制草图是工程技术人员必须具备的基本技能。

零件草图的内容与零件工作图相同，只是线条、字体等为徒手绘制。

徒手图应做到线型分明、比例均匀、字体端正、图面整洁。

9.7.2.2 徒手画草图的基本方法

徒手画草图的基本方法如下：

（1）握笔的方法。手握笔的位置要比用绘图仪绘图时较高些，以利于运笔和观察目标。笔杆与纸面成45°~60°角，持笔稳而有力。一般选用HB或B的铅笔，用印有方格的图纸绘图。

（2）直线的画法。画直线时，握笔的手要放松，手腕靠着纸面，沿着画线的方向移动，眼睛注意线的终点方向，便于控制图线。

画水平线时，图纸可放斜一点，将图纸转动到画线最为顺手的位置。画垂直线时，自上而下运笔。画斜线时可以转动图纸到便于画线的位置。画短线，常用手腕运笔，画长线则用手臂动作。

（3）圆和曲线的画法。画圆时，先定出圆心的位置，过圆心画出互相垂直的两条中心线，再在对称中心线上距圆心等于半径处目测截取四点，过四点分段画成。画稍大的圆时，可加画一对十字线，并同时截取四点，过八点画圆。对于椭圆与圆弧，也是尽量利用其与正方形、长方形、菱形相切的特点进行绘制。

（4）角度的画法。画30°、45°、60°等特殊角度的斜线时，可利用两直角边比例关系近似地画出。

（5）复杂图形画法。当遇到较复杂形状时，采用勾描轮廓和拓印的方法进行绘制。如果平面能接触纸面时，用色描法，直接用铅笔沿轮廓画出线来。

9.7.2.3 绘图步骤

零件的表达方案确定后，便可按照下列步骤绘制：

（1）确定绘图比例。根据零件大小、视图数量、现有图纸大小，确定适当的比例。

（2）定位布局。根据所选比例，粗略确定各视图应占的图纸面积，在图纸上作出主要视图的作图基准线、中心线。注意留出标注尺寸和画其他补充视图的地方，如图9-50（a）所示。

（3）详细画出零件的内外结构和形状，如图9-50（b）所示，注意各部分结构之间的比例应协调。

（4）检查、加深有关图线。

（5）画尺寸界线、尺寸线，将应该标注的尺寸的尺寸界线、尺寸线全部画出，如图 9-50（c）所示。

（6）集中测量、注写各个尺寸。注意最好不要画一个、量一个、注写一个。这样不但费时，而且容易将某些尺寸遗漏或注错。

（7）确定并注写技术要求。根据实践经验或用样板比较，确定表面粗糙度；查阅有关资料，确定零件的材料、尺寸公差、形位公差及热处理等要求，如图 9-50（d）所示。

（8）最后检查、修改全图并填写标题栏，完成草图，如图 9-50（d）所示。

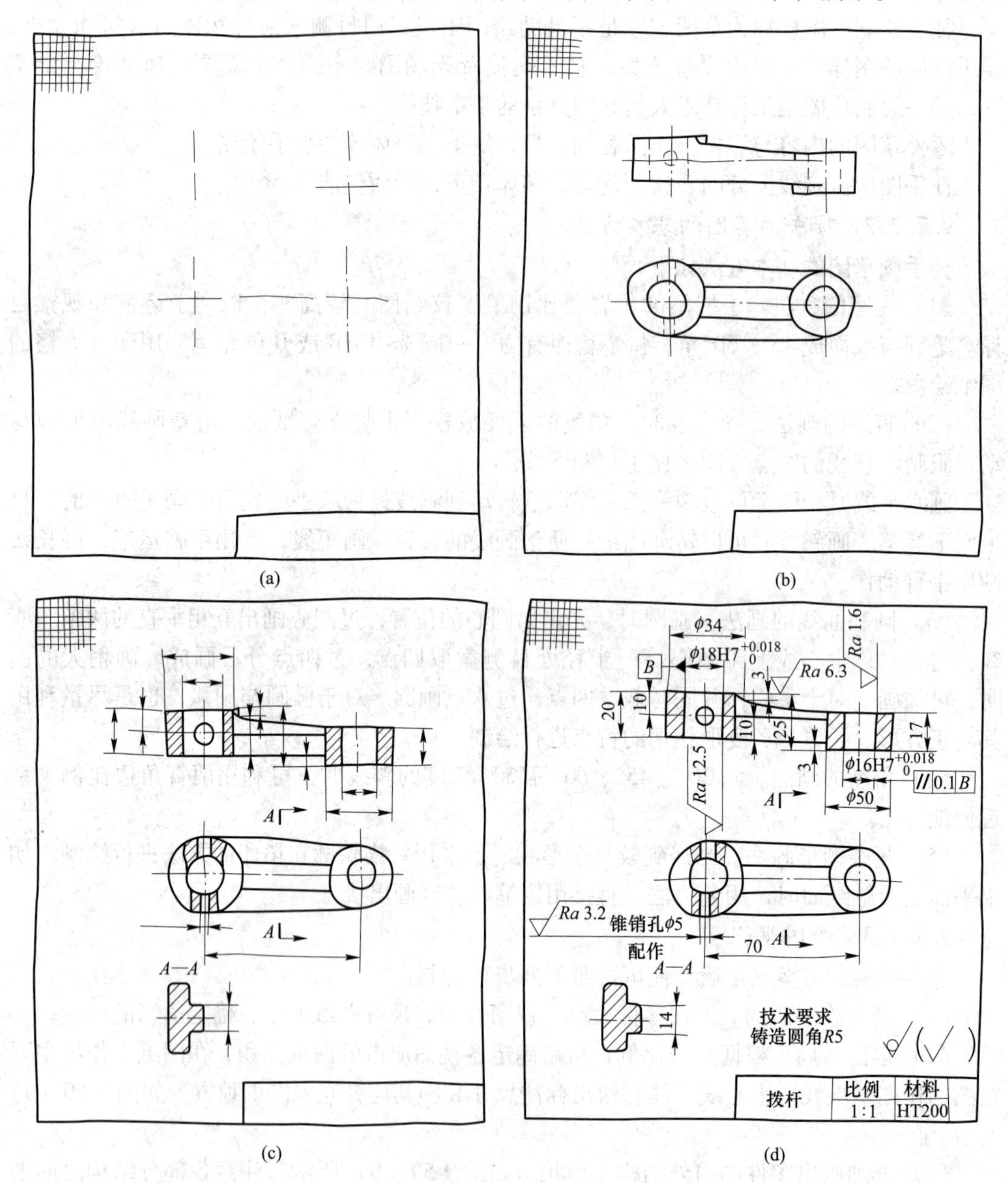

图 9-50　草图绘制

由于绘制零件草图时往往受地点条件的限制，有些问题有可能处理得不够完善，因此在画零件工作图后，还需要对草图进一步检查和校对，然后用仪器或计算机画出零件工作图，经批准后，整个零件测绘的工作就完成了。

9.7.3 测量零件尺寸的工具

常见的测量工具有直尺、卷尺、卡尺、千分尺和万能量角器等。各种量具的精度不同，使用的范围也不同，应根据被测零件的表面精度、加工和使用情况进行适当的选择。

对于精度要求不高的尺寸，一般用直尺、内外卡钳等即可，精确度要求较高的尺寸，一般用游标卡尺、千分尺等精确度较高的测量工具。特殊结构，一般要用特殊工具如螺纹规、圆弧规、曲线尺来测量。

9.7.3.1 游标卡尺

游标卡尺是利用游标原理细分读数的尺形手携式通用长度测量工具，主要用于测量内径、外径、阶梯和深度等。测量时，量值的整数部分从主尺上读出，小数部分利用主尺上的刻线间距（简称线距）和游标尺上的线距之差来读出，有 0.02mm、0.05mm 和 0.1mm 3 种最小读数值。

游标卡尺一般由尺身、游标、内量爪、外量爪、深度尺和紧固螺钉等组成，如图 9-51 所示。

0.05mm 游标卡尺的刻线原理：尺身每一格长度为 1mm，游标总长为 39mm，等分 20 格，每格长度为 39/20=1.95mm，则尺身 2 格和游标 1 格长度之差为：2-1.95=0.05mm，所以它的精度为 0.05mm。

0.02mm 游标卡尺的刻线原理：尺身每 1 格长度为 49/50=0.98mm，尺身 1 格和游标卡尺 1 格长度之差为 1-0.98=0.02mm，所以它的精度为 0.02mm。

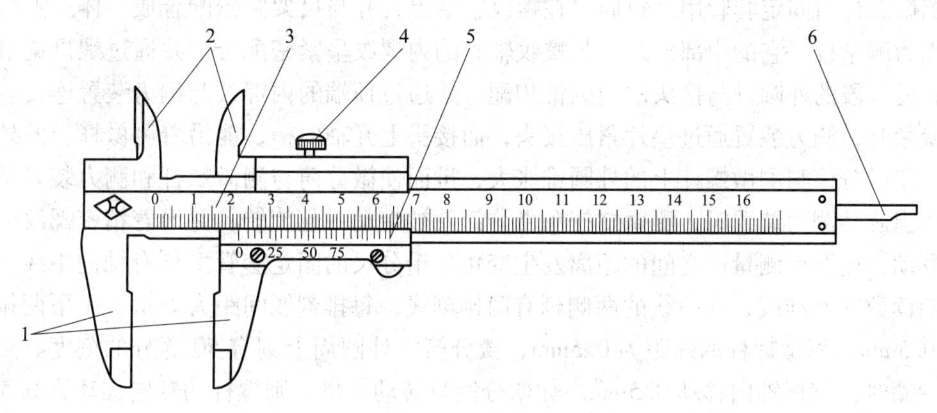

图 9-51 游标卡尺

1—外量爪；2—内量爪；3—尺身；4—紧固螺钉；5—游标；6—深度尺

使用游标卡尺应注意：

(1) 测量前应把卡尺擦干净，检查卡尺的两个测量面和测量刃口是否平直无损，把两个量爪紧密贴合时，应无明显的间隙，同时游标和主尺的零位刻线要相互对准。这个过程称为校对游标卡尺的零位。

（2）移动尺框时，活动要自如，不应过松或过紧，更不能有晃动现象。用固定螺钉固定尺框时，卡尺的读数不应有所改变。在移动尺框时，不要忘记松开固定螺钉，亦不宜过松以免掉落。

（3）为了获得正确的测量结果，可以多测量几次。即在零件的同截面上的不同方向进行测量。对于较长零件，则应当在全长的各个部位进行测量，务使获得一个比较正确的测量结果。

9.7.3.2　千分尺

千分尺（螺旋测微器）由尺架、测微装置、测力装置和锁紧装置等组成，如图 9-52 所示。

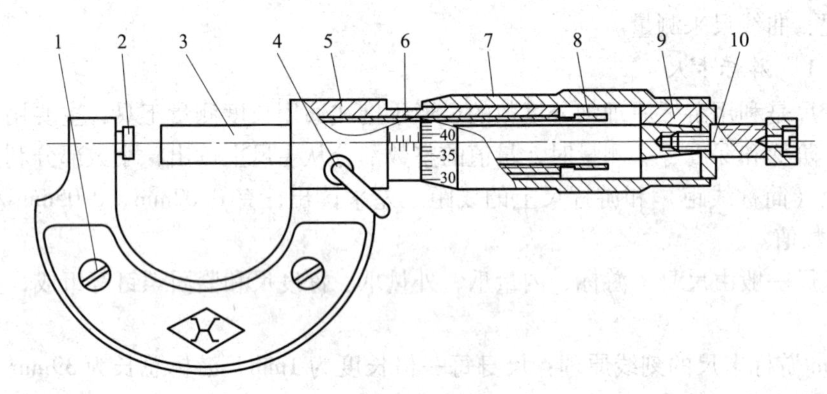

图 9-52　千分尺

1—尺架；2—砧座；3—测微螺杆；4—锁紧装置；5—螺纹轴套；6—固定套管；7—微分管；8—螺母；9—接头；10—测力装置

测微螺杆由固定套管用螺钉固定在螺纹轴套上，并与尺架紧密配合成一体。测微螺杆的一端为测量杆，它的中部外螺纹与螺纹轴套的内螺纹呈紧密配合，并通过螺母调节配合间隙；另一段的外圆锥与接头的内圆锥相配，并通过顶端的内螺纹与测力装置连接。当此螺纹旋紧时，测力装置通过垫片紧压接头，而接头上开轴向槽，能沿着测微杆上的外圆锥胀大，使微分筒与测微螺杆上的外圆锥胀大，进而使微分筒与测微螺杆和测力装置结合在一起。当旋转测力装置时，测微螺杆和微分筒就被带动一起旋转，并沿着精密螺纹的轴线方向移动，使两个测量面之间的距离发生变化。千分尺的固定套管上刻有轴向中线，这是微分筒读数的基准线，在中线的两侧刻有两排刻线，每排刻线间距为 1mm，上下两排相互错开 0.5mm。测微螺杆的螺距为 0.5mm，微分筒的外圆周上刻有 50 等分的刻度。当微分筒转一圈时，螺杆轴向移动 0.5mm。如微分筒只转动一格，则螺杆的轴向移动为 0.5/50 = 0.01mm，因而 0.01mm 为千分尺的刻度值（读数可估读至千分位）。

9.7.3.3　游标卡尺

游标卡尺的使用方法如图 9-53 所示。

使用游标卡尺应注意：

（1）读出游标卡尺零刻线左边尺身上的整毫米数。

（2）看游标卡尺从零刻线开始第几条刻线与尺身某一刻线对齐，其游标刻线数与精度的乘积就是不足 1mm 的小数部分。

（3）将整毫米数与小数相加就是测得的实际尺寸。

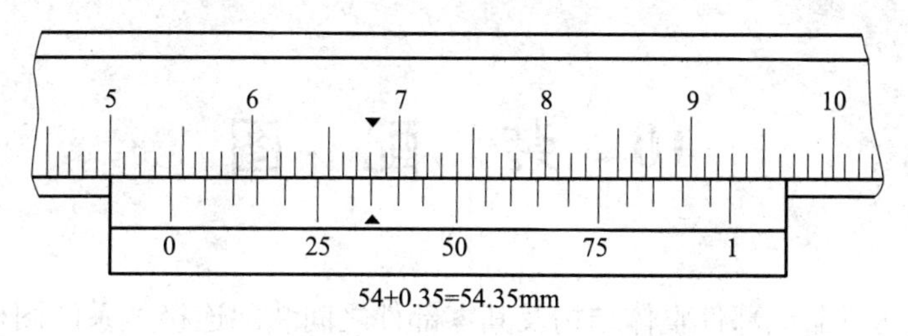

图 9-53 游标卡尺的使用方法

9.7.3.4 螺纹千分尺

螺纹千分尺的读数方法如图 9-54 所示。

读数时，从微分筒的边缘看固定套管上距边缘最近的刻线，从固定套管中线上侧的刻度读出整数，从中线下侧的刻度读出 0.5mm 的小数再从微分筒上找到与固定套管对齐的刻线，将此刻线乘以 0.01mm 就是小于 0.5mm 的小数部分的读数，最后把以上几部分相加即为测量值。

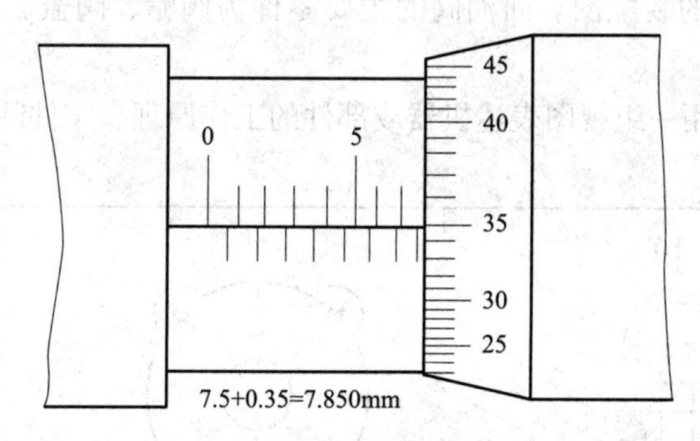

图 9-54 螺纹千分尺的读数方法

10 装　配　图

扫一扫获取免费
数字资源

装配图是表达机器或部件整体结构及其零部件之间装配连接关系的图样。表示整台机器的组成部分，各组成部分的相对位置及连接、装配关系的图样称为总装配图。表示部件的组成零件及各零件相对位置和连接、装配关系的图样称为部件装配图。

在机器设计过程中，装配图的绘制位于零件图之前，并且装配图与零件图的表达内容不同，它主要用于机器或部件的装配、调试、安装、维修等场合，也是生产中的一种重要的技术文件。

10.1　装配图的内容

图 10-1 为回油阀的装配图。回油阀的主要零件为阀帽、阀盖、阀体。现以回油阀为例说明装配图的内容：

（1）一组视图。用一组视图表达机器或部件的工作原理、零件间的装配关系和连接方

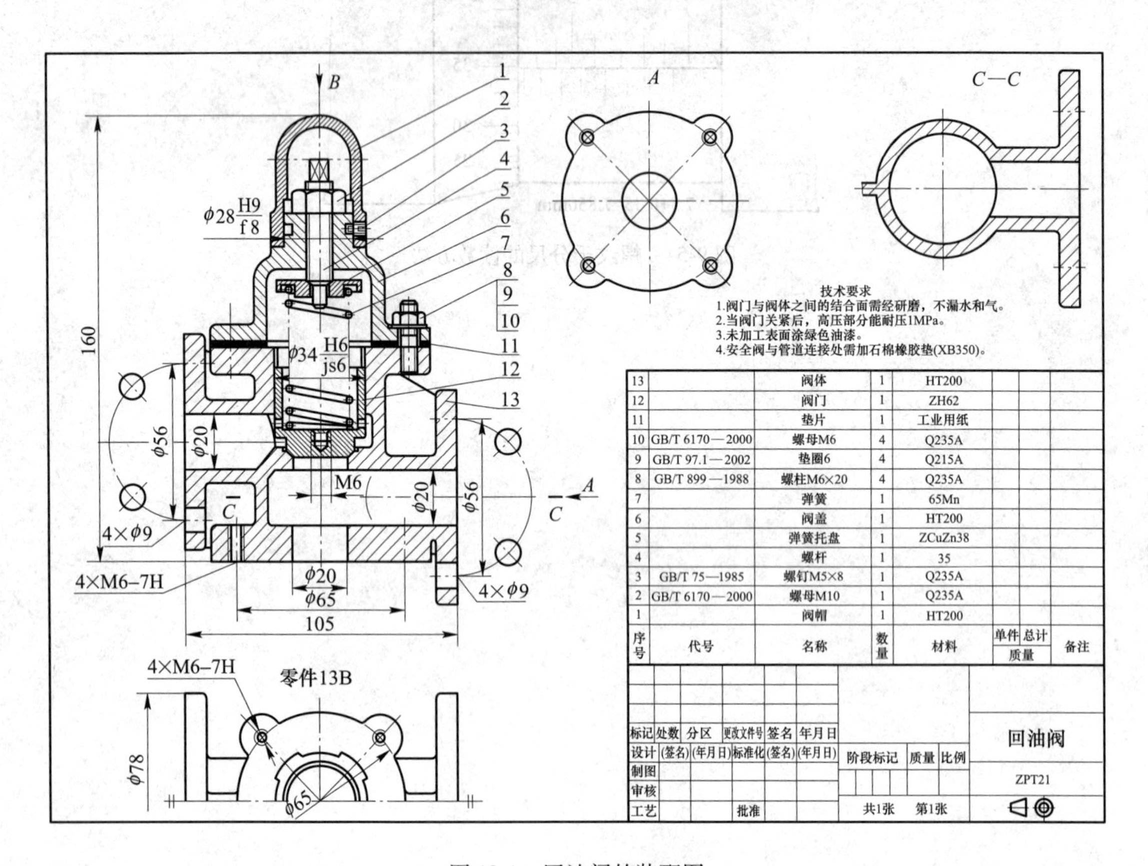

图 10-1　回油阀的装配图

式、主要零件的结构形状。如图 10-1 所示回油阀的主视图采用全剖视，反映回油阀的原理和主要零件间的装配关系；俯视图采用对称画法，主要表达零件的外部形状；*A* 向视图表达阀体 *A* 方向的形状；*C—C* 采用全剖视，表达阀体的内部结构形状。

（2）必要的尺寸。装配图是用来控制装配质量，表明零部件之间装配关系的图样，所以必须要有表示机器或部件的规格（性能）尺寸、装配尺寸、安装尺寸、外形尺寸以及其他重要尺寸。

（3）技术要求。用文字或符号说明机器或部件的装配、安装、调试、检验、使用与维护等方面的技术要求。

（4）零件序号、标题栏和明细栏。在装配图中，必须要对每个零件编写序号，可在明细栏中列出零件序号、代号、名称、数量、材料、单件和总计的重量、备注等。标题栏中写明装配体名称、图号、绘图比例以及设计、制图、审核人员的签名和日期等。

10.2 装配图的表达方法

10.2.1 装配图的规定画法

装配图的规定画法包括：

（1）相邻零件的轮廓线画法。装配图中，零件间的接触面和两个零件的配合表面，如图 10-1 中阀帽和阀盖的配合面等，都只画一条线；不接触或不配合的表面，如图 10-1 中螺柱与通孔，即使间隙很小，也应画成两条线。

（2）相邻零件的剖面线画法。在装配图中，相邻两个零件的剖面线方向应该相反，若要表示多个零件，可用不同间隔的剖面线来表示不同的零件，如图 10-2 所示。

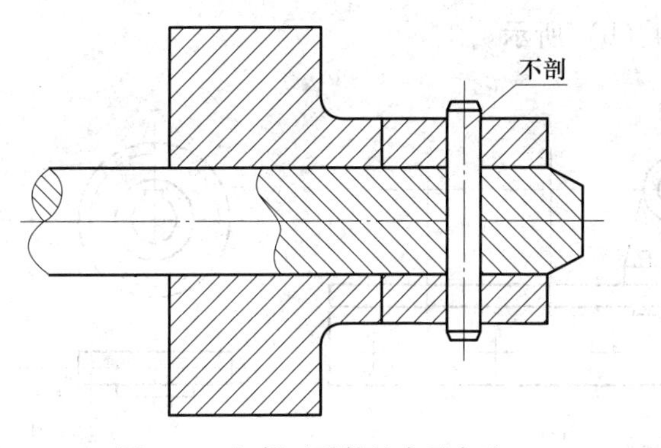

图 10-2 相邻两零件的表示方法

10.2.2 装配图的特殊表达方法

装配图的特殊表达方法包括：

（1）沿零件结合面剖切的画法。假想沿某些零件的结合面剖切，零件的结合面上被剖切的部分需要画出剖面线，没有被剖切的部分不画剖面线，以表达装配体内部零件间的装配情况。

（2）拆卸画法。在装配图中，当某些零件遮住了需要表达的结构和装配关系时，为了避免遮住某些零件的投影，在其他视图上可以假想将这些零件拆卸后绘制。拆卸画法需要标注“拆去×××”。

（3）假想画法。假想画法用于表达与本装配体有关但不属于本装配体的相邻零部件，以及运动机件的极限位置。假想画法用双点画线表示轮廓，如图 10-3 所示。

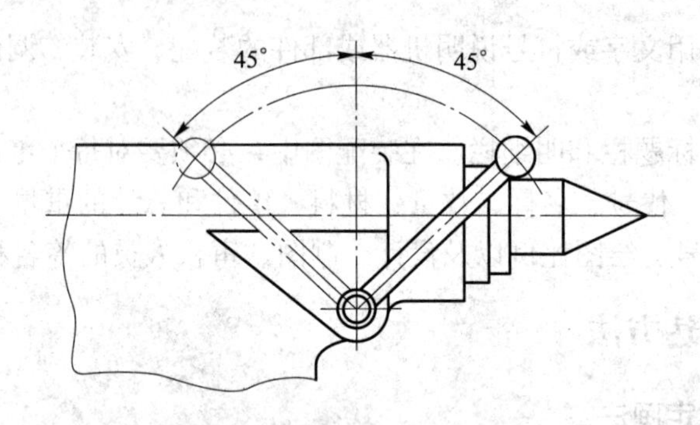

图 10-3 假想画法

（4）简化画法。在使用简化画法时，应注意：

1）在装配图中，重复出现的零件组（如螺栓连接），允许详细地画出一组或几组，其余的只需要用细点画线表示其位置即可，如图 10-4（a）所示。

2）在装配图中，零件的工艺结构（如倒角、圆角、退刀槽等）允许不画。螺栓头部、螺母、滚动轴承等均可采用简化画法。

3）在装配图中，带传动的带可以使用粗实线简化表示，链传动的链可以用细点画线简化表示，如图 10-4（b）所示。

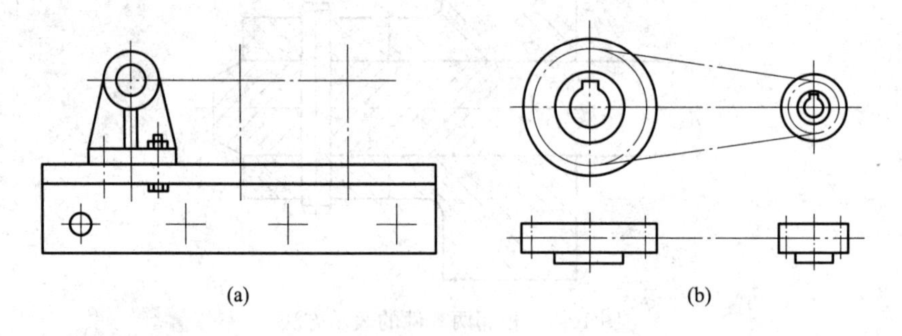

图 10-4 多个螺栓连接及带传动的表示方法

（5）夸大画法。在装配图中，对薄片零件、细小弹簧等一些微小的结构，无法按照实际的尺寸绘制，可以不采用原比例，用适当的夸大比例画出。

（6）展开画法。当轮系的各轴线不在同一平面时，为了表达传动机构中的传动关系和各轴的装配关系，假想用剖切平面按照传动顺序，沿各轴的轴线将传动机构剖开，再将其展开成一个平面，并画出，如图 10-5 所示。

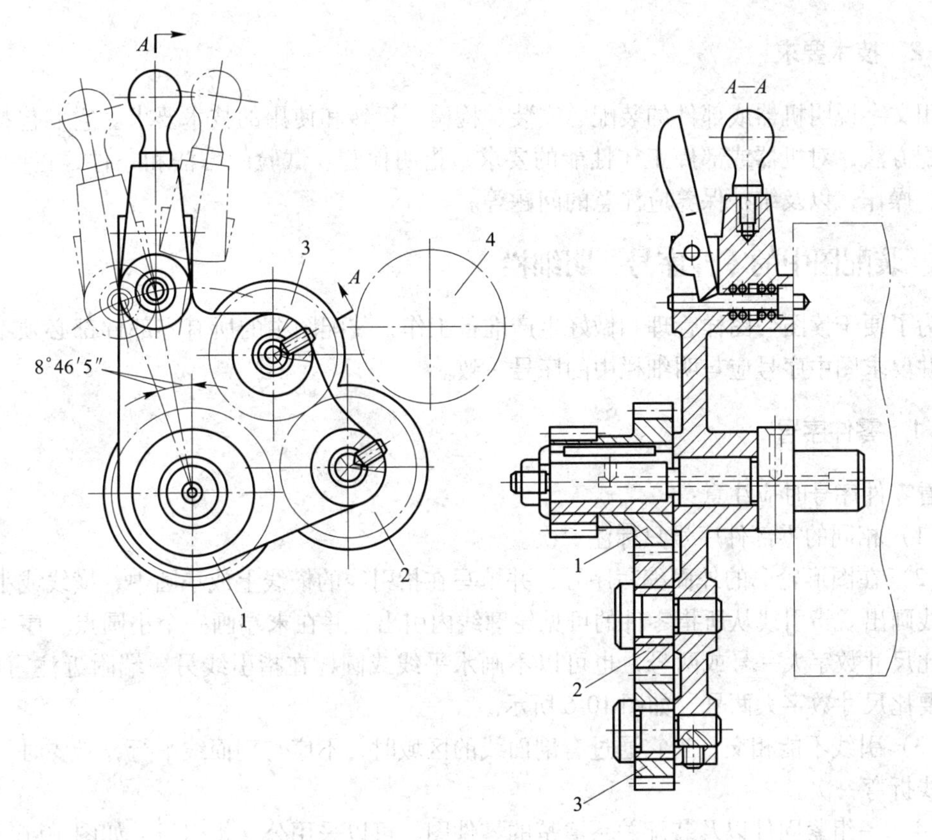

图 10-5 传动机构的展开画法

10.3 装配图的尺寸标注与技术要求

10.3.1 尺寸标注

装配图不是制造零件的直接依据。因此，装配图中不需注出零件的全部尺寸，只需标注一些必要的尺寸。这些尺寸按其作用的不同，大致可以分为以下5类：

（1）性能（规格）尺寸。性能（规格）尺寸是表示机器或部件性能（规格）的尺寸，在设计时就已经确定，也是设计和选用该机器或部件的依据，如图 10-1 中回油阀的公称直径 ϕ20。

（2）装配尺寸。装配尺寸包括有关零件间配合性质的尺寸、保证零件间相对位置的尺寸、装配时进行加工的有关尺寸等，如图 10-1 中阀帽和阀盖的配合尺寸 ϕ28H9/f8 等。

（3）安装尺寸。安装尺寸是指机器或部件安装时所需的尺寸，如图 10-1 中与安装有关的尺寸有 ϕ56、4×M6-7H 等。

（4）外形尺寸。外形尺寸是表示机器或部件外形轮廓的大小的尺寸，即总长、总宽和总高。它为包装、运输和安装过程所占的空间大小提供了数据。如图 10-1 中回油阀的总长、总宽和总高为 105、ϕ78 和 160。

（5）其他重要尺寸。它们是在设计中确定但又不属于上述几类尺寸的一些重要尺寸，如运动零件的极限尺寸等。

10.3.2　技术要求

用文字说明机器或部件的装配、安装、检验、运转和使用的技术要求。它们包括：表达装配方法，对机器或部件工作性能的要求，指明检验、试验的方法和条件，指明包装、运输、操作，以及维护保养应注意的问题等。

10.4　装配图中的零件序号、明细栏

为了便于读图、图样管理和做好生产准备工作，装配图中的所有零部件都必须编写序号，并要求图中序号应与明细栏中的序号一致。

10.4.1　零件序号

看零件序号时应注意：

（1）相同的零部件序号只标注一次。

（2）在图形轮廓的外面编写序号，并填写在指引线的横线上或小圆中，横线或小圆用细实线画出。指引线从所指零件的可见轮廓线内引出，并在末端画一个小圆点。序号的字号要比尺寸数字大一号或两号，也可以不画水平线或圆，在指引线另一端附近注写序号，序号要比尺寸数字大两号，如图 10-6 所示。

（3）引线不能相交，当它通过有剖面线的区域时，不应与剖面线平行，必要时，可将指引线折弯一次。

（4）一组紧固件以及装配关系清楚的零件图，可以采用公共指引线，如图 10-6 所示。

（5）零部件序号应沿水平或垂直方向按顺时针或逆时针方向顺序排列起来。

（6）标准件在装配图上只编写一个序号。

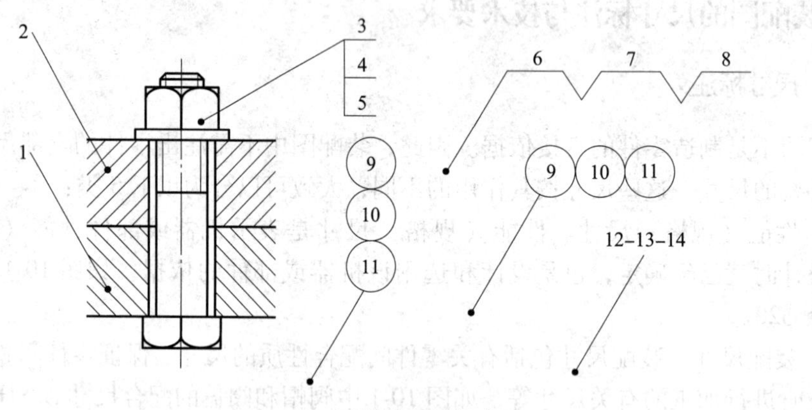

图 10-6　零部件序号的表示

10.4.2　明细栏

明细栏是装配图全部零部件的详细目录，它直接画在标题栏的上方，序号应由下而上顺序书写，如位置不够可在标题栏左边画出。对于标准件应将其规定符号填写在备注栏内（见图 10-1），也可以将标准件的数量和规定直接用指引线标明在视图的适当位置上，明细栏外框为粗实线，其余图框线为细实线。

10.5 装配结构介绍

为了保证装配体的质量，在设计装配体时，必须考虑装配体上装配结构的合理性，以保证机器和部件的性能，并使零件的加工和拆装方便。在装配图上，除允许简化画出的情况外，都应尽量把装配工艺结构正确地反映出来。现举例说明如下：

（1）轴肩和孔的端面接触时，应在孔口处加工倒角或在轴肩根部切槽，以便于轴和孔的装配，确保轴肩和孔的端面紧密接触，如图 10-7（a）、（b）所示，图 10-7（c）是错误的。

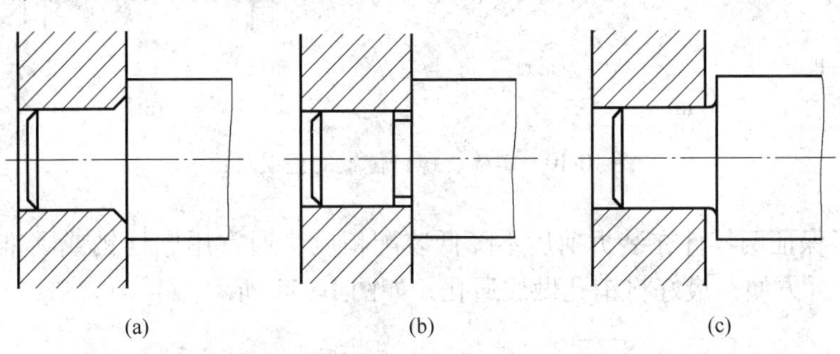

图 10-7　轴肩和孔的端面接触时的正误对比
（a），（b）正确；（c）错误

（2）当两个零件接触时，在同一方向面上只有一个接触面，这样既可以满足装配要求，又可以降低零件的制造难度。图 10-8 为两个平面接触时的正误对比。

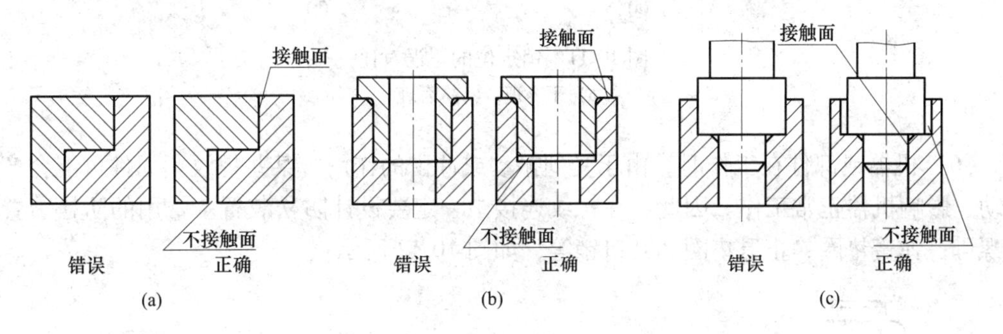

图 10-8　平面接触时的正误对比

（3）滚动轴承的轴向定位结构要便于拆卸。如图 10-9 所示，轴肩大端直径应小于轴承内圈外径，箱体台阶孔直径应大于轴承外环内径。

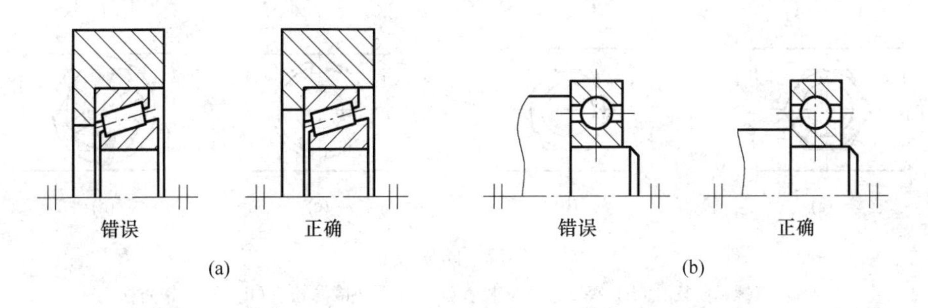

图 10-9　定位结构的正误对比

（4）设计螺栓或螺钉的位置时，应考虑其维修、安装、拆卸的方便，紧固件要有足够的装卸空间，如图 10-10 所示。

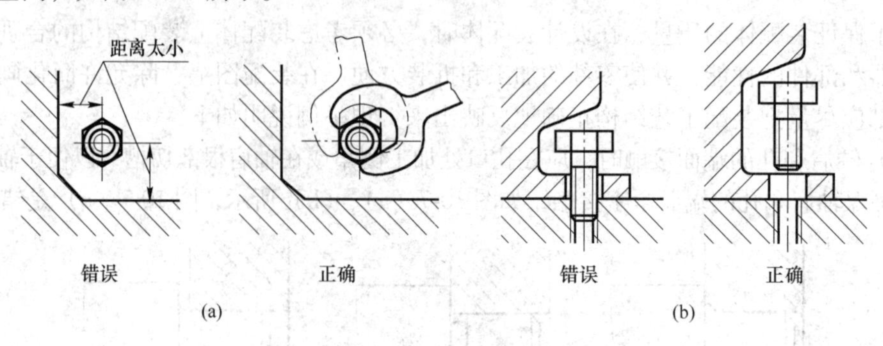

图 10-10 螺栓、螺钉位置的正误对比

（5）为了保证两零件在装拆前后不降低装配精度，通常用圆柱销或圆锥销进行定位。为了加工和装拆方便，最好将销孔做成通孔，如图 10-11 所示。

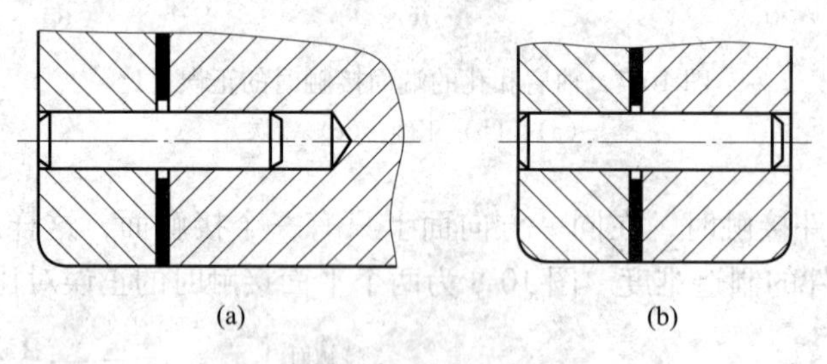

图 10-11 销定位的正误对比

（a）不合理；（b）合理

（6）机器或部件在工作时，由于受到振动或冲击的作用，某些螺纹紧固件可能会产生松动，影响机器正常工作。因此，在螺纹连接中一定要设计防松装置。常用的防松装置有双螺母、弹簧垫圈、止退垫圈和开口销等，如图 10-12 所示。

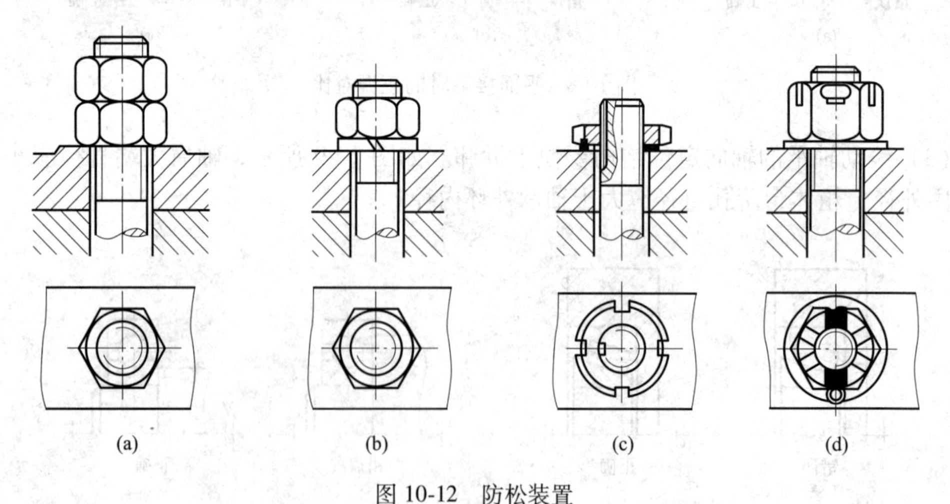

图 10-12 防松装置

（a）双螺母防松；（b）弹簧垫圈防松；（c）止退垫圈防松；（d）开口销防松

（7）使用螺纹连接时，为保证连接件与被连接件的良好接触，应在被连接件上加工出沉孔或凸台，如图 10-13 所示。

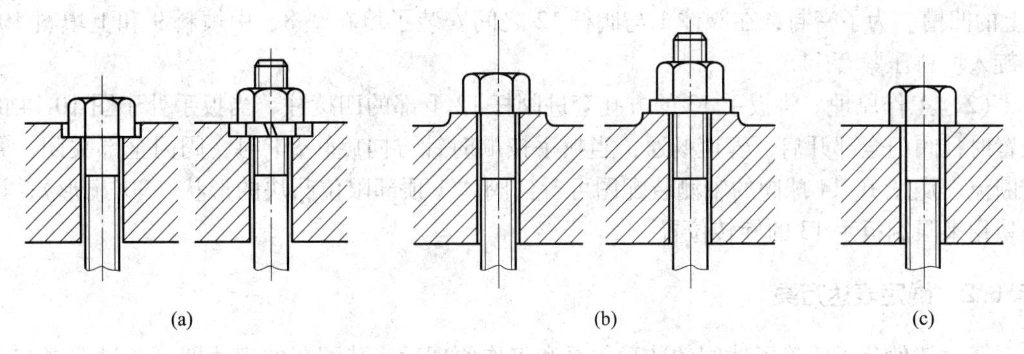

图 10-13 两件连接时的正误对比
（a）沉孔；（b）凸台；（c）错误

10.6 装配图的绘制

部件是由若干零件构成的，根据部件的零件图及相关资料可以大致了解装配体的用途、工作原理以及各零件之间的装配关系。现以图 10-14 所示球阀为例，说明由零件图画装配图的步骤与方法。

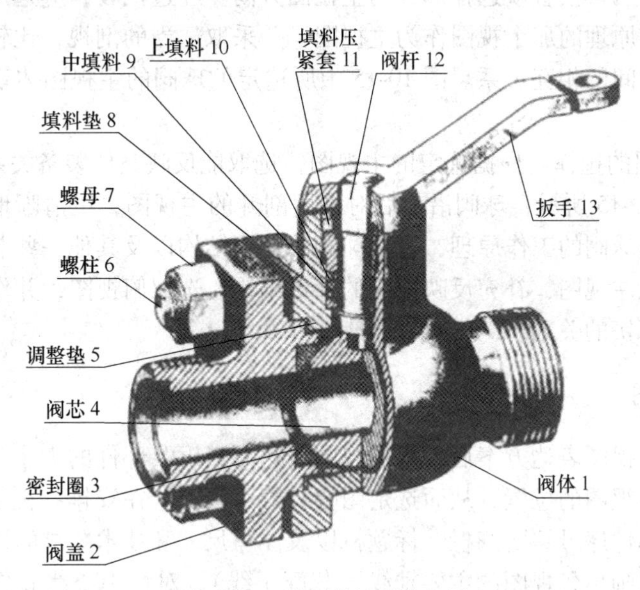

图 10-14 球阀的轴测装配图

10.6.1 了解部件的装配关系和工作原理

对图 10-14 所示球阀的轴测装配图进行仔细分析，了解各零件间的装配关系和部件的工作原理。

（1）装配关系。由球阀的轴测装配图可知，该部件由 13 个零件构成，阀体 1 和阀盖

2都有方形凸缘，二者用四个螺柱6和螺母7进行连接，并用调整垫5调节阀芯4与密封圈3之间的松紧程度。阀杆12位于阀体1的上部，凸块位于阀杆12的下方，榫接于阀芯4上的凹槽。为了密封，在阀体1与阀杆12之间安装了填料垫8、中填料9和上填料10，并旋入填料压紧套11。

（2）工作原理。将扳手13的方孔套进阀杆12上部的四棱柱，当扳手处于图10-14的位置时，阀门全部开启，管道畅通；当扳手按顺时针方向旋转90°时，阀门全部关闭，管道断流。从图10-14球阀的轴测装配图可看到阀体1顶部限位凸块的形状（90°扇形），该凸块用来限制扳手13的旋转位置。

10.6.2 确定表达方案

通过部件分析明确了球阀的装配关系和工作原理后，装配图的表达即可通过选择与工作位置或安装位置相一致的位置作为部件的放置位置。根据已学过的机件的各种表达方法（包括装配图的一些特殊表达方法），考虑选用何种表达方案才能较好地反映部件的装配关系、工作原理和主要零件的结构形状。首先选定部件的安放位置和选择主视图，然后再选择其他视图。在选择过程中应注意：

（1）装配图主视图的选择。部件的安放位置应与部件的工作位置相符合，这样可使设计和装配方便。例如，球阀的工作位置情况多变，但一般是将其通路放成水平位置。当部件的工作位置确定后，接着就选择部件的主视图方向。经过比较，应选用能清楚地反映主要装配关系、工作原理的那个视图作为主视图，并采取适当的剖视，比较清晰地表达各个主要零件以及零件间的相互关系。图10-15中所选定的球阀的主视图体现了上述选择主视图的原则。

（2）其他视图的选择。根据选定的主视图，选取能反映其他装备关系、外形及局部结构的视图。如图10-15所示，球阀沿前后对称面剖开的主视图，虽清晰地反映了各零件间的主要装备关系和球阀的工作原理，可是球阀的外形结构以及其他一些装备关系还没有表达清楚。于是选取左视图，补充反映球阀的外形结构；选取俯视图，并作*B*—*B*局部视图，反映扳手与定位凸块的关系。

10.6.3 画装配图

确定装配图的视图表达方案后，根据视图表达方案以及部件的大小与复杂程度，选取适当比例，安排各视图的位置，从而选定图幅，着手画图。在安排各视图的位置时，要注意留有供编写零部件序号、明细栏、标题栏以及注写尺寸和技术要求的地方。

画图时，应先画出各视图的主要轴线（装配干线）、对称中心线和作图基线（某些零件的基面或端面）。从主视图开始，和其余视图配合绘制。画剖视图时，以装配干线为准，由内向外逐个画出各个零件，也可由外向里画，视作图方便而定。图10-16表示了绘制球阀装配图视图底稿的画图步骤。

底稿线完成后，需经校核再加深，画剖面线然后注写尺寸，最后，编写零部件序号，填写明细栏，再经校核后签署姓名。球阀的装配图就绘制而成，得到图10-15所示的球阀装配图。

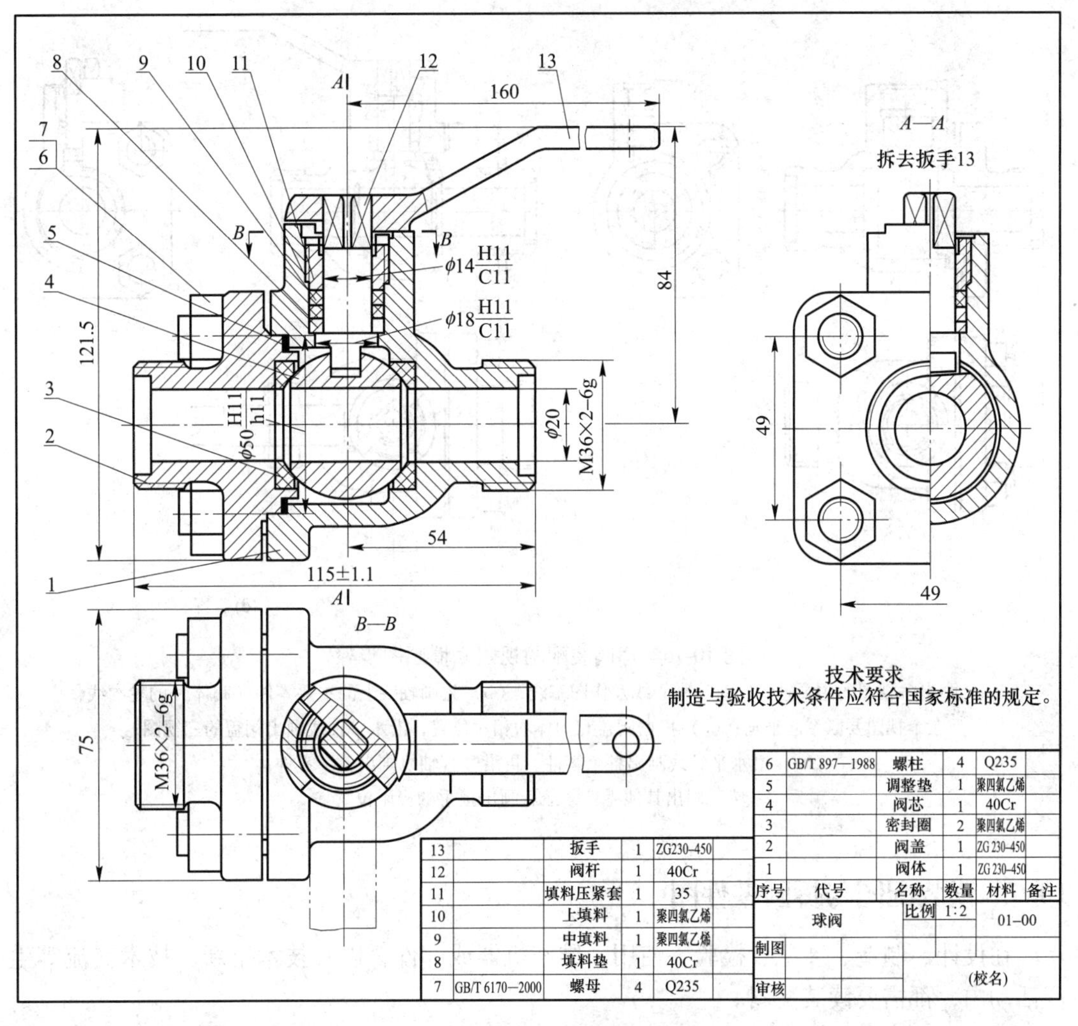

序号	代号	名称	数量	材料	备注
13		扳手	1	ZG230-450	
12		阀杆	1	40Cr	
11		填料压紧套	1	35	
10		上填料	1	聚四氯乙烯	
9		中填料	1	聚四氯乙烯	
8		填料垫	1	40Cr	
7	GB/T 6170—2000	螺母	4	Q235	
6	GB/T 897—1988	螺柱	4	Q235	
5		调整垫	1	聚四氯乙烯	
4		阀芯	1	40Cr	
3		密封圈	2	聚四氯乙烯	
2		阀盖	1	ZG 230-450	
1		阀体	1	ZG 230-450	

球阀	比例	1:2	01-00
制图			
审核			(校名)

图 10-15 球阀装配图

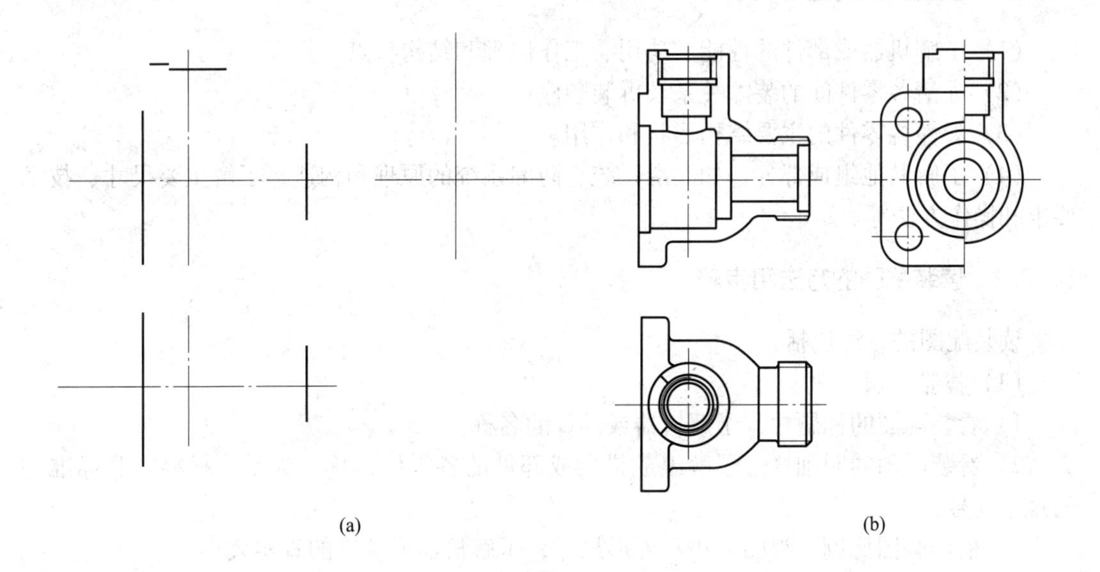

(a) (b)

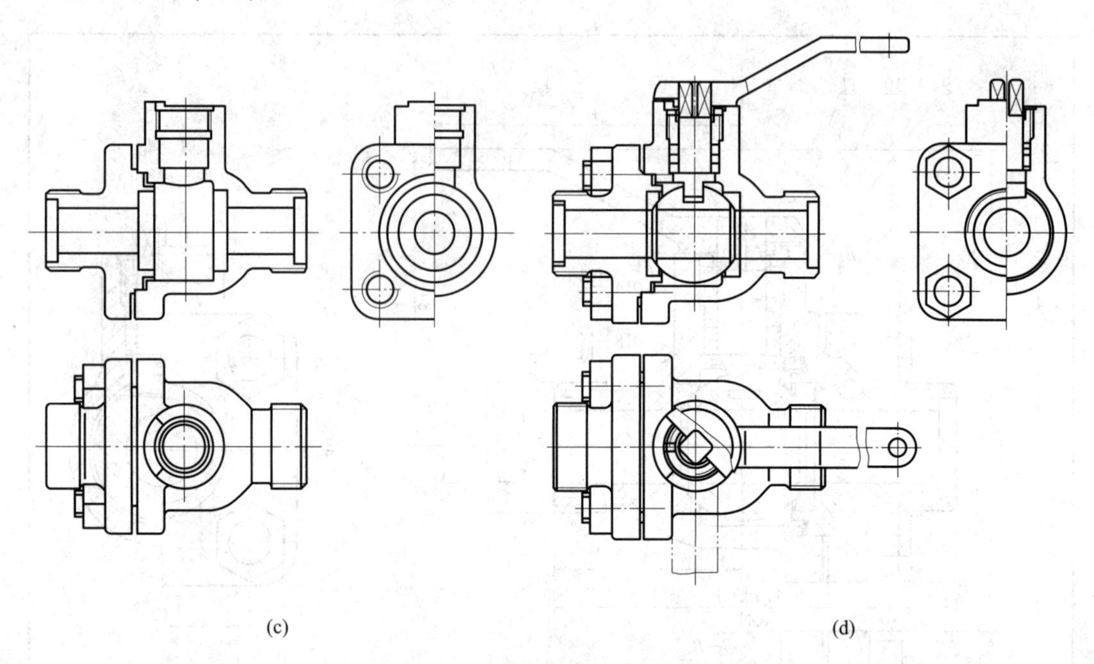

(c) (d)

图 10-16 球阀装配图视图底稿画图步骤

(a) 画出各视图的主要轴线、对称中心线及作图基线；(b) 先画轴线上的主要零件（阀体）的轮廓线，三个视图要联系起来画；(c) 根据阀盖和阀体的相对位置，沿水平轴线画出阀盖的三视图；(d) 沿水平轴线画出各个零件，再沿竖直轴线画出各个零件，然后画出其他零件，最后画出扳手的极限位置

10.7 读装配图与拆画零件图

在设计、制造、装配、检验、使用、维修机器或部件，以及技术革新、技术交流等生产活动中，都需要读装配图。

10.7.1 读装配图的基本要求

(1) 了解机器或部件的性能、功用、工作原理和结构特点。

(2) 弄清各零件间的装配关系及拆装顺序。

(3) 看懂各零件的主要结构形状和作用。

(4) 了解其他组成部分，如润滑系统、防漏系统的原理和构造，了解主要尺寸、技术要求和操作方法等。

10.7.2 读装配图的方法和步骤

读装配图的方法包括：

(1) 概括了解。

1) 看装配图的标题栏，了解机器或部件的名称。

2) 看装配图的明细栏，了解组成机器或部件的各零件名称、数量、材料以及标准件的规格代号。

3) 根据画图比例、视图大小和外形尺寸，了解机器或部件的真实大小。

条件许可的话，可以查阅相关的说明书和技术资料或联系生产实践知识进而了解机器或部件的性能、用途和工作原理。

（2）分析视图。这步主要是搞清楚装配图中有哪些视图，采用了哪些表达方法，找出各个视图之间的投影关系，并分析各个视图所表达的内容和画该视图的目的。

分析视图一般从主视图开始，按照投影关系识别其他视图，找出剖视图、断面图所对应的剖切位置及各视图表达方法的名称，从而明确各视图表达的重点和意图，为下一步深入读图做准备。

（3）工作原理和装配关系的分析。这是深入阅读装配图的重要阶段，要按各条装配干线来分析机器或部件的装配关系和工作原理，搞清楚各零件的定位形式、连接方式、配合要求，有关零件的运动原理和装配关系，润滑、密封系统的结构形式等。

（4）零件结构形状分析。这步主要是根据装配图分离出各零件，从而进一步分析每个零件的结构形状和作用。一台机器或部件上有标准件、常用件和专用件。前两种零件通常是容易看懂的；对于专用件，其结构有简有繁，它们的作用和位置又各不相同，可根据对应的投影关系、同一零件的剖面线方向和间隔相同等特点，再结合形体分析、线面分析、零件常见工艺结构的分析，想出它们的形状。

这是深入阅读装配图的重要阶段。要按各条装配干线来分析。

（5）归纳总结。通过以上的读图分析后，对所画的机器或部件有了比较完整的了解，接下来就是结合图上所注的尺寸及技术要求，对全图有一个综合认识。最后，通过归纳总结，加深对机器或部件的认识，完成读装配图的全过程，为拆画零件图奠定基础。

10.7.3 由装配图拆画零件图

由装配图拆画零件图是机器或部件设计过程中的一个重要环节，应在读懂装配图的基础上进行，一般可按如下步骤：

（1）读懂装配图（见图 10-17），了解装配体的装配关系和工作原理。

（2）分析零件，确定拆画零件的结构形状。在读懂装配图的基础上，对装配体中主要零件进行结构形状分析，以进一步深入了解各零件在装配体中的功能以及零件间的装配关系，为拆画零件图打下基础。再把拆画零件从装配图中分离出来，注意标准件和常用件都有规定的画法。有可能的话，先徒手画出从装配图中分离出来的拆画零件的各个图形，由于在装配图中一个零件的可见轮廓线可能要被另一个零件的轮廓线遮挡，所以，分离出来的零件图形往往是不完整的，必须补全。图 10-18 是从齿轮油泵分离出的油泵泵体图形。

（3）确定拆画零件的视图表达方案。在拆画零件图时，每个拆画零件的主视图选择和视图数量的确定，仍应按该零件的结构形状特点来考虑，即按零件的加工位置或工作位置选择主视图。装配图中该零件的表达方法，可以作为参考，但不能照搬。因为装配图的视图选择是从整体出发的，不一定符合每个零件的表达方案，零件的表达须根据其本身结构形状重新考虑。

（4）画出拆画零件的零件图形。画出拆画零件的各视图，不要漏线，也不要画出与其相邻零件的轮廓线。由于装配图不侧重表达零件的全部结构形状，因此某些零件的个别结构在装配图中可能表达不清楚或未给出形状，对于这种情况，一般可根据与其接触的零件的结构形状及设计和工艺要求加以确定；而对于装配图中省略不画的标准结构，如倒角、

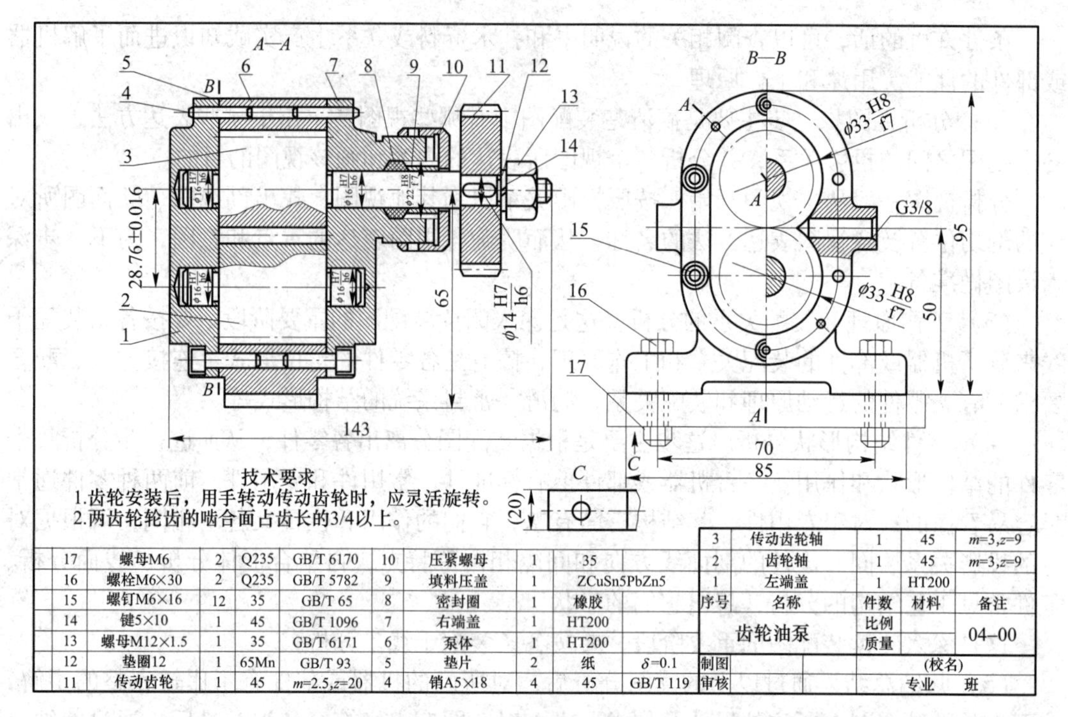

17	螺母M6	2	Q235	GB/T 6170	10	压紧螺母	1	35	
16	螺栓M6×30	2	Q235	GB/T 5782	9	填料压盖	1	ZCuSn5PbZn5	
15	螺钉M6×16	12	35	GB/T 65	8	密封圈	1	橡胶	
14	键5×10	1	45	GB/T 1096	7	右端盖	1	HT200	
13	螺母M12×1.5	1	35	GB/T 6171	6	泵体	1	HT200	
12	垫圈12	1	65Mn	GB/T 93	5	垫片	2	纸	δ=0.1
11	传动齿轮	1	45	m=2.5,z=20	4	销A5×18	4	45	GB/T 119

3	传动齿轮轴	1	45	m=3,z=9
2	齿轮轴	1	45	m=3,z=9
1	左端盖	1	HT200	
序号	名称	件数	材料	备注
齿轮油泵		比例		04–00
		质量		
制图			(校名)	
审核			专业　班	

图 10-17　齿轮油泵装配图

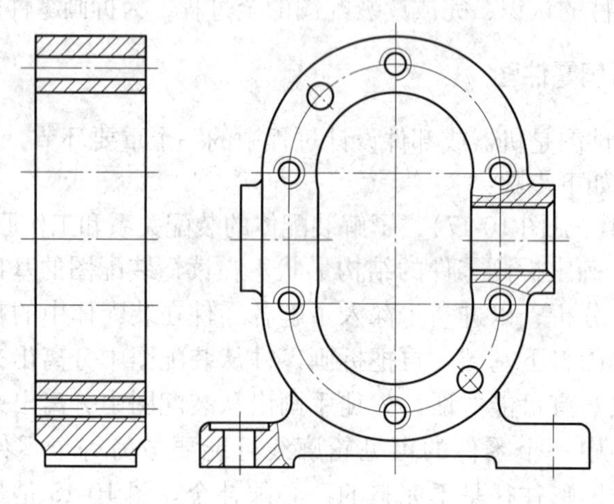

图 10-18　油泵泵体图形

圆角、退刀槽等，在拆画零件图时则必须画出，使零件的结构符合工艺要求。

（5）确定拆画零件的尺寸。根据零件图尺寸标注的原则，标注出拆画零件的全部尺寸。拆画零件的尺寸来源，主要有以下四个方面：

1）装配图上已经标注的尺寸，与拆画零件相关的，可直接抄注到拆画零件的零件图上，如齿轮油泵中泵体底板的长度方向尺寸 85、两个安装孔的定形尺寸 2×ϕ7 和定位尺寸 70、油孔的中心高尺寸 50、两啮合齿轮的中心距 28. 76±0. 016、进出油孔的管螺纹尺寸 G3/8 等，都应抄注在泵体零件图上。凡注有配合代号的尺寸，则应根据配合类别、公差等级，在零件图上直接注出公差带代号或极限偏差数值（由查表确定），如配合尺寸 ϕ34. 5H7/f6 应分别是泵体、齿轮轴两个零件的尺寸 ϕ34. 5H7 和 ϕ34. 5f6。

2）有些标准结构，如倒角、圆角、退刀槽、螺纹、销孔、键槽等，它们的尺寸应该通过查阅有关的手册来确定。

3）拆画零件的某些尺寸，应根据装配图所给定的有关尺寸和参数，由标准公式进行计算，再注写。如齿轮的分度圆直径，可根据给定的模数、齿数或中心距、齿数，根据公式进行计算得到。

4）对于其他尺寸，应按装配图的绘图比例，在装配图上直接量取并计算，再按标准圆整后注出。需要注意的是，此处对有装配关系的两零件，它们的基本尺寸或有关的定位尺寸要相同，避免发生矛盾，从而造成生产损失。

（6）确定拆画零件的技术要求。技术要求直接影响所拆画零件的加工质量和使用要求，应根据设计要求和零件的功用，参考有关资料和相近产品图样，查阅有关手册，慎重地进行注写。技术要求一般包括拆画零件各表面的粗糙度数值、尺寸公差、形位公差要求，热处理、表面处理等。

（7）填写标题栏。标题栏应填写完整，零件名称、材料等要与装配图中明细栏所填写的内容一致。图 10-19 是齿轮油泵中泵体的拆画零件图。

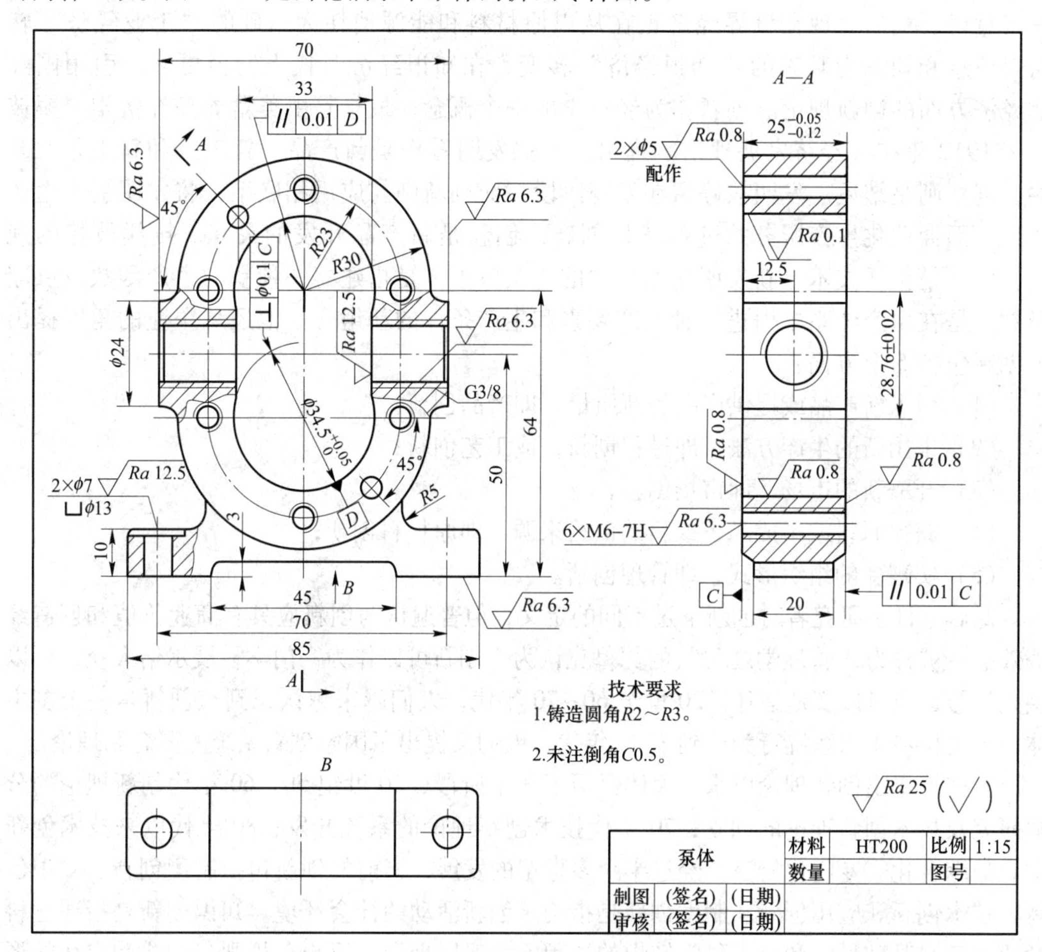

图 10-19 泵体零件图

11 机械创新设计

机械创新设计是机械工程研究领域的重要内容之一。机械创新设计的目的是设计出能达到机械工作目的，结构新颖和具有科学原理的机械系统。机械创新设计的成果经常被研究仿制，对机械创新设计的成果进行专利保护是对知识产权进行保护的重要途径。

11.1 机械创新概念及内容

11.1.1 创新的概念

创新的英文是“Innovation”，起源于拉丁语，它包含更新、创造新的东西及改变等三层意思。当前，现在世界经济正在从以原材料和能源消耗为基础的“工业经济”转向以信息和知识为基础的“知识经济”转变，在知识经济时代人们会更多地引用国际上经济方面的创新理论。创新作为经济学的一个概念，最早是由美籍奥高经济学家熊彼特于1912年在《经济发展理论》提出。他把发明看作是新产品、新工具和新工艺的开端，创新则是结尾。发明只停留在发现阶段，而创新则与应用相联系，将发明引入生产体系，而商业化生产服务的过程就是创新，创新是新产品开发的灵魂。按熊彼特的观点，创新是指新技术、新发明在生产中的首次应用，是指建立一种新的生产函数或供应函数，是在生产体系中引进一种生产要素和生产条件的新组合。他还从企业的角度提出了创新包括5个方面：

（1）引入新产品或提供产品的新质量，即产品创新；

（2）采用新的生产方法，即过程创新，或工艺创新；

（3）开辟新的市场，即市场创新；

（4）获得原料或半成品，或新的供给来源，即原材料创新；

（5）实现新的组织形式，即管理创新。

此后，许多研究者对创新下过不同的定义，但普遍认为创新应具有商业价值和创造经济效益。被称为“管理学之父”的德鲁克认为：创新可以作为一门学科展示给大众，可以供人学习，也可以实地运作。20世纪60~70年代，人们越来越认识到，创新是一个多主体、多机构参与的系统行为；到了80年代，人们又提出了国家创新系统的概念和理论。

自彼特提出创新理论以来，大体经历了3个阶段，20世纪50、60年代创新理论的分解研究及技术创新理论的创立；70年代技术创新理论的系统开发；80年代以来技术创新理论的综合化、专门化研究。经过半个多世纪的发展，当前的创新包括制度创新、知识创新、技术创新和应用创新。制度创新是指构筑创新活动的社会环境。知识创新是指通过科学研究获得基础科学和技术科学知识的过程。一般以理论、思想、规则、方法和定律的形式指导人们的行动。

知识创新的难度最大，如物理学中的“相对论”、机械原理中的“三心定理”等都是知识创新。技术创新是指针对具体的事物，提出并完成具有独特性和实用性的新产品的过程。产品创新是企业技术创新的重中之重，有市场需求创新、功能原理创新、结构创新和制造工艺创新 4 个方面。如计算机、加工中心、机器人和宇宙飞船等高科技产品都是技术创新的具体体现。应用创新是指把已存在的事物应用到某个新领域，并发生很大的社会与经济效益的具体实现过程。如把曲柄滑块机构应用到内燃机的主体机构；把平行四边形机构应用到升降装置中；把军用激光技术应用到民用的舞台灯光、医疗手术刀等。创新都需要一个较长的过渡期，是知识的积累和思维的爆发相结合的产物。如先有牲畜驱动的车辆，内燃机被发明后，安装在车辆上，并经过大量的实验改进后才发明了汽车，实现了从无到有的创新。原始的汽车经过多年的不断改进，其可靠性、实用性、安全性、舒适性等性能不断提高，这就是从有到新的创新模型。创新模型分为：

（1）线性模型。早期由研究开发或科学发现为源泉的第一代技术推动型创新过程模型；60 年代以需求为导向的第二代需求拉动型创新过程模型。

（2）非线性模型。20 世纪 70~80 年代以技术推动和市场拉动相结合的第三代互动型链联系创新近程积型；90 代后期发展起来的第四代兼行集成创新模型；信息化环境下提出的第五代基于岗给的随经化协同创新过程模型。

通过这些非线性模型人们认识到，创新是一个发生在所有部门，带有持续的反馈、复杂的互动过程。

11.1.2 创新设计的概念

设计一词源于拉丁语“Designare”和“Designum”。其中，“De”表示“记下”，“Signare”表示“符号和图形”，组合在一起的意思是记下符号和图形。后来发展到英文单词“Design”，其含义也更加完善。设计是根据一定的目的要求预先制订方案和图样等，设计是一个创造性的决策过程。具体说，设计就是指根据社会或市场的需要，利用已有的知识和经验，依靠人们思维和劳动，借助各种平台（数学方法、实验设备、计算机等）进行反复判断、决策和量化，最终实现把人、物、信息资源转化为产品的过程。这里的产品是广义概念，包括装置、设备、设施、软件以及社会系统等。在世界经济高速发展的今天，设计水平更是成为国家核心竞争力的重要标志。

设计普遍存在于人类社会活动的各个领域，其中包括人类的生产活动、科学活动、艺术活动和社会活动。设计所包容的类型多种多样，其中工程设计（Enginering Design）应用范围十分广泛。工程是指应用科学和数学，将自然界中的物质与能源制成有益于人类的结构、机器、产品、系统或工艺流程等。工程设计是指一个创造性的决策过程，即应用科技知识将自然资源转化为人类可用的装置、产品、系统或工艺流程。工程设计是工业生产过程的第一道工序，产品的功能是通过设计确定的，设计水平决定了产品的技术水平和产品开发的经济效益，产品成本的 75%~80%是由设计决定的。原则上说，产品的性能、结构、质量、成本和维护性等诸方面都是在产品设计阶段确定的。

创新是设计的本质属性，一个不包含任何新的技术要素的技术方案称不上设计。生产者只有通过设计创新才能赋予产品新的功能，也只有通过设计创新才能使产品具有超越其他同类产品的性能和低于其他同类产品的成本，从而使产品具有更强的市场竞争能力。正是在这一形势下，设计特别是创新设计的重要性变得日益明显，并成为决定机械产品竞争力的最关键环节。创新设计是指在设计领域中，提出的新的设计理念、新的设计理论或设计方法，从而得到具有独特性、新颖性、创造性和实用性的新产品，达到提高设计的质量、缩短设计时间的目的。创新设计的理论、方法和工具的研究与普及，是通过创建有利于设计人员进行创新的理论模型、思维方法和帮助工具，从而引导设计人员有效利用内外部资源激发创新灵感，在产品概念设计、方案设计阶段高效率、高质量地提出创新设计方案，有效满足客户对产品求新和多样化的需求。创新设计是企业在更快、更好、更便宜的三维竞争空间中赢得最佳位置的关键技术。

11.1.3　机械创新设计

常规性设计是以运用公式、图表为先导，以成熟技术为基础，借助设计经验等常规方法进行的产品设计，其特点是设计方法的有序性和成熟性。现代设计是以计算机为工具，以工程软件为基础，运用现代设计理念的设计过程，其特点是产品开发的高效性和高可靠性。创新设计是指设计人员在设计中发挥创造性，提出新方案，探索新的设计思路，提供具有社会价值的、新颖的而且成果独特的设计成果。其特点是运用创造性思维，强调产品的独特性和新颖性。创新设计包括全新设计和适应型创新设计两类。需要指出的是，创新设计和概念设计并不是同一个概念。概念设计的核心是进行设计创新，而创新设计并不仅限于概念设计阶段，在产品设计的各个阶段均有创新设计，但是最主要的是在概念设计阶段进行创新。

设计的本质是创新。机械创新设计是指机械工程领域内的创新设计，充分发挥设计者的创造力，利用人类已有的相关科学技术知识进行创新构思，设计出具有新颖性、创造性及实用性的机构或机械产品（装置）的一种实践活动。机械创新设计涉及机械设计理论与方法的创新、制造工艺的创新、材料及其处理的创新、机械结构的创新、机械产品维护及管理等许多领域的创新。

机械创新设计是相对常规设计而言的，它不仅是一项复杂而又耗时的脑力工作，而且是一项紧张而又繁重的体力劳动。机械创新设计特别强调人在设计过程中，特别是在总体方案、结构设计中的主导性及创造性作用。一般来说，机械创新设计时很难找出固定的创新方法。创新成果是知识、智慧、勤奋和灵感的结合，现有的创新设计方法大都是根据对大量机械装置的组成、工作原理以及设计过程进行分析后，在进一步归纳整理，找出形成新机械的方法，再用于指导新机械的设计中。为了提高设计效率，减轻设计者在设计过程中的脑力、体力劳动，寻求科学的设计方法和有效的设计工具成为人们努力的目标，而设计自动化是人类最终的理想。

11.1.4　机械创新设计主要内容

机械是机构和机器的总称，因此机械创新设计主要包括机构创新设计和机器创新设计两方面。

（1）机构创新设计。机构的功用是实现各种工艺动作。由于机械是机器和机构的总称，而机构又是机器中执行机械运动的主体，因此机械创新的实质内容是机构的创新。常见机构创新设计方法主要有利用机构的组合、机构的演化与变异、运动链的再生原理进行创新设计。

（2）机器创新设计。机器创新设计的关键内容是进行机器运动方案的设计，也就是对机器中实现运动功能的机构系统方案进行创新设计。机器创新设计的基本内容包括机械产品需求分析、机器工作机理描述、机械产品设计过程模型和功能求解模型、工艺动作过程的构思与分解、机械运动方案的组成原理、机械运动方案设计的评价体系和评价方法以及机电一体化系统设计的基本原理。

11.2 机械创新基本方法

一个机械的工作功能，通常是要通过传动装置和机构来实现。机构设计具有多样性和复杂性，一般在满足工作要求的条件下，可采用不同的机构类型。在进行机构设计时，除了要考虑满足基本的运动形式、运动规律或运动轨迹等工作要求外，还应注意使机构尽可能简单。可通过选用构件数和运动副较少的机构、适当选择运动副类型、适当选用原动机等方法来实现；尽量缩小机构尺寸，以降低重量和提高机动、灵活性能；应使机构具有较好的动力学性能，提高效率。在实际设计时，要求所选用的机构能实现某种所需的运动和功能，常见机构的运动和性能特点见表 11-1 和表 11-2。

表 11-1 执行构件能实现的运动或功能

运动类型	连杆机构	凸轮机构	齿轮机构	其他机构
匀速转动	平行四边形机构	—	可以实现	摩擦轮机构 有级、无级变速机构
非匀速转动	铰链四杆机构 转动导杆机构	—	非圆齿轮机构	组合机构
往复移动	曲柄滑块机构	移动从动件凸轮机构	齿轮齿条机构	组合机构 气、液动机构
往复摆动	曲柄摇杆机构 双摇杆机构	摆动从动件凸轮机构	齿轮式往复运动机构	组合机构 气、液动机构
间歇运动	可以实现	间歇凸轮机构	不完全齿轮机构	棘轮机构 槽轮机构 组合机构等
增力及夹持	杠杆机构 肘杆机构	可以实现	可以实现	组合机构

表 11-2 常见机构的性能特点

指标	具体项目	特点			
		连杆机构	凸轮机构	齿轮机构	组合机构
运动性能	运动规律、轨迹	任意性较差，只能实现有限个精确位置	基本上任意	一般为定比转动或移动	基本上任意
	运动精度	较低	较高	高	较高
	运转速度	较低	较高	很高	较高
工作性能	效率	一般	一般	高	一般
	使用范围	较广	较广	广	较广

续表 11-2

指标	具体项目	特点			
		连杆机构	凸轮机构	齿轮机构	组合机构
动力性能	承载能力	较大	较小	大	较大
	传力特性	一般	一般	较好	一般
	振动、噪声	较大	较小	小	较小
	耐磨性	好	差	较好	较好
经济性能	加工难易	易	难	较难	较难
	维护方便	方便	较麻烦	较方便	较方便
	能耗	一般	一般	一般	一般
结构紧凑性能	尺寸	较大	较小	较小	较小
	重量	较轻	较重	较重	较重
	结构复杂性	复杂	一般	简单	复杂

一个基本机构中，以不同的构件为机架，可以得到不同功能的机构。这一过程统称机构的机架变换。机架变换规则不仅适合低副机构，而且也适合高副机构，但这两种变换的区别较大。低副机构主要是连杆机构，低副运动具有可逆性，即在低副机构中，两构件之间的相对运动与机架的改变无关。低副运动的可逆性是低副机构演化设计的理论基础。

图 11-1（a）、（b）所示的机构中，A、B 为转动副，构件为机架时，相对为转动；当为机架时，相对仍然为转动。图 11-1（a）中，AD 为机架，AB 为曲柄。其中运动副 A、B 可做整周转动，称为整转副。运动副 C、D 不能做整周转动，只能往复摆动，称为摆转副。图 11-1（b）中，当以 AB 为机架时，运动副 A、B 仍为整转副，所以构件 AD、BC 均为曲柄，该机构演化为双曲柄机构。图 11-1（c）中，当以 CD 为机架时，运动副 C、D 为摆转副，所以构件 AD、BC 均为摇杆，该机构演化为双摇杆机构，但转动副 A、B 仍为整转副。

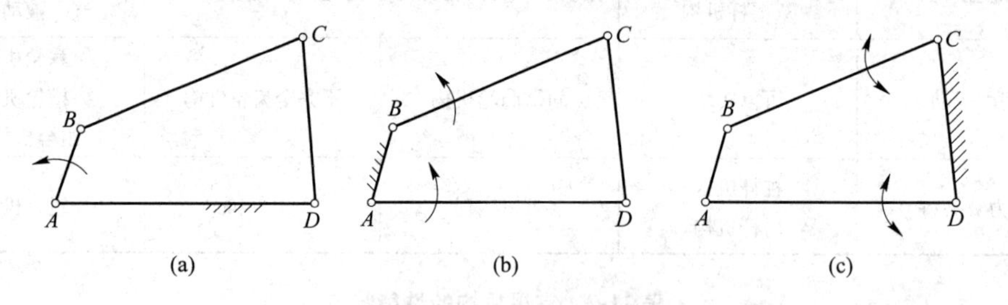

图 11-1　曲柄摇杆机构的机架变换

（a）曲柄摇杆机构；（b）双曲柄机构；（c）双摇杆机构

对心曲柄滑块机构是含有一个移动副四杆机构的基本形式，图 11-2 为其机架变换示意图。由于无论以哪个构件为机架，A、B 均为整转副，C 为摆转副，所以图 11-2 所示的机构分别为曲柄滑块机构、转动导杆机构、曲柄摇块机构和移动导杆机构。

图 11-3（a）所示为含有两个移动副四杆机构的双滑块机构，A、B 均为整转副。以其中的任一个滑块为机架时，得到图 11-3（b）所示的正弦机构，以连杆为机架时，得到图 11-3（c）所示的双转块机构。

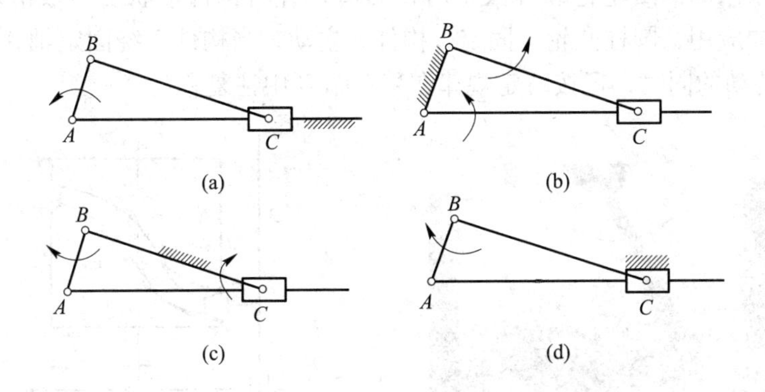

图 11-2 曲柄滑块机构的机构变换
（a）曲柄滑块机构；（b）转动导杆机构；（c）曲柄摇块机构；（d）移动导杆机构

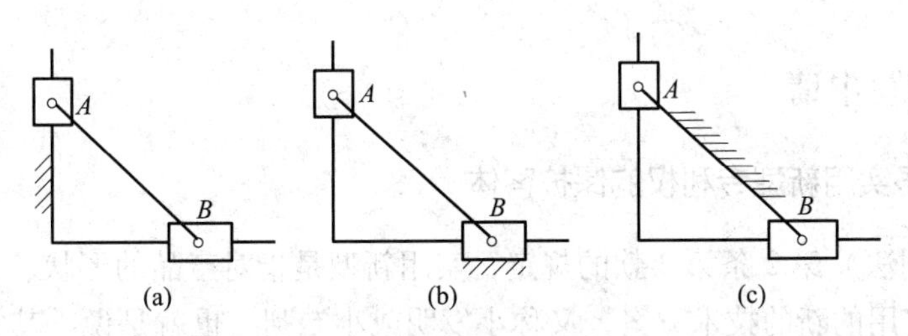

图 11-3 双滑块机构的机架变换
（a）双滑块机构；（b）正弦机构；（c）双转块机构

高副没有相对运动的可逆性，如圆和直线组成的高副中，直线相对圆做纯滚动，直线上某点的运动轨迹是渐开线；圆相对于直线做纯滚动时，圆上某点的运动轨迹是摆线；渐开线和摆线性质不同，所以组成高副的两个构件的相对运动没有可逆性。因此高副机构经过机架变换后，所形成的新机构与原机构的性质也有很大的区别，高副机构机架变换有更大的创造性。凸轮机构机架变换后可产生很多新的运动形式。图 11-4（a）所示为一般摆动从动件盘形凸轮机构，凸轮 1 主动，摆杆 2 从动；若变换主动件，以摆杆 2 为主动件，则机构变为反凸轮机构，如图 11-4（b）所示；若变换机架，以构件 2 为机架，构件 3 主动，则机构成为浮动凸轮机构，如图 11-4（c）所示；若将凸轮固定，构件 3 主动，则机构成为固定凸轮机构，如图 11-4（d）所示。

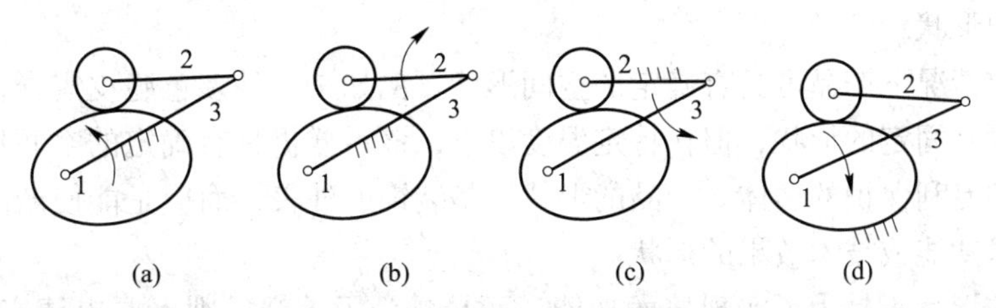

图 11-4 凸轮机构的机架变换
（a）一般摆动从动件盘形凸轮机构；（b）反凸轮机构；（c）浮动凸轮机构；（d）固定凸轮机构

图 11-5 所示为反凸轮机构的应用，摆杆 1 主动，做往复摆动，带动凸轮 2 做往复移

动，凸轮2是采用局部凸轮轮廓（滚子所在的槽）并将构件形状变异成滑块。图11-6是固定凸轮机构的应用，圆柱凸轮1固定，构件3主动，当构件3绕固定轴A转动时，构件2在随构件3转动的同时，还按特定规律在移动副B中往复移动。

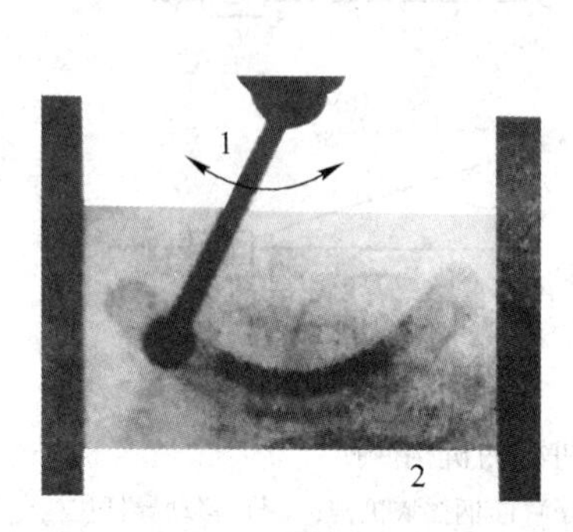

图11-5　反凸轮机构的应用

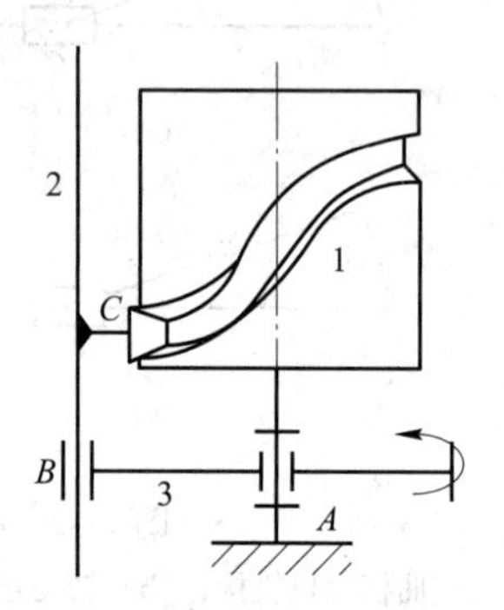

图11-6　固定凸轮机构的应用

11.3　专利撰写申请

11.3.1　可授予实用新型专利权的保护客体

根据《专利法》第2条第3款的规定，实用新型是指对产品的形状、构造或者其结合所提出的适于实用的新的技术方案，又称小发明或小专利。也就是说，其实质上也是一种发明。实用新型专利权用以保护那些创造高度尚达不到发明专利要求的一些简单的小发明创造。例如，在结构上作了改进的台灯，既可以申请发明专利，也可以申请实用新型专利。

实用新型专利权保护的产品是经过工业方法制造的，有确定形状和构造，且占据一定空间的实体，如仪器、设备、日常用品或其他器具。一些不具备固定的形状，或者说形状结构不是需要保护特征的客体，不能申请实用新型专利，例如，粉末类、气体、液体物品等以及未经人工制造的自然界存在的物品不属于实用新型专利保护的客体。

11.3.1.1　产品的形状

产品的形状指产品具有的可以从外部观察到的确定的空间形状，如“五角形饼干”“立体形帽子”。对产品形状作出改进的技术方案可以是针对产品的三维空间形态的空间外形作出的改进，如扳手形状、电梯轿厢形状，也可以是针对产品的二维形态作出的改进，如型材的截面形状。

某种特定情况下产品可具有确定的空间形状。例如，一种多色脆皮雪糕，虽然在常温下会融化，没有固定的形状，但在特定温度以下，该雪糕仍具有确定的空间形状，因此仍属于实用新型专利保护的客体。产品的形状不是装饰的外表，而应是能使产品在使用中具有特定的技术功能或技术效果的形状。

若产品的形状不是为了实现技术功能，而只是为了美观，则不要申请实用新型专利，可以考虑申请外观设计专利。

11.3.1.2　产品的构造

产品的构造是指产品的各个组成部分的安排、组织和相互关系。产品的构造可以是机械构造，也可以是线路构造。机械构造是指构成产品的零部件的相对位置关系、连接关系和必要的机械配合关系等；线路构造是指构成产品的元器件之间的确定的连接关系。

产品的复合层，其层状结构可以认为是产品的构造，如三角带是由包布、顶胶、抗拉体和底胶四部分组成。另外，对于产品用肉眼无法区分层间界面的情况，如产品的渗碳层、淬硬层等，只要在产品构造中能分出不同的层，就可认为构成复合层产品，这种复合层仍属于产品的构造，可以作为产品的构造特征，如自行车车架表面外增加一层保护镀膜；内表面进行了渗氮处理的轴套。

11.3.1.3 实用新型保护的客体应当注意的问题

（1）粉末类物品、气体、液体和方法因为不具备固定的形状，或者说其形状结构不是需要保护的特征，因此不能申请实用新型专利，如一种可以清洁空气的气体。

（2）物质的分子结构、组分、金相结构等不属于实用新型专利的保护客体。例如，一种眼镜，其特征在于镜架经过高温处理。又如，一种豆腐皮，其特征是，在豆腐皮表面上均匀黏合有经烘烤干燥而形成的混合浆层，该混合浆层是由食用植物碎粒、豆浆稠浆、牛奶和食用色素组成的混合物。

（3）如果权利要求中既包含形状、构造特征，又包含对方法本身提出的改进，例如，含有对产品制造方法、使用方法或计算机程序进行限定的技术特征，则不属于实用新型专利保护的客体。例如，一种抗菌织物，包括织物和无机抗菌剂，其特征在于，所述织物由纯棉织层和涤纶织层两层粘贴而成：首先将无机抗菌剂喷淋在织物上，然后依次浸轧、干燥和烘熔。由于该权利要求包含了对方法本身提出的改进，因而不属于实用新型专利保护的客体。

（4）将现有技术中已知材料应用于具有形状、构造的产品上，如复合地板、塑料杯、记忆合金制成的心脏管支架等，不属于对材料本身的技术方案，属于实用新型保护的客体，但“一种用新鲜反光材料替换现有材料制成的汽车车罩”“一种新型布料制作的可提高紫外线效果的遮阳伞”就不属于实用新型保护的客体。

（5）产品的形状以及表面的图案、色彩或者其结合的新方案，没有解决技术问题，不属于实用新型专利保护的客体，例如，以十二生肖形状为装饰的开罐刀。再如一种眼镜，其特征在于镜架上粘贴有北京奥运会标志。但是既对形状或结构进行了改进，又对装饰性外表进行了改进，仍属于实用新型保护的客体。例如，改变了电脑键盘的按键位置及结构外，还改变了按键表面的文字、符号等。

（6）不能以生物的或自然形成的形状作为产品的形状特征。例如，不能以盆景中植物生长形成的形状作为产品的形状特征，也不能以自然形成的假山形状作为产品的形状特征。

（7）不能以摆放、堆积等方法获得的非确定形状作为产品的形状特征。例如，仓储物料堆积的形状。

（8）允许产品中某个技术特征为无确定形状物质，如气态、液态、粉末状物质，只要其在产品中受该产品结构特征的限制即可，例如，温度计中的形状构造所提出的技术方案允许写入无确定形状的酒精。

(9) 从实践中大量的实用新型申请案例来看，实用新型一般也都是具体、确定的结构和构造的空间形体，以非立体的平面形态表现出来的产品，尽管有一定的形状、构造，也不受实用新型专利保护。

(10) 用已知方法的名称限定产品的形状、构造，仍属于实用新型保护的客体。方法发明不属于实用新型专利保护的客体，但权利要求中可以使用已知方法的名称限定产品的形状、构造，但不得包含方法的步骤、工艺条件等。例如，以焊接、铆接等已知方法名称限定各部件连接关系的，不属于对方法本身提出的改进，属于实用新型保护的客体。

11.3.1.4　实用新型专利与发明专利保护客体异同

发明专利保护的客体可以是产品也可以是方法，但实用新型专利只保护产品，且该产品必须是有具体、确定的结构和构造的空间形体。另外，实用新型专利只对产品的形状、构造或其结合进行保护。实用新型专利对创造性的要求低于发明专利对创造性的要求。

【例 11-1】　本发明创造涉及一种按摩袜(见图 11-7)，包括袜体 1，其特征在于在袜体内壁上设有凸起的球冠状按摩颗粒 2，球冠状颗粒内还可以设有起到防臭作用的药剂或香料。本发明创造由于在袜子内壁上设有均匀分布的球冠状颗粒，所以只要人们穿上它行走，就可达到对脚部全方位按摩的目的，在球冠状颗粒中加入防臭作用的药剂或香料还可以起到防臭或治疗足病的作用。

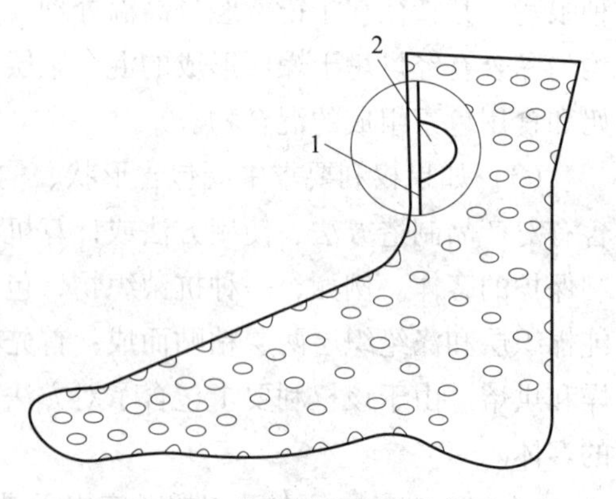

图 11-7　按摩袜的机构示意图

1—袜体；2—按摩颗粒

案例分析：对于本发明创造，如果其权利要求为“一种按摩袜，包括袜体，其特征在于袜体内壁上设有凸起的球冠状按摩颗粒”，此权利要求涉及对按摩袜的形状和构造进行改进技术方案，属于实用新型专利的保护客体。当然，如果该形状和构造的改进，与现有技术相比，具有突出的实质性特点和显著的进步，也可申请发明专利。如果其权利要求为“一种按摩袜，包括袜体，在于袜体内壁上设有凸起的球冠状按摩颗粒，其特征在于颗粒内设有药剂，药剂由 A、B 组成”，此权利要求涉及药剂组分，不属于实用新型关于产品形状、结构或其组合的保护客体，因此该权利要求不属于实用新型专利的保护客体，而是属于发明专利保护的客体。

11.3.2　发明或者实用新型的说明书概述

11.3.2.1　说明书的作用与组成

说明书是专利申请文件中很重要的一种文件，其主要作用如下：

(1) 充分公开申请的发明，使所属领域的技术人员能够实施。

(2) 公开足够的技术情报，支持权利要求书要求保护的范围。

(3) 作为审查程序中修改的依据和侵权诉讼时解释权利要求的辅助手段。

(4) 作为可检索的信息源，提供技术信息。

说明书的组成见表 11-3。

表 11-3 说明书的组成

组成部分			内 容
发明创造名称			该名称应当与请求书中的名称一致
正文	技术领域		要求保护的技术方案所属的技术领域
	背景技术		理解、检索、审查有用的背景技术；可以引证反映这些背景技术的文件
	发明内容	技术领域	所要解决的技术问题
		技术方案	解决其技术问题采用的技术方案
		有益效果	对照现有技术写明发明创造有益效果
	附图说明		对各幅附图作简略说明
	具体实施方案		实现发明创造的优选方式，必要时，举例说明：有附图的，对照附图说明
附图			用图形补充说明书文字部分的描述，使人能够直观地理解发明

一种面向双井道可水平和垂直运行的电梯的说明书如下：

一种面向双井道可水平和垂直运行的电梯

技术领域

本发明涉及一种新型电梯，具体地说是一种面向双井道可水平和垂直运行的电梯，属于电梯技术领域。

背景技术

随着城乡一体化进程加快和高层建筑的增多，我国电梯保有量迅猛增长，升降电梯已经成为国民生活必不可少的交通工具。城市楼房基本都配备了多台电梯，在高层建筑中，两栋楼房之间还配备有空中通道。传统升降电梯在面对乘客需要从一栋楼到达另一栋楼时，根本无法满足要求。

因此，现在迫切需要一种面向双井道可水平和垂直运行的电梯，来进行楼与楼之间的人流输送。

发明内容

针对上述不足，本发明提供了一种面向双井道可水平和垂直运行的电梯。

本发明是通过以下技术方案实现的：一种面向双井道可水平和垂直运行的电梯，包括曳引系统、T形导轨、水平导轨、旋转底盘、导轮、配重、主动轿厢、随动轿厢和移动轿厢。其特征在于：曳引系统位于电梯顶部，T形导轨安装在井道内，旋转底盘位于电梯井道的中下部和中上部，主动轿厢拉着随动轿厢，主动轿厢、随动轿厢、移动轿厢和配重通过导轮限制在T形导轨上。旋转底盘包括支撑架、旋转盘、旋转导轨、驱动电动机一和轨道支撑块，支撑架上安装着旋转盘和轨道支撑块，旋转盘上安装着旋转导轨和驱动电动机一。移动轿厢包括随动轿厢外壳、底盘架、轨道轮和驱动电动机二，底盘架位于随动轿厢外壳下部，底盘架上安装着轨道轮和驱动电动机二。

优选的，所述移动轿厢的尺寸小于随动轿厢的尺寸。

优选的，所述随动轿厢和移动轿厢都有轿门。

优选的，所述旋转底盘的安装高度，根据楼层高度而定。

优选的，所述旋转底盘通过安装在井道内的钢柱固定。

优选的，所述随动轿厢内还安装着两条轨道。

优选的，所述移动轿厢的轨道轮向内部凹20~30mm，宽度大于轨道宽度。

优选的，所述移动轿厢数量为两个。

该发明的有益之处是：面向双井道可水平和垂直运行的电梯，运输效率高，节约建筑物空间，实现人流多面输送；移动轿厢的尺寸小于随动轿厢的尺寸，便于随动轿厢拉着移动轿厢运动；随动轿厢和移动轿厢都有轿门，保证乘客不会上错轿厢，保证安全；旋转底盘的安装高度，根据楼层高度而定，适应广泛，便于推广；移动轿厢的轨道轮向内部凹20~30mm，宽度大于轨道宽度，使移动轿厢牢牢啮合在轨道上，保证水平运行安全。

附图说明

附图1为本发明的整体结构示意图；

附图2为本发明的旋转底盘结构示意图；

附图3为本发明的双轿厢连接结构示意图；

附图4为本发明的移动轿厢结构示意图。

图中：1—曳引系统；2—T形导轨；3—水平导轨；4—旋转底盘；401—支群架；402—旋转盘：403—逆转导轨；404—驱动电动机一；405—轨道支排块；5—导轮；6—配重；7—主动轿厢；8—随动轿厢；9—移动轿厢；901—随动轿厢外壳；902—底盘架；903—轨道轮；904—驱动电动机二。

具体实施方式

下面结合本发明中的附图，对本发明中的技术方案进行清楚、完整地描述。显然，所描述的实施例仅仅是本发明一部分实施例，而不是全部的实施例。基于本发明中的实施例，本领域普通技术人员在没有做出创造性劳动前提下所获得的所有其他实施例，都属于本发明保护的范围。

请参阅附图1~附图4所示，面向双井道可水平和垂直运行的电梯包括曳引系统1、T形导轨2、水平导轨3、旋转底盘4、导轮5、配重6、主动轿厢7、随动轿厢8和移动轿厢9。曳引系统门位于电梯顶部，T形导轨2安装在井道内，旋转底盘4位于电梯井道的中下部和中上部。主动轿厢7拉着随动轿厢8，主动轿厢7、随动轿厢8、移动轿厢9和配重6通过导轮5限制在T形导轨2上。旋转底盘4包括支排401、旋转盘102、旋转导轨403、驱动电动机一404和轨道支排块405。支排架401上安装着旋转盘102和轨道支撑块405。旋转盘402上安装着旋转导轨403和驱动电动机一404。移动轿厢9包括随动轿厢外壳901、底盘架902、轨道轮903和驱动电动机二904。底盘架902位于随动轿厢外壳901下部，底盘架902上安装着轨道轮903和驱动电动机二904。移动轿厢9的尺寸小于随动轿厢8的尺寸。随动轿厢8和移动轿厢9都有轿门。旋转底盘4的安装高度，根据楼层高度而定。旋转底盘4通过安装在井道内的钢柱固定。随动轿厢8内还安装着两条轨道。移动轿厢9的轨道轮向内部凹20~30mm，宽度大于轨道宽度。

工作原理

电梯开始运行之后，当某楼层的乘客想要到达本楼指定楼层，只需在等待楼层按下厅门召唤按钮，召唤主动轿厢7，进入主动轿厢7之后再选择楼层数。当一栋楼层的乘客想要到达另一栋楼层，需要在厅门外按下移动轿厢9的召唤按钮，曳引系统1工作，拖拽主动轿厢7运动，主动轿厢7拉着随动轿厢8到达召唤楼层，到达召唤楼层后，随动轿厢8和其内部的移动轿厢9的轿厢门同时打开，乘客进入移动轿厢9，然后选择到达对面的目标楼层，移动轿厢9通过最近的水平导轨3往对面楼层运动，同时对面楼层的移动轿厢9通过另一条水平导轨3往相反方向行驶，当乘客乘坐的移动轿厢9到达对面楼层，对面楼层的随动轿厢8会载着乘客到达指定楼层。

对于本领域的普通技术人员而言，根据本发明的教导，在不脱离本发明的原理与精神的情况下，对实施方式所进行的改变、修改、替换和变型仍落入本发明的保护范围之内。

11.3.2.2 发明或者实用新型名称的要求

（1）与请求书中的名称完全一致，一般不超过25个字；特殊情况下，例如，化学领域的某些申请，可以允许最多40个字。

（2）采用所属技术领域通用的技术术语，不要使用杜撰的非技术名词或符号，如捏捏灵、老头乐等。但是不能机械理解，如鞋，不必写成用于人类行走与保护脚掌的设备。

（3）清楚、简明地反映发明或实用新型要求保护的技术方案的所有主题名称和类型。例如，包含装置和该装置制造方法的专利申请，名称应当写成“××装置及其制造方法”。也就是说，有几项独立权利要求的，它们要求保护的技术方案的主题名称均应在名称中得到体现，如权利要求1是××产品，权利要求2是该产品的生产方法，权利要求3是方法所使用的专用设备，那么应写成“××产品、其生产方法及所使用的专用设备”。

（4）最好与国际分类表中的类、组相对应，以利于专利申请的分类。

（5）不得使用人名、地名、商标、型号或者商品名称，也不得使用商业性宣传用语，如“新型租赁式自行车”“MEC5型家用电器遥控系统”“××凉茶”。最好前面不要加“一种×××”，如“一种高黏度复合水凝胶及其制备方法”。

（6）有特定用途或应用领域的，应在名称中体现，如“用于灯的包装”。

尽量避免写入发明或实用新型的区别技术特征。不少申请人希望写入区别特征，以反应它对现有技术作出的改进，这不仅使发明名称过长，超过规定的25个字的要求，还会造成写权利要求书的困难，因为若将区别特征写入说明书的名称，为了使权利要求书中要求技术方案的主题名称与说明书名称一致，则独立权利要求的前序部分也就包含了区别特征。

名称如果单纯考虑回避区别特征，也不利于宣传推广。为此，为了照顾推广的需要，名称可以稍灵活些，有时在名称中适当兼顾发明创造的某特殊功能效果。如果审查员认为不妥，可以修改。

11.4 典型创新案例——新型图板架

11.4.1 设计目的

目前学校绘图板的架子是跟桌子固定在一起的，架子大小是固定的，不能伸缩，且放图板的桌子放在统一的教室里。针对以上问题，在现有技术的基础上，对目前绘图的工具加以改进，实现了一个绘图架可以在大部分的课桌上使用，有效地解决了学校绘图班级比较多的时候绘图桌不够用的问题。

11.4.2　工作原理

如图 11-8 所示，本新型图板架由固定底架、旋转架、调节机构和伸缩架组成。固定底架跟伸缩架一起固定在桌子上，旋转架跟伸缩架一起用来夹持画板，调节机构用来调节旋转架与固定底架之间的夹角，也就是调节画板跟桌面之间的夹角，可以任意改变画板与桌面的夹角，方便了画图。而且，新型图板架的固定底架、伸缩架和旋转架都是不锈钢材料，整体刚度比较好。另外，新型图板架还可以拆卸，便于携带，其调节机构局部结构如图 11-9 所示。

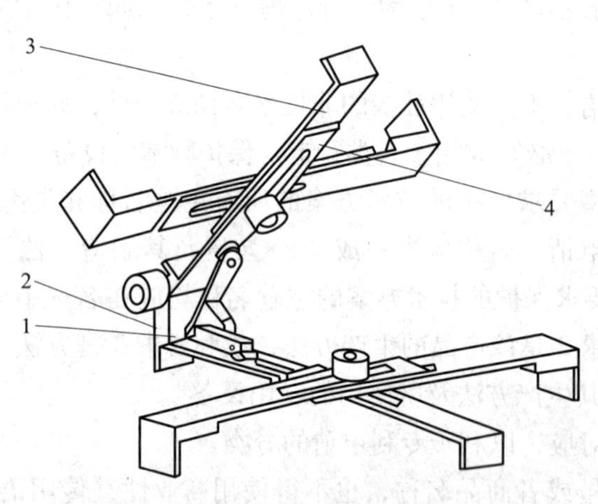

图 11-8　整体机构示意图

1—固定底架；2—调节机构；3—伸缩架；4—旋转架

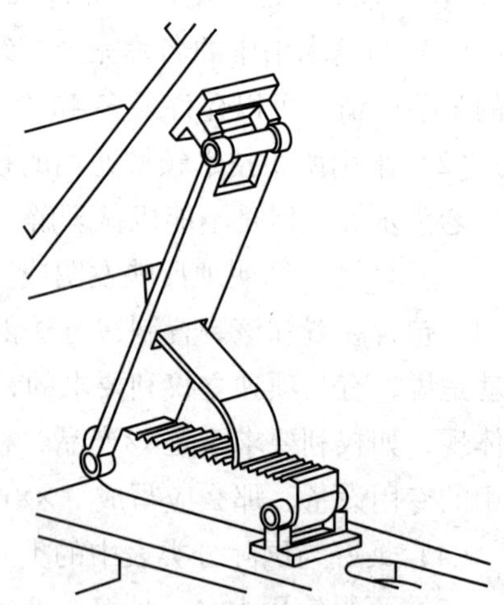

图 11-9　调节机构局部结构示意图

（1）固定底架。如图 11-10 所示，固定底架由固定片、夹持片、伸缩槽和旋转轴组成，与伸缩架配合使用，将图板架固定在桌子上。伸缩架跟固定底架和旋转架之间通过螺栓和螺母连接，其中伸缩架跟旋转架上面都有高度平衡块，保证图板架跟桌面和图板面的接触的高度是一致的。

（2）旋转架。如图 11-11 所示，旋转架由固定片、旋转片、高度平衡块、舌头片和锯齿槽组成。固定片是固定在固定底架和旋转架上面的，固定片和旋转片之间、旋转片和锯齿槽之间、锯齿槽和固定片之间均通过旋转轴连接。

（3）伸缩架。如图 11-12 所示，伸缩架由夹持片、固定片、高度平衡块和伸缩槽组成。

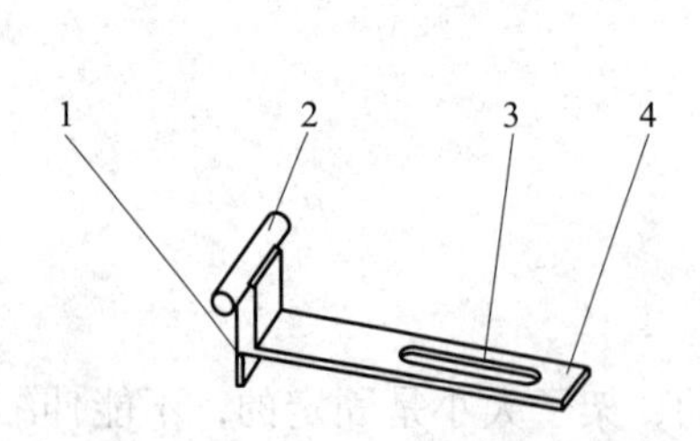

图 11-10　固定底架整体结构示意图

1—固定片；2—旋转轴；
3—伸缩槽；4—夹持片

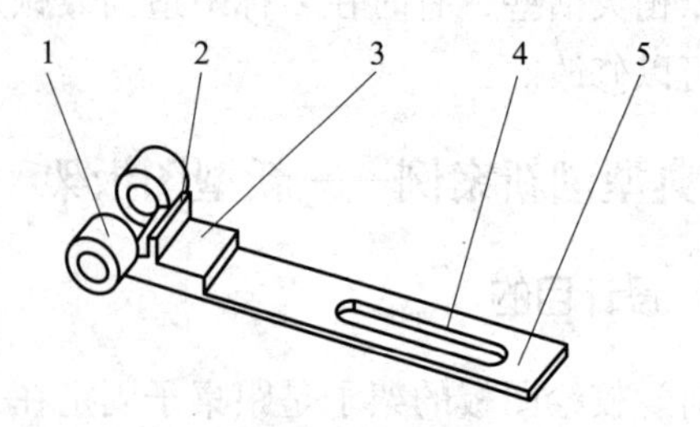

图 11-11　旋转架整体结构示意图

1—旋转片；2—固定片；3—高度平衡块；
4—锯齿槽；5—舌头片

（4）总装调节。学生通过把固定底架和伸缩架配合在一起，根据桌子的大小调节适合的大小，这样就可以把图板架固定在适宜的桌子上，通过螺栓和螺母把固定底架和伸缩架固定在一起，然后将旋转架跟固定底架通过旋转轴连接在一起，调节机构跟固定底架和旋转架固定在一起，再配合旋转架和伸缩架，根据图板的大小调节适合的大小，这样就可以把适宜的图板放在图板架上了。

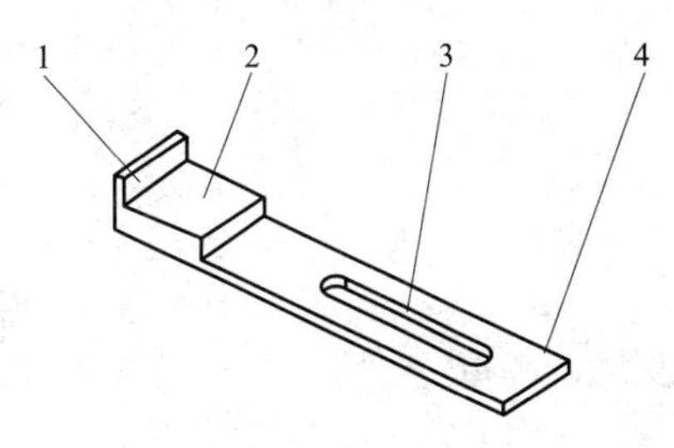

图 11-12　伸缩架整体结构示意图
1—固定片；2—高度平衡块；
3—伸缩槽；4—夹持片

11.4.3　主要创新点与优点

（1）小型化、便捷化。本新型图板架零件尺寸最长为 40cm，最宽为 10cm，整体机构紧凑，适用于学校使用。

（2）适用于不同大小的桌子。本新型图板架通过调节固定底架和伸缩架，可以实现一定范围内不同大小的桌子都可以使用的效果。

（3）适用于不同大小的图板。本新型图板架通过调节旋转架和伸缩架，可以实现一定范围内不同大小图板的使用。

附　录

附录 A　螺　纹

附表 A-1　普通螺纹直径与螺距（摘自 GB/T 193—2003、GB/T 196—2003）　（mm）

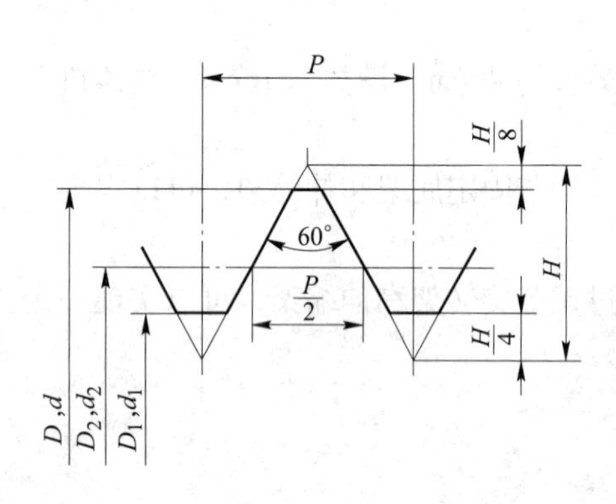

D——内螺纹的基本大径（公称直径）

d——外螺纹的基本大径（公称直径）

D_2——内螺纹的基本中径

d_2——外螺纹的基本中径

D_1——内螺纹的基本小径

d_1——外螺纹的基本小径

P——螺距

H——$\frac{\sqrt{3}}{2}P$

标注示例：

M24（公称直径为 24mm、螺距为 3mm 的粗牙右旋普通螺纹）

M24×1.5-LH（公称直径为 24mm、螺距为 1.5mm 的细牙左旋普通螺纹）

公称直径 D、d		螺距 P		粗牙中径	粗牙小径
第一系列	第二系列	粗牙	细牙	D_2，d_2	D_1，d_1
3	—	0.5	0.35	2.675	2.459
—	3.5	(0.6)		3.110	2.850
4	—	0.7	0.5	3.545	3.242
—	4.5	(0.75)		4.013	3.688
5	—	0.8		4.480	4.134
6	—	1	0.75(0.5)	5.350	4.917
8	—	1.25	1，0.75，(0.5)	7.188	6.647
10	—	1.5	1.25，1，0.75，(0.5)	9.026	8.376
12	—	1.75	1.5，1.25，1，0.75，(0.5)	10.863	10.106
—	14	2	1.5，(1.25)，1，(0.75)，(0.5)	12.701	11.835
16	—	2	1.5，1，(0.75)，(0.5)	14.701	13.835
—	18	2.5	1.5，1，(0.75)，(0.5)	16.376	15.294
20	—	2.5		18.376	17.294
—	22	2.5	2，1.5，1，(0.75)，(0.5)	20.376	19.294
24	—	3	2，1.5，1，(0.75)	22.051	20.752
—	27	3	2，1.5，1，(0.75)	25.051	23.752
30	—	3.5	(3)，2，1.5，1，(0.75)	27.727	26.211

注：1. 优先选用第一系列，括号内尺寸尽可能不用，第三系列未列入。

2. M14×1.25 仅用于火花塞。

附表 A-2 梯形螺纹（摘自 GB/T 5796—2015） （mm）

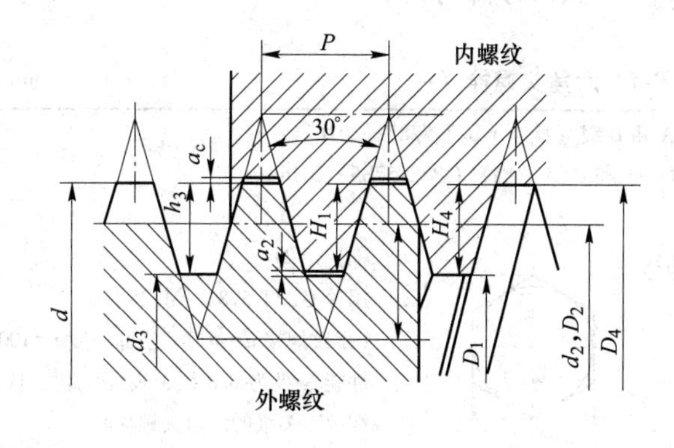

d——外螺纹大径（公称直径）

d_3——外螺纹小径

D_4——内螺纹大径

D_1——内螺纹小径

d_2——外螺纹中径

D_2——内螺纹中径

P——螺距

a_c——牙顶间隙

$h_3=H_4=H_1+a_c$

标记示例：

Tr40×7-7H（单线梯形内螺纹、公称直径 d=40mm，螺距 P=7mm，右旋、中径公差带为 7H、中等旋合长度）

Tr60×18(P9)LH-8e-L（双线梯形外螺纹，公称直径 d=60mm，导程 ph=18mm，螺距 P=9mm、左旋、中径公差带为 8e、长旋合长度）

梯形螺纹的基本尺寸

d 公称系列		螺距	中径	大径	小径		d 公称系列		螺距	中径	大径	小径	
第一系列	第二系列	P	$d_2=D_2$	D_4	d_3	D_1	第一系列	第二系列	P	$d_2=D_2$	D_4	d_3	D_1
8	—	1.5	7.25	8.3	6.2	6.5	32	—	6	29.0	33	25	26
—	9	2	8.0	9.5	6.5	7	—	34		31.0	35	27	28
10	—		9.0	10.5	7.5	8	36	—		33.0	37	29	30
—	11		10.0	11.5	8.5	9	—	38	7	34.5	39	30	31
12	—	3	10.5	12.5	8.5	9	40	—		36.5	41	32	33
—	14		12.5	14.5	10.5	11	—	42		38.5	43	34	35
16	—	4	14.0	16.5	11.5	12	44	—		40.5	45	36	37
—	18		16.0	18.5	13.5	14	—	46	8	42.0	47	37	38
20	—		18.0	20.5	15.5	16	48	—		44.0	49	39	40
—	22	5	19.5	22.5	16.5	17	—	50		46.0	51	41	42
24	—		21.5	24.5	18.5	19	52	—		48.0	53	43	44
—	26		23.5	26.5	20.5	21	—	55	9	50.5	56	45	46
28	—		25.5	28.5	22.5	23	60	—		55.5	61	50	51
—	30	6	27.0	31.0	23.0	24	—	65	10	60.0	66	54	55

注：1. 优先选用第一系列的直径。

2. 表中所列的螺距和直径，是优先选择的螺距及与之对应的直径。

附录 B　常用标准件

附表 B-1　六角头螺栓（一）　（mm）

六角头螺栓—A 和 B 级（摘自 GB/T 5782—2016）

六角头螺栓　细牙—A 和 B 级（摘自 GB/T 5785—2016）

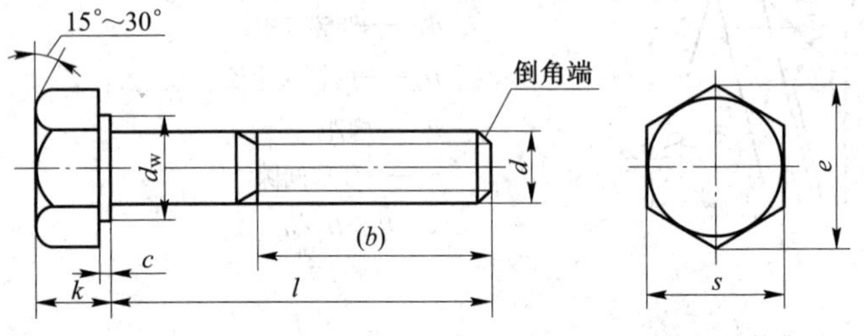

标记示例：

螺栓 GB/T 5782　M12×100

（螺纹规格 d=M12、公称长度 l=100mm、性能等级为 8.8 级、表面氧化、杆身半螺纹、A 级的六角头螺栓）

六角头螺栓—全螺纹—A 和 B 级（摘自 GB/T 5783—2016）

六角头螺栓—细牙—全螺纹—A 和 B 级（摘自 GB/T 5786—2016）

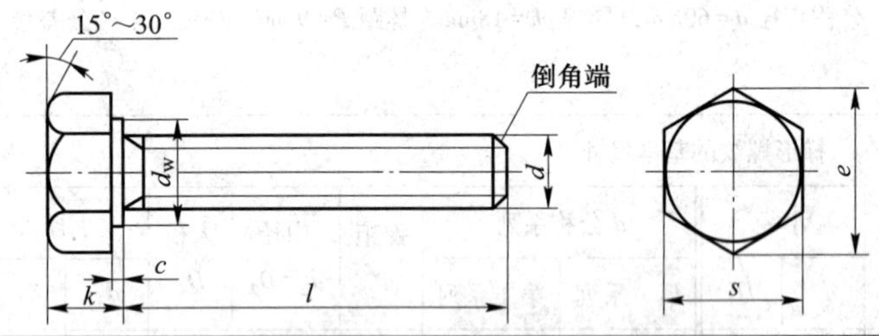

标记示例：

螺栓 GB/T 5786　M30×2×80

（螺纹规格 d = M30 × 2、公称长度 l = 80mm、性能等级为 8.8 级、表面氧化、全螺纹、B 级的细牙六角头螺栓）

螺纹规格	d	M4	M5	M6	M8	M10	M12	M16	M20	M24	M30	M36	M42	M48
	$D×P$	—	—	—	M8×1	M10×1	M12×15	M16×15	M20×2	M24×2	M30×2	M36×3	M42×3	M48×3
$b_{参考}$	l≤125	14	16	18	22	26	30	38	46	54	66	78	—	—
	125<l≤200	—	—	—	28	32	36	44	52	60	72	84	96	108
	l>200	—	—	—	—	—	—	57	65	73	85	97	109	121
c_{max}		0.4	0.5		0.6			0.8					1	
$k_{公称}$		2.8	3.5	4	5.3	6.4	7.5	10	12.5	15	18.7	22.5	26	30
s_{max}=公称		7	8	10	13	16	18	24	30	36	46	55	65	75
e_{min}	A	7.66	8.79	11.05	14.38	17.77	20.03	26.75	33.53	39.98	—	—	—	—
	B	—	8.63	10.89	14.2	17.59	19.85	26.17	32.95	39.55	50.85	60.79	72.02	82.6
$d_{w,min}$	A	5.9	6.9	8.9	11.6	14.6	16.6	22.5	28.2	33.6	—	—	—	—
	B	—	6.7	8.7	11.4	14.4	16.4	22	27.7	33.2	42.7	51.1	60.6	69.4
$l_{范围}$	GB 5782	25～40	25～50	30～60	35～80	40～100	45～120	55～160	65～200	80～240	90～300	110～360	130～400	140～400
	GB 5785											110～300		
	GB 5783	8～40	10～50	12～60	16～80	20～100	25～100	35～100	40～100				80～500	100～500
	GB 5786	—	—	—			25～120	35～160	40～200				90～400	100～500
$l_{系列}$	GB 5782 GB 5785	20～65（5 进位）、70～160（10 进位）、180～400（20 进位）												
	GB 5783 GB 5786	6、8、10、12、16、18、20～65（5 进位）、70～160（10 进位）、180～500（20 进位）												

注：1. P—螺距。末端按 GB/T 2—2000 规定。

2. 螺纹公差：6g；机械性能等级：8.8。

3. 产品等级：A 级用于 d≤24 和 l≤10d 或≤150mm（按较小值）；

B 级用于 d>24 和 l>10d 或>150mm（按较小值）。

附表 B-2　六角头螺栓（二）

（mm）

六角头螺栓—C 级（摘自 GB/T 5780—2016）

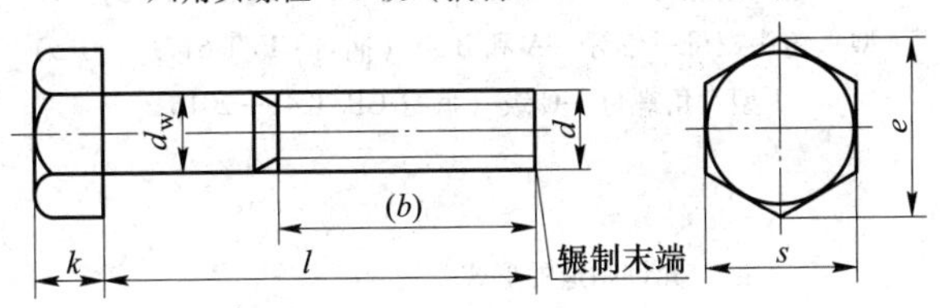

标记示例：

螺栓 GB/T 5780　M20×100

（螺纹规格 d=M20、公称长度 l=100mm。性能等级为 4.8 级、不经表面处理、杆身半螺纹、C 级的六角头螺栓）

六角头螺栓—全螺纹—C 级（摘自 GB/T 5781—2016）

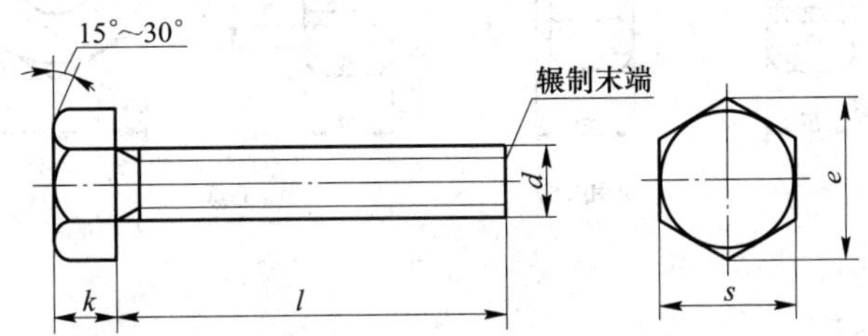

标记示例：

螺栓 GB/T 5781　M12×80

（螺纹规格 d=M12、公称长度 l=80mm、性能等级为 4.8 级、不经表面处理、全螺纹、C 级的六角头螺栓）

螺纹规格 d		M5	M6	M8	M10	M12	M16	M20	M24	M30	M36	M42	M48
$b_{参考}$	l≤125	16	18	22	26	30	38	40	54	66	78	—	—
	125<l≤1200	—	—	28	32	36	44	52	60	72	84	96	108
	l>200	—	—	—	—	—	57	65	73	85	97	109	121
$k_{公称}$		3.5	4.0	5.3	6.4	7.5	10	12.5	15	18.7	22.5	26	30
s_{max}		8	10	13	16	18	24	30	36	46	55	65	75
e_{min}		8.63	10.9	14.2	17.6	19.9	26.2	33.0	39.6	50.9	60.8	72.0	82.6
d_{max}		5.48	6.48	8.58	10.6	12.7	16.7	20.8	24.8	30.8	37.0	45.0	49.0
$l_{范围}$	GB/T 5780—2000	25~50	30~60	35~80	40~100	45~120	55~160	65~200	80~240	90~300	110~300	160~420	180~480
	GB/T 5781—2000	10~40	12~50	16~65	20~80	25~100	35~100	40~100	50~100	60~100	70~100	80~420	90~480
$l_{系列}$		10、12、16、20~50（5 进位）、（55）、60、（65）、70~160（10 进位）、180、220~500（20 进位）											

注：1. 括号内的规格尽可能不用。末端按 GB/T 2—2000 规定。

2. 螺纹公差：8g（GB/T 5780—2000）；6g（GB/T 5781—2000）；机械性能等级：4.6、4.8；产品等级：C。

附表 B-3　1 型六角螺母

（mm）

1 型六角螺母—A 和 B 级（摘自 GB/T 6170—2015）

1 型六角头螺母—细牙—A 和 B 级（摘自 GB/T 6171—2015）

1 型六角螺母—C 级（摘自 GB/T 41—2016）

允许制造的形式

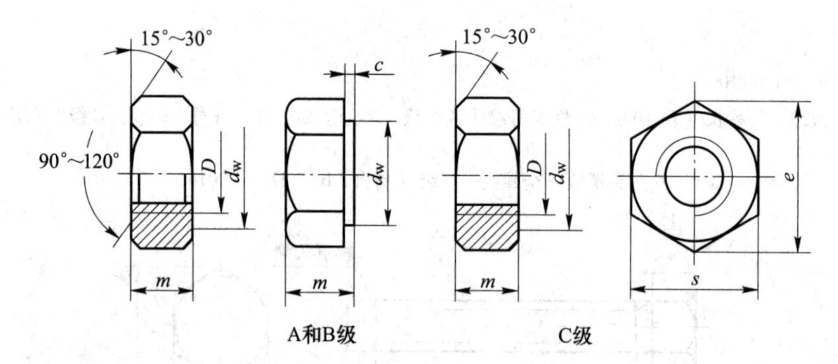

标记示例：

螺母 GB/T 41　M12

（螺纹规格 D=M12、性能等级为 5 级、不经表面处理、C 级的 1 型六角螺母）

螺母 GB/T 6171　M24×2

（螺纹规格 D=M24、螺距 P=2mm、性能等级为 10 级、不经表面处理、B 级的 1 型细牙六角螺母）

螺纹规格	D	M4	M5	M6	M8	M10	M12	M16	M20	M24	M30	M36	M42	M48
	$D \times P$	—	—	—	M8×1	M10×1	M12×1.5	M16×1.5	M20×2	M24×2	M30×2	M36×3	M42×3	M48×3
c		0.4	0.5		0.6			0.8				1		
s_{max}		7	8	10	13	16	18	24	30	36	46	55	65	75
e_{min}	A、B 级	7.66	8.79	11.05	14.38	17.77	20.03	26.75	32.95	39.95	50.85	60.79	72.02	82.6
	C 级	—	8.63	10.89	14.2	17.59	19.85	26.17						
m_{max}	A、B 级	3.2	4.7	5.2	6.8	8.4	10.8	14.8	18	21.5	25.6	31	34	38
	C 级	—	5.6	6.1	7.9	9.5	12.2	15.9	18.7	22.3	26.4	31.5	34.9	38.9
$d_{w,min}$	A、B 级	5.9	6.9	8.9	11.6	14.6	16.6	22.5	27.7	33.2	42.7	51.1	60.6	69.4
	C 级	—	6.9	8.7	11.5	14.5	16.5	22						

注：1. P—螺纹。

2. A 级用于 $D \leqslant 16$ 的螺母；B 级用于 $D > 16$ 的螺母；C 级用于 $D \geqslant 5$ 的螺母。

3. 螺纹公差：A、B 级为 6H，C 级为 7H；机械性能等级：A、B 级为 6、8、10 级，C 级为 4、5 级。

附表 B-4 双头螺柱（摘自 GB/T 897—1988、GB/T 898—1988、GB/T 899—1988、GB/T 900—1988

（mm）

$b_m = 1d$(GB/T 897—1988)； $b_m = 1.25d$(GB/T 898—1988)； $b_m = 1.5d$(GB/T 899—1988)；
$b_m = 2d$(GB/T 900—1988)

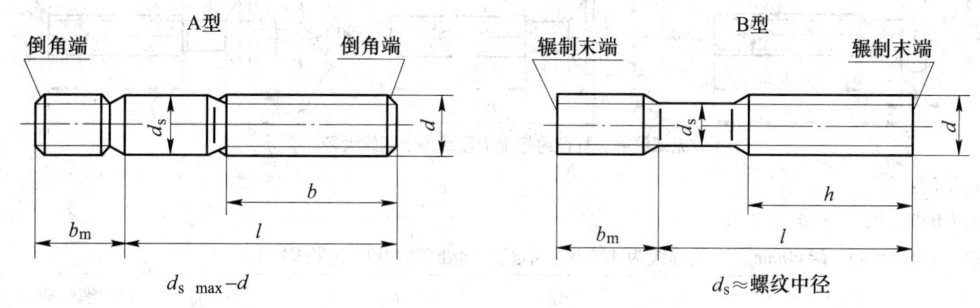

标记示例：

螺柱 GB/T 900—1988 M10×50

（两端均为粗牙普通螺纹、d=10mm、l=50mm、性能等级为 4.8 级、不经表面处理、B 型、$b_m = 2d$ 的双头螺柱）

螺柱 GB/T 900—1988 AM10-10×1×50

（旋入机体一端为粗牙普通螺纹、旋螺母端为螺距 P=1mm 的细牙普通螺纹、d=10mm、l=50mm、性能等级为 4.8 级、不经表面处理、A 型、$b_m = 2d$ 的双头螺柱）

螺纹规格 d	b_m（旋入机体端长度）				l/b（螺柱长度/旋螺母端长度）
	GB/T 897—1988	GB/T 898—1988	GB/T 899—1988	GB/T 900—1988	
M4	—	—	6	8	$\frac{16\sim22}{8}$ $\frac{25\sim40}{14}$
M5	5	6	8	10	$\frac{16\sim22}{10}$ $\frac{25\sim50}{16}$
M6	6	8	10	12	$\frac{20\sim22}{10}$ $\frac{25\sim30}{14}$ $\frac{32\sim75}{18}$
M8	8	10	12	16	$\frac{20\sim22}{12}$ $\frac{25\sim30}{16}$ $\frac{32\sim90}{22}$
M10	10	12	15	20	$\frac{25\sim28}{14}$ $\frac{30\sim38}{16}$ $\frac{40\sim120}{26}$ $\frac{130}{32}$
M12	12	15	18	24	$\frac{25\sim30}{14}$ $\frac{32\sim40}{16}$ $\frac{45\sim120}{26}$ $\frac{130\sim180}{32}$
M16	16	20	24	32	$\frac{30\sim38}{16}$ $\frac{40\sim55}{20}$ $\frac{60\sim120}{30}$ $\frac{130\sim200}{36}$
M20	20	25	30	40	$\frac{35\sim40}{20}$ $\frac{45\sim65}{30}$ $\frac{70\sim120}{38}$ $\frac{130\sim200}{44}$
(M24)	24	30	36	48	$\frac{45\sim50}{25}$ $\frac{55\sim75}{35}$ $\frac{80\sim120}{46}$ $\frac{130\sim200}{52}$
(M30)	30	38	45	60	$\frac{60\sim65}{40}$ $\frac{70\sim90}{50}$ $\frac{95\sim120}{66}$ $\frac{130\sim200}{72}$ $\frac{210\sim250}{85}$
M36	36	45	54	72	$\frac{65\sim75}{45}$ $\frac{80\sim110}{60}$ $\frac{120}{78}$ $\frac{130\sim200}{84}$ $\frac{210\sim300}{97}$
M42	42	52	63	84	$\frac{70\sim80}{50}$ $\frac{85\sim110}{70}$ $\frac{120}{90}$ $\frac{130\sim200}{96}$ $\frac{210\sim300}{109}$
M48	48	60	72	96	$\frac{80\sim90}{60}$ $\frac{95\sim110}{80}$ $\frac{120}{102}$ $\frac{130\sim200}{108}$ $\frac{210\sim300}{121}$
$l_{系列}$	12、(14)、16、(18)、20、(22)、25、(28)、30、(32)、35、(38)、40、45、50、55、60、(65)、70、75、80、(85)、90、(95)、100~260（10 进位）、280、300				

注：1. 尽可能不采用括号内的规格。末端按 GB/T 2—2000 规定。

2. $b_m = 1d$，一般用于钢对钢；$b_m = (1.25\sim1.5)d$，一般用于钢对铸铁；$b_m = 2d$，一般用于钢对铝合金。

附表 B-5　螺钉（一）

（mm）

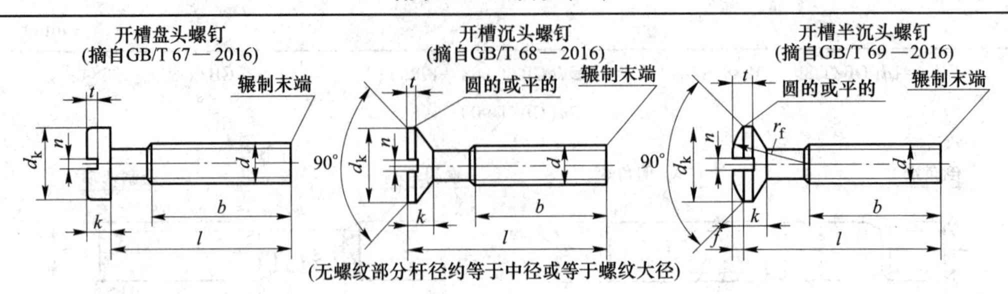

标记示例：

螺钉 GB/T 67　M5×60

（螺纹规格 d=M5、l=60mm，性能等级为 4.8 级、不经表面处理的开槽盘头螺钉）

螺纹规格 d	P	b_{min}	$n_{公称}$	f	r_f	k_{max}		$d_{k,max}$		t_{min}			$l_{范围}$		全螺纹时最大长度	
				GB/T 69	GB/T 69	GB/T 67	GB/T 68 GB/T 69	GB/T 67	GB/T 68 GB/T 69	GB/T 67	GB/T 68	GB/T 69	GB/T 67	GB/T 68 GB/T 69	GB/T 67	GB/T 68 GB/T 69
M2	0.4	25	0.5	4	0.5	1.3	1.2	4	3.8	0.5	0.4	0.8	2.5~20	3~20	30	
M3	0.5		0.8	6	0.7	1.8	1.65	5.6	5.5	0.7	0.6	1.2	4~30	5~30		
M4	0.7	38	1.2	9.5	1	2.4	2.7	8	8.4	1	1	1.6	5~40	6~40	40	45
M5	0.8				1.2	3		9.5	9.3	1.2	1.1	2	6~50	8~50		
M6	1		1.6	12	1.4	3.6	3.3	12	12	1.4	1.2	2.4	8~60	8~60		
M8	1.25		2	16.5	2	4.8	4.65	16	16	1.9	1.8	3.2	10~80			
M10	1.5		2.5	19.5	2.3	6	5	20	20	2.4	2	3.8				
$l_{系列}$	2、2.5、3、4、5、6、8、10、12、(14)、16、20~50（5 进位）、(55)、60、(65)、70、(75)、80															

注：螺纹公差：6g；机械性能等级：4.8、5.8；产品等级：A。

附表 B-6　螺钉（二）

（mm）

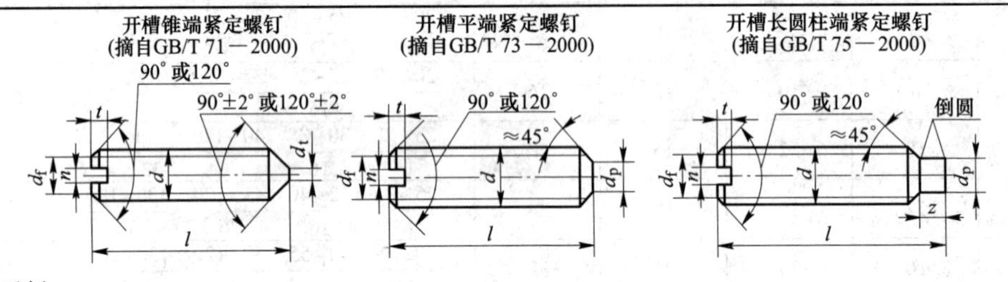

标记示例：

螺钉 GB/T 71　M5×20

（螺纹规格 d=M5、公称长度 l=20mm、性能等级为 14H 级、表面氧化的开槽锥端紧定螺钉）

螺纹规格 d	P	d_f	$d_{t,max}$	$d_{p,max}$	$n_{公称}$	t_{max}	z_{max}	$l_{范围}$		
								GB 71	GB 73	GB 75
M2	0.4	螺纹小径	0.2	1	0.25	0.84	1.25	3~10	2~10	3~10
M3	0.5		0.3	2	0.4	1.05	1.75	4~16	3~16	5~16
M4	0.7		0.4	2.5	0.6	1.42	2.25	6~20	4~20	6~20
M5	0.8		0.5	3.5	0.8	1.63	2.75	8~25	5~25	8~25
M6	1		1.5	4	1	2	3.25	8~30	6~30	8~30
M8	1.25		2	5.5	1.2	2.5	4.3	10~40	8~40	10~40
M10	1.5		2.5	7	1.6	3	5.3	12~50	10~50	12~50
M12	1.75		3	8.5	2	3.6	6.3	14~60	12~60	14~60
$l_{系列}$	2、2.5、3、4、5、6、8、10、12、(14)、16、20、25、30、35、40、45、50、(55)、60									

注：螺纹公差：6g；机械性能等级：14H、22H；产品等级：A。

附表 B-7　内六角圆柱头螺钉（摘自 GB/T 70. 1—2008）　（mm）

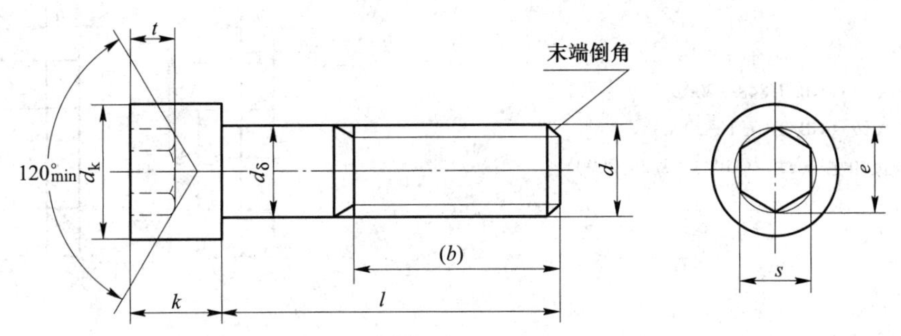

标记示例：

螺钉 GB/T 70. 1　M5×20

（螺纹规格 d=M5、公称长度 l=20mm、性能等级为 8. 8 级、表面氧化的内六角圆柱头螺钉）

螺纹规格 d		M4	M5	M6	M8	M10	M12	(M14)	M16	M20	M24	M30	M36
螺距 P		0. 7	0. 8	1	1. 25	1. 5	1. 75	2	2	2. 5	3	3. 5	4
$b_{参考}$		20	22	24	28	32	36	40	44	52	60	72	84
$d_{k,max}$	光滑头部	7	8. 5	10	13	16	18	21	24	30	36	45	54
	滚花头部	7. 22	8. 72	10. 22	13. 27	16. 27	18. 27	21. 33	24. 33	30. 33	36. 39	45. 39	54. 46
k_{max}		4	5	6	8	10	12	14	16	20	24	30	36
t_{min}		2	2. 5	3	4	5	6	7	8	10	12	15. 5	19
$S_{公称}$		3	4	5	6	8	10	12	14	17	19	22	27
e_{min}		3. 44	4. 58	5. 72	6. 86	9. 15	11. 43	13. 72	16	19. 44	21. 73	25. 15	30. 35
$d_{s,max}$		4	5	6	8	10	12	14	16	20	24	30	36
$l_{范围}$		6~40	8~50	10~60	12~80	16~100	20~120	25~140	25~160	30~200	40~200	45~200	55~200
全螺纹时最大长度		25	25	30	35	40	45	55	55	65	80	90	100
$l_{系列}$		6、8、10、12、(14)、(16)、20~50（5 进位）、(55)、60、(65)、70~160（10 进位）、180、200											

注：1. 括号内的规格尽可能不用。末端按 GB/T 2—2000 规定。

2. 机械性能等级：8. 8、12. 9。

3. 螺纹公差：机械性能等级 8. 8 级时为 6g，12. 9 级时为 5g、6g。

4. 产品等级：A。

附表 B-8　垫圈　（mm）

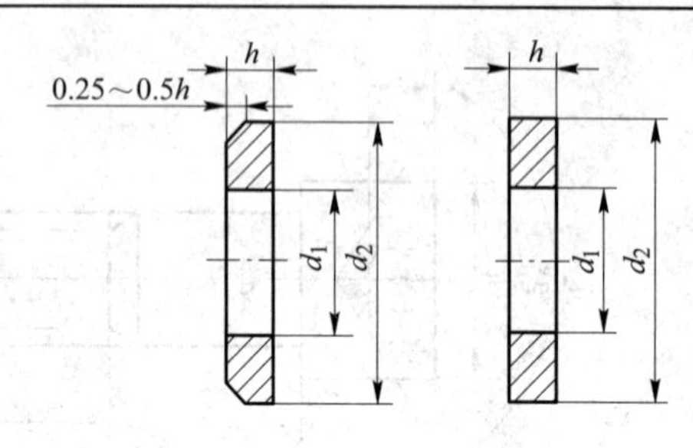

小垫圈—A 级（GB/T 848—2002）
平垫圈—A 级（GB/T 97.1—2000）
平垫圈—倒角型—A 级（GB/T 97.2—2000）

标记示例：
垫圈 GB/T 97.1
（标准系列、规格 8、性能等级为 140HV 级、不经表面处理的平垫圈）

公称尺寸（螺纹规格 d）		1.6	2	2.5	3	4	5	6	8	10	12	14	16	20	24	30	36
d_1	GB/T 848	1.7	2.2	2.7	3.2	4.3											
	GB/T 97.1						5.3	6.4	8.4	10.5	13	15	17	21	25	31	37
	GB/T 97.2	—	—	—	—	—											
d_2	GB/T 848	3.5	4.5	5	6	8	9	11	15	18	20	24	28	34	39	50	60
	GB/T 97.1	4	5	6	7	9	10	12	16	20	24	28	30	37	44	56	66
	GB/T 97.2	—	—	—	—	—	10	12	16	20	24	28	30	37	44	56	66
h	GB/T 848	0.3	0.3	0.5	0.5	0.5											
	GB/T 97.1						1	1.6	1.6	1.6	2	2.5	2.5	3	4	4	5
	GB/T 97.2	—	—	—	—	—											

附表 B-9　标准型弹簧垫圈（摘自 GB/T 93—1987）　（mm）

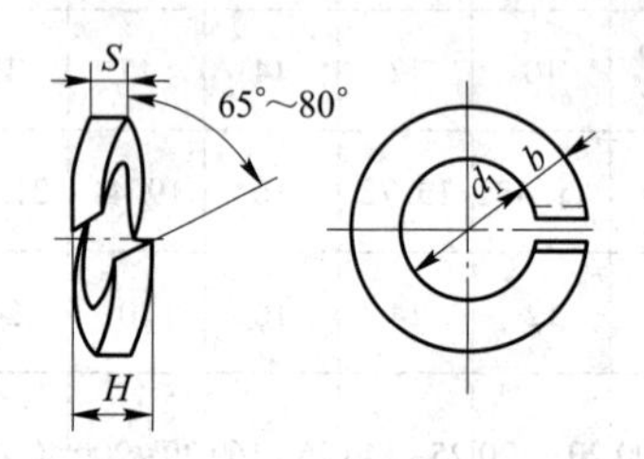

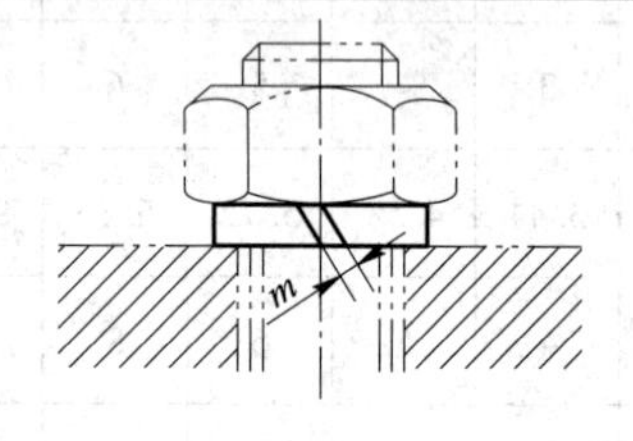

标记示例：
垫圈 GB/T 93　10
（规格 10、材料为 65Mn，表面氧化的标准型弹簧垫圈）

规格（螺纹大径）	4	5	6	8	10	12	16	20	24	30	36	42	48
$d_{1,\min}$	4.1	5.1	6.1	8.1	10.2	12.2	16.2	20.2	24.5	30.5	36.5	42.5	48.5
$S=b_{公称}$	1.1	1.3	1.6	2.1	2.6	3.1	4.1	5	6	7.5	9	10.5	12
$m \leqslant$	0.55	0.65	0.8	1.05	1.3	1.55	2.05	2.5	3	3.75	4.5	5.25	6
$H_{\max}$	2.75	3.25	4	5.25	6.5	7.75	10.25	12.5	15	18.75	22.5	26.5	30

注：m 应大于零。

附表 B-10　圆柱销（摘自 GB/T 119.1—2000）　（mm）

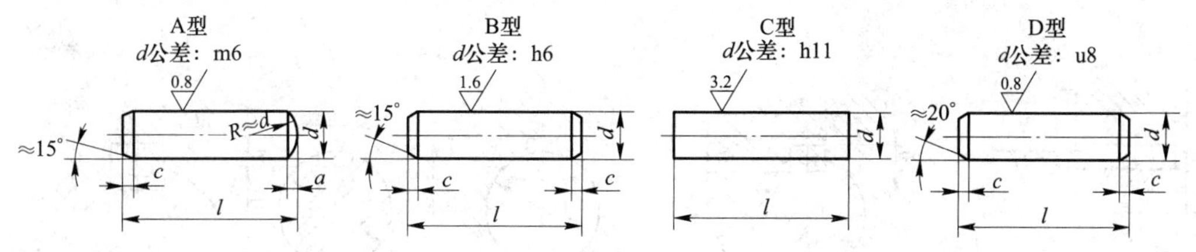

标记示例：

销 GB/T 119.1　6 m6×30

（公称直径 d=6mm、公差为 m6、公称长度 l=30mm、材料为钢、不经表面处理的圆柱销）

销 GB/T 119.1　6 m6×30—A1

（公称直径 d=6mm、公差为 m6、公称长度 l=30mm、材料为 A1 组奥氏体不锈钢、表面简单处理的圆柱销）

d（公称）m6/h8	2	3	4	5	6	8	10	12	16	20	25
$a\approx$	0.25	0.40	0.50	0.63	0.80	1.0	1.2	1.6	2.0	2.5	3.0
$c\approx$	0.35	0.5	0.63	0.8	1.2	1.6	2	2.5	3	3.5	4
$l_{范围}$	6~20	8~30	8~40	10~50	12~60	14~80	18~95	22~140	26~180	35~200	50~200
$l_{系列}$（公称）	2、3、4、5、6~32（2 进位）、35~100（5 进位）、120~≥200（按 20 递增）										

附表 B-11　圆锥销（摘自 GB/T 117—2000）　（mm）

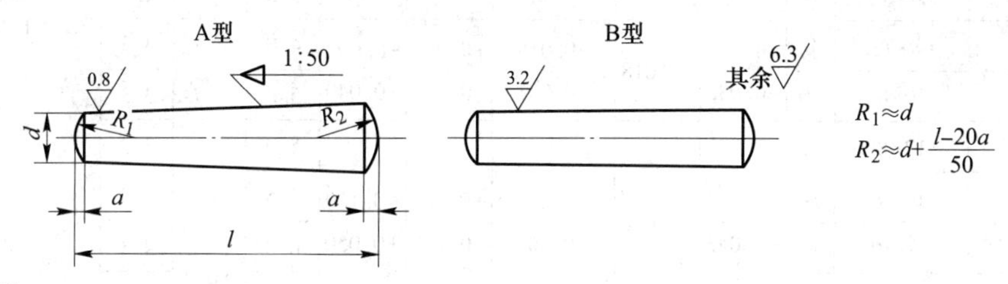

标记示例：

销 GB/T 117　10×60

（公称直径 d=10mm、长度 l=60mm、材料为 35 钢、热处理硬度 28~38HRC、表面氧化处理的 A 型圆锥销）

$d_{公称}$	2	2.5	3	4	5	6	8	10	12	16	20	25
$a\approx$	0.25	0.3	0.4	0.5	0.63	0.8	1.0	1.2	1.6	2.0	2.5	3.0
$l_{范围}$	10~35	10~35	12~45	14~55	18~60	22~90	22~120	26~160	32~180	40~200	45~200	50~200
$l_{系列}$	2、3、4、5、6~32（2 进位）、35~100（5 进位）、120~200（20 进位）											

附表 B-12　普通平键键槽的尺寸及公差（摘自 GB/T 1095—2003）　（mm）

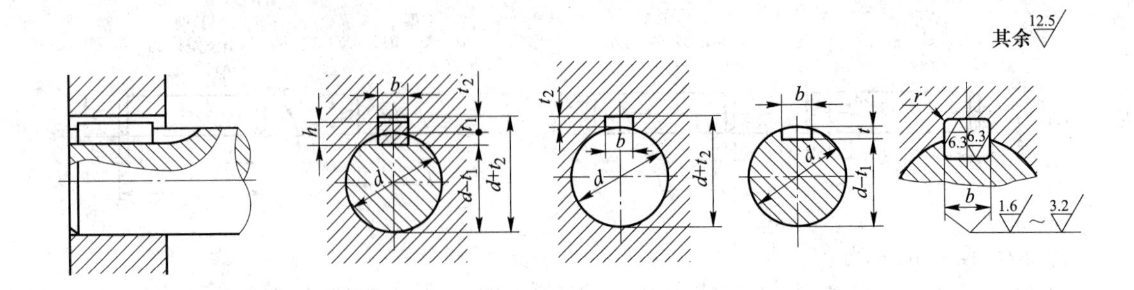

注：在工作图中，轴槽深用 t_1 或 $(d-t_1)$ 标注，轮毂槽深用 $(d+t_2)$ 标注。

轴的直径 d	键尺寸 $b\times h$	键槽											
		宽度 b						深度				半径 r	
		基本尺寸	极限偏差					轴 t_1		毂 t_2			
			正常连接		紧密连接	松连接		基本尺寸	极限偏差	基本尺寸	极限偏差		
			轴 N9	毂 JS9	轴和毂 P9	轴 H9	毂 D10					min	max
自 6~8	2×2	2	-0.004 -0.029	±0.0125	-0.006 -0.031	+0.025 0	+0.060 +0.020	1.2	+0.1 0	1	+0.1 0	0.08	0.16
>8~10	3×3	3						1.8		1.4			
>10~12	4×4	4	0 -0.030	±0.015	-0.012 -0.042	+0.030 0	+0.078 +0.030	2.5		1.8			
>12~17	5×5	5						3.0		2.3		0.16	0.25
>17~22	6×6	6						3.5		2.8			
>22~30	8×7	8	0 -0.036	±0.018	-0.015 -0.051	+0.036 0	+0.098 +0.040	4.0	+0.2 0	3.3	+0.2 0		
>30~38	10×8	10						5.0		3.3		0.25	0.40
>38~44	12×8	12	0 -0.043	±0.026	+0.018 -0.061	+0.043 0	+0.120 +0.050	5.0		3.3			
>44~50	14×9	14						5.5		3.8			
>50~58	16×10	16						6.0		4.3			
>58~65	18×11	18						7.0		4.4			
>65~75	20×12	20	0 -0.052	±0.031	+0.022 -0.074	+0.052 0	+0.149 +0.065	7.5		4.9		0.40	0.60
>75~85	22×14	22						9.0		5.4			
>85~95	25×14	25						9.0		5.4			
>95~110	28×16	28						10.0		6.4			
>110~130	32×18	32	0 -0.062	±0.037	-0.026 -0.088	+0.062 0	+0.180 +0.080	11.0	+0.3 0	7.4	+0.3 0		
>130~150	36×20	36						12.0		8.4		0.70	1.0
>150~170	40×22	40						13.0		9.4			
>170~200	45×25	45						15.0		10.4			

注：$d-t_1$ 和 $d+t_2$ 两组组合尺寸的极限偏差按相应的 t_1 和 t_2 的极限偏差选取，但 $d-t_1$ 极限偏差应取负号。

附表B-13 普通平键的尺寸与公差（摘自GB/T 1096—2003） （mm）

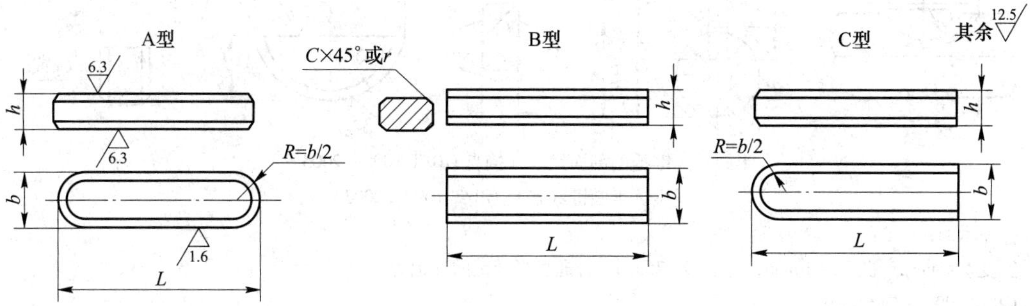

A型 B型 C型 其余 12.5

$C\times45°$或r

$R=b/2$

标记示例：

圆头普通平键（A型）、$b=18$mm、$h=11$mm、$L=100$mm：GB/T 1096—2003 键 18×11×100

平头普通平键（B型）、$b=18$mm、$h=11$mm、$L=100$mm：GB/T 1096—2003 键 B 18×11×100

单圆头普通平键（C型）、$b=18$mm、$h=11$mm、$L=100$mm：GB/T 1096—2003 键 C 18×11×100

宽度 *b*	基本尺寸		2	3	4	5	6	8	10	12	14	16	18	20	22
	极限偏差（h8）		0 -0.014		0 -0.018			0 -0.022		0 -0.027				0 -0.033	
高度 *h*	基本尺寸		2	3	4	5	6	7	8	8	9	10	11	12	14
	极限偏差	矩形（h11）	—		—			0 -0.090					0 -0.010		
		方形（h8）	0 -0.014		0 -0.018			—					—		
倒角或圆角 *x*			0.16~0.25			0.25~0.40			0.40~0.60					0.60~0.80	
长度 *L*															
基本尺寸	极限偏差（h14）														
6	0 -0.36				—	—	—	—	—	—	—	—	—	—	—
8						—	—	—	—	—	—	—	—	—	—
10							—	—	—	—	—	—	—	—	—
12	0 -0.48						—	—	—	—	—	—	—	—	—
14								—	—	—	—	—	—	—	—
16								—	—	—	—	—	—	—	—
18									—	—	—	—	—	—	—
20	0 -0.52								—	—	—	—	—	—	—
22			—			标准				—	—	—	—	—	—
25			—							—	—	—	—	—	—
28			—								—	—	—	—	—
32	0 -0.62		—								—	—	—	—	—
36			—									—	—	—	—
40			—	—								—	—	—	—
45			—	—				长度					—	—	—
50			—	—	—									—	—
56	0 -0.74		—	—	—										—
63			—	—	—	—									
70			—	—	—	—									
80			—	—	—	—	—								
90	0 -0.87		—	—	—	—	—				范围				
100			—	—	—	—	—	—							
110			—	—	—	—	—	—							
125	0 -1.00		—	—	—	—	—	—	—						
140			—	—	—	—	—	—	—						
160			—	—	—	—	—	—	—	—					
180			—	—	—	—	—	—	—	—	—				
200	0 -1.15		—	—	—	—	—	—	—	—	—	—			
220			—	—	—	—	—	—	—	—	—	—	—		
250			—	—	—	—	—	—	—	—	—	—	—	—	

附表 B-14　半圆键（摘自 GB/T 1098—2003、GB/T 1099—2003）　（mm）

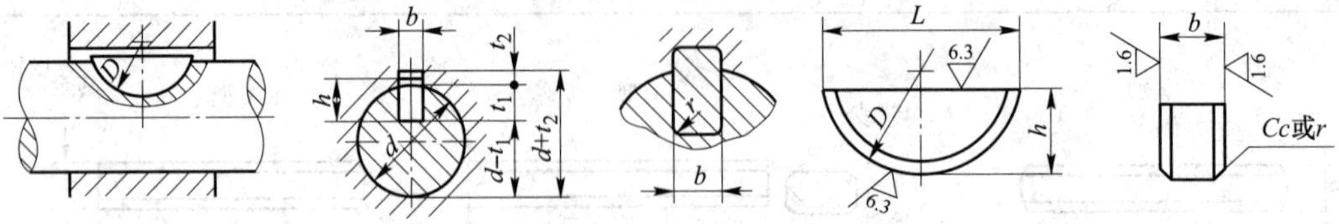

半圆键　键槽的剖面尺寸（摘自 GB/T 1098—2003）

普通型　半圆键（摘自 GB/T 1099—2003）

标注示例：

宽度 b=6mm，高度 h=10mm，直径 D=25mm，普通型半圆键的标记为：

GB/T 1099.1 键 6×10×25

键尺寸				键槽				
b	h(h11)	D(h12)	c	轴		轮毂 t_2		半径 r
				t_1	极限偏差	t_2	极限偏差	
1.0	1.4	4	0.16~0.25	1.0	+0.1 0	0.6	+0.1 0	0.16~0.25
1.5	2.6	7		2.0		0.8		
2.0	2.6	7		1.8		1.0		
2.0	3.7	10		2.9		1.0		
2.5	3.7	10		2.7		1.2		
3.0	5.0	13		3.8	+0.2 0	1.4		
3.0	6.5	16		5.3		1.4		
4.0	6.5	16	0.25~0.40	5.0		1.8		0.25~0.40
4.0	7.5	19		6.0		1.8		
5.0	6.5	16		4.5		2.3		
5.0	7.5	19		5.5		2.3		
5.0	9.0	22		7.0		2.3		
6.0	9.0	22		6.5	+0.3 0	2.8		
6.0	10.0	25		7.5		2.8	+0.2 0	
8.0	11.0	28	0.40~0.60	8.0		3.3		0.40~0.60
10.0	13.0	32		10.0		3.3		

注：1. 在图样中，轴槽深用 t_1 或 $d-t_1$ 标注，轮毂槽深用 $d+t_2$ 标注。$d-t_1$ 和 $d+t_2$ 的两个组合尺寸的极限偏差按相应 t_1 和 t_2 的极限偏差选取，但 $d-t_1$ 极限偏差应为负偏差。

2. 键长 L 的两端允许倒成圆角，圆角半径 r=0.5~1.5mm。

3. 键宽 b 的下偏差统一为"-0.025"。

附表 B-15　滚动轴承　（mm）

深沟球轴承 （摘自 GB/T 276—1994）	圆锥滚子轴承 （摘自 GB/T 297—1994）	推力球轴承 （摘自 GB/T 301—1995）
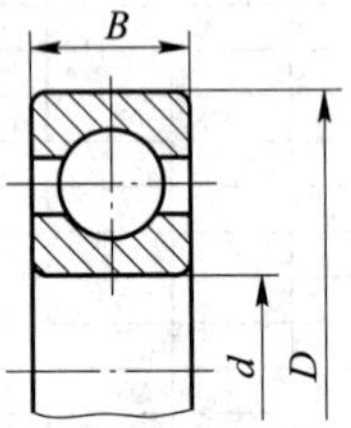	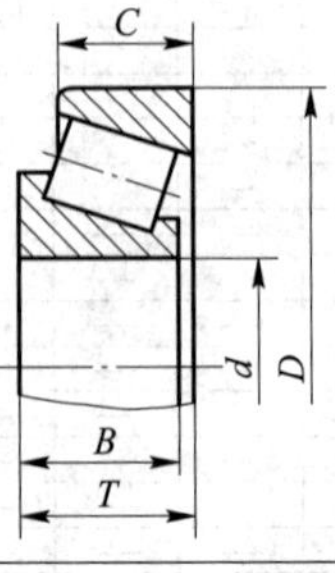	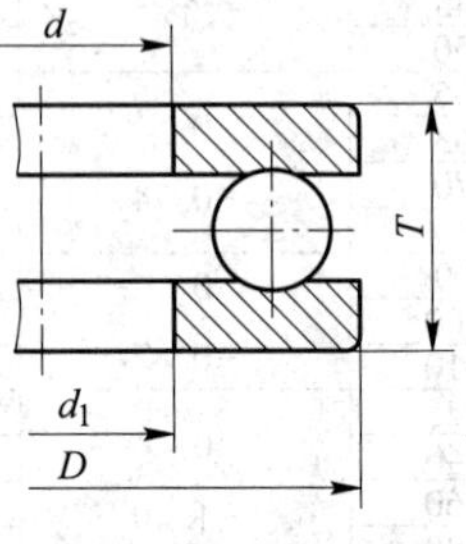
标记示例： 滚动轴承 6308 GB/T 276—1994	标记示例： 滚动轴承 30209 GB/T 297—1994	标记示例： 滚动轴承 51205 GB/T 301—1995

续附表 B-15

轴承型号	尺寸/mm			轴承型号	尺寸/mm					轴承型号	尺寸/mm			
	d	D	B		d	D	B	C	T		d	D	T	d_1
尺寸系列［(0)2］				尺寸系列［02］						尺寸系列［12］				
6202	15	35	11	30203	17	40	12	11	13.25	51202	15	32	12	17
6203	17	40	12	30204	20	47	14	12	15.25	51203	17	35	12	19
6204	20	47	14	30205	25	52	15	13	16.25	51204	20	40	14	22
6205	25	52	15	30206	30	62	16	14	17.25	51205	25	47	15	27
6206	30	62	16	30207	35	72	17	15	18.25	51206	30	52	16	32
6207	35	72	17	30208	40	80	18	16	19.75	51207	35	62	18	37
6208	40	80	18	30209	45	85	19	16	20.75	51208	40	68	19	42
6209	45	85	19	30210	50	90	20	17	21.75	51209	45	73	20	47
6210	50	90	20	30211	55	100	21	18	22.75	51210	50	78	22	52
6211	55	100	21	30212	60	110	22	19	23.75	51211	55	90	25	57
6212	60	110	22	30213	65	120	23	20	24.75	51212	60	95	26	62
尺寸系列［(0)3］				尺寸系列［03］						尺寸系列［13］				
6302	15	42	13	30302	15	42	13	11	14.25	51304	20	47	18	22
6303	17	47	14	30303	17	47	14	12	15.25	51305	25	52	18	27
6304	20	52	15	30304	20	52	15	13	16.25	51306	30	60	21	32
6305	25	62	17	30305	25	62	17	15	18.25	51307	35	68	24	37
6306	30	72	19	30306	30	72	19	16	20.75	51308	40	78	26	42
6307	35	80	21	30307	35	80	21	18	22.75	51309	45	85	28	47
6308	40	90	23	30308	40	90	23	20	25.25	51310	50	95	31	52
6309	45	100	25	30309	45	100	25	22	27.25	51311	55	105	35	57
6310	50	110	27	30310	50	110	27	23	29.25	51312	60	110	35	62
6311	55	120	29	30311	55	120	29	25	31.50	51313	65	115	36	67
6312	60	130	31	30312	60	130	31	26	33.50	51314	70	125	40	72

注：圆括号中的尺寸系列代号在轴承代号中省略。

附录 C　极限与配合

附表 C-1　基本尺寸小于 500mm 的标准公差　(μm)

基本尺寸 /mm	公差等级																			
	IT01	IT0	IT1	IT2	IT3	IT4	IT5	IT6	IT7	IT8	IT9	IT10	IT11	IT12	IT13	IT14	IT15	IT16	IT17	IT18
≤3	0.3	0.5	0.8	1.2	2	3	4	6	10	14	25	40	60	100	140	250	400	600	1000	1400
>3~6	0.4	0.6	1	1.5	2.5	4	5	8	12	18	30	48	75	120	180	300	480	750	1200	1800
>6~10	0.4	0.6	1	1.5	2.5	4	6	9	15	22	36	58	90	150	220	360	580	900	1500	2200
>10~18	0.5	0.8	1.2	2	3	5	8	11	18	27	43	70	110	180	270	430	700	1100	1800	2700
>18~30	0.6	1	1.5	2.5	4	6	9	13	21	33	52	84	130	210	330	520	840	1300	2100	3300
>30~50	0.7	1	1.5	2.5	4	7	11	16	25	39	62	100	160	250	390	620	1000	1600	2500	3900
>50~80	0.8	1.2	2	3	5	8	13	19	30	46	74	120	190	300	460	740	1200	1900	3000	4600
>80~120	1	1.5	2.5	4	6	10	15	22	35	54	87	140	220	350	540	870	1400	2200	3500	5400
>120~180	1.2	2	3.5	5	8	12	18	25	40	63	100	160	250	400	630	1000	1600	2500	4000	6300
>180~250	2	3	4.5	7	10	14	20	29	46	72	115	185	290	460	720	1150	1850	2900	4600	7200
>250~315	2.5	4	6	8	12	16	23	32	52	81	130	210	320	520	810	1300	2100	3200	5200	8100
>315~400	3	5	7	9	13	18	25	36	57	89	140	230	360	570	890	1400	2300	3600	5700	8900
>400~500	4	6	8	10	15	20	27	40	68	97	155	250	400	630	970	1550	2500	4000	6300	9700

附表 C-2　轴的极限偏差（摘自 GB/T 1008.4—1999）　(μm)

基本尺寸 /mm	常用及优先公差带（带圈者为优先公差带）												
	a	b		c			d				e		
	11	11	12	9	10	⑪	8	⑨	10	11	7	8	9
>0~3	-270 -330	-140 -200	-140 -240	-60 -85	-60 -100	-60 -120	-20 -34	-20 -45	-20 -60	-20 -80	-14 -24	-14 -28	-14 -39
>3~6	-270 -345	-140 -215	-140 -260	-70 -100	-70 -118	-70 -145	-30 -48	-30 -60	-30 -78	-30 -105	-20 -32	-20 -38	-20 -50
>6~10	-280 -370	-150 -240	-150 -300	-80 -116	-80 -138	-80 -170	-40 -62	-40 -79	-40 -98	-40 -130	-25 -40	-25 -47	-25 -61
>10~14 >14~18	-290 -400	-150 -260	-150 -330	-95 -138	-95 -165	-95 -205	-50 -77	-50 -93	-50 -120	-50 -160	-32 -50	-32 -59	-32 -75
>18~24 >24~30	-300 -430	-160 -290	-160 -370	-110 -162	-110 -194	-110 -240	-65 -98	-65 -117	-65 -149	-65 -195	-40 -61	-40 -73	-40 -92
>30~40	-310 -470	-170 -330	-170 -420	-120 -182	-120 -220	-120 -280	-80 -119	-80 -142	-80 -180	-80 -240	-50 -75	-50 -89	-50 -112
>40~50	-320 -480	-180 -340	-180 -430	-130 -192	-130 -230	-130 -290							
>50~65	-340 -530	-190 -380	-190 -490	-140 -214	-140 -260	-140 -330	-100 -146	-100 -174	-100 -220	-100 -290	-60 -90	-60 -106	-60 -134
>65~80	-360 -550	-200 -390	-200 -500	-150 -224	-150 -270	-150 -340							
>80~100	-380 -600	-200 -440	-220 -570	-170 -257	-170 -310	-170 -390	-120 -174	-120 -207	-120 -260	-120 -340	-72 -109	-72 -126	-72 -159
>100~120	-410 -630	-240 -460	-240 -590	-180 -267	-180 -320	-180 -400							

续附表 C-2

基本尺寸/mm	常用及优先公差带（带圈者为优先公差带）												
	a	b		c			d				e		
	11	11	12	9	10	⑪	8	⑨	10	11	7	8	9
>120~140	-460 -710	-260 -510	-260 -660	-200 -300	-200 -360	-200 -450							
>140~160	-520 -770	-280 -530	-280 -680	-210 -310	-210 -370	-210 -460	-145 -208	-145 -245	-145 -305	-145 -395	-85 -125	-85 -148	-85 -185
>160~180	-580 -830	-310 -560	-310 -710	-230 -330	-230 -390	-230 -480							
>180~200	-660 -950	-340 -630	-340 -800	-240 355	-240 -425	-240 -530							
>200~225	-740 -1030	-380 -670	-380 -840	-260 -375	-260 -445	-260 -550	-170 -242	-170 -285	-170 -355	-170 -460	-100 -146	-100 -172	-100 -215
>225~250	-820 -1110	-420 -710	-420 -880	-280 -395	-280 -465	-280 -570							
>250~280	-920 -1240	-480 -800	-480 -1000	-300 -430	-300 -510	-300 -620	-190 -271	-190 -320	-190 -400	-190 -510	-110 -162	-110 -191	-110 -240
>280~315	-1050 -1370	-540 -860	-540 -1060	-330 -460	-330 -540	-330 -650							
>315~355	-1200 -1560	-600 -960	-600 -1170	-360 -500	-360 -590	-360 -720	-210 -299	-210 -350	-210 -440	-210 -570	-125 -182	-125 -214	-125 -265
>355~400	-1350 -1710	-680 -1040	-680 -1250	-400 -540	-400 -630	-400 -760							
>400~450	-1500 -1900	-760 -1160	-760 -1390	-440 -595	-440 -690	-440 -840	-230 -327	-230 -385	-230 -480	-230 -630	-135 -198	-135 -232	-135 -290
>450~500	-1650 -2050	-840 -1240	-840 -1470	-480 -635	-480 -730	-480 -880							

基本尺寸/mm	常用及优先公差带（带圈者为优先公差带）															
	f					g			h							
	5	6	⑦	8	9	5	⑥	7	5	⑥	⑦	8	⑨	10	⑪	12
>0~3	-6 -10	-6 -12	-6 -16	-6 -20	-6 -31	-2 -6	-2 -8	-2 -12	0 -4	0 -6	0 -10	0 -14	0 -25	0 -40	0 -60	0 -100
>3~6	-10 -15	-10 -18	-10 -22	-10 -28	-10 -40	-4 -9	-4 -12	-4 -16	0 -5	0 -8	0 -12	0 -18	0 -30	0 -48	0 -75	0 -120
>6~10	-13 -19	-13 -22	-13 -28	-13 -35	-13 -49	-5 -11	-5 -14	-5 -20	0 -6	0 -9	0 -15	0 -22	0 -36	0 -58	0 -90	0 -150
>10~14 >14~18	-16 -24	16 -27	-16 -34	-16 -43	-16 -59	-6 -14	-6 -17	-6 -24	0 -8	0 -11	0 -18	0 -27	0 -43	0 -70	0 -110	0 -180
>18~24 >24~30	-20 -29	-20 -33	-20 -41	-20 -53	-20 -72	-7 -16	-7 -20	-7 -28	0 -9	0 -13	0 -21	0 -33	0 -52	0 -84	0 -130	0 -210
>30~40 >40~50	-25 -36	-25 -41	-25 -50	-25 -64	-25 -87	-9 -20	-9 -25	-9 -34	0 -11	0 -16	0 -25	0 -39	0 -62	0 -100	0 -160	0 -250
>50~65 >65~80	-30 -43	-30 -49	-30 -60	-30 -76	-30 -104	-10 -23	-10 -29	-10 -40	0 -13	0 -19	0 -30	0 -46	0 -74	0 -120	0 -190	0 -300

续附表 C-2

基本尺寸 /mm	常用及优先公差带（带圈者为优先公差带）															
	f					g			h							
	5	6	⑦	8	9	5	⑥	7	5	⑥	⑦	8	⑨	10	⑪	12
>80~100 >100~120	-36 -51	-36 -58	-36 -71	-36 -90	-36 -123	-12 -27	-12 -34	-12 -47	0 -15	0 -22	0 -35	0 -54	0 -87	0 -140	0 -220	0 -350
>120~140 >140~160 >160~180	-43 -61	-43 -68	-43 -83	-43 -106	-43 -143	-14 -32	-14 -39	-14 -54	0 -18	0 -25	0 -40	0 -63	0 -100	0 -160	0 -250	0 -400
>180~200 >200~225 >225~250	-50 -70	-50 -79	-50 -96	-50 -122	-50 -165	-15 -35	-15 -44	-15 -61	0 -20	0 -29	0 -46	0 -72	0 -115	0 -185	0 -290	0 -460
>250~280 >280~315	-56 -79	-56 -88	-56 -108	-56 -137	-56 -186	-17 -40	-17 -49	-17 -69	0 -23	0 -32	0 -52	0 -81	0 -130	0 -210	0 -320	0 -520
>315~355 >355~400	-62 -87	-62 -98	-62 -119	-62 -151	-62 -202	-18 -43	-18 -54	-18 -75	0 -25	0 -36	0 -57	0 -89	0 -140	0 -230	0 -360	0 -570
>400~450 >450~500	-68 -95	-68 -108	-68 -131	-68 -165	-68 -223	-20 -47	-20 -60	-20 -83	0 -27	0 -40	0 -63	0 -97	0 -155	0 -250	0 -400	0 -630

基本尺寸 /mm	常用及优先公差带（带圈者为优先公差带）														
	js			k			m			n			p		
	5	⑥	7	5	⑥	7	5	6	7	5	⑥	7	5	⑥	7
>0~3	±2	±3	±5	+4 0	+6 0	+10 0	+6 +2	+8 +2	+12 +2	+8 +4	+10 +4	+14 +4	+10 +6	+12 +6	+16 +6
>3~6	±2.5	±4	±6	+6 +1	+9 +1	+13 +1	+9 +4	+12 +4	+16 +4	+13 +8	+16 +8	+20 +8	+17 +12	+20 +12	+24 +12
>6~10	±3	±4.5	±7	+7 +1	+10 +1	+16 +1	+12 +6	+15 +6	+21 +6	+16 +10	+19 +10	+25 +10	+21 +15	+24 +15	+30 +15
>10~14 >14~18	±4	±5.5	±9	+9 +1	+12 +1	+19 +1	+15 +7	+18 +7	+25 +7	+20 +12	+23 +12	+30 +12	+26 +18	+29 +18	+36 +18
>18~24 >24~30	±4.5	±6.5	±10	+11 +2	+15 +2	+23 +2	+17 +8	+21 +8	+29 +8	+24 +15	+28 +15	+36 +15	+31 +22	+35 +22	+43 +22
>30~40 >40~50	±5.5	±8	±12	+13 +2	+18 +2	+27 +2	+20 +9	+25 +9	+34 +9	+28 +17	+33 +17	+42 +17	+37 +26	+42 +26	+51 +26
>50~65 >65~80	±6.5	±9.5	±15	+15 +2	+21 +2	+32 +2	+24 +11	+30 +11	+41 +11	+33 +20	+39 +20	+50 +20	+45 +32	+51 +32	+62 +32
>80~100 >100~120	±7.5	±11	±17	+18 +3	+25 +3	+38 +3	+28 +13	+35 +13	+48 +13	+38 +23	+45 +23	+58 +23	+52 +37	+59 +37	+72 +37
>120~140 >140~160 >160~180	±9	±12.5	±20	+21 +3	+28 +3	+43 +3	+33 +15	+40 +15	+55 +15	+45 +27	+52 +27	+67 +27	+61 +43	+68 +43	+83 +43

续附表 C-2

基本尺寸 /mm	常用及优先公差带（带圈者为优先公差带）														
	js			k			m			n			p		
	5	⑥	7	5	⑥	7	5	6	7	5	⑥	7	5	⑥	7
>180~200	±10	±14.5	±23	+24 +4	+33 +4	+50 +4	+37 +17	+46 +17	+63 +17	+51 +31	+60 +31	+77 +31	+70 +50	+79 +50	+96 +50
>200~225															
>225~250															
>250~280	±11.5	±16	±26	+27 +4	+36 +4	+56 +4	+43 +20	+52 +20	+72 +20	+57 +34	+66 +34	+86 +34	+79 +56	+88 +56	+108 +56
>280~315															
>315~355	±12.5	±18	±28	+29 +4	+40 +4	+61 +4	+46 +21	+57 +21	+78 +21	+62 +37	+73 +37	+94 +37	+87 +62	+98 +62	+119 +62
>355~400															
>400~450	±13.5	±20	±31	+32 +5	+45 +5	+68 +5	+50 +23	+63 +23	+86 +23	+67 +40	+80 +40	+103 +40	+95 +68	+108 +68	+131 +68
>450~500															

基本尺寸 /mm	常用及优先公差带（带圈者为优先公差带）														
	r			s			t			u		v	x	y	z
	5	6	7	5	⑥	7	5	6	7	⑥	7	6	6	6	6
>0~3	+14 +10	+16 +10	+20 +10	+18 +14	+20 +14	+24 +14	—	—	—	+24 +18	+28 +18	—	+26 +20	—	+32 +26
>3~6	+20 +15	+23 +15	+27 +15	+24 +19	+27 +19	+31 +19	—	—	—	+31 +23	+35 +23	—	+36 +28	—	+43 +35
>6~10	+25 +19	+28 +19	+34 +19	+29 +23	+32 +23	+38 +23	—	—	—	+37 +28	+43 +28	—	+43 +34	—	+51 +42
>10~14	+31 +23	+34 +23	+41 +23	+36 +28	+39 +28	+46 +28	—	—	—	+44 +33	+51 +33	—	+51 +40	—	+61 +50
>14~18							—	—	—			+50 +39	+56 +45	—	+71 +60
>18~24	+37 +28	+41 +28	+49 +28	+44 +35	+48 +35	+56 +35	—	—	—	+54 +41	+62 +41	+60 +47	+67 +54	+76 +63	+86 +73
>24~30							+50 +41	+54 +41	+62 +41	+61 +48	+69 +48	+68 +55	+77 +64	+88 +75	+101 +88
>30~40	+45 +34	+50 +34	+59 +34	+54 +43	+59 +43	+68 +43	+59 +48	+64 +48	+73 +48	+76 +60	+85 +60	+84 +68	+96 +80	+110 +94	+128 +112
>40~50							+65 +54	+70 +54	+79 +54	+86 +70	+95 +70	+97 +81	+113 +97	+130 +114	+152 +136
>50~65	+54 +41	+60 +41	+71 +41	+66 +53	+72 +53	+83 +53	+79 +66	+85 +66	+96 +66	+106 +87	+117 +87	+121 +102	+141 +122	+163 +144	+191 +172
>65~80	+56 +43	+62 +43	+73 +43	+72 +59	+78 +59	+89 +59	+88 +75	+94 +75	+105 +75	+121 +102	+132 +102	+139 +120	+165 +146	+193 +174	+229 +210
>80~100	+66 +51	+73 +51	+86 +51	+86 +71	+93 +71	+106 +91	+106 +91	+113 +91	+126 +91	+146 +124	+159 +124	+168 +146	+200 +178	+236 +214	+280 +258
>100~120	+69 +54	+76 +54	+89 +54	+94 +79	+101 +79	+114 +79	+110 +104	+126 +104	+136 +104	+166 +144	+179 +144	+194 +172	+232 +210	+276 +254	+332 +310
>120~140	+81 +63	+88 +63	+103 +63	+110 +92	+117 +92	+132 +92	+140 +122	+147 +122	+162 +122	+195 +170	+210 +170	+227 +202	+273 +248	+325 +300	+390 +365
>140~160	+83 +65	+90 +65	+105 +65	+118 +110	+125 +100	+140 +100	+152 +134	+159 +134	+174 +134	+215 +190	+230 +190	+253 +228	+305 +280	+365 +340	+440 +415

续附表 C-2

基本尺寸/mm	常用及优先公差带（带圈者为优先公差带）														
	r			s			t			u		v	x	y	z
	5	6	7	5	⑥	7	5	6	7	⑥	7	6	6	6	6
>160~180	+86	+93	+108	+126	+133	+148	+164	+171	+186	+235	+250	+277	+335	+405	+490
	+68	+68	+68	+108	+108	+108	+146	+146	+146	+210	+210	+252	+310	+380	+465
>180~200	+97	+106	+123	+142	+151	+168	+186	+195	+212	+265	+282	+313	+379	+454	+549
	+77	+77	+77	+122	+122	+122	+166	+166	+166	+236	+236	+284	+350	+425	+520
>200~225	+100	+109	+126	+150	+159	+176	+200	+209	+226	+287	+304	+339	+414	+499	+604
	+80	+80	+80	+130	+130	+130	+180	+180	+180	+258	+258	+310	+385	+470	+575
>225~250	+104	+113	+130	+160	+169	+186	+216	+225	+242	+313	+330	+369	+454	+549	+669
	+84	+84	+84	+140	+140	+140	+196	+196	+196	+284	+284	+340	+425	+520	+640
>250~280	+117	+126	+146	+181	+290	+210	+241	+250	+270	+347	+367	+417	+507	+612	+742
	+94	+94	+94	+158	+158	+158	+218	+218	+218	+315	+315	+385	+475	+580	+710
>280~315	+121	+130	+150	+193	+202	+222	+263	+272	+292	+382	+402	+457	+557	+682	+822
	+98	+98	+98	+170	+170	+170	+240	+240	+240	+350	+350	+425	+525	+650	+790
>315~355	+133	+144	+165	+215	+226	+247	+293	+304	+325	+426	+447	+511	+626	+766	+936
	+108	+108	+108	+190	+190	+190	+268	+268	+268	+390	+390	+475	+590	+730	+900
>355~400	+139	+150	+171	+233	+244	+265	+319	+330	+351	+471	+492	+566	+696	+856	+1036
	+114	+114	+114	+208	+208	+208	+294	+294	+294	+435	+435	+530	+660	+820	+1000
>400~450	+153	+166	+189	+259	+272	+295	+357	+370	+393	+530	+553	+635	+780	+960	+1140
	+126	+126	+126	+232	+232	+232	+330	+330	+330	+490	+490	+595	+740	+920	+1100
>450~500	+159	+172	+195	+279	+292	+315	+387	+400	+423	+580	+603	+700	+860	+1040	+1290
	+132	+132	+132	+252	+252	+252	+360	+360	+360	+540	+540	+660	+820	+1000	+1250

注：基本尺寸小于 1mm 时，各级的 a 和 b 均不采用。

附表 C-3　孔的极限偏差（摘自 GB/T 1800.4—1999）　（μm）

基本尺寸/mm	常用及优先公差带（带圈者为优先公差带）													
	A	B		C	D				E		F			
	11	11	12	⑪	8	⑨	10	11	8	9	6	7	⑧	9
>0~3	+330	+200	+240	+120	+34	+45	+60	+80	+28	+39	+12	+16	+20	+31
	+270	+140	+140	+60	+20	+20	+20	+20	+14	+14	+6	+6	+6	+6
>3~6	+345	+215	+260	+145	+48	+60	+78	+105	+38	+50	+18	+22	+28	+40
	+270	+140	+140	+70	+30	+30	+30	+30	+20	+20	+10	+10	+10	+10
>6~10	+370	+240	+300	+170	+62	+76	+98	+130	+47	+61	+22	+28	+35	+49
	+280	+150	+150	+80	+40	+40	+40	+40	+25	+25	+13	+13	+13	+13
>10~14	+400	+260	+330	+205	+77	+93	+120	+160	+59	+75	+27	+34	+43	+59
>14~18	+290	+150	+150	+95	+50	+50	+50	+50	+32	+32	+16	+16	+16	+16
>18~24	+430	+290	+370	+240	+98	+117	+149	+195	+73	+92	+33	+41	+53	+72
>24~30	+300	+160	+160	+110	+65	+65	+65	+65	+40	+40	+20	+20	+20	+20

续附表 C-3

基本尺寸/mm	常用及优先公差带（带圈者为优先公差带）													
	A	B		C	D				E		F			
	11	11	12	⑪	8	⑨	10	11	8	9	6	7	⑧	9
>30~40	+470 +310	+330 +170	+420 +170	+280 +170	+119 +80	+142 +80	+180 +80	+240 +80	+89 +50	+112 +50	+41 +25	+50 +25	+64 +25	+87 +25
>40~50	+480 +320	+340 +180	+430 +180	+290 +180										
>50~65	+530 +340	+380 +190	+490 +190	+330 +140	+146 +100	+170 +100	+220 +100	+290 +100	+106 +6	+134 +80	+49 +30	+60 +30	+76 +30	+104 +30
>65~80	+550 +360	+390 +200	+500 +200	+340 +150										
>80~100	+600 +380	+440 +220	+570 +220	+390 +170	+174 +120	+207 +120	+260 +120	+340 +120	+126 +72	+159 +72	+58 +36	+71 +36	+90 +36	+123 +36
>100~120	+630 +410	+460 +240	+590 +240	+400 +180										
>120~140	+710 +460	+510 +260	+660 +260	+450 +200	+208 +145	+245 +145	+305 +145	+395 +145	+148 +85	+135 +85	+68 +43	+83 +43	+106 +43	+143 +43
>140~160	+770 +520	+530 +280	+680 +280	+460 +210										
>160~180	+830 +580	+560 +310	+710 +310	+480 +230										
>180~200	+950 +660	+630 +340	+800 +340	+530 +240	+242 +170	+285 +170	+355 +170	+460 +170	+172 +100	+215 +100	+79 +50	+96 +50	+122 +50	+165 +50
>200~225	+1030 +740	+670 +380	+840 +380	+550 +260										
>225~250	+1110 +820	+710 +420	+880 +420	+570 +280										
>250~280	+1240 +920	+800 +480	+1000 +480	+620 +300	+271 +190	+320 +190	+400 +190	+510 +190	+191 +110	+240 +110	+88 +56	+108 +56	+137 +56	+186 +56
>280~315	+1370 +1050	+860 +540	+1060 +540	+650 +330										
>315~355	+1560 +1200	+960 +600	+1170 +600	+720 +360	+299 +210	+350 +210	+440 +210	+570 +210	+214 +125	+265 +125	+98 +62	+119 +62	+151 +62	+202 +62
>355~400	+1710 +1350	+1040 +680	+1250 +680	+760 +400										
>400~450	+1900 +1500	+1160 +760	+1390 +760	+840 +440	+327 +230	+385 +230	+480 +230	+630 +230	+232 +135	+290 +135	+108 +68	+131 +68	+165 +68	+223 +68
>450~500	+2050 +1650	+1240 +840	+1470 +840	+880 +480										

续附表 C-3

基本尺寸/mm	常用及优先公差带（带圈者为优先公差带）																	
	G		H							JS			K			M		
	6	⑦	6	⑦	⑧	⑨	10	⑪	12	6	7	8	6	⑦	8	6	7	8
>0~3	+8 +2	+12 +2	+6 0	+10 0	+14 0	+25 0	+40 0	+60 0	+100 0	±3	±5	±7	0 −6	0 −10	0 −14	−2 −8	−2 −12	−2 −16
>3~6	+12 +4	+16 +4	+8 0	+12 0	+18 0	+30 0	+48 0	+75 0	+120 0	±4	±6	±9	+2 −6	+3 −9	+5 −13	−1 −9	0 −12	+2 −16
>6~10	+14 +5	+20 +5	+9 0	+15 0	+22 0	+36 0	+58 0	+90 0	+150 0	±4. 5	±7	±11	+2 −7	+5 −10	+6 −16	−3 −12	0 −15	+1 −21
>10~14 >14~18	+17 +6	+24 +6	+11 0	+18 0	+27 0	+43 0	+70 0	+110 0	+180 0	±5. 5	±9	±13	+2 −9	+6 −12	+8 −19	−4 −15	0 −18	+2 −25
>18~24 >24~30	+20 +7	+28 +7	+13 0	+21 0	+33 0	+52 0	+84 0	+130 0	+210 0	±6. 5	±10	±16	+2 −11	+6 −15	+10 −23	−4 −17	0 −21	+4 −29
>30~40 >40~50	+25 +9	+34 +9	+16 0	+25 0	+39 0	+62 0	+100 0	+160 0	+250 0	±8	±12	±19	+3 −13	+7 −18	+12 −27	−4 −20	0 −25	+5 −34
>50~65 >65~80	+29 +10	+40 +10	+19 0	+30 0	+46 0	+74 0	+120 0	+190 0	+300 0	±9. 5	±15	±23	+4 −15	+9 −21	+14 −32	−5 −24	0 −30	+5 −41
>80~100 >100~120	+34 +12	+47 +12	+22 0	+35 0	+54 0	+87 0	+140 0	+220 0	+350 0	±11	±17	±27	+4 −18	+10 −25	+16 −38	−6 −28	0 −35	+6 −48
>120~140 >140~160 >160~180	+39 +14	+54 +14	+25 0	+40 0	+63 0	+100 0	+160 0	+250 0	+400 0	±12. 5	±20	±31	+4 −21	+12 −28	+20 −43	−8 −33	0 −40	+8 −55
>180~200 >200~225 >225~250	+44 +15	+61 +15	+29 0	+46 0	+72 0	+115 0	+185 0	+290 0	+460 0	±14. 5	±23	±36	+5 −24	+13 −33	+22 −50	−8 −37	0 −46	+9 −63
>250~280 >280~315	+49 +17	+69 +17	+32 0	+52 0	+81 0	+130 0	+210 0	+320 0	+520 0	±16	±26	±40	+5 −27	+16 −36	+25 −56	−9 −41	0 −52	+9 −72
>315~355 >355~400	+54 +18	+75 +18	+36 0	+57 0	+89 0	+140 0	+230 0	+360 0	+570 0	±18	±28	±44	+7 −29	+17 −40	+28 −61	−10 −46	0 −57	+11 −78
>400~450 >450~500	+60 +20	+83 +20	+40 0	+63 0	+97 0	+155 0	+250 0	+400 0	+630 0	±20	±31	±48	+8 −32	+18 −45	+29 −68	−10 −50	0 −63	+11 −86

续附表 C-3

基本尺寸/mm	常用及优先公差带（带圈者为优先公差带）											
	N			P		R		S		T		U
	6	⑦	8	6	⑦	6	7	6	⑦	6	7	⑦
>0~3	-4 -10	-4 -14	-4 -18	-6 -12	-6 -16	-10 -16	-10 -20	-14 -20	-14 -24	—	—	-18 -28
>3~6	-5 -13	-4 -16	-2 -20	-9 -17	-8 -20	-12 -20	-11 -23	-16 -24	-15 -27	—	—	-19 -31
>6~10	-7 -16	-4 -19	-3 -25	-12 -21	-9 -24	-16 -25	-13 -28	-20 -29	-17 -32	—	—	-22 -37
>10~14	-9 -20	-5 -23	-3 -30	-15 -26	-11 -29	-20 -31	-16 -34	-25 -36	-21 -39	—	—	-26 -44
>14~18												
>18~24	-11 -24	-7 -28	-3 -36	-18 -31	-14 -35	-24 -37	-20 -41	-31 -44	-27 -48	—	—	-33 -54
>24~30										-37 -50	-33 -54	-40 -61
>30~40	-12 -28	-8 -33	-3 -42	-21 -37	-17 -42	-29 -45	-25 -50	-38 -54	-34 -59	-43 -59	-39 -64	-51 -76
>40~50										-49 -65	-45 -70	-61 -86
>50~65	-14 -33	-9 -39	-4 -50	-26 -45	-21 -51	-35 -54	-30 -60	-47 -66	-42 -72	-60 -79	-55 -85	-76 -106
>65~80						-37 -56	-32 -62	-53 -72	-48 -78	-69 -88	-64 -94	-91 -121
>80~100	-16 -38	-10 -45	-4 -58	-30 -52	-24 -59	-44 -66	-38 -73	-64 -86	-58 -93	-84 -106	-78 -113	-111 -146
>100~120						-47 -69	-41 -76	-72 -94	-66 -101	-97 -119	-91 -126	-131 -166
>120~140	-20 -45	-12 -52	-4 -67	-36 -61	-28 -68	-56 -81	-48 -88	-85 -110	-77 -117	-115 -140	-107 -147	-155 -195
>140~160						-58 -83	-50 -90	-93 -118	-85 -125	-127 -152	-119 -159	-175 -215
>160~180						-61 -86	-53 -93	-101 -126	-93 -133	-139 -164	-131 -171	-195 -235
>180~200	-22 -51	-14 -60	-5 -77	-41 -70	-33 -79	-68 -97	-60 -106	-113 -142	-105 -151	-157 -186	-149 -195	-219 -265
>200~225						-71 -100	-63 -109	-121 -150	-113 -159	-171 -200	-163 -209	-241 -287
>225~250						-75 -104	-67 -113	-131 -160	-123 -169	-187 -216	-179 -225	-267 -313
>250~280	-25 -57	-14 -66	-5 -86	-47 -79	-36 -88	-85 -117	-74 -126	-149 -181	-138 -190	-209 -241	-198 -250	-295 -347
>280~315						-89 -121	-78 -130	-161 -193	-150 -202	-231 -263	-220 -272	-330 -382
>315~355	-26 -62	-16 -73	-5 -94	-51 -87	-41 -98	-97 -133	-87 -144	-179 -215	-169 -226	-257 -293	-247 -304	-369 -426
>355~400						-103 -139	-93 -150	-197 -233	-187 -244	-283 -319	-273 -330	-414 -471
>400~450	-27 -67	-17 -80	-6 -103	-55 -95	-45 -108	-113 -153	-103 -166	-219 -259	-209 -272	-317 -357	-307 -370	-467 -530
>450~500						-119 -159	-109 -172	-239 -279	-229 -279	-347 -387	-337 -400	-517 -580

注：基本尺寸小于 1mm 时，各级的 A 和 B 均不采用。

附表 C-4　形位公差的公差数值（摘自 GB/T 1184—1996）

公差项目	主参数 L/mm	公差等级											
		1	2	3	4	5	6	7	8	9	10	11	12
		公差值/μm											
直线度、平面度	≤10	0.2	0.4	0.8	1.2	2	3	5	8	12	20	30	60
	>10~16	0.25	0.5	1	1.5	2.5	4	6	10	15	25	40	80
	>16~25	0.3	0.6	1.2	2	3	5	8	12	20	30	50	100
	>25~40	0.4	0.8	1.5	2.5	4	6	10	15	25	40	60	120
	>40~63	0.5	1	2	3	5	8	12	20	30	50	80	150
	>63~100	0.6	1.2	2.5	4	6	10	15	25	40	60	100	200
	>100~160	0.8	1.5	3	5	8	12	20	30	50	80	120	250
	>160~250	1	2	4	6	10	15	25	40	60	100	150	300
圆度、圆柱度	≤3	0.2	0.3	0.5	0.8	1.2	2	3	4	6	10	14	25
	>3~6	0.2	0.4	0.6	1	1.5	2.5	4	5	8	12	18	30
	>6~10	0.25	0.4	0.6	1	1.5	2.5	4	6	9	15	22	36
	>10~18	0.25	0.5	0.8	1.2	2	3	5	8	11	18	27	43
	>18~30	0.3	0.6	1	1.5	2.5	4	6	9	13	21	33	52
	>30~50	0.4	0.6	1	1.5	2.5	4	7	11	16	25	39	62
	>50~80	0.5	0.8	1.2	2	3	5	8	13	19	30	46	74
	>80~120	0.6	1	1.5	2.5	4	6	10	15	22	35	54	87
	>120~180	1	1.2	2	3.5	5	8	12	18	25	40	63	100
	>180~250	1.2	2	3	4.5	7	10	14	20	29	46	72	115
平行度、垂直度、倾斜度	≤10	0.4	0.8	1.5	3	5	8	12	20	30	50	80	120
	>10~16	0.5	1	2	4	6	10	15	25	40	60	100	150
	>16~25	0.6	1.2	2.5	5	8	12	20	30	50	80	120	200
	>25~40	0.8	1.5	3	6	10	15	25	40	60	100	150	250
	>40~63	1	2	4	8	12	20	30	50	80	120	200	300
	>63~100	1.2	2.5	5	10	15	25	40	60	100	150	250	400
	>100~160	1.5	3	6	12	20	30	50	80	120	200	300	500
	>160~250	2	4	8	15	25	40	60	100	150	250	400	600
同轴度、对称度、圆跳动、全跳动	≤1	0.4	0.6	1.0	1.5	2.5	4	6	10	15	25	40	60
	>1~3	0.4	0.6	1.0	1.5	2.5	4	6	10	20	40	60	120
	>3~6	0.5	0.8	1.2	2	3	5	8	12	25	50	80	150
	>6~10	0.6	1	1.5	2.5	4	6	10	15	30	60	100	200
	>10~18	0.8	1.2	2	3	5	8	12	20	40	80	120	250
	>18~30	1	1.5	2.5	4	6	10	15	25	50	100	150	300
	>30~50	1.2	2	3	5	8	12	20	30	60	120	200	400
	>50~120	1.5	2.5	4	6	10	15	25	40	80	150	250	500
	>120~250	2	3	5	8	12	20	30	50	100	200	300	600

参 考 文 献

[1] 刘朝儒，吴志军，高政一．机械制图［M］. 北京：高等教育出版社，2006.
[2] 王幼龙．机械制图［M］.3版．北京：高等教育出版社，2005.
[3] 曹彤，机械设计制图［M］.4版．北京：高等教育出版社，2011.
[4] 朱冬梅．画法几何及机械制图［M］.6版．北京：高等教育出版社，2008.
[5] 卢振生．机械制图［M］．哈尔滨：哈尔滨工程大学出版社，2018.
[6] 柳燕君，应龙泉．机械制图［M］. 北京：高等教育出版社，2010.
[7] 仝基斌，晏群．机械制图［M］. 北京：机械工业出版社，2009.
[8] 王幼龙．机械制图［M］.4版．北京：高等教育出版社，2013.
[9] 白聿钦，莫亚林．现代机械工程制图［M］. 北京：机械工业出版社，2013.
[10] 钱炜，施小明，朱坚民．第三届上海市大学生机械工程创新大赛获奖案例精选［M］. 武汉：华中科技大学出版社，2015.
[11] 张荣彦．机械领域申请文件的撰写与审查［M］. 北京：知识产权出版社，2019.
[12] 李泽，孙如军，张骞．关于CAD技术的研究探讨［J］. 现代制造技术与装备，2018（12）：36-37.
[13] 徐茂功．公差配合与技术测量［M］. 北京：机械工业出版社，2013.
[14] 焦永和，叶玉驹，张彤．机械制图手册［M］. 北京：机械工业出版社，2012.
[15] 唐建成．机械制图及CAD基础［M］. 北京：北京理工大学出版社，2013.